上海市水利施工企业
主要负责人、项目负责人、专职安全生产管理人员

安全生产知识

上海市水务局建设管理处
上海市水务建设工程安全质量监督中心站　组编
上海市水利工程协会

同济大学出版社
TONGJI UNIVERSITY PRESS

内 容 提 要

　　《上海市水利施工企业主要负责人、项目负责人、专职安全生产管理人员安全生产知识》一书主要介绍水利工程建设安全生产方面的法律、法规和规范性文件,规范和标准,安全生产技术,事故案例,国家及行业标准、规范和规程索引五个部分。本书对上海市水利工程建设安全生产管理具有较强的针对性、实用性和指导性。

　　本书可供上海市水利施工企业主要负责人、项目负责人、专职安全生产管理人员培训、考核和继续教育使用,亦可供水利工程建设相关管理与技术人员参考。

图书在版编目(CIP)数据

　　上海市水利施工企业主要负责人、项目负责人、专职安全生产管理人员安全生产知识 /上海市水务局建设管理处,上海市水务建设工程安全质量监督中心站,上海市水利工程协会组编.--上海:同济大学出版社,2015.6
　　ISBN 978-7-5608-5861-6

　　Ⅰ.①上… Ⅱ.①上…②上…③上… Ⅲ.①水利工程—工程施工—安全生产—基本知识　　Ⅳ.①TV51

　　中国版本图书馆 CIP 数据核字(2015)第 122375 号

上海市水利施工企业主要负责人、项目负责人、专职安全生产管理人员
安全生产知识

上海市水务局建设管理处　上海市水务建设工程安全质量监督中心站　上海市水利工程协会　**组编**
责任编辑 赵泽毓　　**责任校对** 徐春莲　　**封面设计** 潘向蓁

出版发行	同济大学出版社	www.tongjipress.com.cn
	(地址:上海市四平路1239号 邮编:200092 电话:021-65985622)	
经　　销	全国各地新华书店	
印　　刷	江苏句容排印厂	
开　　本	889 mm×1 194 mm　1/16	
印　　张	19.5	
字　　数	624 000	
版　　次	2015 年 6 月第 1 版　2015 年 6 月第 1 次印刷	
书　　号	ISBN 978-7-5608-5861-6	
定　　价	48.00 元	

编辑委员会

前言

安全生产保障是水利工程建设的前提和基础,党中央、国务院对安全生产工作历来十分重视,2011年中央一号文件发布以来,水利投资不断加大,建设任务日益繁重,安全管理面临新的挑战,对安全生产提出了新的要求。

水利施工企业安全生产主要负责人、项目负责人、专职安全生产管理人员(以下简称"水利三类人员")是水利施工企业安全生产管理的主要人员,在保障水利工程建设安全生产方面起着重要的作用。为了适应上海市水利工程建设安全生产管理的新要求,进一步提高相关人员安全生产专业知识和管理能力,我们编写了供上海市水利施工企业主要负责人、项目负责人、专职安全生产管理人员使用的《安全生产知识》一书。

本书共分五个部分:第一部分,法律、法规和规范性文件;第二部分,规范和标准(强制性条文);第三部分,水利建设工程安全生产技术;第四部分,事故案例;第五部分,国家标准、规范、规程索引。

本书依据水利部和上海市对"水利三类人员"考核管理的要求进行编写,收集了水利部、住房和城乡建设部和上海市关于水利工程安全生产的主要法律法规、文件以及规范标准,结合了上海水利工程建设安全生产的实际情况,特别是增加了水利建设工程安全生产技术和事故案例等内容,对本市水利工程建设安全生产管理具有较强的针对性、实用性和指导性。

本书基本涵盖了上海市"水利三类人员"需要掌握的安全生产管理的知识点,已经通过有关部门专家审定。本书可以供"水利三类人员"培训、考核和继续教育使用,亦可供水利工程建设相关管理与技术人员参考。

本书在编写过程中,得到了上海市水务局的关心,还得到了上海市城乡建设和管理委员会人才服务考核评价中心、上海建安进修学校、同济大学出版社等单位和专家的悉心指导与帮助,在此表示衷心地感谢。

本书涉及的专业面较宽,新增内容较多,编辑时间紧迫,如有不当之处,敬请广大安全生产管理人员斧正,并将意见反馈给上海市水利工程协会。地址:浦东居家桥路955弄1号楼503室,电话:58465183,传真:58465150,电子邮箱:bgs@swea.org.cn。

目录

第二部分
规范和标准(强制性条文)

第三部分
水利建设工程安全生产技术

第四部分
事故案例

第五部分
标准、规范和规程索引

第一部分　法律、法规和规范性文件

第一篇　法律

中华人民共和国安全生产法

中华人民共和国主席令第 13 号

《全国人民代表大会常务委员会关于修改〈中华人民共和国安全生产法〉的决定》已由中华人民共和国第十二届全国人民代表大会常务委员会第十次会议于 2014 年 8 月 31 日通过,并予公布,自 2014 年 12 月 1 日起施行。

第一章　总则

第一条　为了加强安全生产工作,防止和减少生产安全事故,保障人民群众生命和财产安全,促进经济社会持续健康发展,制定本法。

第二条　在中华人民共和国领域内从事生产经营活动的单位(以下统称生产经营单位)的安全生产,适用本法;有关法律、行政法规对消防安全和道路交通安全、铁路交通安全、水上交通安全、民用航空安全以及核与辐射安全、特种设备安全另有规定的,适用其规定。

第三条　安全生产工作应当以人为本,坚持安全发展,坚持安全第一、预防为主、综合治理的方针,强化和落实生产经营单位的主体责任,建立生产经营单位负责、职工参与、政府监管、行业自律和社会监督的机制。

第四条　生产经营单位必须遵守本法和其他有关安全生产的法律、法规,加强安全生产管理,建立、健全安全生产责任制和安全生产规章制度,改善安全生产条件,推进安全生产标准化建设,提高安全生产水平,确保安全生产。

第五条　生产经营单位的主要负责人对本单位的安全生产工作全面负责。

第六条　生产经营单位的从业人员有依法获得安全生产保障的权利,并应当依法履行安全生产方面的义务。

第七条　工会依法对安全生产工作进行监督。

生产经营单位的工会依法组织职工参加本单位安全生产工作的民主管理和民主监督,维护职工在安全生产方面的合法权益。生产经营单位制定或者修改有关安全生产的规章制度,应当听取工会的意见。

第八条　国务院和县级以上地方各级人民政府应当根据国民经济和社会发展规划制定安全生产规划,并组织实施。安全生产规划应当与城乡规划相衔接。

国务院和县级以上地方各级人民政府应当加强对安全生产工作的领导,支持、督促各有关部门依法履行安全生产监督管理职责,建立健全安全生产工作协调机制,及时协调、解决安全生产监督管理中存在的重大问题。

乡、镇人民政府以及街道办事处、开发区管理机构等地方人民政府的派出机关应当按照职责,加强对本行政区域内生产经营单位安全生产状况的监督检查,协助上级人民政府有关部门依法履行安全生产监督管理职责。

第九条　国务院安全生产监督管理部门依照本法,对全国安全生产工作实施综合监督管理;县级以上地方各级人民政府安全生产监督管理部门依照本法,对本行政区域内安全生产工作实施综合监督管理。

国务院有关部门依照本法和其他有关法律、行政法规的规定,在各自的职责范围内对有关行业、领域的安全生产工作实施监督管理;县级以上地方各级人民政府有关部门依照本法和其他有关法律、法规的规定,在各自的职责范围内对有关行业、领域的安全生产工作实施监督管理。

安全生产监督管理部门和对有关行业、领域的安全生产工作实施监督管理的部门,统称负有安全生产监督管理职责的部门。

第十条　国务院有关部门应当按照保障安全生产的要求,依法及时制定有关的国家标准或者行业标准,并根据科技进步和经济发展适时修订。

生产经营单位必须执行依法制定的保障安全生产的国家标准或者行业标准。

第十一条　各级人民政府及其有关部门应当采取多种形式,加强对有关安全生产的法律、法规和安全生产知识的宣传,增强全社会的安全生产意识。

第十二条　有关协会组织依照法律、行政法规和章程,为生产经营单位提供安全生产方面的信息、培训等服务,发挥自律作用,促进生产经营单位加强安全生产管理。

第十三条　依法设立的为安全生产提供技术、管理服务的机构,依照法律、行政法规和执业准则,接受生产经营单位的委托为其安全生产工作提供技术、管理服务。

生产经营单位委托前款规定的机构提供安全生产技术、管理服务的,保证安全生产的责任仍由本单位负责。

第十四条　国家实行生产安全事故责任追究制度,依照本法和有关法律、法规的规定,追究生产安全事故责任人员的法律责任。

第十五条　国家鼓励和支持安全生产科学技术研究和安全生产先进技术的推广应用,提高安全生产水平。

第十六条　国家对在改善安全生产条件、防止生产安全事故、参加抢险救护等方面取得显著成绩的单位和个人,给予奖励。

第二章　生产经营单位的安全生产保障

第十七条　生产经营单位应当具备本法和有关法律、行政法规和国家标准或者行业标准规定的安全生产条件;不具备安全生产条件的,不得从事生产经营活动。

第十八条　生产经营单位的主要负责人对本单位安全生产工作负有下列职责:

(一)建立、健全本单位安全生产责任制;

(二)组织制定本单位安全生产规章制度和操作规程;

(三)保证本单位安全生产投入的有效实施;

(四)督促、检查本单位的安全生产工作,及时消除生产安全事故隐患;

(五)组织制定并实施本单位的生产安全事故应急救援预案;

(六)及时、如实报告生产安全事故;

(七)组织制定并实施本单位安全生产教育和培训计划。

第十九条　生产经营单位的安全生产责任制应当明确各岗位的责任人员、责任范围和考核标准等内容。

生产经营单位应当建立相应的机制,加强对安全生产责任制落实情况的监督考核,保证安全生产责任制的落实。

第二十条　生产经营单位应当具备的安全生产条件所必需的资金投入,由生产经营单位的决策机构、主要负责人或者个人经营的投资人予以保证,并对由于安全生产所必需的资金投入不足导致的后果承担责任。

有关生产经营单位应当按照规定提取和使用安全生产费用,专门用于改善安全生产条件。安全生产费用在成本中据实列支。安全生产费用提取、使用和监督管理的具体办法由国务院财政部门会同国务院安全生产监督管理部门征求国务院有关部门意见后制定。

第二十一条　矿山、金属冶炼、建筑施工、道路运输单位和危险物品的生产、经营、储存单位,应当设置安全生产管理机构或者配备专职安全生产管理人员。

前款规定以外的其他生产经营单位,从业人员超过一百人的,应当设置安全生产管理机构或者配备专职安全生产管理人员;从业人员在一百人以下的,应当配备专职或者兼职的安全生产管理人员。

第二十二条　生产经营单位的安全生产管理机构以及安全生产管理人员履行下列职责:

(一)组织或者参与拟订本单位安全生产规章制度、操作规程和生产安全事故应急救援预案;

(二)组织或者参与本单位安全生产教育和培训,如实记录安全生产教育和培训情况;

(三)督促落实本单位重大危险源的安全管理措施;

(四)组织或者参与本单位应急救援演练;

(五)检查本单位的安全生产状况,及时排查生产安全事故隐患,提出改进安全生产管理的建议;

(六)制止和纠正违章指挥、强令冒险作业、违反操作规程的行为;

(七)督促落实本单位安全生产整改措施。

第二十三条　生产经营单位的安全生产管理机构以及安全生产管理人员应当恪尽职守,依法履行职责。

生产经营单位作出涉及安全生产的经营决策,应当听取安全生产管理机构以及安全生产管理人员的意见。

生产经营单位不得因安全生产管理人员依法履行职责而降低其工资、福利等待遇或者解除与其订立的劳动合同。

危险物品的生产、储存单位以及矿山、金属冶炼单位的安全生产管理人员的任免,应当告知主管的负有安全生产监督管理职责的部门。

第二十四条　生产经营单位的主要负责人和安全生产管理人员必须具备与本单位所从事的生产经营活动相应的安全生产知识和管理能力。

危险物品的生产、经营、储存单位以及矿山、金属冶炼、建筑施工、道路运输单位的主要负责人和安全生产管理人员,应当由主管的负有安全生产监督管理职责的部门对其安全生产知识和管理能力考核合格。考核不得收费。

危险物品的生产、储存单位以及矿山、金属冶炼单位应当有注册安全工程师从事安全生产管理工作。鼓励其他生产经营单位聘用注册安全工程师从事安全生产管理工作。注册安全工程师按专业分类管理,具体办法由国务院人力资源和社会保障部门、国务院安全生产监督管理部门会同国务院有关部门制定。

第二十五条　生产经营单位应当对从业人员进行安全生产教育和培训,保证从业人员具备必要的安全生产知识,熟悉有关的安全生产规章制度和安全操作规程,掌握本岗位的安全操作技能,了解事故应急处理措施,知悉自身在安全生产方面的权利和义务。未经安全生产教育和培训合格的从业人员,不得上岗作业。

生产经营单位使用被派遣劳动者的,应当将被派遣劳动者纳入本单位从业人员统一管理,对被派遣劳动者进行岗位安全操作规程和安全操作技能的教育和培训。劳务派遣单位应当对被派遣劳动者进行必要的安全生产教育和培训。

生产经营单位接收中等职业学校、高等学校学生实习的,应当对实习学生进行相应的安全生产教育和培训,提供必要的劳动防护用品。学校应当协助生产经营单位对实习学生进行安全生产教育和培训。

生产经营单位应当建立安全生产教育和培训档案,如实记录安全生产教育和培训的时间、内容、参加人员以及考核结果等情况。

第二十六条　生产经营单位采用新工艺、新技术、新材料或者使用新设备,必须了解、掌握其安全技术特性,采取有效的安全防护措施,并对从业人员进行专门的安全生产教育和培训。

第二十七条　生产经营单位的特种作业人员必须按照国家有关规定经专门的安全作业培训,取得相应资格,方可上岗作业。

特种作业人员的范围由国务院负安全生产监督管理部门会同国务院有关部门确定。

第二十八条　生产经营单位新建、改建、扩建工程项目(以下统称建设项目)的安全设施,必须与主体工程同时设计、同时施工、同时投入生产和使用。安全设施投资应当纳入建设项目概算。

第二十九条　矿山、金属冶炼建设项目和用于生产、储存、装卸危险物品的建设项目,应当按照国家有关规定进行安全评价。

第三十条　建设项目安全设施的设计人、设计单位应当对安全设施设计负责。

矿山、金属冶炼建设项目和用于生产、储存、装卸危险物品的建设项目的安全设施设计应当按照国家有关规定报经有关部门审查,审查部门及其负责审查的人员对审查结果负责。

第三十一条　矿山、金属冶炼建设项目和用于生产、储存、装卸危险物品的建设项目的施工单位必须按照批准的安全设施设计施工,并对安全设施的工程质量负责。

矿山、金属冶炼建设项目和用于生产、储存危险物品的建设项目竣工投入生产或者使用前,应当由建设单位负责组织对安全设施进行验收;验收合格后,方可投入生产和使用。安全生产监督管理部门应当加强对建设单位验收活动和验收结果的监督核查。

第三十二条　生产经营单位应当在有较大危险因素的生产经营场所和有关设施、设备上,设置明显的安全警示标志。

第三十三条　安全设备的设计、制造、安装、使用、检测、维修、改造和报废,应当符合国家标准或者行业标准。

生产经营单位必须对安全设备进行经常性维护、保养,并定期检测,保证正常运转。维护、保养、检测应当作好记录,并由有关人员签字。

第三十四条　生产经营单位使用的危险物品的容器、运输工具,以及涉及人身安全、危险性较大的海洋石油开采特种设备和矿山井下特种设备,必须按照国家有关规定,由专业生产单位生产,并经具有专业资质的检测、检验机构检测、检验合格,取得安全使用证或者安全标志,方可投入使用。检测、检验机构对检测、检验结果负责。

第三十五条　国家对严重危及生产安全的工艺、设备实行淘汰制度,具体目录由国务院安全生产监督管理部门会同国务院有关部门制定并公布。法律、行政法规对目录的制定另有规定的,适用其规定。

省、自治区、直辖市人民政府可以根据本地区实际情况制定并公布具体目录,对前款规定以外的危及生产安全的工艺、设备予以淘汰。

生产经营单位不得使用应当淘汰的危及生产安全的工艺、设备。

第三十六条 生产、经营、运输、储存、使用危险物品或者处置废弃危险物品的,由有关主管部门依照有关法律、法规的规定和国家标准或者行业标准审批并实施监督管理。

生产经营单位生产、经营、运输、储存、使用危险物品或者处置废弃危险物品,必须执行有关法律、法规和国家标准或者行业标准,建立专门的安全管理制度,采取可靠的安全措施,接受有关主管部门依法实施的监督管理。

第三十七条 生产经营单位对重大危险源应当登记建档,进行定期检测、评估、监控,并制定应急预案,告知从业人员和相关人员在紧急情况下应当采取的应急措施。

生产经营单位应当按照国家有关规定将本单位重大危险源及有关安全措施、应急措施报有关地方人民政府安全生产监督管理部门和有关部门备案。

第三十八条 生产经营单位应当建立健全生产安全事故隐患排查治理制度,采取技术、管理措施,及时发现并消除事故隐患。事故隐患排查治理情况应当如实记录,并向从业人员通报。

县级以上地方各级人民政府负有安全生产监督管理职责的部门应当建立健全重大事故隐患治理督办制度,督促生产经营单位消除重大事故隐患。

第三十九条 生产、经营、储存、使用危险物品的车间、商店、仓库不得与员工宿舍在同一座建筑物内,并应当与员工宿舍保持安全距离。

生产经营场所和员工宿舍应当设有符合紧急疏散要求、标志明显、保持畅通的出口。禁止锁闭、封堵生产经营场所或者员工宿舍的出口。

第四十条 生产经营单位进行爆破、吊装以及国务院安全生产监督管理部门会同国务院有关部门规定的其他危险作业,应当安排专门人员进行现场安全管理,确保操作规程的遵守和安全措施的落实。

第四十一条 生产经营单位应当教育和督促从业人员严格执行本单位的安全生产规章制度和安全操作规程;并向从业人员如实告知作业场所和工作岗位存在的危险因素、防范措施以及事故应急措施。

第四十二条 生产经营单位必须为从业人员提供符合国家标准或者行业标准的劳动防护用品,并监督、教育从业人员按照使用规则佩戴、使用。

第四十三条 生产经营单位的安全生产管理人员应当根据本单位的生产经营特点,对安全生产状况进行经常性检查;对检查中发现的安全问题,应当立即处理;不能处理的,应当及时报告本单位有关负责人,有关负责人应当及时处理。检查及处理情况应当如实记录在案。

生产经营单位的安全生产管理人员在检查中发现重大事故隐患,依照前款规定向本单位有关负责人报告,有关负责人不及时处理的,安全生产管理人员可以向主管的负有安全生产监督管理职责的部门报告,接到报告的部门应当依法及时处理。

第四十四条 生产经营单位应当安排用于配备劳动防护用品、进行安全生产培训的经费。

第四十五条 两个以上生产经营单位在同一作业区域内进行生产经营活动,可能危及对方生产安全的,应当签订安全生产管理协议,明确各自的安全生产管理职责和应当采取的安全措施,并指定专职安全生产管理人员进行安全检查与协调。

第四十六条 生产经营单位不得将生产经营项目、场所、设备发包或者出租给不具备安全生产条件或者相应资质的单位或者个人。

生产经营项目、场所发包或者出租给其他单位的,生产经营单位应当与承包单位、承租单位签订专门的安全生产管理协议,或者在承包合同、租赁合同中约定各自的安全生产管理职责;生产经营单位对承包单位、承租单位的安全生产工作统一协调、管理,定期进行安全检查,发现安全问题的,应当及时督促整改。

第四十七条 生产经营单位发生生产安全事故时,单位的主要负责人应当立即组织抢救,并不得在事故调查处理期间擅离职守。

第四十八条 生产经营单位必须依法参加工伤保险,为从业人员缴纳保险费。国家鼓励生产经营单位投保安全生产责任保险。

第三章 从业人员的安全生产权利义务

第四十九条 生产经营单位与从业人员订立的劳动合同,应当载明有关保障从业人员劳动安全、防止职业危害的事项,以及依法为从业人员办理工伤保险的事项。

生产经营单位不得以任何形式与从业人员订立协议,免除或者减轻其对从业人员因生产安全事故伤亡依法应承担的责任。

第五十条 生产经营单位的从业人员有权了解其作业场所和工作岗位存在的危险因素、防范措施及事故应急措施,有权对本单位的安全生产工作提出建议。

第五十一条 从业人员有权对本单位安全生产工作中存在的问题提出批评、检举、控告;有权拒绝违章指挥和强令冒险作业。

生产经营单位不得因从业人员对本单位安全生产工作提出批评、检举、控告或者拒绝违章指挥、强令冒险作业而降低其工资、福利等待遇或者解除与其订立的劳动合同。

第五十二条 从业人员发现直接危及人身安全的紧急情况时,有权停止作业或者在采取可能的应急措施后撤离作业场所。

生产经营单位不得因从业人员在前款紧急情况下停止作业或者采取紧急撤离措施而降低其工资、福利等待遇或者解除与其订立的劳动合同。

第五十三条 因生产安全事故受到损害的从业人员,除依法享有工伤保险外,依照有关民事法律尚有获得赔偿的权利的,有权向本单位提出赔偿要求。

第五十四条 从业人员在作业过程中,应当严格遵守本单位的安全生产规章制度和操作规程,服从管理,正确佩戴和使用劳动防护用品。

第五十五条 从业人员应当接受安全生产教育和培训,掌握本职工作所需的安全生产知识,提高安全生产技能,增强事故预防和应急处理能力。

第五十六条 从业人员发现事故隐患或者其他不安全因素,应当立即向现场安全生产管理人员或者本单位负责人报告;接到报告的人员应当及时予以处理。

第五十七条 工会有权对建设项目的安全设施与主体工程同时设计、同时施工、同时投入生产和使用进行监督,提出意见。

工会对生产经营单位违反安全生产法律、法规,侵犯从业人员合法权益的行为,有权要求纠正;发现生产经营单位违章指挥、强令冒险作业或者发现事故隐患时,有权提出解决的建议,生产经营单位应当及时研究答复;发现危及从业人员生命安全的情况时,有权向生产经营单位建议组织从业人员撤离危险场所,生产经营单位必须立即作出处理。

工会有权依法参加事故调查,向有关部门提出处理意见,并要求追究有关人员的责任。

第五十八条 生产经营单位使用被派遣劳动者的,被派遣劳动者享有本法规定的从业人员的权利,并应当履行本法规定的从业人员的义务。

第四章 安全生产的监督管理

第五十九条 县级以上地方各级人民政府应当根据本行政区域内的安全生产状况,组织有关部门按照职责分工,对本行政区域内容易发生重大生产安全事故的生产经营单位进行严格检查。

安全生产监督管理部门应当按照分类分级监督管理的要求,制定安全生产年度监督检查计划,并按照年度监督检查计划进行监督检查,发现事故隐患,应当及时处理。

第六十条 负有安全生产监督管理职责的部门依照有关法律、法规的规定,对涉及安全生产的事项需要审查批准(包括批准、核准、许可、注册、认证、颁发证照等,下同)或者验收的,必须严格依照有关法律、法规和国家标准或者行业标准规定的安全生产条件和程序进行审查;不符合有关法律、法规和国家标准或者行业标准规定的安全生产条件的,不得批准或者验收通过。对未依法取得批准或者验收合格的单位擅自从事有关活动的,负责行政审批的部门发现或者接到举报后应当立即予以取缔,并依法予以处理。对已经依法取得批准的单位,负责行政审批的部门发现其不再具备安全生产条件的,应当撤销原批准。

第六十一条 负有安全生产监督管理职责的部门对涉及安全生产的事项进行审查、验收,不得收取费用;不得要求接受审查、验收的单位购买其指定品牌或者指定生产、销售单位的安全设备、器材或者其他产品。

第六十二条 安全生产监督管理部门和其他负有安全生产监督管理职责的部门依法开展安全生产行政执法工作,对生产经营单位执行有关安全生产的法律、法规和国家标准或者行业标准的情况进行监督检查,行使以下职权:

（一）进入生产经营单位进行检查，调阅有关资料，向有关单位和人员了解情况；

（二）对检查中发现的安全生产违法行为，当场予以纠正或者要求限期改正；对依法应当给予行政处罚的行为，依照本法和其他有关法律、行政法规的规定作出行政处罚决定；

（三）对检查中发现的事故隐患，应当责令立即排除；重大事故隐患排除前或者排除过程中无法保证安全的，应当责令从危险区域内撤出作业人员，责令暂时停产停业或者停止使用相关设施、设备；重大事故隐患排除后，经审查同意，方可恢复生产经营和使用；

（四）对有根据认为不符合保障安全生产的国家标准或者行业标准的设施、设备、器材以及违法生产、储存、使用、经营、运输的危险物品予以查封或者扣押，对违法生产、储存、使用、经营危险物品的作业场所予以查封，并依法作出处理决定。

监督检查不得影响被检查单位的正常生产经营活动。

第六十三条 生产经营单位对负有安全生产监督管理职责的部门的监督检查人员（以下统称安全生产监督检查人员）依法履行监督检查职责，应当予以配合，不得拒绝、阻挠。

第六十四条 安全生产监督检查人员应当忠于职守，坚持原则，秉公执法。

安全生产监督检查人员执行监督检查任务时，必须出示有效的监督执法证件；对涉及被检查单位的技术秘密和业务秘密，应当为其保密。

第六十五条 安全生产监督检查人员应当将检查的时间、地点、内容、发现的问题及其处理情况，作出书面记录，并由检查人员和被检查单位的负责人签字；被检查单位的负责人拒绝签字的，检查人员应当将情况记录在案，并向负有安全生产监督管理职责的部门报告。

第六十六条 负有安全生产监督管理职责的部门在监督检查中，应当互相配合，实行联合检查；确需分别进行检查的，应当互通情况，发现存在的安全问题应当由其他有关部门进行处理的，应当及时移送其他有关部门并形成记录备查，接受移送的部门应当及时进行处理。

第六十七条 负有安全生产监督管理职责的部门依法对存在重大事故隐患的生产经营单位作出停产停业、停止施工、停止使用相关设施或者设备的决定，生产经营单位应当依法执行，及时消除事故隐患。生产经营单位拒不执行，有发生生产安全事故的现实危险的，在保证安全的前提下，经本部门主要负责人批准，负有安全生产监督管理职责的部门可以采取通知有关单位停止供电、停止供应民用爆炸物品等措施，强制生产经营单位履行决定。通知应当采用书面形式，有关单位应当予以配合。

负有安全生产监督管理职责的部门依照前款规定采取停止供电措施，除有危及生产安全的紧急情形外，应当提前二十四小时通知生产经营单位。生产经营单位依法履行行政决定、采取相应措施消除事故隐患的，负有安全生产监督管理职责的部门应当及时解除前款规定的措施。

第六十八条 监察机关依照行政监察法的规定，对负有安全生产监督管理职责的部门及其工作人员履行安全生产监督管理职责实施监察。

第六十九条 承担安全评价、认证、检测、检验的机构应当具备国家规定的资质条件，并对其作出的安全评价、认证、检测、检验的结果负责。

第七十条 负有安全生产监督管理职责的部门应当建立举报制度，公开举报电话、信箱或者电子邮件地址，受理有关安全生产的举报；受理的举报事项经调查核实后，应当形成书面材料；需要落实整改措施的，报经有关负责人签字并督促落实。

第七十一条 任何单位或者个人对事故隐患或者安全生产违法行为，均有权向负有安全生产监督管理职责的部门报告或者举报。

第七十二条 居民委员会、村民委员会发现其所在区域内的生产经营单位存在事故隐患或者安全生产违法行为时，应当向当地人民政府或者有关部门报告。

第七十三条 县级以上各级人民政府及其有关部门对报告重大事故隐患或者举报安全生产违法行为的有功人员，给予奖励。具体奖励办法由国务院安全生产监督管理部门会同国务院财政部门制定。

第七十四条 新闻、出版、广播、电影、电视等单位有进行安全生产公益宣传教育的义务，有对违反安全生产法律、法规的行为进行舆论监督的权利。

第七十五条 负有安全生产监督管理职责的部门应当建立安全生产违法行为信息库，如实记录生产经营单位的安全生产违法行为信息；对违法行为情节严重的生产经营单位，应当向社会公告，并通报行业主管部门、投资主管部门、国土资源主管部门、证券监督管理机构以及有关金融机构。

第五章 生产安全事故的应急救援与调查处理

第七十六条 国家加强生产安全事故应急能力建设,在重点行业、领域建立应急救援基地和应急救援队伍,鼓励生产经营单位和其他社会力量建立应急救援队伍,配备相应的应急救援装备和物资,提高应急救援的专业化水平。

国务院安全生产监督管理部门建立全国统一的生产安全事故应急救援信息系统,国务院有关部门建立健全相关行业、领域的生产安全事故应急救援信息系统。

第七十七条 县级以上地方各级人民政府应当组织有关部门制定本行政区域内特大生产安全事故应急救援预案,建立应急救援体系。

第七十八条 生产经营单位应当制定本单位生产安全事故应急救援预案,与所在地县级以上地方人民政府组织制定的生产安全事故应急救援预案相衔接,并定期组织演练。

第七十九条 危险物品的生产、经营、储存单位以及矿山、金属冶炼、城市轨道交通运营、建筑施工单位应当建立应急救援组织;生产经营规模较小的,可以不建立应急救援组织,但应当指定兼职的应急救援人员。

危险物品的生产、经营、储存、运输单位以及矿山、金属冶炼、城市轨道交通运营、建筑施工单位应当配备必要的应急救援器材、设备和物资,并进行经常性维护、保养,保证正常运转。

第八十条 生产经营单位发生生产安全事故后,事故现场有关人员应当立即报告本单位负责人。

单位负责人接到事故报告后,应当迅速采取有效措施,组织抢救,防止事故扩大,减少人员伤亡和财产损失,并按照国家有关规定立即如实报告当地负有安全生产监督管理职责的部门,不得隐瞒不报、谎报或者迟报,不得故意破坏事故现场、毁灭有关证据。

第八十一条 负有安全生产监督管理职责的部门接到事故报告后,应当立即按照国家有关规定上报事故情况。负有安全生产监督管理职责的部门和有关地方人民政府对事故情况不得隐瞒不报、谎报或者迟报。

第八十二条 有关地方人民政府和负有安全生产监督管理职责的部门的负责人接到生产安全事故报告后,应当按照生产安全事故应急救援预案的要求立即赶到事故现场,组织事故抢救。

参与事故抢救的部门和单位应当服从统一指挥,加强协同联动,采取有效的应急救援措施,并根据事故救援的需要采取警戒、疏散等措施,防止事故扩大和次生灾害的发生,减少人员伤亡和财产损失。

事故抢救过程中应当采取必要措施,避免或者减少对环境造成的危害。

任何单位和个人都应当支持、配合事故抢救,并提供一切便利条件。

第八十三条 事故调查处理应当按照科学严谨、依法依规、实事求是、注重实效的原则,及时、准确地查清事故原因,查明事故性质和责任,总结事故教训,提出整改措施,并对事故责任者提出处理意见。事故调查报告应当依法及时向社会公布。事故调查和处理的具体办法由国务院制定。

事故发生单位应当及时全面落实整改措施,负有安全生产监督管理职责的部门应当加强监督检查。

第八十四条 生产经营单位发生生产安全事故,经调查确定为责任事故的,除了应当查明事故单位的责任并依法予以追究外,还应当查明对安全生产的有关事项负有审查批准和监督职责的行政部门的责任,对有失职、渎职行为的,依照本法第八十七条的规定追究法律责任。

第八十五条 任何单位和个人不得阻挠和干涉对事故的依法调查处理。

第八十六条 县级以上地方各级人民政府安全生产监督管理部门应当定期统计分析本行政区域内发生生产安全事故的情况,并定期向社会公布。

第六章 法律责任

第八十七条 负有安全生产监督管理职责的部门的工作人员,有下列行为之一的,给予降级或者撤职的处分;构成犯罪的,依照刑法有关规定追究刑事责任:

(一) 对不符合法定安全生产条件的涉及安全生产的事项予以批准或者验收通过的;

(二) 发现未依法取得批准、验收的单位擅自从事有关活动或者接到举报后不予取缔或者不依法予以处理的;

(三) 对已经依法取得批准的单位不履行监督管理职责,发现其不再具备安全生产条件而不撤销原批准或者发现安全生产违法行为不予查处的;

(四) 在监督检查中发现重大事故隐患,不依法及时处理的。

负有安全生产监督管理职责的部门的工作人员有前款规定以外的滥用职权、玩忽职守、徇私舞弊行为的，依法给予处分；构成犯罪的，依照刑法有关规定追究刑事责任。

第八十八条 负有安全生产监督管理职责的部门，要求被审查、验收的单位购买其指定的安全设备、器材或者其他产品的，在对安全生产事项的审查、验收中收取费用的，由其上级机关或者监察机关责令改正，责令退还收取的费用；情节严重的，对直接负责的主管人员和其他直接责任人员依法给予处分。

第八十九条 承担安全评价、认证、检测、检验工作的机构，出具虚假证明的，没收违法所得；违法所得在十万元以上的，并处违法所得二倍以上五倍以下的罚款；没有违法所得或者违法所得不足十万元的，单处或者并处十万元以上二十万元以下的罚款；对其直接负责的主管人员和其他直接责任人员处二万元以上五万元以下的罚款；给他人造成损害的，与生产经营单位承担连带赔偿责任；构成犯罪的，依照刑法有关规定追究刑事责任。

对有前款违法行为的机构，吊销其相应资质。

第九十条 生产经营单位的决策机构、主要负责人或者个人经营的投资人不依照本法规定保证安全生产所必需的资金投入，致使生产经营单位不具备安全生产条件的，责令限期改正，提供必需的资金；逾期未改正的，责令生产经营单位停产停业整顿。

有前款违法行为，导致发生生产安全事故的，对生产经营单位的主要负责人给予撤职处分，对个人经营的投资人处二万元以上二十万元以下的罚款；构成犯罪的，依照刑法有关规定追究刑事责任。

第九十一条 生产经营单位的主要负责人未履行本法规定的安全生产管理职责的，责令限期改正；逾期未改正的，处二万元以上五万元以下的罚款，责令生产经营单位停产停业整顿。

生产经营单位的主要负责人有前款违法行为，导致发生生产安全事故的，给予撤职处分；构成犯罪的，依照刑法有关规定追究刑事责任。

生产经营单位的主要负责人依照前款规定受刑事处罚或者撤职处分的，自刑罚执行完毕或者受处分之日起，五年内不得担任任何生产经营单位的主要负责人；对重大、特别重大生产安全事故负有责任的，终身不得担任本行业生产经营单位的主要负责人。

第九十二条 生产经营单位的主要负责人未履行本法规定的安全生产管理职责，导致发生生产安全事故的，由安全生产监督管理部门依照下列规定处以罚款：

（一）发生一般事故的，处上一年年收入百分之三十的罚款；

（二）发生较大事故的，处上一年年收入百分之四十的罚款；

（三）发生重大事故的，处上一年年收入百分之六十的罚款；

（四）发生特别重大事故的，处上一年年收入百分之八十的罚款。

第九十三条 生产经营单位的安全生产管理人员未履行本法规定的安全生产管理职责的，责令限期改正；导致发生生产安全事故的，暂停或者撤销其与安全生产有关的资格；构成犯罪的，依照刑法有关规定追究刑事责任。

第九十四条 生产经营单位有下列行为之一的，责令限期改正，可以处五万元以下的罚款；逾期未改正的，责令停产停业整顿，并处五万元以上十万元以下的罚款，对其直接负责的主管人员和其他直接责任人员处一万元以上二万元以下的罚款：

（一）未按照规定设置安全生产管理机构或者配备安全生产管理人员的；

（二）危险物品的生产、经营、储存单位以及矿山、金属冶炼、建筑施工、道路运输单位的主要负责人和安全生产管理人员未按照规定经考核合格的；

（三）未按照规定对从业人员、被派遣劳动者、实习学生进行安全生产教育和培训，或者未按照规定如实告知有关的安全生产事项的；

（四）未如实记录安全生产教育和培训情况的；

（五）未将事故隐患排查治理情况如实记录或者未向从业人员通报的；

（六）未按照规定制定生产安全事故应急救援预案或者未定期组织演练的；

（七）特种作业人员未按照规定经专门的安全作业培训并取得相应资格，上岗作业的。

第九十五条 生产经营单位有下列行为之一的，责令停止建设或者停产停业整顿，限期改正；逾期未改正的，处五十万元以上一百万元以下的罚款，对其直接负责的主管人员和其他直接责任人员处二万元以上五万元以下的罚款；构成犯罪的，依照刑法有关规定追究刑事责任：

（一）未按照规定对矿山、金属冶炼建设项目或者用于生产、储存、装卸危险物品的建设项目进行安全评价的；

（二）矿山、金属冶炼建设项目或者用于生产、储存、装卸危险物品的建设项目没有安全设施设计或者安全设施设计未按照规定报经有关部门审查同意的；

（三）矿山、金属冶炼建设项目或者用于生产、储存、装卸危险物品的建设项目的施工单位未按照批准的安全设施设计施工的；

（四）矿山、金属冶炼建设项目或者用于生产、储存危险物品的建设项目竣工投入生产或者使用前，安全设施未经验收合格的。

第九十六条 生产经营单位有下列行为之一的，责令限期改正，可以处五万元以下的罚款；逾期未改正的，处五万元以上二十万元以下的罚款，对其直接负责的主管人员和其他直接责任人员处一万元以上二万元以下的罚款；情节严重的，责令停产停业整顿；构成犯罪的，依照刑法有关规定追究刑事责任：

（一）未在有较大危险因素的生产经营场所和有关设施、设备上设置明显的安全警示标志的；

（二）安全设备的安装、使用、检测、改造和报废不符合国家标准或者行业标准的；

（三）未对安全设备进行经常性维护、保养和定期检测的；

（四）未为从业人员提供符合国家标准或者行业标准的劳动防护用品的；

（五）危险物品的容器、运输工具，以及涉及人身安全、危险性较大的海洋石油开采特种设备和矿山井下特种设备未经具有专业资质的机构检测、检验合格，取得安全使用证或者安全标志，投入使用的；

（六）使用应当淘汰的危及生产安全的工艺、设备的。

第九十七条 未经依法批准，擅自生产、经营、运输、储存、使用危险物品或者处置废弃危险物品的，依照有关危险物品安全管理的法律、行政法规的规定予以处罚；构成犯罪的，依照刑法有关规定追究刑事责任。

第九十八条 生产经营单位有下列行为之一的，责令限期改正，可以处十万元以下的罚款；逾期未改正的，责令停产停业整顿，并处十万元以上二十万元以下的罚款，对其直接负责的主管人员和其他直接责任人员处二万元以上五万元以下的罚款；构成犯罪的，依照刑法有关规定追究刑事责任：

（一）生产、经营、运输、储存、使用危险物品或者处置废弃危险物品，未建立专门安全管理制度、未采取可靠的安全措施的；

（二）对重大危险源未登记建档，或者未进行评估、监控，或者未制定应急预案的；

（三）进行爆破、吊装以及国务院安全生产监督管理部门会同国务院有关部门规定的其他危险作业，未安排专门人员进行现场安全管理的；

（四）未建立事故隐患排查治理制度的。

第九十九条 生产经营单位未采取措施消除事故隐患的，责令立即消除或者限期消除；生产经营单位拒不执行的，责令停产停业整顿，并处十万元以上五十万元以下的罚款，对其直接负责的主管人员和其他直接责任人员处二万元以上五万元以下的罚款。

第一百条 生产经营单位将生产经营项目、场所、设备发包或者出租给不具备安全生产条件或者相应资质的单位或者个人的，责令限期改正，没收违法所得；违法所得十万元以上的，并处违法所得二倍以上五倍以下的罚款；没有违法所得或者违法所得不足十万元的，单处或者并处十万元以上二十万元以下的罚款；对其直接负责的主管人员和其他直接责任人员处一万元以上二万元以下的罚款；导致发生生产安全事故给他人造成损害的，与承包方、承租方承担连带赔偿责任。

生产经营单位未与承包单位、承租单位签订专门的安全生产管理协议或者未在承包合同、租赁合同中明确各自的安全生产管理职责，或者未对承包单位、承租单位的安全生产统一协调、管理的，责令限期改正，可以处五万元以下的罚款，对其直接负责的主管人员和其他直接责任人员可以处一万元以下的罚款；逾期未改正的，责令停产停业整顿。

第一百零一条 两个以上生产经营单位在同一作业区域内进行可能危及对方安全生产的生产经营活动，未签订安全生产管理协议或者未指定专职安全生产管理人员进行安全检查与协调的，责令限期改正，可以处五万元以下的罚款，对其直接负责的主管人员和其他直接责任人员可以处一万元以下的罚款；逾期未改正的，责令停产停业。

第一百零二条 生产经营单位有下列行为之一的，责令限期改正，可以处五万元以下的罚款，对其直接负责的主管人员和其他直接责任人员可以处一万元以下的罚款；逾期未改正的，责令停产停业整顿；构成犯罪的，依照刑法有关规定追究刑事责任：

（一）生产、经营、储存、使用危险物品的车间、商店、仓库与员工宿舍在同一座建筑内，或者与员工宿舍的距离不符合安全要求的；

（二）生产经营场所和员工宿舍未设有符合紧急疏散需要、标志明显、保持畅通的出口，或者锁闭、封堵生产经营场所或者员工宿舍出口的。

第一百零三条 生产经营单位与从业人员订立协议，免除或者减轻其对从业人员因生产安全事故伤亡依法应承担的责任的，该协议无效；对生产经营单位的主要负责人、个人经营的投资人处二万元以上十万元以下的罚款。

第一百零四条 生产经营单位的从业人员不服从管理，违反安全生产规章制度或者操作规程的，由生产经营单位给予批评教育，依照有关规章制度给予处分；构成犯罪的，依照刑法有关规定追究刑事责任。

第一百零五条 违反本法规定，生产经营单位拒绝、阻碍负有安全生产监督管理职责的部门依法实施监督检查的，责令改正；拒不改正的，处二万元以上二十万元以下的罚款；对其直接负责的主管人员和其他直接责任人员处一万元以上二万元以下的罚款；构成犯罪的，依照刑法有关规定追究刑事责任。

第一百零六条 生产经营单位的主要负责人在本单位发生生产安全事故时，不立即组织抢救或者在事故调查处理期间擅离职守或者逃匿的，给予降级、撤职的处分，并由安全生产监督管理部门处上一年年收入百分之六十至百分之一百的罚款；对逃匿的处十五日以下拘留；构成犯罪的，依照刑法有关规定追究刑事责任。

生产经营单位的主要负责人对生产安全事故隐瞒不报、谎报或者迟报的，依照前款规定处罚。

第一百零七条 有关地方人民政府、负有安全生产监督管理职责的部门，对生产安全事故隐瞒不报、谎报或者迟报的，对直接负责的主管人员和其他直接责任人员依法给予处分；构成犯罪的，依照刑法有关规定追究刑事责任。

第一百零八条 生产经营单位不具备本法和其他有关法律、行政法规和国家标准或者行业标准规定的安全生产条件，经停产停业整顿仍不具备安全生产条件的，予以关闭；有关部门应当依法吊销其有关证照。

第一百零九条 发生生产安全事故，对负有责任的生产经营单位除要求其依法承担相应的赔偿等责任外，由安全生产监督管理部门依照下列规定处以罚款：

（一）发生一般事故的，处二十万元以上五十万元以下的罚款；

（二）发生较大事故的，处五十万元以上一百万元以下的罚款；

（三）发生重大事故的，处一百万元以上五百万元以下的罚款；

（四）发生特别重大事故的，处五百万元以上一千万元以下的罚款；情节特别严重的，处一千万元以上二千万元以下的罚款。

第一百一十条 本法规定的行政处罚，由安全生产监督管理部门和其他负有安全生产监督管理职责的部门按照职责分工决定。予以关闭的行政处罚由负有安全生产监督管理职责的部门报请县级以上人民政府按照国务院规定的权限决定；给予拘留的行政处罚由公安机关依照治安管理处罚法的规定决定。

第一百一十一条 生产经营单位发生生产安全事故造成人员伤亡、他人财产损失的，应当依法承担赔偿责任；拒不承担或者其负责人逃匿的，由人民法院依法强制执行。

生产安全事故的责任人未依法承担赔偿责任，经人民法院依法采取执行措施后，仍不能对受害人给予足额赔偿的，应当继续履行赔偿义务；受害人发现责任人有其他财产的，可以随时请求人民法院执行。

第七章 附则

第一百一十二条 本法下列用语的含义：

危险物品，是指易燃易爆物品、危险化学品、放射性物品等能够危及人身安全和财产安全的物品。

重大危险源，是指长期地或者临时地生产、搬运、使用或者储存危险物品，且危险物品的数量等于或者超过临界量的单元（包括场所和设施）。

第一百一十三条 本法规定的生产安全一般事故、较大事故、重大事故、特别重大事故的划分标准由国务院规定。

国务院安全生产监督管理部门和其他负有安全生产监督管理职责的部门应当根据各自的职责分工，制定相关行业、领域重大事故隐患的判定标准。

第一百一十四条 本法自 2002 年 11 月 1 日起施行。

中华人民共和国建筑法(节选)

中华人民共和国主席令第 46 号

《全国人民代表大会常务委员会关于修改〈中华人民共和国建筑法〉的决定》已由第十一届全国人民代表大会常务委员会第二十次会议于 2011 年 4 月 22 日通过,并予公布,自 2011 年 7 月 1 日起施行。

第一章　总则

第二条　在中华人民共和国境内从事建筑活动,实施对建筑活动的监督管理,应当遵守本法。

本法所称建筑活动,是指各类房屋建筑及其附属设施的建造和与其配套的线路、管道、设备的安装活动。

第三条　建筑活动应当确保建筑工程质量和安全,符合国家的建筑工程安全标准。

第六条　国务院建设行政主管部门对全国的建筑活动实施统一监督管理。

第二章　建筑许可

第一节　建筑工程施工许可

第七条　建筑工程开工前,建设单位应当按照国家有关规定向工程所在地县级以上人民政府建设行政主管部门申请领取施工许可证;但是,国务院建设行政主管部门确定的限额以下的小型工程除外。

按照国务院规定的权限和程序批准开工报告的建筑工程,不再领取施工许可证。

第八条　申请领取施工许可证,应当具备下列条件:

(一)已经办理该建筑工程用地批准手续;

(二)在城市规划区的建筑工程,已经取得规划许可证;

(三)需要拆迁的,其拆迁进度符合施工要求;

(四)已经确定建筑施工企业;

(五)有满足施工需要的施工图纸及技术资料;

(六)有保证工程质量和安全的具体措施;

(七)建设资金已经落实;

(八)法律、行政法规规定的其他条件。

建设行政主管部门应当自收到申请之日起十五日内,对符合条件的申请颁发施工许可证。

第九条　建设单位应当自领取施工许可证之日起三个月内开工。因故不能按期开工的,应当向发证机关申请延期;延期以两次为限,每次不超过三个月。既不开工又不申请延期或者超过延期时限的,施工许可证自行废止。

第十条　在建的建筑工程因故中止施工的,建设单位应当自中止施工之日起一个月内,向发证机关报告,并按照规定做好建筑工程的维护管理工作。

建筑工程恢复施工时,应当向发证机关报告;中止施工满一年的工程恢复施工前,建设单位应当报发证机关核验施工许可证。

第十一条　按照国务院有关规定批准开工报告的建筑工程,因故不能按期开工或者中止施工的,应当及时向批准机关报告情况。因故不能按期开工超过六个月的,应当重新办理开工报告的批准手续。

第二节　从业资格

第十二条　从事建筑活动的建筑施工企业、勘察单位、设计单位和工程监理单位,应当具备下列条件:

(一)有符合国家规定的注册资本;

(二)有与其从事的建筑活动相适应的具有法定执业资格的专业技术人员;

(三)有从事相关建筑活动所应有的技术装备;

(四)法律、行政法规规定的其他条件。

第十三条　从事建筑活动的建筑施工企业、勘察单位、设计单位和工程监理单位,按照其拥有的注册资本、专业技术人员、技术装备和已完成的建筑工程业绩等资质条件,划分为不同的资质等级,经资质审查合格,取得相应等级的资质证书后,方可在其资质等级许可的范围内从事建筑活动。

第十四条 从事建筑活动的专业技术人员,应当依法取得相应的执业资格证书,并在执业资格证书许可的范围内从事建筑活动。

第三章 建筑工程发包与承包

第二节 发包

第二十四条 提倡对建筑工程实行总承包,禁止将建筑工程肢解发包。

建筑工程的发包单位可以将建筑工程的勘察、设计、施工、设备采购一并发包给一个工程总承包单位,也可以将建筑工程勘察、设计、施工、设备采购的一项或者多项发包给一个工程总承包单位;但是,不得将应当由一个承包单位完成的建筑工程肢解成若干部分发包给几个承包单位。

第二十五条 按照合同约定,建筑材料、建筑构配件和设备由工程承包单位采购的,发包单位不得指定承包单位购入用于工程的建筑材料、建筑构配件和设备或者指定生产厂、供应商。

第三节 承包

第二十六条 承包建筑工程的单位应当持有依法取得的资质证书,并在其资质等级许可的业务范围内承揽工程。

禁止建筑施工企业超越本企业资质等级许可的业务范围或者以任何形式用其他建筑施工企业的名义承揽工程。禁止建筑施工企业以任何形式允许其他单位或者个人使用本企业的资质证书、营业执照,以本企业的名义承揽工程。

第二十七条 大型建筑工程或者结构复杂的建筑工程,可以由两个以上的承包单位联合共同承包。共同承包的各方对承包合同的履行承担连带责任。

两个以上不同资质等级的单位实行联合共同承包的,应当按照资质等级低的单位的业务许可范围承揽工程。

第二十八条 禁止承包单位将其承包的全部建筑工程转包给他人,禁止承包单位将其承包的全部建筑工程肢解以后以分包的名义分别转包给他人。

第二十九条 建筑工程总承包单位可以将承包工程中的部分工程发包给具有相应资质条件的分包单位;但是,除总承包合同中约定的分包外,必须经建设单位认可。施工总承包的,建筑工程主体结构的施工必须由总承包单位自行完成。

建筑工程总承包单位按照总承包合同的约定对建设单位负责;分包单位按照分包合同的约定对总承包单位负责。总承包单位和分包单位就分包工程对建设单位承担连带责任。

禁止总承包单位将工程分包给不具备相应资质条件的单位。禁止分包单位将其承包的工程再分包。

第五章 建筑安全生产管理

第三十六条 建筑工程安全生产管理必须坚持安全第一、预防为主的方针,建立健全安全生产的责任制度和群防群治制度。

第三十七条 建筑工程设计应当符合按照国家规定制定的建筑安全规程和技术规范,保证工程的安全性能。

第三十八条 建筑施工企业在编制施工组织设计时,应当根据建筑工程的特点制定相应的安全技术措施;对专业性较强的工程项目,应当编制专项安全施工组织设计,并采取安全技术措施。

第三十九条 建筑施工企业应当在施工现场采取维护安全、防范危险、预防火灾等措施;有条件的,应当对施工现场实行封闭管理。

施工现场对毗邻的建筑物、构筑物和特殊作业环境可能造成损害的,建筑施工企业应当采取安全防护措施。

第四十条 建设单位应当向建筑施工企业提供与施工现场相关的地下管线资料,建筑施工企业应当采取措施加以保护。

第四十一条 建筑施工企业应当遵守有关环境保护和安全生产的法律、法规的规定,采取控制和处理施工现场的各种粉尘、废气、废水、固体废物以及噪声、振动对环境的污染和危害的措施。

第四十二条 有下列情形之一的,建设单位应当按照国家有关规定办理申请批准手续:

(一)需要临时占用规划批准范围以外场地的;

(二)可能损坏道路、管线、电力、邮电通讯等公共设施的;

(三)需要临时停水、停电、中断道路交通的;

(四)需要进行爆破作业的;

(五)法律、法规规定需要办理报批手续的其他情形。

第四十三条 建设行政主管部门负责建筑安全生产的管理,并依法接受劳动行政主管部门对建筑安全生产的指导和监督。

第四十四条 建筑施工企业必须依法加强对建筑安全生产的管理,执行安全生产责任制度,采取有效措施,防止伤亡和其他安全生产事故的发生。

建筑施工企业的法定代表人对本企业的安全生产负责。

第四十五条 施工现场安全由建筑施工企业负责。实行施工总承包的,由总承包单位负责。分包单位向总承包单位负责,服从总承包单位对施工现场的安全生产管理。

第四十六条 建筑施工企业应当建立健全劳动安全生产教育培训制度,加强对职工安全生产的教育培训;未经安全生产教育培训的人员,不得上岗作业。

第四十七条 建筑施工企业和作业人员在施工过程中,应当遵守有关安全生产的法律、法规和建筑行业安全规章、规程,不得违章指挥或者违章作业。作业人员有权对影响人身健康的作业程序和作业条件提出改进意见,有权获得安全生产所需的防护用品。作业人员对危及生命安全和人身健康的行为有权提出批评、检举和控告。

第四十八条 建筑施工企业应当依法为职工参加工伤保险缴纳工伤保险费。鼓励企业为从事危险作业的职工办理意外伤害保险,支付保险费。

第四十九条 涉及建筑主体和承重结构变动的装修工程,建设单位应当在施工前委托原设计单位或者具有相应资质条件的设计单位提出设计方案;没有设计方案的,不得施工。

第五十条 房屋拆除应当由具备保证安全条件的建筑施工单位承担,由建筑施工单位负责人对安全负责。

第五十一条 施工中发生事故时,建筑施工企业应当采取紧急措施减少人员伤亡和事故损失,并按照国家有关规定及时向有关部门报告。

第六章 建筑工程质量管理

第五十七条 建筑设计单位对设计文件选用的建筑材料、建筑构配件和设备,不得指定生产厂、供应商。

第五十八条 建筑施工企业对工程的施工质量负责。

第六十一条 交付竣工验收的建筑工程,必须符合规定的建筑工程质量标准,有完整的工程技术经济资料和经签署的工程保修书,并具备国家规定的其他竣工条件。

建筑工程竣工经验收合格后,方可交付使用;未经验收或者验收不合格的,不得交付使用。

第七章 法律责任

第六十四条 违反本法规定,未取得施工许可证或者开工报告未经批准擅自施工的,责令改正,对不符合开工条件的责令停止施工,可以处以罚款。

第六十五条 发包单位将工程发包给不具有相应资质条件的承包单位的,或者违反本法规定将建筑工程肢解发包的,责令改正,处以罚款。

超越本单位资质等级承揽工程的,责令停止违法行为,处以罚款,可以责令停业整顿,降低资质等级;情节严重的,吊销资质证书;有违法所得的,予以没收。

未取得资质证书承揽工程的,予以取缔,并处罚款;有违法所得的,予以没收。

以欺骗手段取得资质证书的,吊销资质证书,处以罚款;构成犯罪的,依法追究刑事责任。

第六十六条 建筑施工企业转让、出借资质证书或者以其他方式允许他人以本企业的名义承揽工程的,责令改正,没收违法所得,并处罚款,可以责令停业整顿,降低资质等级;情节严重的,吊销资质证书。对因该项承揽工程不符合规定的质量标准造成的损失,建筑施工企业与使用本企业名义的单位或者个人承担连带赔偿责任。

第六十七条 承包单位将承包的工程转包的,或者违反本法规定进行分包的,责令改正,没收违法所得,并处罚款,可以责令停业整顿,降低资质等级;情节严重的,吊销资质证书。

承包单位有前款规定的违法行为的,对因转包工程或者违法分包的工程不符合规定的质量标准造成的损失,与接受转包或者分包的单位承担连带赔偿责任。

第六十八条 在工程发包与承包中索贿、受贿、行贿,构成犯罪的,依法追究刑事责任;不构成犯罪的,分别处以罚款,没收贿赂的财物,对直接负责的主管人员和其他直接责任人员给予处分。

对在工程承包中行贿的承包单位,除依照前款规定处罚外,可以责令停业整顿,降低资质等级或者吊销资质证书。

第七十条 违反本法规定,涉及建筑主体或者承重结构变动的装修工程擅自施工的,责令改正,处以罚款;造成损失的,承担赔偿责任;构成犯罪的,依法追究刑事责任。

第七十一条 建筑施工企业违反本法规定,对建筑安全事故隐患不采取措施予以消除的,责令改正,可以处以罚款;情节严重的,责令停业整顿,降低资质等级或者吊销资质证书;构成犯罪的,依法追究刑事责任。

建筑施工企业的管理人员违章指挥、强令职工冒险作业,因而发生重大伤亡事故或者造成其他严重后果的,依法追究刑事责任。

第七十三条 建筑设计单位不按照建筑工程质量、安全标准进行设计的,责令改正,处以罚款;造成工程质量事故的,责令停业整顿,降低资质等级或者吊销资质证书,没收违法所得,并处罚款;造成损失的,承担赔偿责任;构成犯罪的,依法追究刑事责任。

第七十六条 本法规定的责令停业整顿、降低资质等级和吊销资质证书的行政处罚,由颁发资质证书的机关决定;其他行政处罚,由建设行政主管部门或者有关部门依照法律和国务院规定的职权范围决定。

依照本法规定被吊销资质证书的,由工商行政管理部门吊销其营业执照。

第七十七条 违反本法规定,对不具备相应资质等级条件的单位颁发该等级资质证书的,由其上级机关责令收回所发的资质证书,对直接负责的主管人员和其他直接责任人员给予行政处分;构成犯罪的,依法追究刑事责任。

第七十八条 政府及其所属部门的工作人员违反本法规定,限定发包单位将招标发包的工程发包给指定的承包单位的,由上级机关责令改正;构成犯罪的,依法追究刑事责任。

第七十九条 负责颁发建筑工程施工许可证的部门及其工作人员对不符合施工条件的建筑工程颁发施工许可证的,负责工程质量监督检查或者竣工验收的部门及其工作人员对不合格的建筑工程出具质量合格文件或者按合格工程验收的,由上级机关责令改正,对责任人员给予行政处分;构成犯罪的,依法追究刑事责任;造成损失的,由该部门承担相应的赔偿责任。

第八十条 在建筑物的合理使用寿命内,因建筑工程质量不合格受到损害的,有权向责任者要求赔偿。

第八章 附则

第八十一条 本法关于施工许可、建筑施工企业资质审查和建筑工程发包、承包、禁止转包,以及建筑工程监理、建筑工程安全和质量管理的规定,适用于其他专业建筑工程的建筑活动,具体办法由国务院规定。

中华人民共和国消防法（节选）

中华人民共和国主席令第 6 号

《中华人民共和国消防法》已由中华人民共和国第十一届全国人民代表大会常务委员会第五次会议于 2008 年 10 月 28 日修订通过，并予公布，自 2009 年 5 月 1 日施行。

第一条 为了预防火灾和减少火灾危害，加强应急救援工作，保护人身、财产安全，维护公共安全，制定本法。

第二条 消防工作贯彻预防为主、防消结合的方针，按照政府统一领导、部门依法监管、单位全面负责、公民积极参与的原则，实行消防安全责任制，建立健全社会化的消防工作网络。

第九条 建设工程的消防设计、施工必须符合国家工程建设消防技术标准。建设、设计、施工、工程监理等单位依法对建设工程的消防设计、施工质量负责。

第十条 按照国家工程建设消防技术标准需要进行消防设计的建设工程，除本法第十一条另有规定的外，建设单位应当自依法取得施工许可之日起七个工作日内，将消防设计文件报公安机关消防机构备案，公安机关消防机构应当进行抽查。

第十一条 国务院公安部门规定的大型的人员密集场所和其他特殊建设工程，建设单位应当将消防设计文件报送公安机关消防机构审核。公安机关消防机构依法对审核的结果负责。

第十二条 依法应当经公安机关消防机构进行消防设计审核的建设工程，未经依法审核或者审核不合格的，负责审批该工程施工许可的部门不得给予施工许可，建设单位、施工单位不得施工；其他建设工程取得施工许可后经依法抽查不合格的，应当停止施工。

第十三条 按照国家工程建设消防技术标准需要进行消防设计的建设工程竣工，依照下列规定进行消防验收、备案：

（一）本法第十一条规定的建设工程，建设单位应当向公安机关消防机构申请消防验收；

（二）其他建设工程，建设单位在验收后应当报公安机关消防机构备案，公安机关消防机构应当进行抽查。

依法应当进行消防验收的建设工程，未经消防验收或者消防验收不合格的，禁止投入使用；其他建设工程经依法抽查不合格的，应当停止使用。

第十四条 建设工程消防设计审核、消防验收、备案和抽查的具体办法，由国务院公安部门规定。

第十五条 公众聚集场所在投入使用、营业前，建设单位或者使用单位应当向场所所在地的县级以上地方人民政府公安机关消防机构申请消防安全检查。

公安机关消防机构应当自受理申请之日起十个工作日内，根据消防技术标准和管理规定，对该场所进行消防安全检查。未经消防安全检查或者经检查不符合消防安全要求的，不得投入使用、营业。

第十六条 机关、团体、企业、事业等单位应当履行下列消防安全职责：

（一）落实消防安全责任制，制定本单位的消防安全制度、消防安全操作规程，制定灭火和应急疏散预案；

（二）按照国家标准、行业标准配置消防设施、器材，设置消防安全标志，并定期组织检验、维修，确保完好有效；

（三）对建筑消防设施每年至少进行一次全面检测，确保完好有效，检测记录应当完整准确，存档备查；

（四）保障疏散通道、安全出口、消防车通道畅通，保证防火防烟分区、防火间距符合消防技术标准；

（五）组织防火检查，及时消除火灾隐患；

（六）组织进行有针对性的消防演练；

（七）法律、法规规定的其他消防安全职责。

单位的主要负责人是本单位的消防安全责任人。

第二十一条 禁止在具有火灾、爆炸危险的场所吸烟、使用明火。因施工等特殊情况需要使用明火作业的，应当按照规定事先办理审批手续，采取相应的消防安全措施；作业人员应当遵守消防安全规定。

进行电焊、气焊等具有火灾危险作业的人员和自动消防系统的操作人员，必须持证上岗，并遵守消防安全操作规程。

第二十二条 生产、储存、装卸易燃易爆危险品的工厂、仓库和专用车站、码头的设置,应当符合消防技术标准。易燃易爆气体和液体的充装站、供应站、调压站,应当设置在符合消防安全要求的位置,并符合防火防爆要求。

已经设置的生产、储存、装卸易燃易爆危险品的工厂、仓库和专用车站、码头,易燃易爆气体和液体的充装站、供应站、调压站,不再符合前款规定的,地方人民政府应当组织、协调有关部门、单位限期解决,消除安全隐患。

第二十三条 生产、储存、运输、销售、使用、销毁易燃易爆危险品,必须执行消防技术标准和管理规定。

进入生产、储存易燃易爆危险品的场所,必须执行消防安全规定。禁止非法携带易燃易爆危险品进入公共场所或者乘坐公共交通工具。

储存可燃物资仓库的管理,必须执行消防技术标准和管理规定。

第二十六条 建筑构件、建筑材料和室内装修、装饰材料的防火性能必须符合国家标准;没有国家标准的,必须符合行业标准。

人员密集场所室内装修、装饰,应当按照消防技术标准的要求,使用不燃、难燃材料。

第二十七条 电器产品、燃气用具的产品标准,应当符合消防安全的要求。

电器产品、燃气用具的安装、使用及其线路、管路的设计、敷设、维护保养、检测,必须符合消防技术标准和管理规定。

中华人民共和国特种设备安全法(节选)

中华人民共和国主席令第 4 号

《中华人民共和国特种设备安全法》由中华人民共和国第十二届全国人民代表大会常务委员会第 3 次会议于 2013 年 6 月 29 日通过,并予公布,自 2014 年 1 月 1 日起施行。

第二条 特种设备的生产(包括设计、制造、安装、改造、修理)、经营、使用、检验、检测和特种设备安全的监督管理,适用本法。

本法所称特种设备,是指对人身和财产安全有较大危险性的锅炉、压力容器(含气瓶)、压力管道、电梯、起重机械、客运索道、大型游乐设施、场(厂)内专用机动车辆,以及法律、行政法规规定适用本法的其他特种设备。

国家对特种设备实行目录管理。特种设备目录由国务院负责特种设备安全监督管理的部门制定,报国务院批准后执行。

第三条 特种设备安全工作应当坚持安全第一、预防为主、节能环保、综合治理的原则。

第三十二条 特种设备使用单位应当使用取得许可生产并经检验合格的特种设备。

禁止使用国家明令淘汰和已经报废的特种设备。

第三十三条 特种设备使用单位应当在特种设备投入使用前或者投入使用后三十日内,向负责特种设备安全监督管理的部门办理使用登记,取得使用登记证书。登记标志应当置于该特种设备的显著位置。

第三十四条 特种设备使用单位应当建立岗位责任、隐患治理、应急救援等安全管理制度,制定操作规程,保证特种设备安全运行。

第三十五条 特种设备使用单位应当建立特种设备安全技术档案。安全技术档案应当包括以下内容:

(一)特种设备的设计文件、产品质量合格证明、安装及使用维护保养说明、监督检验证明等相关技术资料和文件;

(二)特种设备的定期检验和定期自行检查记录;

(三)特种设备的日常使用状况记录;

(四)特种设备及其附属仪器仪表的维护保养记录;

(五)特种设备的运行故障和事故记录。

第三十七条 特种设备的使用应当具有规定的安全距离、安全防护措施。

与特种设备安全相关的建筑物、附属设施,应当符合有关法律、行政法规的规定。

第三十九条 特种设备使用单位应当对其使用的特种设备进行经常性维护保养和定期自行检查,并作出记录。

特种设备使用单位应当对其使用的特种设备的安全附件、安全保护装置进行定期校验、检修,并作出记录。

第四十条 特种设备使用单位应当按照安全技术规范的要求,在检验合格有效期届满前一个月向特种设备检验机构提出定期检验要求。

特种设备检验机构接到定期检验要求后,应当按照安全技术规范的要求及时进行安全性能检验。特种设备使用单位应当将定期检验标志置于该特种设备的显著位置。

未经定期检验或者检验不合格的特种设备,不得继续使用。

第四十一条 特种设备安全管理人员应当对特种设备使用状况进行经常性检查,发现问题应当立即处理;情况紧急时,可以决定停止使用特种设备并及时报告本单位有关负责人。

特种设备作业人员在作业过程中发现事故隐患或者其他不安全因素,应当立即向特种设备安全管理人员和单位有关负责人报告;特种设备运行不正常时,特种设备作业人员应当按照操作规程采取有效措施保证安全。

第四十二条 特种设备出现故障或者发生异常情况,特种设备使用单位应当对其进行全面检查,消除事故隐患,方可继续使用。

中华人民共和国突发事件应对法(节选)

中华人民共和国主席令第 69 号

《中华人民共和国突发事件应对法》已由中华人民共和国第十届全国人民代表大会常务委员会第二十九次会议于 2007 年 8 月 30 日通过,并予公布,自 2007 年 11 月 1 日起施行。

第一条 为了预防和减少突发事件的发生,控制、减轻和消除突发事件引起的严重社会危害,规范突发事件应对活动,保护人民生命财产安全,维护国家安全、公共安全、环境安全和社会秩序,制定本法。

第二条 突发事件的预防与应急准备、监测与预警、应急处置与救援、事后恢复与重建等应对活动,适用本法。

第三条 本法所称突发事件,是指突然发生,造成或者可能造成严重社会危害,需要采取应急处置措施予以应对的自然灾害、事故灾难、公共卫生事件和社会安全事件。

按照社会危害程度、影响范围等因素,自然灾害、事故灾难、公共卫生事件分为特别重大、重大、较大和一般四级。法律、行政法规或者国务院另有规定的,从其规定。

突发事件的分级标准由国务院或者国务院确定的部门制定。

第四条 国家建立统一领导、综合协调、分类管理、分级负责、属地管理为主的应急管理体制。

第五条 突发事件应对工作实行预防为主、预防与应急相结合的原则。国家建立重大突发事件风险评估体系,对可能发生的突发事件进行综合性评估,减少重大突发事件的发生,最大限度地减轻重大突发事件的影响。

第十八条 应急预案应当根据本法和其他有关法律、法规的规定,针对突发事件的性质、特点和可能造成的社会危害,具体规定突发事件应急管理工作的组织指挥体系与职责和突发事件的预防与预警机制、处置程序、应急保障措施以及事后恢复与重建措施等内容。

第二十二条 所有单位应当建立健全安全管理制度,定期检查本单位各项安全防范措施的落实情况,及时消除事故隐患;掌握并及时处理本单位存在的可能引发社会安全事件的问题,防止矛盾激化和事态扩大;对本单位可能发生的突发事件和采取安全防范措施的情况,应当按照规定及时向所在地人民政府或者人民政府有关部门报告。

第二十三条 矿山、建筑施工单位和易燃易爆物品、危险化学品、放射性物品等危险物品的生产、经营、储运、使用单位,应当制定具体应急预案,并对生产经营场所、有危险物品的建筑物、构筑物及周边环境开展隐患排查,及时采取措施消除隐患,防止发生突发事件。

第五十六条 受到自然灾害危害或者发生事故灾难、公共卫生事件的单位,应当立即组织本单位应急救援队伍和工作人员营救受害人员,疏散、撤离、安置受到威胁的人员,控制危险源,标明危险区域,封锁危险场所,并采取其他防止危害扩大的必要措施,同时向所在地县级人民政府报告;对因本单位的问题引发的或者主体是本单位人员的社会安全事件,有关单位应当按照规定上报情况,并迅速派出负责人赶赴现场开展劝解、疏导工作。

突发事件发生地的其他单位应当服从人民政府发布的决定、命令,配合人民政府采取的应急处置措施,做好本单位的应急救援工作,并积极组织人员参加所在地的应急救援和处置工作。

中华人民共和国社会保险法(节选)

中华人民共和国主席令第 35 号

《中华人民共和国社会保险法》已由中华人民共和国第十一届全国人民代表大会常务委员会第十七次会议于 2010 年 10 月 28 日通过,并予公布,自 2011 年 7 月 1 日起施行。

第四章　工伤保险

第三十三条　职工应当参加工伤保险,由用人单位缴纳工伤保险费,职工不缴纳工伤保险费。

第三十四条　国家根据不同行业的工伤风险程度确定行业的差别费率,并根据使用工伤保险基金、工伤发生率等情况在每个行业内确定费率档次。行业差别费率和行业内费率档次由国务院社会保险行政部门制定,报国务院批准后公布施行。

社会保险经办机构根据用人单位使用工伤保险基金、工伤发生率和所属行业费率档次等情况,确定用人单位缴费费率。

第三十五条　用人单位应当按照本单位职工工资总额,根据社会保险经办机构确定的费率缴纳工伤保险费。

第三十六条　职工因工作原因受到事故伤害或者患职业病,且经工伤认定的,享受工伤保险待遇;其中,经劳动能力鉴定丧失劳动能力的,享受伤残待遇。

工伤认定和劳动能力鉴定应当简捷、方便。

第三十七条　职工因下列情形之一导致本人在工作中伤亡的,不认定为工伤:

(一)故意犯罪;

(二)醉酒或者吸毒;

(三)自残或者自杀;

(四)法律、行政法规规定的其他情形。

第三十八条　因工伤发生的下列费用,按照国家规定从工伤保险基金中支付:

(一)治疗工伤的医疗费用和康复费用;

(二)住院伙食补助费;

(三)到统筹地区以外就医的交通食宿费;

(四)安装配置伤残辅助器具所需费用;

(五)生活不能自理的,经劳动能力鉴定委员会确认的生活护理费;

(六)一次性伤残补助金和一至四级伤残职工按月领取的伤残津贴;

(七)终止或者解除劳动合同时,应当享受的一次性医疗补助金;

(八)因工死亡的,其遗属领取的丧葬补助金、供养亲属抚恤金和因工死亡补助金;

(九)劳动能力鉴定费。

第三十九条　因工伤发生的下列费用,按照国家规定由用人单位支付:

(一)治疗工伤期间的工资福利;

(二)五级、六级伤残职工按月领取的伤残津贴;

(三)终止或者解除劳动合同时,应当享受的一次性伤残就业补助金。

第四十条　工伤职工符合领取基本养老金条件的,停发伤残津贴,享受基本养老保险待遇。基本养老保险待遇低于伤残津贴的,从工伤保险基金中补足差额。

第四十一条　职工所在用人单位未依法缴纳工伤保险费,发生工伤事故的,由用人单位支付工伤保险待遇。用人单位不支付的,从工伤保险基金中先行支付。

从工伤保险基金中先行支付的工伤保险待遇应当由用人单位偿还。用人单位不偿还的,社会保险经办机构可以依照本法第六十三条的规定追偿。

第四十二条　由于第三人的原因造成工伤,第三人不支付工伤医疗费用或者无法确定第三人的,由工伤保险基金先行支付。工伤保险基金先行支付后,有权向第三人追偿。

第四十三条　工伤职工有下列情形之一的,停止享受工伤保险待遇:

(一)丧失享受待遇条件的;

(二)拒不接受劳动能力鉴定的;

(三)拒绝治疗的。

第五章　失业保险

第四十四条　职工应当参加失业保险,由用人单位和职工按照国家规定共同缴纳失业保险费。

第四十五条　失业人员符合下列条件的,从失业保险基金中领取失业保险金:

(一)失业前用人单位和本人已经缴纳失业保险费满一年的;

(二)非因本人意愿中断就业的;

(三)已经进行失业登记,并有求职要求的。

第四十六条　失业人员失业前用人单位和本人累计缴费满一年不足五年的,领取失业保险金的期限最长为十二个月;累计缴费满五年不足十年的,领取失业保险金的期限最长为十八个月;累计缴费十年以上的,领取失业保险金的期限最长为二十四个月。重新就业后,再次失业的,缴费时间重新计算,领取失业保险金的期限与前次失业应当领取而尚未领取的失业保险金的期限合并计算,最长不超过二十四个月。

第四十七条　失业保险金的标准,由省、自治区、直辖市人民政府确定,不得低于城市居民最低生活保障标准。

第四十八条　失业人员在领取失业保险金期间,参加职工基本医疗保险,享受基本医疗保险待遇。

失业人员应当缴纳的基本医疗保险费从失业保险基金中支付,个人不缴纳基本医疗保险费。

第四十九条　失业人员在领取失业保险金期间死亡的,参照当地对在职职工死亡的规定,向其遗属发给一次性丧葬补助金和抚恤金。所需资金从失业保险基金中支付。

个人死亡同时符合领取基本养老保险丧葬补助金、工伤保险丧葬补助金和失业保险丧葬补助金条件的,其遗属只能选择领取其中的一项。

第五十条　用人单位应当及时为失业人员出具终止或者解除劳动关系的证明,并将失业人员的名单自终止或者解除劳动关系之日起十五日内告知社会保险经办机构。

失业人员应当持本单位为其出具的终止或者解除劳动关系的证明,及时到指定的公共就业服务机构办理失业登记。

失业人员凭失业登记证明和个人身份证明,到社会保险经办机构办理领取失业保险金的手续。失业保险金领取期限自办理失业登记之日起计算。

第五十一条　失业人员在领取失业保险金期间有下列情形之一的,停止领取失业保险金,并同时停止享受其他失业保险待遇:

(一)重新就业的;

(二)应征服兵役的;

(三)移居境外的;

(四)享受基本养老保险待遇的;

(五)无正当理由,拒不接受当地人民政府指定部门或者机构介绍的适当工作或者提供的培训的。

第五十二条　职工跨统筹地区就业的,其失业保险关系随本人转移,缴费年限累计计算。

第二篇　法规

建设工程安全生产管理条例

中华人民共和国国务院令第 393 号

《建设工程安全生产管理条例》已经 2003 年 11 月 12 日国务院第 28 次常务会议通过,并予公布,自 2004 年 2 月 1 日起施行。

第一章　总则

第一条　为了加强建设工程安全生产监督管理,保障人民群众生命和财产安全,根据《中华人民共和国建筑法》、《中华人民共和国安全生产法》,制定本条例。

第二条　在中华人民共和国境内从事建设工程的新建、扩建、改建和拆除等有关活动及实施对建设工程安全生产的监督管理,必须遵守本条例。

本条例所称建设工程,是指土木工程、建筑工程、线路管道和设备安装工程及装修工程。

第三条　建设工程安全生产管理,坚持安全第一、预防为主的方针。

第四条　建设单位、勘察单位、设计单位、施工单位、工程监理单位及其他与建设工程安全生产有关的单位,必须遵守安全生产法律、法规的规定,保证建设工程安全生产,依法承担建设工程安全生产责任。

第五条　国家鼓励建设工程安全生产的科学技术研究和先进技术的推广应用,推进建设工程安全生产的科学管理。

第二章　建设单位的安全责任

第六条　建设单位应当向施工单位提供施工现场及毗邻区域内供水、排水、供电、供气、供热、通信、广播电视等地下管线资料,气象和水文观测资料,相邻建筑物和构筑物、地下工程的有关资料,并保证资料的真实、准确、完整。

建设单位因建设工程需要,向有关部门或者单位查询前款规定的资料时,有关部门或者单位应当及时提供。

第七条　建设单位不得对勘察、设计、施工、工程监理等单位提出不符合建设工程安全生产法律、法规和强制性标准规定的要求,不得压缩合同约定的工期。

第八条　建设单位在编制工程概算时,应当确定建设工程安全作业环境及安全施工措施所需费用。

第九条　建设单位不得明示或者暗示施工单位购买、租赁、使用不符合安全施工要求的安全防护用具、机械设备、施工机具及配件、消防设施和器材。

第十条　建设单位在申请领取施工许可证时,应当提供建设工程有关安全施工措施的资料。

依法批准开工报告的建设工程,建设单位应当自开工报告批准之日起 15 日内,将保证安全施工的措施报送建设工程所在地的县级以上地方人民政府建设行政主管部门或者其他有关部门备案。

第十一条　建设单位应当将拆除工程发包给具有相应资质等级的施工单位。

建设单位应当在拆除工程施工 15 前,将下列资料报送建设工程所在地的县级以上地方人民政府建设行政主管部门或者其他有关部门备案:

(一)施工单位资质等级证明;

(二)拟拆除建筑物、构筑物及可能危及毗邻建筑的说明;

(三)拆除施工组织方案;

(四)堆放、清除废弃物的措施。

实施爆破作业的,应当遵守国家有关民用爆炸物品管理的规定。

第三章 勘察、设计、工程监理及其他有关单位的安全责任

第十二条 勘察单位应当按照法律、法规和工程建设强制性标准进行勘察,提供的勘察文件应当真实、准确,满足建设工程安全生产的需要。

勘察单位在勘察作业时,应当严格执行操作规程,采取措施保证各类管线、设施和周边建筑物、构筑物的安全。

第十三条 设计单位应当按照法律、法规和工程建设强制性标准进行设计,防止因设计不合理导致生产安全事故的发生。

设计单位应当考虑施工安全操作和防护的需要,对涉及施工安全的重点部位和环节在设计文件中注明,并对防范生产安全事故提出指导意见。

采用新结构、新材料、新工艺的建设工程和特殊结构的建设工程,设计单位应当在设计中提出保障施工作业人员安全和预防生产安全事故的措施建议。

设计单位和注册建筑师等注册执业人员应当对其设计负责。

第十四条 工程监理单位应当审查施工组织设计中的安全技术措施或者专项施工方案是否符合工程建设强制性标准。

工程监理单位在实施监理过程中,发现存在安全事故隐患的,应当要求施工单位整改;情况严重的,应当要求施工单位暂时停止施工,并及时报告建设单位。施工单位拒不整改或者不停止施工的,工程监理单位应当及时向有关主管部门报告。

工程监理单位和监理工程师应当按照法律、法规和工程建设强制性标准实施监理,并对建设工程安全生产承担监理责任。

第十五条 为建设工程提供机械设备和配件的单位,应当按照安全施工的要求配备齐全有效的保险、限位等安全设施和装置。

第十六条 出租的机械设备和施工机具及配件,应当具有生产(制造)许可证、产品合格证。

出租单位应当对出租的机械设备和施工机具及配件的安全性能进行检测,在签订租赁协议时,应当出具检测合格证明。

禁止出租检测不合格的机械设备和施工机具及配件。

第十七条 在施工现场安装、拆卸施工起重机械和整体提升脚手架、模板等自升式架设设施,必须由具有相应资质的单位承担。

安装、拆卸施工起重机械和整体提升脚手架、模板等自升式架设设施,应当编制拆装方案、制定安全施工措施,并由专业技术人员现场监督。

施工起重机械和整体提升脚手架、模板等自升式架设设施安装完毕后,安装单位应当自检,出具自检合格证明,并向施工单位进行安全使用说明,办理验收手续并签字。

第十八条 施工起重机械和整体提升脚手架、模板等自升式架设设施的使用达到国家规定的检验检测期限的,必须经具有专业资质的检验检测机构检测。经检测不合格的,不得继续使用。

第十九条 第十九条检验检测机构对检测合格的施工起重机械和整体提升脚手架、模板等自升式架设设施,应当出具安全合格证明文件,并对检测结果负责。

第四章 施工单位的安全责任

第二十条 施工单位从事建设工程的新建、扩建、改建和拆除等活动,应当具备国家规定的注册资本、专业技术人员、技术装备和安全生产等条件,依法取得相应等级的资质证书,并在其资质等级许可的范围内承揽工程。

第二十一条 施工单位主要负责人依法对本单位的安全生产工作全面负责。施工单位应当建立健全安全生产责任制度和安全生产教育培训制度,制定安全生产规章制度和操作规程,保证本单位安全生产条件所需资金的投入,对所承担的建设工程进行定期和专项安全检查,并做好安全检查记录。

施工单位的项目负责人应当由取得相应执业资格的人员担任,对建设工程项目的安全施工负责,落实安全生产责任制度、安全生产规章制度和操作规程,确保安全生产费用的有效使用,并根据工程的特点组织制定安全施工措施,消除安全事故隐患,及时、如实报告生产安全事故。

第二十二条 施工单位对列入建设工程概算的安全作业环境及安全施工措施所需费用,应当用于施工安全防护用具及设施的采购和更新、安全施工措施的落实、安全生产条件的改善,不得挪作他用。

第二十三条 施工单位应当设立安全生产管理机构,配备专职安全生产管理人员。

专职安全生产管理人员负责对安全生产进行现场监督检查。发现安全事故隐患,应当及时向项目负责人和安全生产管理机构报告;对违章指挥、违章操作的,应当立即制止。

专职安全生产管理人员的配备办法由国务院建设行政主管部门会同国务院其他有关部门制定。

第二十四条 建设工程实行施工总承包的,由总承包单位对施工现场的安全生产负总责。

总承包单位应当自行完成建设工程主体结构的施工。

总承包单位依法将建设工程分包给其他单位的,分包合同中应当明确各自的安全生产方面的权利、义务。总承包单位和分包单位对分包工程的安全生产承担连带责任。

分包单位应当服从总承包单位的安全生产管理,分包单位不服从管理导致生产安全事故的,由分包单位承担主要责任。

第二十五条 垂直运输机械作业人员、安装拆卸工、爆破作业人员、起重信号工、登高架设作业人员等特种作业人员,必须按照国家有关规定经过专门的安全作业培训,并取得特种作业操作资格证书后,方可上岗作业。

第二十六条 施工单位应当在施工组织设计中编制安全技术措施和施工现场临时用电方案,对下列达到一定规模的危险性较大的分部分项工程编制专项施工方案,并附具安全验算结果,经施工单位技术负责人、总监理工程师签字后实施,由专职安全生产管理人员进行现场监督:

(一)基坑支护与降水工程;

(二)土方开挖工程;

(三)模板工程;

(四)起重吊装工程;

(五)脚手架工程;

(六)拆除、爆破工程;

(七)国务院建设行政主管部门或者其他有关部门规定的其他危险性较大的工程。

对前款所列工程中涉及深基坑、地下暗挖工程、高大模板工程的专项施工方案,施工单位还应当组织专家进行论证、审查。

本条第一款规定的达到一定规模的危险性较大工程的标准,由国务院建设行政主管部门会同国务院其他有关部门制定。

第二十七条 建设工程施工前,施工单位负责项目管理的技术人员应当对有关安全施工的技术要求向施工作业班组、作业人员作出详细说明,并由双方签字确认。

第二十八条 施工单位应当在施工现场入口处、施工起重机械、临时用电设施、脚手架、出入通道口、楼梯口、电梯井口、孔洞口、桥梁口、隧道口、基坑边沿、爆破物及有害危险气体和液体存放处等危险部位,设置明显的安全警示标志。安全警示标志必须符合国家标准。

施工单位应当根据不同施工阶段和周围环境及季节、气候的变化,在施工现场采取相应的安全施工措施。施工现场暂时停止施工的,施工单位应当做好现场防护,所需费用由责任方承担,或者按照合同约定执行。

第二十九条 施工单位应当将施工现场的办公、生活区与作业区分开设置,并保持安全距离;办公、生活区的选址应当符合安全性要求。职工的膳食、饮水、休息场所等应当符合卫生标准。施工单位不得在尚未竣工的建筑物内设置员工集体宿舍。

施工现场临时搭建的建筑物应当符合安全使用要求。施工现场使用的装配式活动房屋应当具有产品合格证。

第三十条 施工单位对因建设工程施工可能造成损害的毗邻建筑物、构筑物和地下管线等,应当采取专项防护措施。

施工单位应当遵守有关环境保护法律、法规的规定,在施工现场采取措施,防止或者减少粉尘、废气、废水、固体废物、噪声、振动和施工照明对人和环境的危害和污染。

在城市市区内的建设工程,施工单位应当对施工现场实行封闭围挡。

第三十一条 施工单位应当在施工现场建立消防安全责任制度,确定消防安全责任人,制定用火、用电、使用易燃易爆材料等各项消防安全管理制度和操作规程,设置消防通道、消防水源,配备消防设施和灭火器材,并在施工现场入口处设置明显标志。

第三十二条 施工单位应当向作业人员提供安全防护用具和安全防护服装,并书面告知危险岗位的操作规程和违章操作的危害。

作业人员有权对施工现场的作业条件、作业程序和作业方式中存在的安全问题提出批评、检举和控告,有权拒绝违章指挥和强令冒险作业。

在施工中发生危及人身安全的紧急情况时,作业人员有权立即停止作业或者在采取必要的应急措施后撤离危险区域。

第三十三条 作业人员应当遵守安全施工的强制性标准、规章制度和操作规程,正确使用安全防护用具、机械设备等。

第三十四条 施工单位采购、租赁的安全防护用具、机械设备、施工机具及配件,应当具有生产(制造)许可证、产品合格证,并在进入施工现场前进行查验。

施工现场的安全防护用具、机械设备、施工机具及配件必须由专人管理,定期进行检查、维修和保养,建立相应的资料档案,并按照国家有关规定及时报废。

第三十五条 施工单位在使用施工起重机械和整体提升脚手架、模板等自升式架设设施前,应当组织有关单位进行验收,也可以委托具有相应资质的检验检测机构进行验收;使用承租的机械设备和施工机具及配件的,由施工总承包单位、分包单位、出租单位和安装单位共同进行验收。验收合格的方可使用。

《特种设备安全监察条例》规定的施工起重机械,在验收前应当经有相应资质的检验检测机构监督检验合格。

施工单位应当自施工起重机械和整体提升脚手架、模板等自升式架设设施验收合格之日起 30 日内,向建设行政主管部门或者其他有关部门登记。登记标志应当置于或者附着于该设备的显著位置。

第三十六条 施工单位的主要负责人、项目负责人、专职安全生产管理人员应当经建设行政主管部门或者其他有关部门考核合格后方可任职。

施工单位应当对管理人员和作业人员每年至少进行一次安全生产教育培训,其教育培训情况记入个人工作档案。安全生产教育培训考核不合格的人员,不得上岗。

第三十七条 作业人员进入新的岗位或者新的施工现场前,应当接受安全生产教育培训。未经教育培训或者教育培训考核不合格的人员,不得上岗作业。

施工单位在采用新技术、新工艺、新设备、新材料时,应当对作业人员进行相应的安全生产教育培训。

第三十八条 施工单位应当为施工现场从事危险作业的人员办理意外伤害保险。

意外伤害保险费由施工单位支付。实行施工总承包的,由总承包单位支付意外伤害保险费。意外伤害保险期限自建设工程开工之日起至竣工验收合格止。

第五章　监督管理

第三十九条 国务院负责安全生产监督管理的部门依照《中华人民共和国安全生产法》的规定,对全国建设工程安全生产工作实施综合监督管理。

县级以上地方人民政府负责安全生产监督管理的部门依照《中华人民共和国安全生产法》的规定,对本行政区域内建设工程安全生产工作实施综合监督管理。

第四十条 国务院建设行政主管部门对全国的建设工程安全生产实施监督管理。国务院铁路、交通、水利等有关部门按照国务院规定的职责分工,负责有关专业建设工程安全生产的监督管理。

县级以上地方人民政府建设行政主管部门对本行政区域内的建设工程安全生产实施监督管理。县级以上地方人民政府交通、水利等有关部门在各自的职责范围内,负责本行政区域内的专业建设工程安全生产的监督管理。

第四十一条 建设行政主管部门和其他有关部门应当将本条例第十条、第十一条规定的有关资料的主要内容抄送同级负责安全生产监督管理的部门。

第四十二条 建设行政主管部门在审核发放施工许可证时,应当对建设工程是否有安全施工措施进行审查,对没有安全施工措施的,不得颁发施工许可证。

建设行政主管部门或者其他有关部门对建设工程是否有安全施工措施进行审查时,不得收取费用。

第四十三条 县级以上人民政府负有建设工程安全生产监督管理职责的部门在各自的职责范围内履行安全监督检查职责时,有权采取下列措施:

(一)要求被检查单位提供有关建设工程安全生产的文件和资料;

（二）进入被检查单位施工现场进行检查；

（三）纠正施工中违反安全生产要求的行为；

（四）对检查中发现的安全事故隐患，责令立即排除；重大安全事故隐患排除前或者排除过程中无法保证安全的，责令从危险区域内撤出作业人员或者暂时停止施工。

第四十四条 建设行政主管部门或者其他有关部门可以将施工现场的监督检查委托给建设工程安全监督机构具体实施。

第四十五条 国家对严重危及施工安全的工艺、设备、材料实行淘汰制度。具体目录由国务院建设行政主管部门会同国务院其他有关部门制定并公布。

第四十六条 县级以上人民政府建设行政主管部门和其他有关部门应当及时受理对建设工程生产安全事故及安全事故隐患的检举、控告和投诉。

第六章 生产安全事故的应急救援和调查处理

第四十七条 县级以上地方人民政府建设行政主管部门应当根据本级人民政府的要求，制定本行政区域内建设工程特大生产安全事故应急救援预案。

第四十八条 施工单位应当制定本单位生产安全事故应急救援预案，建立应急救援组织或者配备应急救援人员，配备必要的应急救援器材、设备，并定期组织演练。

第四十九条 施工单位应当根据建设工程施工的特点、范围，对施工现场易发生重大事故的部位、环节进行监控，制定施工现场生产安全事故应急救援预案。实行施工总承包的，由总承包单位统一组织编制建设工程生产安全事故应急救援预案，工程总承包单位和分包单位按照应急救援预案，各自建立应急救援组织或者配备应急救援人员，配备救援器材、设备，并定期组织演练。

第五十条 施工单位发生生产安全事故，应当按照国家有关伤亡事故报告和调查处理的规定，及时、如实地向负责安全生产监督管理的部门、建设行政主管部门或者其他有关部门报告；特种设备发生事故的，还应当同时向特种设备安全监督管理部门报告。接到报告的部门应当按照国家有关规定，如实上报。

实行施工总承包的建设工程，由总承包单位负责上报事故。

第五十一条 发生生产安全事故后，施工单位应当采取措施防止事故扩大，保护事故现场。需要移动现场物品时，应当做出标记和书面记录，妥善保管有关证物。

第五十二条 建设工程生产安全事故的调查、对事故责任单位和责任人的处罚与处理，按照有关法律、法规的规定执行。

第七章 法律责任

第五十三条 违反本条例的规定，县级以上人民政府建设行政主管部门或者其他有关行政管理部门的工作人员，有下列行为之一的，给予降级或者撤职的行政处分；构成犯罪的，依照刑法有关规定追究刑事责任：

（一）对不具备安全生产条件的施工单位颁发资质证书的；

（二）对没有安全施工措施的建设工程颁发施工许可证的；

（三）发现违法行为不予查处的；

（四）不依法履行监督管理职责的其他行为。

第五十四条 违反本条例的规定，建设单位未提供建设工程安全生产作业环境及安全施工措施所需费用的，责令限期改正；逾期未改正的，责令该建设工程停止施工。

建设单位未将保证安全施工的措施或者拆除工程的有关资料报送有关部门备案的，责令限期改正，给予警告。

第五十五条 违反本条例的规定，建设单位有下列行为之一的，责令限期改正，处20万元以上50万元以下的罚款；造成重大安全事故，构成犯罪的，对直接责任人员，依照刑法有关规定追究刑事责任；造成损失的，依法承担赔偿责任：

（一）对勘察、设计、施工、工程监理等单位提出不符合安全生产法律、法规和强制性标准规定的要求的；

（二）要求施工单位压缩合同约定的工期的；

（三）将拆除工程发包给不具有相应资质等级的施工单位的。

第五十六条 违反本条例的规定，勘察单位、设计单位有下列行为之一的，责令限期改正，处10万元以上30万元以下的罚款；情节严重的，责令停业整顿，降低资质等级，直至吊销资质证书；造成重大安全事故，构成犯罪

的,对直接责任人员,依照刑法有关规定追究刑事责任;造成损失的,依法承担赔偿责任:

(一)未按照法律、法规和工程建设强制性标准进行勘察、设计的;

(二)采用新结构、新材料、新工艺的建设工程和特殊结构的建设工程,设计单位未在设计中提出保障施工作业人员安全和预防生产安全事故的措施建议的。

第五十七条 违反本条例的规定,工程监理单位有下列行为之一的,责令限期改正;逾期未改正的,责令停业整顿,并处 10 万元以上 30 万元以下的罚款;情节严重的,降低资质等级,直至吊销资质证书;造成重大安全事故,构成犯罪的,对直接责任人员,依照刑法有关规定追究刑事责任;造成损失的,依法承担赔偿责任:

(一)未对施工组织设计中的安全技术措施或者专项施工方案进行审查的;

(二)发现安全事故隐患未及时要求施工单位整改或者暂时停止施工的;

(三)施工单位拒不整改或者不停止施工,未及时向有关主管部门报告的;

(四)未依照法律、法规和工程建设强制性标准实施监理的。

第五十八条 注册执业人员未执行法律、法规和工程建设强制性标准的,责令停止执业 3 个月以上 1 年以下;情节严重的,吊销执业资格证书,5 年内不予注册;造成重大安全事故的,终身不予注册;构成犯罪的,依照刑法有关规定追究刑事责任。

第五十九条 违反本条例的规定,为建设工程提供机械设备和配件的单位,未按照安全施工的要求配备齐全有效的保险、限位等安全设施和装置的,责令限期改正,处合同价款 1 倍以上 3 倍以下的罚款;造成损失的,依法承担赔偿责任。

第六十条 违反本条例的规定,出租单位出租未经安全性能检测或者经检测不合格的机械设备和施工机具及配件的,责令停业整顿,并处 5 万元以上 10 万元以下的罚款;造成损失的,依法承担赔偿责任。

第六十一条 违反本条例的规定,施工起重机械和整体提升脚手架、模板等自升式架设设施安装、拆卸单位有下列行为之一的,责令限期改正,处 5 万元以上 10 万元以下的罚款;情节严重的,责令停业整顿,降低资质等级,直至吊销资质证书;造成损失的,依法承担赔偿责任:

(一)未编制拆装方案、制定安全施工措施的;

(二)未由专业技术人员现场监督的;

(三)未出具自检合格证明或者出具虚假证明的;

(四)未向施工单位进行安全使用说明,办理移交手续的。

施工起重机械和整体提升脚手架、模板等自升式架设设施安装、拆卸单位有前款规定的第(一)项、第(三)项行为,经有关部门或者单位职工提出后,对事故隐患仍不采取措施,因而发生重大伤亡事故或者造成其他严重后果,构成犯罪的,对直接责任人员,依照刑法有关规定追究刑事责任。

第六十二条 违反本条例的规定,施工单位有下列行为之一的,责令限期改正;逾期未改正的,责令停业整顿,依照《中华人民共和国安全生产法》的有关规定处以罚款;造成重大安全事故,构成犯罪的,对直接责任人员,依照刑法有关规定追究刑事责任:

(一)未设立安全生产管理机构、配备专职安全生产管理人员或者分部分项工程施工时无专职安全生产管理人员现场监督的;

(二)施工单位的主要负责人、项目负责人、专职安全生产管理人员、作业人员或者特种作业人员,未经安全教育培训或者经考核不合格即从事相关工作的;

(三)未在施工现场的危险部位设置明显的安全警示标志,或者未按照国家有关规定在施工现场设置消防通道、消防水源、配备消防设施和灭火器材的;

(四)未向作业人员提供安全防护用具和安全防护服装的;

(五)未按照规定在施工起重机械和整体提升脚手架、模板等自升式架设设施验收合格后登记的;

(六)使用国家明令淘汰、禁止使用的危及施工安全的工艺、设备、材料的。

第六十三条 违反本条例的规定,施工单位挪用列入建设工程概算的安全生产作业环境及安全施工措施所需费用的,责令限期改正,处挪用费用 20% 以上 50% 以下的罚款;造成损失的,依法承担赔偿责任。

第六十四条 违反本条例的规定,施工单位有下列行为之一的,责令限期改正;逾期未改正的,责令停业整顿,并处 5 万元以上 10 万元以下的罚款;造成重大安全事故,构成犯罪的,对直接责任人员,依照刑法有关规定追究刑事责任:

（一）施工前未对有关安全施工的技术要求作出详细说明的；

（二）未根据不同施工阶段和周围环境及季节、气候的变化，在施工现场采取相应的安全施工措施，或者在城市市区内的建设工程的施工现场未实行封闭围挡的；

（三）在尚未竣工的建筑物内设置员工集体宿舍的；

（四）施工现场临时搭建的建筑物不符合安全使用要求的；

（五）未对因建设工程施工可能造成损害的毗邻建筑物、构筑物和地下管线等采取专项防护措施的。

施工单位有前款规定第（四）项、第（五）项行为，造成损失的，依法承担赔偿责任。

第六十五条 违反本条例的规定，施工单位有下列行为之一的，责令限期改正；逾期未改正的，责令停业整顿，并处 10 万元以上 30 万元以下的罚款；情节严重的，降低资质等级，直至吊销资质证书；造成重大安全事故，构成犯罪的，对直接责任人员，依照刑法有关规定追究刑事责任；造成损失的，依法承担赔偿责任：

（一）安全防护用具、机械设备、施工机具及配件在进入施工现场前未经查验或者查验不合格即投入使用的；

（二）使用未经验收或者验收不合格的施工起重机械和整体提升脚手架、模板等自升式架设设施的；

（三）委托不具有相应资质的单位承担施工现场安装、拆卸施工起重机械和整体提升脚手架、模板等自升式架设设施的；

（四）在施工组织设计中未编制安全技术措施、施工现场临时用电方案或者专项施工方案的。

第六十六条 违反本条例的规定，施工单位的主要负责人、项目负责人未履行安全生产管理职责的，责令限期改正；逾期未改正的，责令施工单位停业整顿；造成重大安全事故、重大伤亡事故或者其他严重后果，构成犯罪的，依照刑法有关规定追究刑事责任。

作业人员不服管理、违反规章制度和操作规程冒险作业造成重大伤亡事故或者其他严重后果，构成犯罪的，依照刑法有关规定追究刑事责任。

施工单位的主要负责人、项目负责人有前款违法行为，尚不够刑事处罚的，处 2 万元以上 20 万元以下的罚款或者按照管理权限给予撤职处分；自刑罚执行完毕或者受处分之日起，5 年内不得担任任何施工单位的主要负责人、项目负责人。

第六十七条 施工单位取得资质证书后，降低安全生产条件的，责令限期改正；经整改仍未达到与其资质等级相适应的安全生产条件的，责令停业整顿，降低其资质等级直至吊销资质证书。

第六十八条 本条例规定的行政处罚，由建设行政主管部门或者其他有关部门依照法定职权决定。

违反消防安全管理规定的行为，由公安消防机构依法处罚。

有关法律、行政法规对建设工程安全生产违法行为的行政处罚决定机关另有规定的，从其规定。

第八章 附则

第六十九条 抢险救灾和农民自建低层住宅的安全生产管理，不适用本条例。

第七十条 军事建设工程的安全生产管理，按照中央军事委员会的有关规定执行。

第七十一条 本条例自 2004 年 2 月 1 日起施行。

安全生产许可证条例

中华人民共和国国务院令第 397 号

《安全生产许可证条例》已经 2004 年 1 月 13 日中华人民共和国国务院令第 397 号公布根据 2013 年 7 月 18 日《国务院关于废止和修改部分行政法规的决定》修订。

第一条 为了严格规范安全生产条件,进一步加强安全生产监督管理,防止和减少生产安全事故,根据《中华人民共和国安全生产法》的有关规定,制定本条例。

第二条 国家对矿山企业、建筑施工企业和危险化学品、烟花爆竹、民用爆破器材生产企业(以下统称企业)实行安全生产许可制度。

企业未取得安全生产许可证的,不得从事生产活动。

第三条 国务院安全生产监督管理部门负责中央管理的非煤矿矿山企业和危险化学品、烟花爆竹生产企业安全生产许可证的颁发和管理。

省、自治区、直辖市人民政府安全生产监督管理部门负责前款规定以外的非煤矿矿山企业和危险化学品、烟花爆竹生产企业安全生产许可证的颁发和管理,并接受国务院安全生产监督管理部门的指导和监督。

国家煤矿安全监察机构负责中央管理的煤矿企业安全生产许可证的颁发和管理。

在省、自治区、直辖市设立的煤矿安全监察机构负责前款规定以外的其他煤矿企业安全生产许可证的颁发和管理,并接受国家煤矿安全监察机构的指导和监督。

第四条 省、自治区、直辖市人民政府建设主管部门负责建筑施工企业安全生产许可证的颁发和管理,并接受国务院建设主管部门的指导和监督。

第五条 国务院国防科技工业主管部门负责民用爆破器材生产企业安全生产许可证的颁发和管理。

第六条 企业取得安全生产许可证,应当具备下列安全生产条件:

(一)建立、健全安全生产责任制,制定完备的安全生产规章制度和操作规程;

(二)安全投入符合安全生产要求;

(三)设置安全生产管理机构,配备专职安全生产管理人员;

(四)主要负责人和安全生产管理人员经考核合格;

(五)特种作业人员经有关业务主管部门考核合格,取得特种作业操作资格证书;

(六)从业人员经安全生产教育和培训合格;

(七)依法参加工伤保险,为从业人员缴纳保险费;

(八)厂房、作业场所和安全设施、设备、工艺符合有关安全生产法律、法规、标准和规程的要求;

(九)有职业危害防治措施,并为从业人员配备符合国家标准或者行业标准的劳动防护用品;

(十)依法进行安全评价;

(十一)有重大危险源检测、评估、监控措施和应急预案;

(十二)有生产安全事故应急救援预案、应急救援组织或者应急救援人员,配备必要的应急救援器材、设备;

(十三)法律、法规规定的其他条件。

第七条 企业进行生产前,应当依照本条例的规定向安全生产许可证颁发管理机关申请领取安全生产许可证,并提供本条例第六条规定的相关文件、资料。安全生产许可证颁发管理机关应当自收到申请之日起 45 日内审查完毕,经审查符合本条例规定的安全生产条件的,颁发安全生产许可证;不符合本条例规定的安全生产条件的,不予颁发安全生产许可证,书面通知企业并说明理由。

煤矿企业应当以矿(井)为单位,依照本条例的规定取得安全生产许可证。

第八条 安全生产许可证由国务院安全生产监督管理部门规定统一的式样。

第九条 安全生产许可证的有效期为 3 年。安全生产许可证有效期满需要延期的,企业应当于期满前 3 个月向原安全生产许可证颁发管理机关办理延期手续。

企业在安全生产许可证有效期内,严格遵守有关安全生产的法律法规,末发生死亡事故的,安全生产许可证有效期届满时,经原安全生产许可证颁发管理机关同意,不再审查,安全生产许可证有效期延期3年。

第十条 安全生产许可证颁发管理机关应当建立、健全安全生产许可证档案管理制度,并定期向社会公布企业取得安全生产许可证的情况。

第十一条 煤矿企业安全生产许可证颁发管理机关、建筑施工企业安全生产许可证颁发管理机关、民用爆破器材生产企业安全生产许可证颁发管理机关,应当每年向同级安全生产监督管理部门通报其安全生产许可证颁发和管理情况。

第十二条 国务院安全生产监督管理部门和省、自治区、直辖市人民政府安全生产监督管理部门对建筑施工企业、民用爆破器材生产企业、煤矿企业取得安全生产许可证的情况进行监督。

第十三条 企业不得转让、冒用安全生产许可证或者使用伪造的安全生产许可证。

第十四条 企业取得安全生产许可证后,不得降低安全生产条件,并应当加强日常安全生产管理,接受安全生产许可证颁发管理机关的监督检查。

安全生产许可证颁发管理机关应当加强对取得安全生产许可证的企业的监督检查,发现其不再具备本条例规定的安全生产条件的,应当暂扣或者吊销安全生产许可证。

第十五条 安全生产许可证颁发管理机关工作人员在安全生产许可证颁发、管理和监督检查工作中,不得索取或者接受企业的财物,不得谋取其他利益。

第十六条 监察机关依照《中华人民共和国行政监察法》的规定,对安全生产许可证颁发管理机关及其工作人员履行本条例规定的职责实施监察。

第十七条 任何单位或者个人对违反本条例规定的行为,有权向安全生产许可证颁发管理机关或者监察机关等有关部门举报。

第十八条 安全生产许可证颁发管理机关工作人员有下列行为之一的,给予降级或者撤职的行政处分;构成犯罪的,依法追究刑事责任:

(一)向不符合本条例规定的安全生产条件的企业颁发安全生产许可证的;

(二)发现企业未依法取得安全生产许可证擅自从事生产活动,不依法处理的;

(三)发现取得安全生产许可证的企业不再具备本条例规定的安全生产条件,不依法处理的;

(四)接到对违反本条例规定行为的举报后,不及时处理的;

(五)在安全生产许可证颁发、管理和监督检查工作中,索取或者接受企业的财物,或者谋取其他利益的。

第十九条 违反本条例规定,未取得安全生产许可证擅自进行生产的,责令停止生产,没收违法所得,并处10万元以上50万元以下的罚款;造成重大事故或者其他严重后果,构成犯罪的,依法追究刑事责任。

第二十条 违反本条例规定,安全生产许可证有效期满未办理延期手续,继续进行生产的,责令停止生产,限期补办延期手续,没收违法所得,并处5万元以上10万元以下的罚款;逾期仍不办理延期手续,继续进行生产的,依照本条例第十九条的规定处罚。

第二十一条 违反本条例规定,转让安全生产许可证的,没收违法所得,处10万元以上50万元以下的罚款,并吊销其安全生产许可证;构成犯罪的,依法追究刑事责任;接受转让的,依照本条例第十九条的规定处罚。

冒用安全生产许可证或者使用伪造的安全生产许可证的,依照本条例第十九条的规定处罚。

第二十二条 本条例施行前已经进行生产的企业,应当自本条例施行之日起1年内,依照本条例的规定向安全生产许可证颁发管理机关申请办理安全生产许可证;逾期不办理安全生产许可证,或者经审查不符合本条例规定的安全生产条件,未取得安全生产许可证,继续进行生产的,依照本条例第十九条的规定处罚。

第二十三条 本条例规定的行政处罚,由安全生产许可证颁发管理机关决定。

第二十四条 本条例自公布之日起施行。

生产安全事故报告和调查处理条例

中华人民共和国国务院令第 493 号

《生产安全事故报告和调查处理条例》已经 2007 年 3 月 28 日国务院第 172 次常务会议通过,并予公布,自 2007 年 6 月 1 日起施行。

第一章　总则

第一条　为了规范生产安全事故的报告和调查处理,落实生产安全事故责任追究制度,防止和减少生产安全事故,根据《中华人民共和国安全生产法》和有关法律,制定本条例。

第二条　生产经营活动中发生的造成人身伤亡或者直接经济损失的生产安全事故的报告和调查处理,适用本条例;环境污染事故、核设施事故、国防科研生产事故的报告和调查处理不适用本条例。

第三条　根据生产安全事故(以下简称事故)造成的人员伤亡或者直接经济损失,事故一般分为以下等级:

(一)特别重大事故,是指造成 30 人以上死亡,或者 100 人以上重伤(包括急性工业中毒,下同),或者 1 亿元以上直接经济损失的事故;

(二)重大事故,是指造成 10 人以上 30 人以下死亡,或者 50 人以上 100 人以下重伤,或者 5 000 万元以上 1 亿元以下直接经济损失的事故;

(三)较大事故,是指造成 3 人以上 10 人以下死亡,或者 10 人以上 50 人以下重伤,或者 1 000 万元以上 5 000 万元以下直接经济损失的事故;

(四)一般事故,是指造成 3 人以下死亡,或者 10 人以下重伤,或者 1 000 万元以下直接经济损失的事故。

国务院安全生产监督管理部门可以会同国务院有关部门,制定事故等级划分的补充性规定。

本条第一款所称的"以上"包括本数,所称的"以下"不包括本数。

第四条　事故报告应当及时、准确、完整,任何单位和个人对事故不得迟报、漏报、谎报或者瞒报。

事故调查处理应当坚持实事求是、尊重科学的原则,及时、准确地查清事故经过、事故原因和事故损失,查明事故性质,认定事故责任,总结事故教训,提出整改措施,并对事故责任者依法追究责任。

第五条　县级以上人民政府应当依照本条例的规定,严格履行职责,及时、准确地完成事故调查处理工作。

事故发生地有关地方人民政府应当支持、配合上级人民政府或者有关部门的事故调查处理工作,并提供必要的便利条件。

参加事故调查处理的部门和单位应当互相配合,提高事故调查处理工作的效率。

第六条　工会依法参加事故调查处理,有权向有关部门提出处理意见。

第七条　任何单位和个人不得阻挠和干涉对事故的报告和依法调查处理。

第八条　对事故报告和调查处理中的违法行为,任何单位和个人有权向安全生产监督管理部门、监察机关或者其他有关部门举报,接到举报的部门应当依法及时处理。

第二章　事故报告

第九条　事故发生后,事故现场有关人员应当立即向本单位负责人报告;单位负责人接到报告后,应当于 1 小时内向事故发生地县级以上人民政府安全生产监督管理部门和负有安全生产监督管理职责的有关部门报告。

情况紧急时,事故现场有关人员可以直接向事故发生地县级以上人民政府安全生产监督管理部门和负有安全生产监督管理职责的有关部门报告。

第十条　安全生产监督管理部门和负有安全生产监督管理职责的有关部门接到事故报告后,应当依照下列规定上报事故情况,并通知公安机关、劳动保障行政部门、工会和人民检察院:

(一)特别重大事故、重大事故逐级上报至国务院安全生产监督管理部门和负有安全生产监督管理职责的有关部门;

(二)较大事故逐级上报至省、自治区、直辖市人民政府安全生产监督管理部门和负有安全生产监督管理职责的有关部门;

(三)一般事故上报至设区的市级人民政府安全生产监督管理部门和负有安全生产监督管理职责的有关

部门。

安全生产监督管理部门和负有安全生产监督管理职责的有关部门依照前款规定上报事故情况,应当同时报告本级人民政府。国务院安全生产监督管理部门和负有安全生产监督管理职责的有关部门以及省级人民政府接到发生特别重大事故、重大事故的报告后,应当立即报告国务院。

必要时,安全生产监督管理部门和负有安全生产监督管理职责的有关部门可以越级上报事故情况。

第十一条 安全生产监督管理部门和负有安全生产监督管理职责的有关部门逐级上报事故情况,每级上报的时间不得超过 2 小时。

第十二条 报告事故应当包括下列内容:

(一)事故发生单位概况;

(二)事故发生的时间、地点以及事故现场情况;

(三)事故的简要经过;

(四)事故已经造成或者可能造成的伤亡人数(包括下落不明的人数)和初步估计的直接经济损失;

(五)已经采取的措施;

(六)其他应当报告的情况。

第十三条 事故报告后出现新情况的,应当及时补报。

自事故发生之日起 30 日内,事故造成的伤亡人数发生变化的,应当及时补报。道路交通事故、火灾事故自发生之日起 7 日内,事故造成的伤亡人数发生变化的,应当及时补报。

第十四条 事故发生单位负责人接到事故报告后,应当立即启动事故相应应急预案,或者采取有效措施,组织抢救,防止事故扩大,减少人员伤亡和财产损失。

第十五条 事故发生地有关地方人民政府、安全生产监督管理部门和负有安全生产监督管理职责的有关部门接到事故报告后,其负责人应当立即赶赴事故现场,组织事故救援。

第十六条 事故发生后,有关单位和人员应当妥善保护事故现场以及相关证据,任何单位和个人不得破坏事故现场、毁灭相关证据。

因抢救人员、防止事故扩大以及疏通交通等原因,需要移动事故现场物件的,应当做出标志,绘制现场简图并做出书面记录,妥善保存现场重要痕迹、物证。

第十七条 事故发生地公安机关根据事故的情况,对涉嫌犯罪的,应当依法立案侦查,采取强制措施和侦查措施。犯罪嫌疑人逃匿的,公安机关应当迅速追捕归案。

第十八条 安全生产监督管理部门和负有安全生产监督管理职责的有关部门应当建立值班制度,并向社会公布值班电话,受理事故报告和举报。

第三章 事故调查

第十九条 特别重大事故由国务院或者国务院授权有关部门组织事故调查组进行调查。

重大事故、较大事故、一般事故分别由事故发生地省级人民政府、设区的市级人民政府、县级人民政府负责调查。省级人民政府、设区的市级人民政府、县级人民政府可以直接组织事故调查组进行调查,也可以授权或者委托有关部门组织事故调查组进行调查。

未造成人员伤亡的一般事故,县级人民政府也可以委托事故发生单位组织事故调查组进行调查。

第二十条 上级人民政府认为必要时,可以调查由下级人民政府负责调查的事故。

自事故发生之日起 30 日内(道路交通事故、火灾事故自发生之日起 7 日内),因事故伤亡人数变化导致事故等级发生变化,依照本条例规定应当由上级人民政府负责调查的,上级人民政府可以另行组织事故调查组进行调查。

第二十一条 特别重大事故以下等级事故,事故发生地与事故发生单位不在同一个县级以上行政区域的,由事故发生地人民政府负责调查,事故发生单位所在地人民政府应当派人参加。

第二十二条 事故调查组的组成应当遵循精简、效能的原则。

根据事故的具体情况,事故调查组由有关人民政府、安全生产监督管理部门、负有安全生产监督管理职责的有关部门、监察机关、公安机关以及工会派人组成,并应当邀请人民检察院派人参加。

事故调查组可以聘请有关专家参与调查。

第二十三条 事故调查组成员应当具有事故调查所需要的知识和专长,并与所调查的事故没有直接利害关系。

第二十四条 事故调查组组长由负责事故调查的人民政府指定。事故调查组组长主持事故调查组的工作。

第二十五条 事故调查组履行下列职责：

（一）查明事故发生的经过、原因、人员伤亡情况及直接经济损失；

（二）认定事故的性质和事故责任；

（三）提出对事故责任者的处理建议；

（四）总结事故教训，提出防范和整改措施；

（五）提交事故调查报告。

第二十六条 事故调查组有权向有关单位和个人了解与事故有关的情况，并要求其提供相关文件、资料，有关单位和个人不得拒绝。

事故发生单位的负责人和有关人员在事故调查期间不得擅离职守，并应当随时接受事故调查组的询问，如实提供有关情况。

事故调查中发现涉嫌犯罪的，事故调查组应当及时将有关材料或者其复印件移交司法机关处理。

第二十七条 事故调查中需要进行技术鉴定的，事故调查组应当委托具有国家规定资质的单位进行技术鉴定。必要时，事故调查组可以直接组织专家进行技术鉴定。技术鉴定所需时间不计入事故调查期限。

第二十八条 事故调查组成员在事故调查工作中应当诚信公正、恪尽职守，遵守事故调查组的纪律，保守事故调查的秘密。

未经事故调查组组长允许，事故调查组成员不得擅自发布有关事故的信息。

第二十九条 事故调查组应当自事故发生之日起60日内提交事故调查报告；特殊情况下，经负责事故调查的人民政府批准，提交事故调查报告的期限可以适当延长，但延长的期限最长不超过60日。

第三十条 事故调查报告应当包括下列内容：

（一）事故发生单位概况；

（二）事故发生经过和事故救援情况；

（三）事故造成的人员伤亡和直接经济损失；

（四）事故发生的原因和事故性质；

（五）事故责任的认定以及对事故责任者的处理建议；

（六）事故防范和整改措施。

事故调查报告应当附具有关证据材料。事故调查组成员应当在事故调查报告上签名。

第三十一条 事故调查报告报送负责事故调查的人民政府后，事故调查工作即告结束。事故调查的有关资料应当归档保存。

第四章　事故处理

第三十二条 重大事故、较大事故、一般事故，负责事故调查的人民政府应当自收到事故调查报告之日起15日内做出批复；特别重大事故，30日内做出批复，特殊情况下，批复时间可以适当延长，但延长的时间最长不超过30日。

有关机关应当按照人民政府的批复，依照法律、行政法规规定的权限和程序，对事故发生单位和有关人员进行行政处罚，对负有事故责任的国家工作人员进行处分。

事故发生单位应当按照负责事故调查的人民政府的批复，对本单位负有事故责任的人员进行处理。

负有事故责任的人员涉嫌犯罪的，依法追究刑事责任。

第三十三条 事故发生单位应当认真吸取事故教训，落实防范和整改措施，防止事故再次发生。防范和整改措施的落实情况应当接受工会和职工的监督。

安全生产监督管理部门和负有安全生产监督管理职责的有关部门应当对事故发生单位落实防范和整改措施的情况进行监督检查。

第三十四条 事故处理的情况由负责事故调查的人民政府或者其授权的有关部门、机构向社会公布，依法应当保密的除外。

第五章　法律责任

第三十五条 事故发生单位主要负责人有下列行为之一的，处上一年年收入40％至80％的罚款；属于国家

工作人员的,并依法给予处分;构成犯罪的,依法追究刑事责任:

(一)不立即组织事故抢救的;

(二)迟报或者漏报事故的;

(三)在事故调查处理期间擅离职守的。

第三十六条 事故发生单位及其有关人员有下列行为之一的,对事故发生单位处 100 万元以上 500 万元以下的罚款;对主要负责人、直接负责的主管人员和其他直接责任人员处上一年年收入 60%至 100%的罚款;属于国家工作人员的,并依法给予处分;构成违反治安管理行为的,由公安机关依法给予治安管理处罚;构成犯罪的,依法追究刑事责任:

(一)谎报或者瞒报事故的;

(二)伪造或者故意破坏事故现场的;

(三)转移、隐匿资金、财产,或者销毁有关证据、资料的;

(四)拒绝接受调查或者拒绝提供有关情况和资料的;

(五)在事故调查中作伪证或者指使他人作伪证的;

(六)事故发生后逃匿的。

第三十七条 事故发生单位对事故发生负有责任的,依照下列规定处以罚款:

(一)发生一般事故的,处 10 万元以上 20 万元以下的罚款;

(二)发生较大事故的,处 20 万元以上 50 万元以下的罚款;

(三)发生重大事故的,处 50 万元以上 200 万元以下的罚款;

(四)发生特别重大事故的,处 200 万元以上 500 万元以下的罚款。

第三十八条 事故发生单位主要负责人未依法履行安全生产管理职责,导致事故发生的,依照下列规定处以罚款;属于国家工作人员的,并依法给予处分;构成犯罪的,依法追究刑事责任:

(一)发生一般事故的,处上一年年收入 30%的罚款;

(二)发生较大事故的,处上一年年收入 40%的罚款;

(三)发生重大事故的,处上一年年收入 60%的罚款;

(四)发生特别重大事故的,处上一年年收入 80%的罚款。

第三十九条 有关地方人民政府、安全生产监督管理部门和负有安全生产监督管理职责的有关部门有下列行为之一的,对直接负责的主管人员和其他直接责任人员依法给予处分;构成犯罪的,依法追究刑事责任:

(一)不立即组织事故抢救的;

(二)迟报、漏报、谎报或者瞒报事故的;

(三)阻碍、干涉事故调查工作的;

(四)在事故调查中作伪证或者指使他人作伪证的。

第四十条 事故发生单位对事故发生负有责任的,由有关部门依法暂扣或者吊销其有关证照;对事故发生单位负有事故责任的有关人员,依法暂停或者撤销其与安全生产有关的执业资格、岗位证书;事故发生单位主要负责人受到刑事处罚或者撤职处分的,自刑罚执行完毕或者受处分之日起,5 年内不得担任任何生产经营单位的主要负责人。

为发生事故的单位提供虚假证明的中介机构,由有关部门依法暂扣或者吊销其有关证照及其相关人员的执业资格;构成犯罪的,依法追究刑事责任。

第四十一条 参与事故调查的人员在事故调查中有下列行为之一的,依法给予处分;构成犯罪的,依法追究刑事责任:

(一)对事故调查工作不负责任,致使事故调查工作有重大疏漏的;

(二)包庇、袒护负有事故责任的人员或者借机打击报复的。

第四十二条 违反本条例规定,有关地方人民政府或者有关部门故意拖延或者拒绝落实经批复的对事故责任人的处理意见的,由监察机关对有关责任人员依法给予处分。

第四十三条 本条例规定的罚款的行政处罚,由安全生产监督管理部门决定。

法律、行政法规对行政处罚的种类、幅度和决定机关另有规定的,依照其规定。

第六章 附则

第四十四条 没有造成人员伤亡,但是社会影响恶劣的事故,国务院或者有关地方人民政府认为需要调查处理的,依照本条例的有关规定执行。

国家机关、事业单位、人民团体发生的事故的报告和调查处理,参照本条例的规定执行。

第四十五条 特别重大事故以下等级事故的报告和调查处理,有关法律、行政法规或者国务院另有规定的,依照其规定。

第四十六条 本条例自 2007 年 6 月 1 日起施行。国务院 1989 年 3 月 29 日公布的《特别重大事故调查程序暂行规定》和 1991 年 2 月 22 日公布的《企业职工伤亡事故报告和处理规定》同时废止。

中华人民共和国防汛条例(节选)

中华人民共和国国务院令第 441 号

1991 年 7 月 2 日中华人民共和国国务院令第 86 号发布,根据 2005 年 7 月 15 日《国务院关于修改〈中华人民共和国防汛条例〉的决定》修订。

第一条 为了做好防汛抗洪工作,保障人民生命财产安全和经济建设的顺利进行,根据《中华人民共和国水法》,制定本条例。

第二条 在中华人民共和国境内进行防汛抗洪活动,适用本条例。

第三条 防汛工作实行"安全第一,常备不懈,以防为主,全力抢险"的方针,遵循团结协作和局部利益服从全局利益的原则。

第四条 防汛工作实行各级人民政府行政首长负责制,实行统一指挥,分级分部门负责。各有关部门实行防汛岗位责任制。

第五条 任何单位和个人都有参加防汛抗洪的义务。中国人民解放军和武装警察部队是防汛抗洪的重要力量。

第九条 河道管理机构、水利水电工程管理单位和江河沿岸在建工程的建设单位,必须加强对所辖水工程设施的管理维护,保证其安全正常运行,组织和参加防汛抗洪工作。

第十三条 有防汛抗洪任务的企业应当根据所在流域或者地区经批准的防御洪水方案和洪水调度方案,规定本企业的防汛抗洪措施,在征得其所在地县级人民政府水行政主管部门同意后,由有管辖权的防汛指挥机构监督实施。

水库大坝安全管理条例(节选)

中华人民共和国国务院令第77号

1991年3月22日中华人民共和国国务院令第77号发布,根据2011年1月8日《国务院关于废止和修改部分行政法规的决定》修订。

第五条 大坝的建设和管理应当贯彻安全第一的方针。

第六条 任何单位和个人都有保护大坝安全的义务。

第七条 兴建大坝必须符合由国务院水行政主管部门会同有关大坝主管部门制定的大坝安全技术标准。

第九条 大坝施工必须由具有相应资格证书的单位承担。大坝施工单位必须按照施工承包合同规定的设计文件、图纸要求和有关技术标准进行施工。

建设单位和设计单位应当派驻代表,对施工质量进行监督检查。质量不符合设计要求的,必须返工或者采取补救措施。

第十条 兴建大坝时,建设单位应当按照批准的设计,提请县级以上人民政府依照国家规定划定管理和保护范围,树立标志。

已建大坝尚未划定管理和保护范围的,大坝主管部门应当根据安全管理的需要,提请县级以上人民政府划定。

第十一条 大坝开工后,大坝主管部门应当组建大坝管理单位,由其按照工程基本建设验收规程参与质量检查以及大坝分部、分项验收和蓄水验收工作。

大坝竣工后,建设单位应当申请大坝主管部门组织验收。

工伤保险条例

中华人民共和国国务院令第 586 号

《国务院关于修改〈工伤保险条例〉的决定》已经 2010 年 12 月 8 日国务院第 136 次常务会议通过,并予公布,自 2011 年 1 月 1 日起施行。

第一章　总则

第一条　为了保障因工作遭受事故伤害或者患职业病的职工获得医疗救治和经济补偿,促进工伤预防和职业康复,分散用人单位的工伤风险,制定本条例。

第二条　中华人民共和国境内的企业、事业单位、社会团体、民办非企业单位、基金会、律师事务所、会计师事务所等组织和有雇工的个体工商户(以下称用人单位)应当依照本条例规定参加工伤保险,为本单位全部职工或者雇工(以下称职工)缴纳工伤保险费。

中华人民共和国境内的企业、事业单位、社会团体、民办非企业单位、基金会、律师事务所、会计师事务所等组织的职工和个体工商户的雇工,均有依照本条例的规定享受工伤保险待遇的权利。

第三条　工伤保险费的征缴按照《社会保险费征缴暂行条例》关于基本养老保险费、基本医疗保险费、失业保险费的征缴规定执行。

第四条　用人单位应当将参加工伤保险的有关情况在本单位内公示。

用人单位和职工应当遵守有关安全生产和职业病防治的法律法规,执行安全卫生规程和标准,预防工伤事故发生,避免和减少职业病危害。

职工发生工伤时,用人单位应当采取措施使工伤职工得到及时救治。

第五条　国务院社会保险行政部门负责全国的工伤保险工作。

县级以上地方各级人民政府社会保险行政部门负责本行政区域内的工伤保险工作。

社会保险行政部门按照国务院有关规定设立的社会保险经办机构(以下称经办机构)具体承办工伤保险事务。

第六条　社会保险行政部门等部门制定工伤保险的政策、标准,应当征求工会组织、用人单位代表的意见。

第二章　工伤保险基金

第七条　工伤保险基金由用人单位缴纳的工伤保险费、工伤保险基金的利息和依法纳入工伤保险基金的其他资金构成。

第八条　工伤保险费根据以支定收、收支平衡的原则,确定费率。

国家根据不同行业的工伤风险程度确定行业的差别费率,并根据工伤保险费使用、工伤发生率等情况在每个行业内确定若干费率档次。行业差别费率及行业内费率档次由国务院社会保险行政部门制定,报国务院批准后公布施行。

统筹地区经办机构根据用人单位工伤保险费使用、工伤发生率等情况,适用所属行业内相应的费率档次确定单位缴费费率。

第九条　国务院社会保险行政部门应当定期了解全国各统筹地区工伤保险基金收支情况,及时提出调整行业差别费率及行业内费率档次的方案,报国务院批准后公布施行。

第十条　用人单位应当按时缴纳工伤保险费。职工个人不缴纳工伤保险费。

用人单位缴纳工伤保险费的数额为本单位职工工资总额乘以单位缴费费率之积。

对难以按照工资总额缴纳工伤保险费的行业,其缴纳工伤保险费的具体方式,由国务院社会保险行政部门规定。

第十一条　工伤保险基金逐步实行省级统筹。

跨地区、生产流动性较大的行业,可以采取相对集中的方式异地参加统筹地区的工伤保险。具体办法由国务院社会保险行政部门会同有关行业的主管部门制定。

第十二条　工伤保险基金存入社会保障基金财政专户,用于本条例规定的工伤保险待遇,劳动能力鉴定,工伤预防的宣传、培训等费用,以及法律、法规规定的用于工伤保险的其他费用的支付。

工伤预防费用的提取比例、使用和管理的具体办法,由国务院社会保险行政部门会同国务院财政、卫生行政、安全生产监督管理等部门规定。

任何单位或者个人不得将工伤保险基金用于投资运营、兴建或者改建办公场所、发放奖金,或者挪作其他用途。

第十三条 工伤保险基金应当留有一定比例的储备金,用于统筹地区重大事故的工伤保险待遇支付;储备金不足支付的,由统筹地区的人民政府垫付。储备金占基金总额的具体比例和储备金的使用办法,由省、自治区、直辖市人民政府规定。

第三章　工伤认定

第十四条 职工有下列情形之一的,应当认定为工伤:

(一)在工作时间和工作场所内,因工作原因受到事故伤害的;

(二)工作时间前后在工作场所内,从事与工作有关的预备性或者收尾性工作受到事故伤害的;

(三)在工作时间和工作场所内,因履行工作职责受到暴力等意外伤害的;

(四)患职业病的;

(五)因工外出期间,由于工作原因受到伤害或者发生事故下落不明的;

(六)在上下班途中,受到非本人主要责任的交通事故或者城市轨道交通、客运轮渡、火车事故伤害的;

(七)法律、行政法规规定应当认定为工伤的其他情形。

第十五条 职工有下列情形之一的,视同工伤:

(一)在工作时间和工作岗位,突发疾病死亡或者在48小时之内经抢救无效死亡的;

(二)在抢险救灾等维护国家利益、公共利益活动中受到伤害的;

(三)职工原在军队服役,因战、因公负伤致残,已取得革命伤残军人证,到用人单位后旧伤复发的。

职工有前款第(一)项、第(二)项情形的,按照本条例的有关规定享受工伤保险待遇;职工有前款第(三)项情形的,按照本条例的有关规定享受除一次性伤残补助金以外的工伤保险待遇。

第十六条 职工符合本条例第十四条、第十五条的规定,但是有下列情形之一的,不得认定为工伤或者视同工伤:

(一)故意犯罪的;

(二)醉酒或者吸毒的;

(三)自残或者自杀的。

第十七条 职工发生事故伤害或者按照职业病防治法规定被诊断、鉴定为职业病,所在单位应当自事故伤害发生之日或者被诊断、鉴定为职业病之日起30日内,向统筹地区社会保险行政部门提出工伤认定申请。遇有特殊情况,经报社会保险行政部门同意,申请时限可以适当延长。

用人单位未按前款规定提出工伤认定申请的,工伤职工或者其近亲属、工会组织在事故伤害发生之日或者被诊断、鉴定为职业病之日起1年内,可以直接向用人单位所在地统筹地区社会保险行政部门提出工伤认定申请。

按照本条第一款规定应当由省级社会保险行政部门进行工伤认定的事项,根据属地原则由用人单位所在地的设区的市级社会保险行政部门办理。

用人单位未在本条第一款规定的时限内提交工伤认定申请,在此期间发生符合本条例规定的工伤待遇等有关费用由该用人单位负担。

第十八条 提出工伤认定申请应当提交下列材料:

(一)工伤认定申请表;

(二)与用人单位存在劳动关系(包括事实劳动关系)的证明材料;

(三)医疗诊断证明或者职业病诊断证明书(或者职业病诊断鉴定书)。

工伤认定申请表应当包括事故发生的时间、地点、原因以及职工伤害程度等基本情况。

工伤认定申请人提供材料不完整的,社会保险行政部门应当一次性书面告知工伤认定申请人需要补正的全部材料。申请人按照书面告知要求补正材料后,社会保险行政部门应当受理。

第十九条 社会保险行政部门受理工伤认定申请后,根据审核需要可以对事故伤害进行调查核实,用人单位、职工、工会组织、医疗机构以及有关部门应当予以协助。职业病诊断和诊断争议的鉴定,依照职业病防治法的有关规定执行。对依法取得职业病诊断证明书或者职业病诊断鉴定书的,社会保险行政部门不再进行调查核实。

职工或者其近亲属认为是工伤,用人单位不认为是工伤的,由用人单位承担举证责任。

第二十条 社会保险行政部门应当自受理工伤认定申请之日起 60 日内作出工伤认定的决定,并书面通知申请工伤认定的职工或者其近亲属和该职工所在单位。

社会保险行政部门对受理的事实清楚、权利义务明确的工伤认定申请,应当在 15 日内作出工伤认定的决定。

作出工伤认定决定需要以司法机关或者有关行政主管部门的结论为依据的,在司法机关或者有关行政主管部门尚未作出结论期间,作出工伤认定决定的时限中止。

社会保险行政部门工作人员与工伤认定申请人有利害关系的,应当回避。

第四章　劳动能力鉴定

第二十一条 职工发生工伤,经治疗伤情相对稳定后存在残疾、影响劳动能力的,应当进行劳动能力鉴定。

第二十二条 劳动能力鉴定是指劳动功能障碍程度和生活自理障碍程度的等级鉴定。

劳动功能障碍分为十个伤残等级,最重的为一级,最轻的为十级。

生活自理障碍分为三个等级:生活完全不能自理、生活大部分不能自理和生活部分不能自理。

劳动能力鉴定标准由国务院社会保险行政部门会同国务院卫生行政部门等部门制定。

第二十三条 劳动能力鉴定由用人单位、工伤职工或者其近亲属向设区的市级劳动能力鉴定委员会提出申请,并提供工伤认定决定和职工工伤医疗的有关资料。

第二十四条 省、自治区、直辖市劳动能力鉴定委员会和设区的市级劳动能力鉴定委员会分别由省、自治区、直辖市和设区的市级社会保险行政部门、卫生行政部门、工会组织、经办机构代表以及用人单位代表组成。

劳动能力鉴定委员会建立医疗卫生专家库。列入专家库的医疗卫生专业技术人员应当具备下列条件:

(一)具有医疗卫生高级专业技术职务任职资格;

(二)掌握劳动能力鉴定的相关知识;

(三)具有良好的职业品德。

第二十五条 设区的市级劳动能力鉴定委员会收到劳动能力鉴定申请后,应当从其建立的医疗卫生专家库中随机抽取 3 名或者 5 名相关专家组成专家组,由专家组提出鉴定意见。设区的市级劳动能力鉴定委员会根据专家组的鉴定意见作出工伤职工劳动能力鉴定结论;必要时,可以委托具备资格的医疗机构协助进行有关的诊断。

设区的市级劳动能力鉴定委员会应当自收到劳动能力鉴定申请之日起 60 日内作出劳动能力鉴定结论,必要时,作出劳动能力鉴定结论的期限可以延长 30 日。劳动能力鉴定结论应当及时送达申请鉴定的单位和个人。

第二十六条 申请鉴定的单位或者个人对设区的市级劳动能力鉴定委员会作出的鉴定结论不服的,可以在收到该鉴定结论之日起 15 日内向省、自治区、直辖市劳动能力鉴定委员会提出再次鉴定申请。省、自治区、直辖市劳动能力鉴定委员会作出的劳动能力鉴定结论为最终结论。

第二十七条 劳动能力鉴定工作应当客观、公正。劳动能力鉴定委员会组成人员或者参加鉴定的专家与当事人有利害关系的,应当回避。

第二十八条 自劳动能力鉴定结论作出之日起 1 年后,工伤职工或者其近亲属、所在单位或者经办机构认为伤残情况发生变化的,可以申请劳动能力复查鉴定。

第二十九条 劳动能力鉴定委员会依照本条例第二十六条和第二十八条的规定进行再次鉴定和复查鉴定的期限,依照本条例第二十五条第二款的规定执行。

第五章　工伤保险待遇

第三十条 职工因工作遭受事故伤害或者患职业病进行治疗,享受工伤医疗待遇。

职工治疗工伤应当在签订服务协议的医疗机构就医,情况紧急时可以先到就近的医疗机构急救。

治疗工伤所需费用符合工伤保险诊疗项目目录、工伤保险药品目录、工伤保险住院服务标准的,从工伤保险基金支付。工伤保险诊疗项目目录、工伤保险药品目录、工伤保险住院服务标准,由国务院社会保险行政部门会同国务院卫生行政部门、食品药品监督管理部门等部门规定。

职工住院治疗工伤的伙食补助费,以及经医疗机构出具证明,报经办机构同意,工伤职工到统筹地区以外就医所需的交通、食宿费用从工伤保险基金支付,基金支付的具体标准由统筹地区人民政府规定。

工伤职工治疗非工伤引发的疾病,不享受工伤医疗待遇,按照基本医疗保险办法处理。

工伤职工到签订服务协议的医疗机构进行工伤康复的费用,符合规定的,从工伤保险基金支付。

第三十一条 社会保险行政部门作出认定为工伤的决定后发生行政复议、行政诉讼的,行政复议和行政诉讼期间不停止支付工伤职工治疗工伤的医疗费用。

第三十二条 工伤职工因日常生活或者就业需要,经劳动能力鉴定委员会确认,可以安装假肢、矫形器、假眼、假牙和配置轮椅等辅助器具,所需费用按照国家规定的标准从工伤保险基金支付。

第三十三条 职工因工作遭受事故伤害或者患职业病需要暂停工作接受工伤医疗的,在停工留薪期内,原工资福利待遇不变,由所在单位按月支付。

停工留薪期一般不超过 12 个月。伤情严重或者情况特殊,经设区的市级劳动能力鉴定委员会确认,可以适当延长,但延长不得超过 12 个月。工伤职工评定伤残等级后,停发原待遇,按照本章的有关规定享受伤残待遇。工伤职工在停工留薪期满后仍需治疗的,继续享受工伤医疗待遇。

生活不能自理的工伤职工在停工留薪期需要护理的,由所在单位负责。

第三十四条 工伤职工已经评定伤残等级并经劳动能力鉴定委员会确认需要生活护理的,从工伤保险基金按月支付生活护理费。

生活护理费按照生活完全不能自理、生活大部分不能自理或者生活部分不能自理 3 个不同等级支付,其标准分别为统筹地区上年度职工月平均工资的 50%、40% 或者 30%。

第三十五条 职工因工致残被鉴定为一级至四级伤残的,保留劳动关系,退出工作岗位,享受以下待遇:

(一)从工伤保险基金按伤残等级支付一次性伤残补助金,标准为:一级伤残为 27 个月的本人工资,二级伤残为 25 个月的本人工资,三级伤残为 23 个月的本人工资,四级伤残为 21 个月的本人工资。

(二)从工伤保险基金按月支付伤残津贴,标准为:一级伤残为本人工资的 90%,二级伤残为本人工资的 85%,三级伤残为本人工资的 80%,四级伤残为本人工资的 75%。伤残津贴实际金额低于当地最低工资标准的,由工伤保险基金补足差额。

(三)工伤职工达到退休年龄并办理退休手续后,停发伤残津贴,按照国家有关规定享受基本养老保险待遇。基本养老保险待遇低于伤残津贴的,由工伤保险基金补足差额。

职工因工致残被鉴定为一级至四级伤残的,由用人单位和职工个人以伤残津贴为基数,缴纳基本医疗保险费。

第三十六条 职工因工致残被鉴定为五级、六级伤残的,享受以下待遇:

(一)从工伤保险基金按伤残等级支付一次性伤残补助金,标准为:五级伤残为 18 个月的本人工资,六级伤残为 16 个月的本人工资。

(二)保留与用人单位的劳动关系,由用人单位安排适当工作。难以安排工作的,由用人单位按月发给伤残津贴,标准为:五级伤残为本人工资的 70%,六级伤残为本人工资的 60%,并由用人单位按照规定为其缴纳应缴纳的各项社会保险费。伤残津贴实际金额低于当地最低工资标准的,由用人单位补足差额。

经工伤职工本人提出,该职工可以与用人单位解除或者终止劳动关系,由工伤保险基金支付一次性工伤医疗补助金,由用人单位支付一次性伤残就业补助金。一次性工伤医疗补助金和一次性伤残就业补助金的具体标准由省、自治区、直辖市人民政府规定。

第三十七条 职工因工致残被鉴定为七级至十级伤残的,享受以下待遇:

(一)从工伤保险基金按伤残等级支付一次性伤残补助金,标准为:七级伤残为 13 个月的本人工资,八级伤残为 11 个月的本人工资,九级伤残为 9 个月的本人工资,十级伤残为 7 个月的本人工资。

(二)劳动、聘用合同期满终止,或者职工本人提出解除劳动、聘用合同的,由工伤保险基金支付一次性工伤医疗补助金,由用人单位支付一次性伤残就业补助金。一次性工伤医疗补助金和一次性伤残就业补助金的具体标准由省、自治区、直辖市人民政府规定。

第三十八条 工伤职工工伤复发,确认需要治疗的,享受本条例第三十条、第三十二条和第三十三条规定的工伤待遇。

第三十九条 职工因工死亡,其近亲属按照下列规定从工伤保险基金领取丧葬补助金、供养亲属抚恤金和一次性工亡补助金:

(一)丧葬补助金为 6 个月的统筹地区上年度职工月平均工资。

(二)供养亲属抚恤金按照职工本人工资的一定比例发给由因工死亡职工生前提供主要生活来源、无劳动能力的亲属。标准为:配偶每月40%,其他亲属每人每月30%,孤寡老人或者孤儿每人每月在上述标准的基础上增加10%。核定的各供养亲属的抚恤金之和不应高于因工死亡职工生前的工资。供养亲属的具体范围由国务院社会保险行政部门规定。

(三)一次性工亡补助金标准为上一年度全国城镇居民人均可支配收入的20倍。

伤残职工在停工留薪期内因工伤导致死亡的,其近亲属享受本条第一款规定的待遇。

一级至四级伤残职工在停工留薪期满后死亡的,其近亲属可以享受本条第一款第(一)项、第(二)项规定的待遇。

第四十条　伤残津贴、供养亲属抚恤金、生活护理费由统筹地区社会保险行政部门根据职工平均工资和生活费用变化等情况适时调整。调整办法由省、自治区、直辖市人民政府规定。

第四十一条　职工因工外出期间发生事故或者在抢险救灾中下落不明的,从事故发生当月起3个月内照发工资,从第4个月起停发工资,由工伤保险基金向其供养亲属按月支付供养亲属抚恤金。生活有困难的,可以预支一次性工亡补助金的50%。职工被人民法院宣告死亡的,按照本条例第三十九条职工因工死亡的规定处理。

第四十二条　工伤职工有下列情形之一的,停止享受工伤保险待遇:

(一)丧失享受待遇条件的;

(二)拒不接受劳动能力鉴定的;

(三)拒绝治疗的。

第四十三条　用人单位分立、合并、转让的,承继单位应当承担原用人单位的工伤保险责任;原用人单位已经参加工伤保险的,承继单位应当到当地经办机构办理工伤保险变更登记。

用人单位实行承包经营的,工伤保险责任由职工劳动关系所在单位承担。

职工被借调期间受到工伤事故伤害的,由原用人单位承担工伤保险责任,但原用人单位与借调单位可以约定补偿办法。

企业破产的,在破产清算时依法拨付应当由单位支付的工伤保险待遇费用。

第四十四条　职工被派遣出境工作,依据前往国家或者地区的法律应当参加当地工伤保险的,参加当地工伤保险,其国内工伤保险关系中止;不能参加当地工伤保险的,其国内工伤保险关系不中止。

第四十五条　职工再次发生工伤,根据规定应当享受伤残津贴的,按照新认定的伤残等级享受伤残津贴待遇。

第六章　监督管理

第四十六条　经办机构具体承办工伤保险事务,履行下列职责:

(一)根据省、自治区、直辖市人民政府规定,征收工伤保险费;

(二)核查用人单位的工资总额和职工人数,办理工伤保险登记,并负责保存用人单位缴费和职工享受工伤保险待遇情况的记录;

(三)进行工伤保险的调查、统计;

(四)按照规定管理工伤保险基金的支出;

(五)按照规定核定工伤保险待遇;

(六)为工伤职工或者其近亲属免费提供咨询服务。

第四十七条　经办机构与医疗机构、辅助器具配置机构在平等协商的基础上签订服务协议,并公布签订服务协议的医疗机构、辅助器具配置机构的名单。具体办法由国务院社会保险行政部门分别会同国务院卫生行政部门、民政部门等部门制定。

第四十八条　经办机构按照协议和国家有关目录、标准对工伤职工医疗费用、康复费用、辅助器具费用的使用情况进行核查,并按时足额结算费用。

第四十九条　经办机构应当定期公布工伤保险基金的收支情况,及时向社会保险行政部门提出调整费率的建议。

第五十条　社会保险行政部门、经办机构应当定期听取工伤职工、医疗机构、辅助器具配置机构以及社会各界对改进工伤保险工作的意见。

第五十一条　社会保险行政部门依法对工伤保险费的征缴和工伤保险基金的支付情况进行监督检查。

财政部门和审计机关依法对工伤保险基金的收支、管理情况进行监督。

第五十二条　任何组织和个人对有关工伤保险的违法行为,有权举报。社会保险行政部门对举报应当及时调查,按照规定处理,并为举报人保密。

第五十三条　工会组织依法维护工伤职工的合法权益,对用人单位的工伤保险工作实行监督。

第五十四条　职工与用人单位发生工伤待遇方面的争议,按照处理劳动争议的有关规定处理。

第五十五条　有下列情形之一的,有关单位或者个人可以依法申请行政复议,也可以依法向人民法院提起行政诉讼:

(一)申请工伤认定的职工或者其近亲属、该职工所在单位对工伤认定申请不予受理的决定不服的;

(二)申请工伤认定的职工或者其近亲属、该职工所在单位对工伤认定结论不服的;

(三)用人单位对经办机构确定的单位缴费费率不服的;

(四)签订服务协议的医疗机构、辅助器具配置机构认为经办机构未履行有关协议或者规定的;

(五)工伤职工或者其近亲属对经办机构核定的工伤保险待遇有异议的。

第七章　法律责任

第五十六条　单位或者个人违反本条例第十二条规定挪用工伤保险基金,构成犯罪的,依法追究刑事责任;尚不构成犯罪的,依法给予处分或者纪律处分。被挪用的基金由社会保险行政部门追回,并入工伤保险基金;没收的违法所得依法上缴国库。

第五十七条　社会保险行政部门工作人员有下列情形之一的,依法给予处分;情节严重,构成犯罪的,依法追究刑事责任:

(一)无正当理由不受理工伤认定申请,或者弄虚作假将不符合工伤条件的人员认定为工伤职工的;

(二)未妥善保管申请工伤认定的证据材料,致使有关证据灭失的;

(三)收受当事人财物的。

第五十八条　经办机构有下列行为之一的,由社会保险行政部门责令改正,对直接负责的主管人员和其他责任人员依法给予纪律处分;情节严重,构成犯罪的,依法追究刑事责任;造成当事人经济损失的,由经办机构依法承担赔偿责任:

(一)未按规定保存用人单位缴费和职工享受工伤保险待遇情况记录的;

(二)不按规定核定工伤保险待遇的;

(三)收受当事人财物的。

第五十九条　医疗机构、辅助器具配置机构不按服务协议提供服务的,经办机构可以解除服务协议。

经办机构不按时足额结算费用的,由社会保险行政部门责令改正;医疗机构、辅助器具配置机构可以解除服务协议。

第六十条　用人单位、工伤职工或者其近亲属骗取工伤保险待遇,医疗机构、辅助器具配置机构骗取工伤保险基金支出的,由社会保险行政部门责令退还,处骗取金额2倍以上5倍以下的罚款;情节严重,构成犯罪的,依法追究刑事责任。

第六十一条　从事劳动能力鉴定的组织或者个人有下列情形之一的,由社会保险行政部门责令改正,处2 000元以上1万元以下的罚款;情节严重,构成犯罪的,依法追究刑事责任:

(一)提供虚假鉴定意见的;

(二)提供虚假诊断证明的;

(三)收受当事人财物的。

第六十二条　用人单位依照本条例规定应当参加工伤保险而未参加的,由社会保险行政部门责令限期参加,补缴应当缴纳的工伤保险费,并自欠缴之日起,按日加收万分之五的滞纳金;逾期仍不缴纳的,处欠缴数额1倍以上3倍以下的罚款。

依照本条例规定应当参加工伤保险而未参加工伤保险的用人单位职工发生工伤的,由该用人单位按照本条例规定的工伤保险待遇项目和标准支付费用。

用人单位参加工伤保险并补缴应当缴纳的工伤保险费、滞纳金后,由工伤保险基金和用人单位依照本条例的规定支付新发生的费用。

第六十三条　用人单位违反本条例第十九条的规定,拒不协助社会保险行政部门对事故进行调查核实的,由社会保险行政部门责令改正,处2 000元以上2万元以下的罚款。

第八章　附则

第六十四条　本条例所称工资总额,是指用人单位直接支付给本单位全部职工的劳动报酬总额。

本条例所称本人工资,是指工伤职工因工作遭受事故伤害或者患职业病前 12 个月平均月缴费工资。本人工资高于统筹地区职工平均工资 300% 的,按照统筹地区职工平均工资的 300% 计算;本人工资低于统筹地区职工平均工资 60% 的,按照统筹地区职工平均工资的 60% 计算。

第六十五条　公务员和参照公务员法管理的事业单位、社会团体的工作人员因工作遭受事故伤害或者患职业病的,由所在单位支付费用。具体办法由国务院社会保险行政部门会同国务院财政部门规定。

第六十六条　无营业执照或者未经依法登记、备案的单位以及被依法吊销营业执照或者撤销登记、备案的单位的职工受到事故伤害或者患职业病的,由该单位向伤残职工或者死亡职工的近亲属给予一次性赔偿,赔偿标准不得低于本条例规定的工伤保险待遇;用人单位不得使用童工,用人单位使用童工造成童工伤残、死亡的,由该单位向童工或者童工的近亲属给予一次性赔偿,赔偿标准不得低于本条例规定的工伤保险待遇。具体办法由国务院社会保险行政部门规定。

前款规定的伤残职工或者死亡职工的近亲属就赔偿数额与单位发生争议的,以及前款规定的童工或者童工的近亲属就赔偿数额与单位发生争议的,按照处理劳动争议的有关规定处理。

第六十七条　本条例自 2004 年 1 月 1 日起施行。本条例施行前已受到事故伤害或者患职业病的职工尚未完成工伤认定的,按照本条例的规定执行。

上海市安全生产条例

2005年1月6日上海市第十二届人民代表大会常务委员会第十七次会议通过,2011年9月22日上海市第十三届人民代表大会常务委员会第二十九次会议修订。

第一章　总则

第一条　为了加强本市安全生产监督管理,防止和减少生产安全事故,保障人民群众生命和财产安全,促进经济发展和社会稳定,根据《中华人民共和国安全生产法》和其他有关法律、行政法规,结合本市实际,制定本条例。

第二条　本市行政区域内生产经营单位的安全生产及其相关监督管理活动,适用本条例。有关法律、法规对消防安全、道路交通安全、铁路交通安全、水上交通安全、民用航空安全等另有规定的,适用其规定。

第三条　安全生产管理应当以人为本,坚持安全第一、预防为主、综合治理的方针,实行政府领导、部门监管、单位负责、群众参与、社会监督的原则。

本市建立和健全各级安全生产责任制。

第四条　生产经营单位是安全生产的责任主体。

生产经营单位主要负责人对本单位的安全生产工作全面负责;分管安全生产的负责人协助主要负责人履行安全生产职责;其他负责人应当按照各自分工,负责其职责范围内的安全生产工作。

第五条　从业人员依法享有平等获得安全生产保障的权利,并应当依法履行安全生产方面的义务。

第六条　市和区、县人民政府应当加强对安全生产工作的领导,建立和完善安全生产监控体系、责任制度和考核制度,并将安全生产工作纳入国民经济和社会发展规划以及年度工作计划。

市安全生产委员会负责研究部署、统筹协调本市安全生产工作中的重大事项,并根据有关法律、法规和规章的规定,编制成员单位安全生产工作职责,报经市人民政府批准后执行。

乡、镇人民政府和街道办事处按照本条例规定,做好本辖区内相关的安全生产监督工作。

第七条　市和区、县安全生产监督管理部门(以下简称安全生产监管部门)对本行政区域内的安全生产工作实施综合监督管理,履行下列职责:

(一)会同有关部门编制、实施安全生产专项规划;

(二)指导、协调和监督同级人民政府有关部门和下级人民政府履行安全生产工作职责;

(三)依法对生产经营单位的安全生产工作实施监督检查;

(四)按照法律、法规和规章的规定,对涉及安全生产的有关事项实施审批、处罚;

(五)根据同级人民政府的授权或者委托,组织、协调、指挥安全生产应急救援,组织生产安全事故调查处理;

(六)法律、法规规定的其他职责。

第八条　本市公安、建设、质量技术监督、交通港口等依法对涉及安全生产的事项负有审批、处罚等监督管理职责的部门(以下统称专项监管部门),应当严格按照有关法律、法规和规章的规定,实施安全生产专项监督管理。

其他有关部门在各自职责范围内,做好有关的安全生产工作。

第九条　各级工会依法组织从业人员参加本单位安全生产工作的民主管理,对本单位执行安全生产法律、法规等情况进行民主监督,依法参加事故调查,维护从业人员在安全生产方面的合法权益。

第十条　各级人民政府及其有关部门应当采取多种形式,开展安全生产法律、法规和安全生产知识的宣传教育,增强全社会和从业人员的安全生产意识以及事故预防、自救互救的能力。

报刊、广播、电视、网络等单位有进行安全生产宣传教育的义务,有对违反安全生产法律、法规的行为进行舆论监督的权利。

第十一条　市和区、县人民政府及其有关部门应当鼓励安全生产科学技术研究,支持安全生产技术、装备、工艺的推广应用,扶持技术含量高、社会效益好的安全生产科技项目和相关生产经营单位,提高安全生产技术水平。

第十二条　本市推进安全生产社会化服务体系建设,支持有关中介服务机构依法开展安全生产评价、检测、检验、培训等活动。

从事安全生产评价、检测、检验、培训等活动的中介服务机构,应当具有法律、行政法规规定的资质,并依法对其提供的服务承担责任。

第二章　生产经营单位的安全生产保障

第十三条　生产经营单位应当具备法律、法规和强制性标准规定的安全生产条件。不具备安全生产条件的,不得从事生产经营活动。

生产经营单位应当遵守下列安全生产规定:

(一)生产经营场所和设施、设备符合安全生产的要求;

(二)建立安全生产规章制度和操作规程;

(三)保证安全生产所必需的资金投入;

(四)提供符合国家标准或者行业标准的劳动防护用品;

(五)设置安全生产管理机构或者配备安全生产管理人员;

(六)主要负责人和安全生产管理人员经安全生产培训、考核合格;

(七)从业人员经安全生产教育和培训合格,特种作业人员经专门的安全作业培训,并取得特种作业操作资格证书;

(八)采取职业危害防治措施。

第十四条　生产经营单位主要负责人应当履行《中华人民共和国安全生产法》和其他法律、法规规定的职责,定期研究安全生产问题,向职工代表大会、股东大会报告安全生产情况,接受安全生产监管部门和有关部门的监督检查,接受工会、从业人员对安全生产工作的民主监督。

第十五条　生产经营单位的安全生产管理机构和安全生产管理人员负有下列职责:

(一)贯彻国家安全生产的法律、法规和标准;

(二)协助制订安全生产规章制度和安全技术操作规程;

(三)开展安全生产检查,发现事故隐患,督促有关业务部门及时整改;

(四)开展安全生产宣传、教育培训,总结和推广安全生产的经验;

(五)参与新建、改建、扩建的建设项目安全设施的审查,管理和发放劳动防护用品;

(六)组织编制本单位的生产安全事故应急预案,并定期开展演练;

(七)协助调查和处理生产安全事故,进行伤亡事故的统计、分析,提出报告;

(八)其他安全生产工作。

生产经营单位的安全生产管理机构负责人应当具有注册安全工程师资格或者相应的安全生产管理能力。

第十六条　有下列情形之一的生产经营单位应当建立安全生产委员会,其他生产经营单位可以建立安全生产委员会:

(一)属于矿山、建筑施工和危险物品生产经营等高度危险性行业(以下简称高危行业)以及危险物品使用、储存、运输单位;

(二)属于金属冶炼、船舶修造、电力、装卸、道路交通运输等较大危险性行业(以下简称较大危险行业)的;

(三)从业人员三百人以上的。

生产经营单位的安全生产委员会由本单位的主要负责人、分管安全生产的负责人、安全生产管理机构及相关机构负责人、安全生产管理人员和工会代表及从业人员代表组成。

安全生产委员会审查本单位年度安全生产工作计划和实施、重大安全生产技术项目、安全生产各项投入等情况,研究和审查本单位有关安全生产的重大事项,督促落实消除事故隐患的措施。安全生产委员会至少每季度召开一次会议,会议应当有书面记录。

生产经营单位使用劳务派遣人员从事作业的,劳务派遣人员应当计入该生产经营单位的从业人员人数。

第十七条　生产经营单位应当建立安全生产的检查、教育培训、奖惩以及设施设备安全管理、职业危害防治、劳动防护用品配备和管理、危险作业安全管理、特种作业管理、事故报告处理等规章制度。

第十八条　生产经营单位应当建立、健全安全生产责任制,明确各岗位的责任人员、责任内容和考核要求。

第十九条　生产经营单位的决策机构、主要负责人或者个人经营的投资人应当保证安全生产所必需的资金投入,安全生产资金纳入年度生产经营计划和财务预算。

安全生产资金用于安全生产的技术项目、设施和设备,宣传、教育培训和奖励,劳动防护用品,安全生产的新技术、新工艺、新材料,重大危险源的监控和管理,应急救援器材、物资的储备,以及其他安全生产方面。安全生产资金不得挪作他用。

高危行业和较大危险行业的生产经营单位应当按照国家和本市有关规定建立安全生产费用管理制度,并于每年三月底前将本单位当年度安全生产费用提取、使用计划和上一年度安全生产费用提取、使用情况,报财政、安全生产监管部门备案。

第二十条 除法律、法规另有规定外,高危行业的生产经营单位,从业人员三百人以下的,至少配备一名专职安全生产管理人员;从业人员三百人以上的,至少配备三名专职安全生产管理人员;从业人员一千人以上的,至少配备八名专职安全生产管理人员;从业人员五千人以上的,至少配备十五名专职安全生产管理人员。

较大危险行业的生产经营单位,从业人员三百人以上的,至少配备两名专职安全生产管理人员;从业人员一千人以上的,至少配备五名专职安全生产管理人员;从业人员五千人以上的,至少配备十名专职安全生产管理人员。

前两款规定以外的其他生产经营单位,从业人员三百人以上的,至少配备一名专职安全生产管理人员;从业人员一千人以上的,至少配备两名专职安全生产管理人员;从业人员五千人以上的,至少配备五名专职安全生产管理人员。

第二十一条 矿山、建筑施工单位和危险物品的生产经营单位的主要负责人和分管安全生产的负责人任职前应当参加安全培训,并经考核合格;其他生产经营单位的主要负责人和分管安全生产的负责人在任职三个月内,应当参加安全培训,并经考核合格。

安全生产管理人员任职前应当参加安全培训,并经考核合格。

第二十二条 生产经营单位应当对下列人员及时进行安全生产教育和培训:

(一)新进从业人员;

(二)离岗六个月以上的或者换岗的从业人员;

(三)采用新工艺、新技术、新材料或者使用新设备后的有关从业人员。

生产经营单位应当对在岗的从业人员进行定期的安全生产教育和培训。从业人员未经安全生产教育和培训合格的,不得上岗作业。

第二十三条 安全生产教育和培训内容主要包括安全生产的法律、法规和规章制度,安全操作基本技能和安全技术基础知识,作业场所和工作岗位存在的危险因素、防范措施以及事故应急措施,劳动防护用品的性能和使用方法以及其他需要掌握的安全生产知识。

安全生产教育和培训情况应当记入从业人员安全生产记录卡,记录卡应当由考核人员和从业人员本人签名。

安全生产教育和培训的时间按照国家和本市有关规定执行,费用由生产经营单位承担。

生产经营单位可以委托安全生产中介服务机构或者相关的行业组织实施安全生产教育和培训。

第二十四条 从事电工作业、焊接与热切割作业、高处作业、制冷与空调作业、冶金生产安全作业、危险化学品安全作业、烟花爆竹安全作业等特种作业的人员,应当按照国家有关规定经专门的安全作业培训,经考核合格取得特种作业操作资格证书后,方可上岗作业。

生产经营单位不得安排无特种作业操作资格证书的人员从事特种作业。

生产经营单位指派从业人员参加专门的安全作业培训和特种作业操作资格考试的,应当承担该从业人员的培训和考试费用,并可以与该从业人员订立协议约定服务期限。

第二十五条 矿山企业、建筑施工企业和危险化学品、烟花爆竹、民用爆破器材生产企业在生产前,应当依照《安全生产许可证条例》,向有关部门申请领取安全生产许可证。

用于生产、储存危险物品的建设项目的安全设施设计,在报送安全生产监管部门和专项监管部门审查时,应当提供安全条件论证报告和具有相应资质的机构出具的安全评价报告。审查部门对审查结果负责。

用于生产、储存危险物品的建设项目竣工正式投入生产或者使用前,安全生产监管部门和专项监管部门应当对项目中的安全设施进行验收。项目经验收合格后,方可正式投入生产和使用。

第二十六条 生产经营单位应当对新建、改建、扩建生产、储存危险化学品的建设项目进行安全条件论证,并委托具有安全生产评价资质的中介服务机构进行项目安全评价。

生产、储存危险化学品的企业以及使用危险化学品从事生产的企业应当按照国家有关规定,委托具有安全生产评价资质的中介服务机构,对本企业的安全生产条件每三年进行一次安全评价,提出安全评价报告。安全评价报告应当包括对安全生产条件存在的问题进行整改的方案。

生产、储存危险化学品的企业以及使用危险化学品从事生产的企业应当及时将安全评价报告及整改方案的落实情况报安全生产监管部门备案。安全生产监管部门应当对安全评价报告及整改方案的落实情况进行抽查。

第二十七条 生产经营单位应当按照国家有关规定办理重大危险源备案,并采取下列监控措施:

(一)建立运行管理档案,对运行情况进行全程监控;

(二)定期对设施、设备进行检测、检验;

(三)定期进行安全评价;

(四)定期检查重大危险源的安全状态;

(五)制定应急救援预案,定期组织应急救援演练。

生产经营单位可以委托具有相应资质的中介服务机构,对重大危险源进行检测和安全评价,并提出完善监控的措施。

生产经营单位应当至少每半年向安全生产监管部门和专项监管部门报告重大危险源的监控措施实施情况;发生紧急情况时,应当立即报告安全生产监管部门和专项监管部门。

第二十八条 生产经营单位进行爆破、大型设备(构件)吊装、危险装置设备试生产、危险场所动火作业、有毒有害及受限空间作业、重大危险源作业等危险作业的,应当按批准权限由相关负责人现场带班,确定专人进行现场作业的统一指挥,由专职安全生产管理人员进行现场安全检查和监督,并由具有专业资质的人员实施作业。

生产经营单位委托其他有专业资质的单位进行危险作业的,应当在作业前与受托方签订安全生产管理协议。安全生产管理协议应当明确各自的安全生产职责。

生产经营单位或者接受委托的作业单位在危险作业前应当制定危险作业的方案和安全防范措施,并设置作业现场的安全区域。

从事危险作业时,作业人员应当服从现场的统一指挥和调度,并严格遵守作业方案、操作规程和安全防范措施。

第二十九条 生产经营单位为大型公共活动所设的临时性建筑物、构筑物及设施、设备的安全性能,应当经具有相应资质的机构检测、检验合格。

第三十条 生产经营单位不得将厂房、场所出租给不具备安全生产条件或者相应资质的单位或者个人。

生产经营单位出租厂房、场所给其他单位从事生产经营活动的,其出租的厂房、场所应当具备基本的安全生产条件,并书面告知承租人涉及厂房、场所安全的有关情况。租赁双方应当签订安全生产管理协议,明确双方对出租厂房、场所的安全管理责任。

出租方应当查验承租方所从事的生产经营范围,统一协调、管理同一区域多个承租单位的安全生产工作,加强对各承租人涉及厂房、场所安全行为的监督检查。发现承租方有安全生产违法行为的,应当及时劝阻并向所在地的安全生产监管部门和专项监管部门报告。

承租方应当严格遵守安全生产法律、法规,具备相应的安全生产资质和条件,并服从出租方对其安全生产工作的统一协调、管理。发生生产安全事故时,应当立即如实报告所在地的安全生产监管部门和专项监管部门。

第三十一条 生产经营单位应当为从业人员提供符合国家标准或者行业标准的劳动防护用品,并教育、督促从业人员正确佩戴、使用。生产经营单位不得以现金或者其他物品替代劳动防护用品的提供。

生产经营单位购买劳动防护用品时,应当查验产品质量合格证明;购买特种劳动防护用品时,还应当查验产品生产许可证和安全标志,并建立采购档案。

第三十二条 存在职业危害的生产经营单位应当依法建立职业危害防治制度,包括职业危害的防治责任、告知、申报、宣传教育、防护设施维护检修、日常监测、从业人员体检以及职业健康监护档案管理等内容。

存在职业危害的生产经营单位应当按照国家有关规定,委托具有相应资质的中介服务机构定期进行检测和评价。检测和评价报告应当向从业人员公布,并报安全生产监管部门备案。

生产经营单位发生职业危害事故,或者发现职业病病人、疑似职业病病人的,应当及时向安全生产监管部门和有关部门报告。

第三十三条 生产经营单位应当根据本单位的生产经营特点进行经常性的安全生产检查,定期进行专业性的安全生产检查,每月至少进行一次综合性的安全生产检查。

安全生产管理人员应当对检查中发现的事故隐患及时提出处理意见,跟踪事故隐患治理情况并记录在案。

第三十四条　生产经营单位对本单位的生产安全事故隐患治理负全部责任，发现事故隐患的，应当立即采取措施予以消除；对非本单位原因造成的事故隐患，不能及时消除或者难以消除的，应当采取必要的安全措施，并立即向安全生产监管部门和专项监管部门报告。

安全生产监管部门和专项监管部门接到报告后，应当及时进行处理。在隐患排除前，安全生产监管部门和专项监管部门可以在生产经营场所的明显位置设置事故隐患提示标志。

第三十五条　本市鼓励生产经营单位投保安全生产相关责任保险。

矿山、建筑施工、危险物品生产经营、道路交通运输、金属冶炼、船舶修造、装卸等行业的生产经营单位应当依照国家和本市的有关规定实行安全生产风险抵押金制度。发生生产安全事故时，原则上由企业先行支付抢险、救灾及善后处理费用，确实需要动用风险抵押金的，经安全生产监管部门和财政部门批准后，按照规定办理风险抵押金使用手续。生产经营单位投保安全生产相关责任保险的，经报送安全生产监管部门审核同意，可以免于存储安全生产风险抵押金。

第三十六条　生产经营单位按照国家和本市有关规定开展安全生产标准化工作，并接受安全生产监管部门的指导。

第三十七条　禁止生产经营单位及其有关负责人从事下列行为：

（一）指令或者放任从业人员违反操作规程或者安全管理规定从事作业；

（二）超过核定的生产能力、强度进行生产；

（三）隐瞒事故隐患，或者不及时处理已发现的事故隐患；

（四）违反操作规程或者安全管理规定从事作业；

（五）法律、法规规定的其他禁止行为。

第三章　从业人员的权利和义务

第三十八条　生产经营活动中，从业人员享有下列权利：

（一）在集体合同、劳动合同中，载明劳动安全、防止职业危害和工伤保险等事项；

（二）了解其作业场所、工作岗位存在的危险因素及防范、应急措施；

（三）对本单位安全生产工作中存在的问题提出建议、批评、检举和控告；

（四）拒绝违章指挥、强令冒险作业的要求；

（五）发现直接危及人身安全的紧急情况时，停止作业或者在采取可能的应急措施后撤离作业场所；

（六）因生产安全事故受到损害后提出赔偿要求；

（七）接受安全生产教育和培训，掌握本职工作所必需的安全生产技能；

（八）获得生产经营单位提供的符合国家和行业标准的劳动条件和劳动防护用品；

（九）因接触职业危害因素接受符合国家有关规定的职业健康检查；

（十）法律、法规规定的其他权利。

第三十九条　生产经营活动中，从业人员应当履行下列义务：

（一）严格遵守本单位的安全生产规章制度和操作规程；

（二）正确使用劳动防护用品；

（三）接受安全生产教育和培训；

（四）及时报告事故隐患和不安全因素；

（五）法律、法规规定的其他义务。

第四十条　生产经营单位使用劳务派遣人员从事作业的，应当将劳务派遣人员纳入本单位对从业人员安全生产的统一管理，履行安全生产保障责任，不得将安全生产保障责任转移给劳务派遣单位。

劳务派遣人员有依法向用工的生产经营单位主张安全生产的权利。

第四十一条　安全生产监管部门和有关部门应当加强对从业人员发生事故伤害的预防工作。

本市工伤保险基金按照国家和本市的有关规定安排一定比例的费用，用于工伤预防的宣传、培训等。

第四章　安全生产监督管理

第四十二条　本市实行各级人民政府和有关部门安全生产行政责任制度。

市和区、县人民政府及其有关部门的主要负责人对本地区、本行业的安全生产管理工作承担主要责任，其他分管负责人按照职责分工依法承担相应责任。

第四十三条　市和区、县人民政府应当对其所属部门和下级人民政府的安全生产工作进行年度考核,考核结果作为政府年度工作考核的重要依据。

市和区、县国有资产管理部门应当会同同级安全生产监管部门对其负责管理的国有企业的安全生产工作进行年度考核,考核结果纳入国有企业绩效考核。

第四十四条　市和区、县人民政府应当建立安全生产控制指标,对安全生产工作实行目标管理。

区、县人民政府和市有关部门每季度至少召开一次安全生产工作会议,分析本地区、本行业的安全生产形势和情况,研究、部署防范生产安全事故发生的措施和方案,协调并解决安全生产工作中的重大问题。

第四十五条　产业园区管理机构应当确定负责安全生产监督管理的机构和人员,支持、督促、检查本园区内生产经营单位的安全生产工作,并协助有关部门实施安全生产监督管理。发现安全生产违法行为或者事故隐患的,应当责令生产经营单位立即改正或者限期治理,并向有关部门报告。

第四十六条　乡、镇人民政府和街道办事处应当有相应机构和专门人员负责安全生产监督管理工作,对本辖区内高危行业和较大危险行业以外的生产经营单位实施安全生产日常检查,并协助有关部门实施安全生产监督管理。发现安全生产违法行为或者事故隐患的,应当向有关部门报告,并责令生产经营单位立即改正或者限期治理。

第四十七条　安全生产监管部门应当加强执法队伍的建设,依法开展行政执法工作。专项监管部门应当配置与其监督管理工作相适应的执法力量。

安全生产监管部门和专项监管部门应当定期对其执法人员开展安全生产技术知识、法律等方面的培训和考核。

第四十八条　市和区、县人民政府应当组织安全生产监管部门和专项监管部门对生产经营单位建立和落实安全生产责任制、生产安全事故隐患排查治理、安全生产教育和培训等安全生产工作以及容易发生事故的生产、经营场所或者施工的设备、设施和场所进行安全生产检查。

安全生产监管部门和专项监管部门可以实行联合检查,并采用定期检查、随时抽查的方式,对生产经营单位进行安全生产检查。

市安全生产监管部门应当会同有关部门组织编制危险化学品、易燃易爆物品、重大危险源、压力容器等重点事项的监督检查计划,明确实施监督检查的部门、频次等,并建立相应的监督检查记录制度。

第四十九条　安全生产监管部门和专项监管部门可以邀请专业技术人员和专家学者参与安全生产的监督检查、事故调查等工作,听取对专业技术问题的意见。

安全生产监管部门和专项监管部门应当建立、健全有关的专业技术人员和专家学者遴选、考核、奖酬、回避等制度。

第五十条　市安全生产监管部门会同有关部门组织编制安全生产重点监督管理单位目录,载明生产经营单位的名称、主要负责人姓名、监督管理部门以及监督管理的重点要求。

生产经营单位有下列情形之一的,应当列入安全生产重点监督管理单位目录:

(一)存在重大危险源的;

(二)存在重大事故隐患的;

(三)近三年内曾发生较大、重大或者特别重大生产安全事故的;

(四)市安全生产监管部门根据工作需要,认为有必要实行重点监督管理的其他情形。

第五十一条　生产经营单位存在重大生产安全事故隐患的,市和区、县人民政府应当指定有关部门督促生产经营单位制定、落实治理计划。

对于非生产经营单位原因造成、短时期内难以消除的重大生产安全事故隐患,市和区、县人民政府应当组织有关部门制定计划予以治理,并落实治理资金。任何单位和个人不得侵占治理资金或者挪作他用。

第五十二条　本市建立重大危险源信息监管系统,对重大危险源实施市和区、县两级监管。

安全生产监管部门和专项监管部门应当按照国家有关规定实施重大危险源备案。

第五十三条　本市对危险化学品行业实行统一规划、合理布局和严格控制。

本市有关部门组织编制城乡规划,应当根据本市实际情况,规划专门用于危险化学品生产、储存的区域和禁止建设危险化学品生产、储存项目的区域。

在城乡规划禁止建设危险化学品生产、储存项目的区域内,已建的危险化学品生产、储存项目,由安全生产监管部门会同有关部门督促生产经营单位在规定期限内进行调整;需要转产、停产、搬迁、关闭的,由市或者区、县人民政府组织有关部门实施,并根据有关规定给予补贴。

市安全生产监管、经济信息化部门应当会同有关部门,制定本市危险化学品产业结构调整指导目录。

市安全生产监管部门应当会同市经济信息化、发展改革、公安、交通港口、环保等部门,制定本市禁止、限制、管控危险化学品生产、储存、经营、使用、运输等的目录。

第五十四条　任何单位和个人发现生产经营单位存在重大事故隐患或者安全生产违法行为的,有权向安全生产监管部门和专项监管部门举报;对举报有功人员,由安全生产监管部门或者专项监管部门给予奖励。安全生产监管部门和专项监管部门应当为举报者保密。

本市对在改善安全生产条件、防止生产安全事故、参加抢险救护等方面取得显著成绩的单位和个人,给予奖励。

第五十五条　安全生产监管部门和专项监管部门应当通过电视、报纸、网络等媒体,对危害公共安全的安全生产违法行为及处理情况予以公布。

安全生产监管部门应当建立安全生产违法行为登录制度,在上海安全生产网上记载生产经营单位及其主要负责人、安全生产中介服务机构的有关违法行为及处理情况。任何单位和个人都有权进行查询。

第五章　生产安全事故的应急救援和调查处理

第五十六条　生产经营单位应当制定生产安全事故应急救援预案,报安全生产监管部门和专项监管部门备案。

高危行业的生产经营单位应当建立安全生产应急救援组织,配备应急救援器材、设备并进行经常性维护、保养。其他生产经营单位应当明确负责应急救援的人员。

生产经营单位应当每年至少组织一次综合应急救援预案演练或者专项应急救援预案演练。高危行业、较大危险行业的生产经营单位,应当每半年至少组织一次综合应急救援预案演练或者专项应急救援预案演练。

第五十七条　市和区、县人民政府应当建立、健全安全生产应急救援体系,根据本市突发公共事件总体预案,组织制定生产安全事故应急救援预案,确定应急救援队伍,储备应急救援物资、装备,加强安全生产应急救援资源共享和信息互通。

应急救援预案应当包括建立应急指挥体系,明确相关部门的应急救援职责,确定应急救援队伍,确定应急救援技术专家,建立抢险装备等信息数据库,确定交通、医疗、物资、经费、治安等保障措施,进行应急救援预案演练等。

第五十八条　生产经营单位发生生产安全事故后,应当在一小时内向安全生产监管部门和专项监管部门报告;情况紧急时,应当在三十分钟内向安全生产监管部门和专项监管部门报告。

安全生产监管部门和专项监管部门应当逐级上报事故情况。每级上报均应当在一小时内完成口头上报,在两小时内完成书面上报。

第五十九条　生产安全事故发生后,生产经营单位应当立即启动相应的应急救援预案,迅速采取有效措施,组织抢救,防止事故扩大,减少人员伤亡和财产损失;市或者区、县人民政府以及安全生产监管部门、相关专项监管部门接到事故报告后,应当立即组织事故救援。

第六十条　除法律、行政法规另有规定外,本市发生的生产安全事故按照下列规定进行调查:

(一)重大和较大生产安全事故,由市人民政府负责调查,市人民政府可以授权或者委托市安全生产监管部门或者其他有关部门组织调查;

(二)一般生产安全事故,由事故发生地区、县人民政府负责调查,区、县人民政府可以授权或者委托区、县安全生产监管部门或者其他有关部门组织调查。

市人民政府认为必要时,可以调查区、县人民政府负责调查的事故。

第六十一条　安全生产监管部门应当定期统计分析本行政区域内发生生产安全事故的情况,并定期向社会公布。

生产经营单位发生重大生产安全事故或者一年内发生两次以上较大生产安全事故,且对事故发生负有主要责任的,安全生产监管部门应当会同有关部门向社会公告,并向市发展改革、规划国土资源、建设交通、经济信息化以及金融监管等部门通报有关情况。

第六章　法律责任

第六十二条　违反本条例规定的行为,《中华人民共和国安全生产法》及其他有关法律、法规已有处罚规定的,依照其规定处罚;构成犯罪的,依法追究刑事责任。

生产经营单位发生生产安全事故,造成他人人身、财产损害的,依照有关法律,承担赔偿责任。

第六十三条 生产经营单位违反本条例第十九条第三款的规定,未将安全生产费用的有关情况报送备案的,由安全生产监管部门责令限期改正;逾期未改正的,处以五千元以下的罚款。

第六十四条 生产经营单位未按照本条例第二十条规定配备专职安全生产管理人员的,由安全生产监管部门责令限期改正;逾期未改正的,责令停产停业整顿,并可以依法处以罚款,罚款额按未配备安全生产管理人员人数计,每少配备一人罚款五千元。

第六十五条 生产经营单位主要负责人、分管安全生产的负责人、安全生产管理人员未按照本条例第二十一条的规定参加安全培训并经考核合格的,由安全生产监管部门责令限期改正;逾期未改正的,处以五千元以上二万元以下的罚款。

第六十六条 生产经营单位违反本条例第二十二条的规定,未对从业人员进行安全生产教育培训的,由安全生产监管部门责令限期改正;逾期未改正的,责令停产停业整顿,并可以依法处以罚款,罚款额按未培训从业人员人数计,每少培训一人罚款五百元。

第六十七条 生产经营单位违反本条例第二十八条第二款、第三款的规定,从事危险作业未签订安全生产管理协议,或者未设置作业现场安全区域的,由安全生产监管部门责令改正,并可以对生产经营单位和接受委托的作业单位处以五万元以上二十万元以下的罚款。

第六十八条 矿山、建筑施工、危险物品生产经营、道路交通运输、金属冶炼、船舶修造、装卸等行业的生产经营单位违反本条例第三十五条的规定,未足额存储安全生产风险抵押金且未投保安全生产相关责任保险的,由安全生产监管部门责令限期改正;逾期未改正的,处以一万元以上三万元以下的罚款。

第六十九条 生产经营单位及其有关负责人违反本条例第三十七条第一项至第四项的规定,从事禁止行为的,由安全生产监管部门对生产经营单位处以一万元以上三万元以下的罚款,对其有关负责人处以一千元以上一万元以下的罚款。

第七十条 各级人民政府及其有关部门的工作人员有下列情形之一的,依照《中华人民共和国公务员法》、《中华人民共和国行政监察法》等法律、法规,追究行政责任;构成犯罪的,依法追究刑事责任:

(一)未按照规定履行安全生产监督管理责任的;

(二)因其失职、渎职行为造成重大生产安全事故隐患的;

(三)发生生产安全事故,未按照规定组织救援或者玩忽职守致使人员伤亡或者财产损失扩大的;

(四)对生产安全事故隐瞒不报、谎报或者拖延报告的;

(五)阻挠、干涉生产安全事故调查处理或者生产安全事故责任追究的。

第七十一条 当事人对安全生产监管部门或者专项监管部门的具体行政行为不服的,可以依照《中华人民共和国行政复议法》或者《中华人民共和国行政诉讼法》的规定,申请行政复议或者提起行政诉讼。

当事人对具体行政行为逾期不申请复议,不提起诉讼,又不履行的,作出具体行政行为的安全生产监管部门或者专项监管部门可以申请人民法院强制执行。

第七章 附则

第七十二条 本条例下列用语的含义是:

(一)生产经营单位,是指从事生产经营活动的企业、个体工商户以及其他能够独立承担民事责任的经营性组织。

(二)生产经营单位主要负责人,是指生产经营单位的法定代表人和实际负有本单位生产经营最高管理权限的人员。

(三)产业园区,是指依法设立并由市或者区、县人民政府派出或者指定机构管理的工业园区、高新技术产业开发区、保税区和出口加工区。

(四)危险物品,是指易燃易爆物品、危险化学品、放射性物品等能够危及人身安全和财产安全的物品。

第七十三条 国家机关、事业单位、人民团体、民办非企业单位在日常运营中的安全作业管理,参照执行本条例。法律、法规另有规定的,从其规定。

第七十四条 本条例自 2012 年 1 月 1 日起施行。

上海市建筑市场管理条例

《上海市建筑市场管理条例》已由上海市第十四届人民代表大会常务委员会第十四次会议于 2014 年 7 月 25 日修订通过,并予公布,自 2014 年 10 月 1 日起施行。上海市人民代表大会常务委员会公告第 16 号。

第一章 总则

第一条 为了加强本市建筑市场的管理,维护建筑市场秩序,保障当事人的合法权益,根据《中华人民共和国建筑法》等有关法律、行政法规的规定,结合本市实际情况,制定本条例。

第二条 在本市行政区域内从事建筑市场活动,实施建筑市场监督管理,适用本条例。

第三条 市建设行政管理部门负责全市建筑市场的统一监督管理。具体履行以下职责:

(一)组织制定本市建筑市场监督管理政策;

(二)组织编制工程建设地方标准和规范;

(三)建立全市统一的建设工程交易市场;

(四)负责建筑市场企业资质和从业人员资格管理;

(五)市人民政府规定的其他统一监督管理职责。

区、县建设行政管理部门按照其职责权限,负责本行政区域内建筑市场的监督管理。

本市交通、水务、海洋、绿化、民防、房屋等行政管理部门(以下简称其他有关部门)按照市人民政府规定的职责分工,负责专业建设工程建筑市场的监督管理。

本市发展改革、规划国土资源、环境保护、安全生产监督、质量技术监督、财政、公安消防、经济信息化、人力资源社会保障等行政管理部门按照各自职责,协同实施本条例。

第四条 从事建筑市场活动应当遵循依法合规、诚实守信、有序竞争的原则;禁止以任何形式垄断建筑市场,或者以不正当手段扰乱建筑市场秩序。

建筑市场管理应当坚持统一、开放、公平、公正的原则。

第五条 鼓励建筑科学技术研究和人才培训,支持开发和采用建筑新技术、新工艺、新设备、新材料和现代管理方法,推动先进、成熟、适用的新技术上升为技术标准,促进建筑产业现代化。

第六条 建筑市场相关行业协会应当建立健全行业自律和交易活动的规章制度,引导行业健康发展,督促会员依法从事建筑市场活动;对违反自律规范的会员,行业协会应当按照协会章程的规定,采取相应的惩戒措施。

第二章 市场准入和建设许可

第七条 建设工程勘察、设计、施工、监理、招标代理、造价咨询、工程质量检测等单位应当依法取得资质证书,并在资质许可范围内承接业务。

建设工程施工单位应当按照国家有关规定,取得安全生产许可证。

第八条 注册地在其他省市的单位进入本市从事建筑活动,应当向市建设行政管理部门报送国家或者省级相关行政管理部门颁发的资质证书、专业技术人员注册执业证书等相关信息。

第九条 国家规定实行注册执业制度的建筑活动专业技术人员,经资格考试合格,取得注册执业证书后,方可从事注册范围内的业务。

第十条 注册执业人员不得有下列行为:

(一)出租、出借注册执业证书或者执业印章;

(二)超出注册执业范围或者聘用单位业务范围从事执业活动;

(三)在非本人负责完成的文件上签字或者盖章;

(四)法律、法规禁止的其他行为。

第十一条 按照国家和本市有关规定配备的施工员、质量员、安全员、标准员、材料员、机械员、劳务员、资料员等施工现场专业人员,应当经过聘用单位组织的岗位培训并通过职业能力评价。

第十二条 建设单位应当在建设工程发包前,持有关文件,向市、区、县建设行政管理部门或者其他有关部门办理建设工程报建手续。

建设工程报建所需资料齐全的,建设行政管理部门或者其他有关部门应当当场予以办理;建设工程报建所需资料不齐全的,应当一次性告知办理报建手续所需资料。

第十三条 建设工程开工应当按照国家有关规定,取得施工许可。未经施工许可的建设工程不得开工。

除保密工程外,施工单位应当在施工现场的显著位置向社会公示建设工程施工许可文件的编号、工程名称、建设地址、建设规模、建设单位、设计单位、施工单位、监理单位、合同工期、项目经理等事项。

第三章　工程发包与承包

第十四条 依法必须进行招标发包的建设项目,建设单位应当在完成建设工程的项目审批、核准、备案手续后,方可进行工程总承包或者勘察、设计、施工发包。

第十五条 工程总承包、勘察、设计、施工的发包应当具备下列条件:

(一)发包单位为依法成立的法人或者其他组织;

(二)有满足发包所需的资料或者文件;

(三)建设资金来源已经落实。

政府投资的建设工程的施工发包应当具有施工图设计文件。但是,建设工程技术特别复杂或者需要使用新技术、新工艺,经市建设行政管理部门审核同意的除外。

第十六条 建设工程的勘察、设计、施工,可以全部发包给一个承包单位实行工程总承包;也可以将建设工程的勘察、设计、施工分别发包给不同的承包单位。

发包单位不得将应当由一个承包单位完成的建设工程肢解成若干部分发包给几个承包单位。

第十七条 建设工程的发包分为招标发包和直接发包。

建设工程招标发包分为公开招标发包和邀请招标发包。

第十八条 全部或者部分使用国有资金投资或者国家融资,以及使用国际组织或者外国政府贷款、援助资金之外的建设工程,可以不进行招标发包,但是国家另有规定的除外。

政府特许经营项目已通过招标方式选定投资人,投资人具有相应工程建设资质且自行建设的,可以不进行招标发包。

第十九条 具备勘察、设计或者施工资质的单位自行投资建设工程的,可以在其资质许可范围内承担相应的工作。

在建工程追加附属小型工程或者房屋建筑主体加层工程,原承包单位具备承包能力的,可以将工程总承包或者勘察、设计、施工直接发包给原承包单位。

第二十条 依法必须公开招标发包的工程,发包单位应当按照国家和本市有关规定,在市建设行政管理部门等相关行政管理部门指定的媒介上发布招标公告。

鼓励使用市建设行政管理部门等相关行政管理部门制定的招标示范文本。

第二十一条 评标由招标人依法组建的评标委员会负责。

招标人与评标委员会成员串通确定中标人的,中标无效。

第二十二条 实行建设工程总承包的,总承包单位应当具备相应的设计或者施工资质,并建立与工程总承包业务相适应的项目管理体系。

实行总承包的建设工程,工程质量由总承包单位负责。总承包单位将所承包工程中的部分工作分包给其他单位的,总承包单位和分包单位应当就分包工程对建设单位承担连带责任。

第二十三条 两个以上的勘察、设计、施工单位可以组成联合体承包工程。联合体各方应当签订联合体协议,确定一方作为联合体主办方,并对承包合同的履行承担连带责任。

联合体各方应当在各自的资质许可范围内承接工程;资质类别相同但资质等级不同的企业组成联合体的,应当按照资质等级低的承包单位的资质许可范围承接工程。

已经参加联合体的单位不得参加同一建设工程的单独投标或者其他联合体的投标。

第二十四条 实行施工总承包的,总承包单位应当自行完成主体结构工程的施工,在主体结构工程施工中应当承担下列责任:

(一)在施工现场设立项目管理机构;

(二)按照规定在施工现场配备本单位的管理人员;

(三)加强施工现场质量和安全管理;

（四）自行采购、供应主体结构工程的主要材料；

（五）法律、行政法规规定的其他责任。

总承包单位和建设单位应当在总承包合同中对分包工程、建设工程材料和设备供应方式等内容予以明确。

建设行政管理部门和其他有关部门应当加强对总承包单位施工现场的监管。

第二十五条　建设单位需要在施工总承包范围内确定专业分包单位或者建设工程材料、设备供应单位的，应当在招标文件中明示或者事先与总承包单位进行协商，并在施工总承包合同中约定；确定的专业分包单位或者材料、设备供应单位应当接受总承包单位的管理，并由总承包单位进行相关工程款项的结算和支付。

建设单位需要将施工总承包范围外的专业工程另行发包的，应当事先与施工总承包单位书面约定现场管理方式。

采取前两款发包方式的，建设单位与施工总承包单位的承包合同应当明确建设单位的责任。

第二十六条　工程总承包、勘察、设计、施工、监理单位承接建设工程时不得有下列行为：

（一）借用他人资质或者以他人名义承接工程；

（二）以贿赂等不正当手段承接工程；

（三）参与有利害关系的招标代理机构代理的建设项目的投标；

（四）提供伪造或者变造的资料；

（五）未以投标方式承接必须投标承包的建设工程；

（六）法律、法规禁止的其他行为。

第二十七条　承包单位不得转包工程。承包单位有下列情形之一的，属于转包行为：

（一）工程总承包单位将其资质范围内的全部设计或者施工业务交由其他单位或者个人完成；

（二）勘察、设计承包单位将全部的勘察或者设计业务交由其他单位或者个人完成；

（三）施工总承包单位将全部的施工业务交由其他单位或者个人完成。

第二十八条　施工承包单位不得违法分包工程。施工承包单位有下列情形之一的，属于违法分包行为：

（一）将建设工程分包给不具备相应资质的单位或者个人的；

（二）专业分包单位将其承包的建设工程再实行专业分包的；

（三）劳务分包单位将其承包的劳务作业再分包的；

（四）法律、行政法规规定属于违法分包的其他情形。

第二十九条　建设单位可以自主委托招标代理、造价咨询等中介服务机构。招标代理机构、造价咨询机构不得同时接受同一建设工程招标人和投标人的委托，也不得同时接受同一建设工程两个以上投标人的委托。

第三十条　建设单位可以委托具有建设工程设计、施工、监理、招标代理或者造价咨询相应资质的项目管理单位，开展工程项目全过程或者若干阶段的项目管理服务。

项目管理单位应当配备具有相应执业能力的专业技术人员和管理人员，提供工程项目前期策划、项目设计、施工前准备、施工、竣工验收和保修等阶段的项目管理服务，也可以在其资质许可范围内，为同一工程提供工程监理、招标代理、造价咨询等专业服务。

设计、施工单位从事项目管理的，不得承接同一建设工程的工程总承包、设计或者施工项目。

本市逐步推进政府投资的建设工程委托项目管理单位实行全过程管理。

第四章　工程合同和造价

第三十一条　承接建设工程总承包、勘察、设计、施工项目的，应当签订书面的建设工程合同。承接建设工程项目管理、招标代理、造价咨询、监理、检测等业务的，应当签订书面的委托合同。鼓励使用国家或者本市制定的合同示范文本。

实行招标发包的建设工程，其承发包合同的工程内容、合同价款及计价方式、合同工期、工程质量标准、项目负责人等主要条款应当与招标文件和中标人的投标文件的内容一致。

第三十二条　合同签订后三十日内，发包单位、委托单位应当向建设行政管理部门或者其他有关部门报送工程内容、合同价款、计价方式、项目负责人等合同信息。合同信息发生变更的，发包单位、委托单位应当于变更事项发生后十五日内，向原报送部门报送变更信息。

经依法报送并履行完毕的合同项目，方可作为业绩在企业申请资质升级增项、参与招标投标过程中予以使用。

第三十三条 合同履行过程中,市场价格波动超过正常幅度且合同未予约定的,合同当事人应当对合同价款的调整进行协商。

第三十四条 全部使用国有资金投资或者国有资金投资为主的建设工程的施工发包和承包应当采用工程量清单方式计价。工程量清单应当按照国家和本市的清单计价规范编制。

全部使用国有资金投资或者国有资金投资为主的建设工程实行施工招标,招标人应当在发布招标文件时,公布最高投标限价,并报送建设行政管理部门或者其他有关部门备查。

鼓励其他资金投资的建设工程的施工发包和承包采用工程量清单方式计价。

第三十五条 发包单位应当按照法律规定和合同约定,进行工程预付款、工程进度款、工程竣工价款的结算、支付。

建设工程竣工后,发包单位和承包单位应当按照合同约定进行工程竣工结算。

承包单位应当在提交竣工验收报告后,按照合同约定的时间向发包单位递交竣工结算报告和完整的结算资料。发包单位或者发包单位委托的造价咨询机构应当在六十日内进行核实,并出具核实意见。合同另有约定的除外。

竣工结算文件确认后三十日内,发包单位应当将双方确认的竣工结算文件报建设行政管理部门或者其他有关部门备案。

第三十六条 市建设行政管理部门应当会同其他有关部门制定全市工程造价信息数据标准,建立全市工程造价信息平台。

全部使用国有资金投资或者国有资金投资为主的建设工程,建设行政管理部门和其他有关部门应当将最高投标限价、中标价、竣工结算价在市建设行政管理部门指定的网站上公开,接受社会监督。

第三十七条 建设工程合同当事人可以采取投标担保、履约担保、预付款担保、工程款支付担保等担保方式,降低合同履行的风险。

发包单位要求承包单位提供履约担保的,应当同时向承包单位提供工程款支付担保。

第三十八条 建设工程合同对建设工程质量责任采用质量保证金方式的,使用财政资金的建设工程应当按照国家有关规定,将质量保证金预留在财政部门或者发包单位。

建设工程合同对建设工程质量责任采用工程质量保险方式的,不再设立建设工程质量保证金。

第五章 市场服务与监督

第三十九条 建设行政管理部门和其他有关部门应当通过全市统一的建设工程管理信息系统,实施行政许可、招标投标监督管理、合同管理、注册执业人员管理、工程质量和安全监督等监督管理活动。

市建设行政管理部门应当会同市人力资源和社会保障行政管理部门,建立施工作业人员劳务信息系统,向劳务用工单位提供实名登记的施工作业人员信息,并向劳务人员提供劳务用工单位的用工需求信息。

第四十条 市建设行政管理部门应当建立统一规范的建设工程交易中心,为建设工程交易活动提供场所、设施以及信息、咨询等服务。

第四十一条 市建设行政管理部门应当会同其他有关部门,按照国家和本市有关规定以及本市建设工程技术评审管理的实际需求,建立建设工程评标专家库和专项技术评审专家库。

在本市建设工程交易中心进行评标,以及按照国家或者本市规定开展专项技术评审活动的,应当分别从本市建设工程评标专家库或者专项技术评审专家库中选取专家。

专家在评标或者开展专项技术评审过程中,应当客观、公正地履行职责,遵守职业道德,并对所提出的评审意见承担个人责任。

第四十二条 本市实行施工图设计文件审查制度。施工图设计文件审查机构应当经市建设行政管理部门或者其他有关部门依法确定并向社会公布。

第四十三条 施工图设计文件审查机构应当按照国家或者本市有关规定开展施工图设计文件审查活动,不得有下列行为:

(一)超出范围从事施工图审查;

(二)使用不符合条件的审查人员;

(三)未按照规定的内容进行审查;

(四)未按照规定的时间完成审查;

（五）法律、法规禁止的其他行为。

第四十四条 市建设行政管理部门或者其他有关部门应当加强对审查机构和审查人员的监督检查，并定期公开监督检查结果。

第四十五条 建设行政管理部门和其他有关部门应当对建筑市场活动开展动态监督管理。发现企业资质条件或者安全生产条件已经不符合许可条件的，应当责令限期改正，改正期内暂停承接新业务；逾期未改正的，由许可部门降低其资质等级或者吊销资质证书；属于进沪的其他省市企业的，应当提请发证部门依法作出处理。

建设行政管理部门和其他有关部门在施工现场开展监督检查时，应当对合同的主要内容和现场情况进行比对。

第四十六条 市建设行政管理部门应当会同其他有关行政管理部门组织编制本市建设工程标准、管理规范、定额、计价规则等技术管理文件，并向社会公布。

第四十七条 本市推进建筑市场信用体系建设。建设行政管理部门和其他有关部门应当建立信用信息数据库，记载建筑市场活动中各单位和注册执业人员的信用信息。信用信息应当向市公共信用信息服务平台归集，并向社会公布。

政府投资建设工程的建设单位应当在招标投标活动中使用信用信息。鼓励其他主体在建筑市场活动中使用信用信息。

建设行政管理部门和其他有关部门应当根据建筑市场活动中各单位和注册执业人员的信用状况实行分类管理，加强对失信单位和人员的监管，对信用良好的单位和人员实施便利措施。

第四十八条 本市按照国家有关规定开展建设领域稽查工作，对建设行政管理部门、其他有关部门贯彻执行法律、法规、规章、标准及相关政策的情况进行监督检查。

第六章 法律责任

第四十九条 违反本条例规定的行为，《中华人民共和国建筑法》、《建设工程质量管理条例》及其他有关法律、行政法规已有处罚规定的，从其规定。

第五十条 违反本条例第八条规定，其他省市企业未按照要求报送信息的，由市建设行政管理部门责令限期改正；逾期未改正的，处五千元以上三万元以下的罚款。

第五十一条 违反本条例第十条规定，注册执业人员违反规定从事执业活动或者出租、出借注册执业证书、执业印章的，由建设行政管理部门或者其他有关部门责令停止违法行为，处一万元以上三万元以下的罚款；有违法所得的，没收违法所得，处违法所得两倍以上五倍以下的罚款；情节严重的，提请发证部门吊销资格证书。

第五十二条 违反本条例第十二条第一款规定，建设单位未按照要求办理建设工程报建手续的，由建设行政管理部门或者其他有关部门责令限期改正，予以警告，并可以处五千元以上三万元以下的罚款。

第五十三条 违反本条例第十三条第二款规定，施工单位未按照要求在建设工程施工现场进行公示的，由建设行政管理部门或者其他有关部门责令限期改正，处一万元以上三万元以下的罚款。

第五十四条 违反本条例第二十六条规定，工程总承包、勘察、设计、施工、监理单位有下列情形之一的，由建设行政管理部门或者其他有关部门按照下列规定予以处罚：

（一）未取得资质证书，借用他人资质或者以他人名义承揽勘察、设计、监理工程的，责令停止违法行为，对违反规定的勘察、设计、监理单位分别处合同约定的勘察费、设计费、监理费两倍以上四倍以下的罚款；对违反规定的工程总承包、施工单位处工程合同价款百分之五以上百分之十以下的罚款；有违法所得的，没收违法所得，并可以责令停业整顿、降低资质等级；情节严重的，吊销资质证书。

（二）以贿赂等不正当手段承揽工程的，责令改正，对违反规定的勘察、设计、监理单位分别处合同约定的勘察费、设计费、监理费两倍以上四倍以下的罚款；对违反规定的工程总承包、施工单位处工程合同价款百分之五以上百分之十以下的罚款；并可以责令停业整顿、降低资质等级；情节严重的，吊销资质证书。

（三）提供伪造或者变造的资料的，责令限期改正，处十万元以上三十万元以下的罚款；有违法所得的，没收违法所得；情节严重的，暂扣或者吊销资质证书。

（四）未以投标方式承接必须投标承包的建设工程的，责令停止建筑活动，处一万元以上三万元以下的罚款。

第五十五条 违反本条例第二十九条规定，造价咨询机构就同一建设工程同时接受招标人和投标人或者两个以上投标人委托的，由建设行政管理部门或者其他有关部门责令限期改正，予以警告，并处三万元以上十万元以下的罚款。

第五十六条 违反本条例第三十二条第一款规定,发包单位、委托单位未按照要求报送合同信息的,由建设行政管理部门或者其他有关部门责令限期改正;逾期未改正的,处一千元以上五千元以下的罚款。

第五十七条 违反本条例第三十五条第四款规定,发包单位未按照要求办理竣工结算文件备案手续的,由建设行政管理部门或者其他有关部门责令限期改正,处一万元以上三万元以下的罚款。

第五十八条 违反本条例第四十一条第三款规定,评审专家未客观、公正履行职责的,由市建设行政管理部门责令改正;情节严重的,取消其担任评审专家的资格。

第五十九条 施工图设计文件审查机构违反本条例第四十三条规定,未按照规定开展施工图设计文件审查活动的,由市建设行政管理部门或者其他有关部门责令改正,处一万元以上三万元以下的罚款;已经出具审查合格书的施工图,仍有违反法律、法规和工程建设强制性标准的,处三万元以上十万元以下的罚款;情节严重的,市建设行政管理部门或者其他有关部门不再将其列入审查机构名录。

第六十条 相关行政管理部门的工作人员违反本条例规定,有下列情形之一的,由所在单位或者上级主管部门依法给予行政处分;构成犯罪的,依法追究刑事责任:

(一)违法实施行政许可或者行政处罚的;

(二)违法干预建设工程的发包和承包的;

(三)未按照本条例规定履行监督检查职责的;

(四)发现违法行为不及时查处,或者包庇、纵容违法行为,造成后果的;

(五)其他玩忽职守、滥用职权、徇私舞弊的行为。

第七章 附则

第六十一条 本条例有关用语的含义:

(一)建设工程,是指土木工程、建筑工程、线路管道和设备安装工程、装修工程、园林绿化工程及修缮工程。

(二)建筑市场活动,是指在建设工程新建、扩建、改建和既有建筑物、构筑物的装修、拆除、修缮过程中,各方主体进行发包、承包、中介服务,订立并履行合同等活动。

(三)政府投资,是指在本市行政区域内使用政府性资金进行的固定资产投资活动。政府性资金包括财政预算内投资资金、各类专项建设基金、统借国外贷款和其他政府性资金。

第六十二条 本条例自 2014 年 10 月 1 日起施行。

上海市建设工程质量和安全管理条例

《上海市建设工程质量和安全管理条例》已由上海市第十三届人民代表大会常务委员会第三十一次会议于2011年12月22日通过,并予公布,自2012年3月1日起施行。上海市人民代表大会常务委员会公告第42号。

第一章 总则

第一条 为了加强本市建设工程质量和安全管理,保障人民群众生命和财产安全,根据《中华人民共和国建筑法》、《建设工程质量管理条例》、《建设工程安全生产管理条例》和其他有关法律、行政法规,结合本市实际,制定本条例。

第二条 本市行政区域内建设工程的新建、扩建、改建和既有建筑物、构筑物的拆除、修缮,以及相关监督管理活动,适用本条例。

第三条 市建设行政管理部门是本市建设工程质量和安全的综合监督管理部门,并负责相关专业建设工程质量和安全的监督管理,具体履行以下职责:

(一)组织编制建设工程质量和安全相关的工程建设技术标准;

(二)建立全市统一的建设工程监督管理信息系统;

(三)指导、协调本市专业建设工程质量和安全的监督管理;

(四)对房屋建设工程、市政基础设施工程和公路工程等建设工程质量和安全实施监督管理。

市港口、水务、海洋、绿化、民防、房屋等行政管理部门(以下简称其他有关部门)按照法律、法规和市人民政府规定的职责分工,负责相关专业建设工程质量和安全的监督管理。

区、县建设行政管理部门和其他有关部门按照职责分工,负责本行政区域内建设工程质量和安全的监督管理。

本市发展改革、安全生产监督、财政、公安消防、质量技术监督、规划、经济信息化等行政管理部门在各自职责范围内,协同实施本条例。

第四条 从事建设工程活动,应当严格执行建设程序。本市有关行政管理部门应当按照法定的权限和程序审批建设工程项目。任何单位和个人不得随意要求压缩建设工程的合理工期。

第五条 建设、勘察、设计、施工、监理、检测等单位以及其他与建设工程质量和安全有关的单位,应当建立健全质量和安全管理体系,落实质量和安全管理责任。各单位的主要负责人应当依法对本单位的建设工程质量和安全工作全面负责。

勘察、设计、施工、监理、检测等单位应当依法取得相应的资质证书,并在资质许可范围内承接业务。

勘察、设计、施工等单位不得转包或者违法分包所承接的业务。

监理、检测等单位不得转让所承接的业务。

第六条 建筑师、勘察设计工程师、造价工程师、建造师、监理工程师等专业技术人员,应当依法取得相应的执业资格,应当在资格许可范围内执业,并依法对其执业参与的建设工程质量和安全承担相应责任。

注册执业人员不得同时在两个以上单位执业,不得准许他人以本人名义执业。

从事建设工程活动的其他专业技术人员和管理人员,应当按照国家和本市规定取得相应的岗位证书。

第七条 建设工程相关行业协会是建设工程各参与单位的自律组织,依法制定自律规范,开展行业培训,维护会员的合法权益。对违反行业自律规范的会员,行业协会可以按照行业协会章程的规定,采取相应的惩戒性行业自律措施。

第八条 建设行政管理部门或者其他有关部门应当通过建设工程监督管理信息系统向社会公布建设工程的基本情况、主要参与单位、施工许可、竣工验收等信息。

任何单位和个人对违反建设工程质量和安全管理的行为,有权向建设行政管理部门或者其他有关部门举报。接到举报的部门应当及时调查、处理。

第二章 建设单位的责任和义务

第九条 建设单位对建设工程质量和安全负有重要责任,应当负责建设工程各阶段的质量和安全工作的协调管理,并按照合同约定督促建设工程各参与单位落实质量和安全管理责任。

本市鼓励建设单位委托项目管理单位,对建设工程全过程进行专业化的管理和服务。

第十条 建设单位应当在可行性研究阶段,对建设工程质量和安全风险进行评估,并明确控制风险的费用。建设工程质量和安全风险包括建设和使用过程中的建设工程本体的风险以及对毗邻建筑物、构筑物和其他管线、设施的安全影响等。风险评估的具体办法由市人民政府另行制定。

建设单位应当将风险评估的内容提供给勘察、设计、施工和监理等单位,并要求相关单位在勘察文件、设计方案、初步设计文件、施工图设计文件、施工组织设计文件的编制过程中,明确相应的风险防范和控制措施。

第十一条 建设单位应当保证与建设需求相匹配的建设资金,并按照合同约定的价款和时间支付费用,不得随意压低勘察、设计、施工、监理、检测、监测等费用。

建设单位应当按照规定,在建设工程项目专户中单独列支安全防护措施费、监理费、检测费等费用。

第十二条 建设工程发包前,建设单位应当根据建设工程可行性研究报告和建设工期定额,综合评估工程规模、施工工艺、地质和气候条件等因素后,确定合理的勘察、设计和施工工期。在建设工程招标投标时,建设单位应当将合理的施工工期安排作为招标文件的实质性要求和条件。

勘察、设计和施工工期确定后,建设单位不得任意压缩;确需调整且具备技术可行性的,应当提出保证工程质量和安全的技术措施和方案,经专家论证后方可实施。调整勘察、设计和施工工期涉及增加费用的,建设单位应当予以保障。

第十三条 建设单位应当依法将建设工程发包给具有相应资质等级的单位,不得将建设工程肢解发包或者指定分包单位。

建设单位与勘察、设计、施工、监理、检测、监测等单位签订的合同中,应当明确约定双方的建设工程质量和安全责任。

第十四条 下列建设工程,建设单位应当委托监理单位实行监理:

(一)国家和本市重点建设工程;

(二)大中型公用事业工程;

(三)住宅工程;

(四)利用外国政府或者国际组织贷款、援助资金的工程;

(五)国家和市人民政府规定应当实行监理的其他工程。

第十五条 建设单位应当对建设工程毗邻建筑物、构筑物和其他管线、设施进行现场调查,并向勘察、设计、施工、监理等单位提供相关的调查资料和保护要求。

第十六条 建设单位应当将施工图设计文件送市建设行政管理部门或者其他有关部门认定的施工图设计文件审查机构审查。审查机构应当按照法律、法规和强制性标准对施工图设计文件进行审查。

经审查通过的施工图设计文件不得擅自变更;涉及主要内容变更的,应当经原施工图设计文件审查机构重新审查。

第十七条 建设单位不得对勘察、设计、施工、监理、检测等单位提出不符合法律、法规、规章和强制性技术标准规定的要求,不得违法指定建设工程材料、设备的供应单位。

第十八条 建设单位在收到施工单位提交的建设工程竣工报告后,应当及时组织设计、施工、监理等单位进行竣工验收;其中,新建住宅工程应当先行组织分户验收。

第十九条 在新建住宅所有权初始登记前,建设单位应当按照本市有关规定交纳物业保修金。

建设单位投保工程质量保证保险符合国家和本市规定的保修范围和保修期限,并经房屋行政管理部门审核同意的,可以免予交纳物业保修金。

建设工程使用建筑幕墙的,应当符合市人民政府的相关规定。建设单位应当按照规定建立专项资金,用于建筑幕墙的维修。

第二十条 建设工程竣工验收合格后,建设单位应当在建筑物、构筑物的明显部位镶刻建筑铭牌,标注竣工时间,建设、勘察、设计、施工、监理等单位名称和项目主要负责人姓名。

第三章 勘察、设计单位的责任和义务

第二十一条 勘察、设计单位应当对勘察、设计质量负责。勘察、设计文件应当满足建设工程质量和安全的需要。

第二十二条　勘察单位应当在勘察作业前,根据强制性技术标准编制勘察大纲,并针对特殊地质现象提出专项勘察建议。

勘察单位在勘察作业时,应当遵守勘察大纲和操作规程的要求,并确保原始勘察资料的真实可靠。发现勘察现场不具备勘察条件时,勘察单位应当及时书面通知建设单位,并提出调整勘察大纲的建议。

第二十三条　勘察文件应当满足国家规定的深度要求,标注勘察作业范围内地下管线和设施的情况,并标明勘察现场服务的节点、事项和内容等。

第二十四条　设计文件应当满足国家规定的深度要求,并符合下列规定:

(一)对建设工程本体可能存在的重大风险控制进行专项设计;

(二)对涉及工程质量和安全的重点部位和环节进行标注;

(三)采用新技术、新工艺、新材料、新设备的,明确质量和安全的保障措施;

(四)根据建设工程勘察文件和建设单位提供的调查资料,选用有利于保护毗邻建筑物、构筑物和其他管线、设施安全的技术、工艺、材料和设备;

(五)明确建设工程本体以及毗邻建筑物、构筑物和其他管线、设施的监测要求和监测控制限值;

(六)标明现场服务的节点、事项和内容。

设计单位应当按照技术规范,指派注册执业人员对设计文件进行校审。校审人员应当签字确认。

第二十五条　勘察、设计单位应当在建设工程施工前,向施工、监理单位说明勘察、设计意图,解释勘察、设计文件。

勘察、设计单位应当按照合同约定和勘察、设计文件中明确的节点、事项和内容,提供现场指导,解决施工过程中出现的勘察、设计问题。

施工单位在施工过程中发现勘察、设计文件存在问题的,勘察、设计单位应当应施工单位要求到现场进行处理;勘察、设计文件内容发生重大变化的,应当按照规定对原勘察、设计文件进行变更。

第二十六条　勘察单位应当参加建设工程桩基分项工程、地基基础分部工程的验收,并签署意见。

设计单位应当参加设计文件中标注的重点部位和环节的分部工程、分项工程和单位工程的验收,并签署意见。

设计单位应当参加建设工程竣工验收,对是否符合设计要求签字确认,并向建设单位提供建设工程的使用维护说明。

第四章　施工单位的责任和义务

第二十七条　施工单位应当对建设工程的施工质量和安全负责。建设工程实行总承包的,分包单位应当接受总承包单位施工现场的质量和安全管理。

建设工程材料、设备的供应单位承担所供应材料、设备施工作业的,应当按照规定取得相应资质。

第二十八条　施工单位应当组建施工现场项目管理机构,并根据合同约定配备相应的项目负责人、技术负责人、专职质量管理和安全管理人员等技术、管理人员。上述人员不得擅自更换,确需更换的,应当经发包单位同意,并不得降低相应的资格条件。

前款规定的人员应当是与施工单位建立劳动关系的人员。

第二十九条　施工单位在施工前,应当根据建设工程规模、技术复杂程度等实际情况,编制施工组织设计文件。对国家和本市规定的危险性较大的分部工程、分项工程,应当编制专项施工方案,附具安全验算结果,并按照规定经过专家论证。

施工组织设计文件、专项施工方案应当明确下列内容:与设计要求相适应的施工工艺、施工过程中的质量和安全控制措施以及应急处置预案;

(一)施工过程中施工单位内部质量和安全控制措施的交底、验收、检查和整改程序;

(二)符合合同约定工期的施工进度计划安排;

(三)对可能影响的毗邻建筑物、构筑物和其他管线、设施等采取的专项防护措施。

第三十条　施工单位应当按照合同约定的施工工期进行施工,并按照技术标准和施工组织设计文件顺序施工,不得违反技术标准压缩工期和交叉作业。

国家和本市规定的危险性较大的分部工程、分项工程施工时,项目负责人、专职安全管理人员应当进行现场监督。

建设工程竣工验收合格后,施工单位应当清理施工现场的临时建筑物、构筑物和设施、设备,并撤离相应的人员。

第三十一条 施工单位应当在施工现场建立消防安全责任制度,确定消防安全责任人,制定用火、用电、使用易燃易爆材料等各项消防安全管理制度和操作规程,设置消防通道、消防水源,配备消防设施和灭火器材,并在施工现场入口处设置明显标志。

建设工程材料和设备,以及施工脚手架(包括支架和脚踏板)、安全网应当符合防火要求。

第三十二条 施工单位按照国家和本市有关规定实行劳务分包的,劳务分包单位应当具备相应的资质。

施工单位或者劳务分包单位应当与其施工作业人员签订劳动合同。

施工作业人员应当向市建设行政管理部门申领施工作业人员劳务信息卡。施工单位或者劳务分包单位应当及时将施工作业人员的身份信息、所在单位、岗位资格、从业经历、培训情况、社保信息等信息输入劳务信息卡。

施工作业人员进出施工现场时,施工单位应当按其持有的劳务信息卡进行信息登记。

第三十三条 施工单位和劳务分包单位应当定期对施工作业人员开展教育培训和业务学习。未经教育培训或者考核不合格的人员,不得上岗作业。

从事特种作业的施工人员应当持证上岗。

对于首次上岗的施工作业人员,施工单位或者劳务分包单位应当在其正式上岗前安排不少于三个月的实习操作。

对初次进入建设工程劳务市场的施工作业人员,由建设行政管理部门或者其他有关部门采取措施,开展建设工程质量和安全的相关教育培训。教育培训经费在市区两级财政安排的教育费中单独列支。

第三十四条 施工单位应当向施工作业人员提供符合国家和本市规定标准的安全防护用具、安全防护服装和安全生产作业环境,并书面告知危险岗位的操作规程和违反操作规程操作的危害。

施工单位应当按照国家和本市有关规定,根据季节和天气特点,采取预警和安全防护措施;出现高温天气或者异常天气时,应当限制或者禁止室外露天作业。

第三十五条 按照国家和本市技术规范需要由专业监测单位实施监测的建设工程,施工单位应当委托没有利害关系的专业监测单位实施监测。

第三十六条 施工单位应当按照规定使用取得生产许可、强制产品认证或者经市建设行政管理部门备案的建设工程材料。

对进入施工现场的建设工程材料和设备,施工单位应当核验供应单位提供的生产许可或者认证证明、产品质量保证书和使用说明书。

建设工程使用商品混凝土、钢筋等结构性建设工程材料的,施工单位应当在分部工程、分项工程验收和竣工验收时,要求供应单位对供应数量进行确认。

第三十七条 对进入施工现场的安全防护用具、机械设备、施工机具及配件,施工单位应当核验其生产(制造)许可证、产品合格证;其中,对建筑起重机械,还应当核验其制造监督检验证明和首次使用备案证明。

施工现场的安全防护用具、机械设备、施工机具及配件应当由专人管理,并定期进行检查、维修和保养。

第三十八条 施工单位安装、拆卸建筑起重机械的,应当编制安装和拆卸方案,确定施工安全措施,并由专业技术人员现场监督。

施工单位应当在建筑起重机械和整体提升脚手架、模板等自升式架设设施使用和拆除前,向建设行政管理部门或者其他有关部门登记。

建筑起重机械在使用过程中首次加节顶升的,应当经有相应资质的检验检测单位监督检验合格。

施工现场有多台塔式建筑起重机械作业的,施工单位应当根据实际情况,组织编制并实施防碰撞安全措施。

第三十九条 建设工程施工过程中发生质量和安全事故时,施工单位应当立即启动应急处置预案,并及时报告建设行政管理部门或者其他有关部门。施工单位应当配合相关行政管理部门进行事故调查处理。

事故现场处置完毕后,施工单位应当制定并落实整改和防范措施。已经暂停施工的,经建设行政管理部门或者其他有关部门批准后方可复工。

第四十条 施工单位对施工过程中发生质量问题或者竣工验收不合格的建设工程,应当负责返修。发生结构性质量事故的,返修后的建设工程应当经检测单位检测合格。

第五章 监理、检测、监测单位的责任和义务

第四十一条 监理单位应当代表建设单位对施工质量和安全实行监理,对建设工程施工质量和安全承担监

理责任。

第四十二条 依法必须实行监理的建设工程,监理收费标准应当执行国家和本市的相关规定。

第四十三条 监理单位应当组建施工现场项目监理机构,并根据合同约定配备相应的总监理工程师、专业监理工程师和监理员等人员。

第四十四条 项目监理机构应当在建设工程开工前,负责审核施工单位报送的施工现场项目管理机构组建方案、质量和安全管理制度、施工组织设计文件、专项施工方案。审核意见经总监理工程师签署后,报建设单位。

第四十五条 项目监理机构应当按照相关规定编制监理规划,明确采用旁站、巡视、平行检验等方式实施监理的具体范围和事项。监理平行检验中的检测工作,应当委托具有相应资质的检测单位实施。检测比例应当符合国家和本市的有关规定。

项目监理机构应当对施工单位报送的检验批、分部工程、分项工程的验收资料进行审查,并提出验收意见。分部工程、分项工程未经项目监理机构验收合格,施工单位不得进入下一工序施工。

项目监理机构应当对进入施工现场的建设工程材料和设备进行核验,并提出审核意见。未经审核的建设工程材料和设备,不得在建设工程上使用或者安装。

第四十六条 项目监理机构应当督促施工单位进行安全生产自查,并巡查施工现场安全生产情况。

项目监理机构应当对施工单位安全防护措施费的使用和管理进行审查,并报建设单位。

项目监理机构应当核查施工单位的资质、安全生产许可证以及项目负责人、专职安全管理人员和特种作业人员的资格证书。

第四十七条 项目监理机构应当按照市建设行政管理部门的规定,定期将施工现场的有关情况向建设行政管理部门或者其他有关部门报告。

第四十八条 项目监理机构发现施工不符合强制性技术标准、施工图设计文件、施工组织设计文件、专项施工方案或者合同约定的,应当立即要求施工单位改正;施工单位拒不改正的,应当及时报告建设单位。

项目监理机构发现存在质量和安全事故隐患的,应当立即要求施工单位改正;情况严重的,应当要求施工单位暂停施工,并及时报告建设单位。

施工单位拒不改正或者不停止施工的,或者施工现场发生质量和安全事故的,项目监理机构应当立即向建设行政管理部门或者其他有关部门报告。建设行政管理部门或者其他有关部门应当立即到施工现场予以处置。

第四十九条 检测单位应当按照法律、法规、规章和强制性技术标准开展检测活动,并对检测数据和检测报告的真实性和准确性负责。禁止检测单位伪造检测数据或者出具虚假检测报告。

涉及建设工程质量和安全的新技术、新材料的检测项目,检测单位应当通过市建设行政管理部门组织的检测能力评估论证。

检测单位的检测人员应当按照国家和本市有关规定取得相应的资格或者经检测行业协会考核合格后,方可上岗。

第五十条 检测单位在同一建设工程项目或者标段中不得同时接受建设、施工或者监理单位等多方的检测委托。

第五十一条 检测单位应当依托市建设行政管理部门建立的全市统一的建设工程检测信息管理系统,对按照法律、法规和强制性标准规定应当检测的建设工程本体、结构性材料、功能性材料和新型建设工程材料实施检测,并按照检测信息管理系统设定的控制方法操作检测设备,不得人为干预检测过程。

检测单位应当通过检测信息管理系统出具检测报告。

第五十二条 监测单位应当根据设计文件确定的监测要求编制施工监测方案,对建设工程本体以及毗邻建筑物、构筑物或者其他管线、设施实施监测。

监测单位应当保证监测数据的真实性,按照设计单位设定的报警值及时报警。

第六章　监督管理

第五十三条 建设行政管理部门和其他有关部门应当加强对建设工程质量和安全的监督管理,建立和完善建设工程质量和安全的追溯体系。

建设行政管理部门和其他有关部门应当建立健全建设工程质量和安全监督管理制度,并配备相应的质量和安全监督人员和装备。

从事建设工程质量和安全监督的人员,应当按照国家有关规定,经考核合格后方可实施质量和安全监督。

市建设行政管理部门可以结合本市实际,组织编制优于国家标准的地方工程建设质量和安全技术标准。

第五十四条 建设行政管理部门和其他有关部门应当履行下列建设工程质量和安全监督管理职责:

(一)监督检查国家和本市有关建设工程质量和安全的法律、法规、规章和技术标准的执行情况;

(二)监督检查建设工程各参与单位的质量和安全行为,以及质量和安全管理体系和责任制落实情况;

(三)查处违反建设工程质量和安全法律、法规、规章和技术标准的行为;

(四)法律、法规规定的其他监督管理职责。

第五十五条 建设行政管理部门和其他有关部门在履行建设工程质量和安全监督管理职责时,有权采取下列措施:

(一)要求被检查单位提供有关建设工程质量和安全的资料;

(二)进入被检查单位的施工现场进行检查,并将检查的时间、地点、内容、发现的问题及其处理情况,作出书面记录;

(三)发现有影响建设工程质量的问题或者安全事故隐患时,责令改正或者立即排除;重大安全事故隐患排除前或者排除过程中无法保证安全的,责令从危险区域内撤出作业人员或者暂停施工;

(四)法律、法规规定采取的其他措施。

第五十六条 在审批施工许可时,建设行政管理部门和其他有关部门应当对开工前需要落实的建设工程质量和安全控制措施进行现场检查。

第五十七条 建设行政管理部门和其他有关部门应当对报送备案的勘察、设计、施工图审查、施工、监理、检测等合同进行抽查。抽查比例不得低于备案合同总量的十分之一。发现合同约定内容违反法律、法规和规章规定的,应当及时要求合同当事人予以改正,并依法予以处理。

第五十八条 建设行政管理部门或者其他有关部门应当采用试样盲样检测的方式实施监督检测。涉及建设工程结构安全的监督检测,检测比例应当符合本市有关建设行政管理部门确定的标准。

对建设工程实体的监督检测,建设行政管理部门或者其他有关部门不得委托对该工程实体已实施过检测的检测单位。

监督检测的费用由同级财政拨付,不得另行收取。

第五十九条 建设行政管理部门和其他有关部门应当记载建设活动各参与单位和注册执业人员的信用信息。相关信息由市建设行政管理部门按照国家和本市有关规定即时向社会公布。

市建设行政管理部门和其他有关部门应当按照诚信奖励和失信惩戒的原则实行分类管理,并在资质管理、行政许可、招标投标、工程保险、表彰评优等方面对守信的建设活动各参与单位和注册执业人员给予激励,对失信的单位和人员给予惩处。

第七章 法律责任

第六十条 违反本条例的行为,法律、行政法规已有处罚规定的,从其规定。

第六十一条 违反本条例规定,建设单位有下列情形之一的,由建设行政管理部门或者其他有关部门按照下列规定进行处罚:

(一)违反第十条第一款规定,未按照规定进行风险评估或者未明确控制风险费用的,责令限期改正;逾期不改正的,处十万元以上三十万元以下罚款,并可对单位主要负责人处一万元以上三万元以下罚款。

(二)违反第十一条第二款规定,未按照规定单独列支相关费用的,责令限期改正;逾期不改正的,处一万元以上十万元以下罚款,并可对单位主要负责人处一千元以上一万元以下罚款。

(三)违反第十九条第二款规定,未按照规定建立专项资金的,责令限期改正;逾期不改正的,处应筹集专项资金一倍的罚款。

(四)违反第二十条规定,未按照规定镶刻建筑铭牌的,责令限期改正;逾期不改正的,处一万元以上三万元以下罚款。

第六十二条 违反本条例第十六条第一款规定,施工图设计文件审查机构未按照法律、法规和强制性标准对施工图设计文件进行审查的,由建设行政管理部门或者其他有关部门处一万元以上十万元以下罚款;情节严重的,撤销对审查机构的认定。

第六十三条 违反本条例第二十四条第一款第一项、第三项、第四项、第五项规定,设计单位的设计文件不符合相关要求的,由建设行政管理部门或者其他有关部门责令限期改正,处十万元以上三十万元以下罚款。造成工程质量和安全事故的,责令停业整顿,降低资质等级;情节严重的,吊销资质证书。

第六十四条 违反本条例规定,施工单位有下列情形之一的,由建设行政管理部门或者其他有关部门按照下列规定进行处罚:

(一)违反第二十八条第一款规定,施工单位更换的人员不符合要求的,责令限期改正,处一万元以上十万元以下罚款;情节严重的,责令暂停施工。

(二)违反第三十条第二款规定,施工单位未按照规定安排项目负责人现场监督的,责令限期改正,处二万元以上十万元以下罚款。第六十九条建设行政管理部门和其他有关部门的工作人员违反本条例规定,有下列情形之一的,由所在单位或者上级主管部门依法给予行政处分;构成犯罪的,依法追究刑事责任:

(一)违法实施行政许可或者行政处罚的;

(二)未按照本条例规定履行监督检查职责的;

(三)发现违法行为不及时查处,或者包庇、纵容违法行为,造成后果的;

(四)其他玩忽职守、滥用职权、徇私舞弊的行为。

第八章 附则

第七十条 本条例自 2012 年 3 月 1 日起施行。

上海市消防条例(节选)

《上海市消防条例》已由上海市第十三届人民代表大会常务委员会第十六次会议于 2010 年 1 月 13 日修订通过,并予公布,自 2010 年 4 月 1 日起施行。

第一章　总则

第一条　为了预防和减少火灾危害,加强应急救援工作,保护人身、财产安全,维护公共安全,根据《中华人民共和国消防法》和有关法律、行政法规的规定,结合本市实际,制定本条例。

第二条　本市行政区域内的消防工作以及相关应急救援工作,适用本条例。

第三条　本市各级人民政府负责本行政区域内的消防工作。市和区、县人民政府应当将消防工作纳入国民经济和社会发展规划并组织实施,保障消防工作与经济建设和社会发展相适应。

第十五条　单位应当履行下列消防安全责任:

(一)实行消防安全责任制,制定并落实消防安全制度、消防安全操作规程;

(二)按照国家和本市有关规定配置消防设施和器材、设置消防安全标志,并定期组织检验、维修,确保消防设施和器材完好、有效;

(三)保障疏散通道、安全出口、消防车通道畅通,保证防火防烟分区、防火间距符合消防技术标准;

(四)改善防火条件,组织防火检查,及时消除火灾隐患;

(五)针对本单位的特点对员工进行消防宣传教育,制定灭火和应急疏散预案,定期组织消防演练;

(六)组织火灾自救,保护火灾现场,协助调查火灾原因。

单位的主要负责人是本单位的消防安全责任人。

同一建筑物由两个以上单位管理或者使用的,应当由建筑物的管理、使用各方共同协商,在签订的协议中明确各自消防安全工作的权利、义务和违约责任。

第十六条　依法确定的消防安全重点单位除应当履行本条例第十五条规定的责任外,还应当履行下列消防安全责任:

(一)确定消防安全管理人,组织实施本单位的消防安全管理工作;

(二)建立消防档案,确定消防安全重点部位,设置防火标志,实行严格管理;

(三)实行每日防火巡查,并建立巡查记录;

(四)对员工进行消防安全培训,管理本单位的专职消防队、志愿消防队。

第十八条　任何个人都应当遵守消防法律、法规,学习必要的消防知识,懂得安全用火用电用气、燃放烟花爆竹和其他防火、灭火常识及逃生技能,增强自防自救能力。

监护人应当对被监护人进行火灾预防教育。

第三章　火灾预防

第二十三条　建设工程消防设计应当符合国家消防技术标准。没有国家标准的,应当符合本市消防技术标准。国家和本市消防技术标准没有规定的,或者拟采用特殊消防技术标准的,应当按照国家有关规定办理。

承接建设工程消防设计的单位,应当具有相应资质,配备消防设计审核人员并建立消防设计自审制度。

第二十四条　大型人员密集场所和其他特殊建设工程的建设单位应当按照国家和本市有关规定,将消防设计文件报送公安机关消防机构审核。未经依法审核或者审核不合格的,负责审批该工程施工许可的部门不得给予施工许可,建设单位、施工单位不得施工。

除前款规定外的其他需要进行消防设计的建设工程,建设单位应当按照国家和本市有关规定,在取得施工许可之日起七个工作日内将消防设计文件报公安机关消防机构备案。公安机关消防机构应当对备案的建设工程消防设计进行抽查,经依法抽查不合格的,应当停止施工。

按照国家和本市有关规定,建设单位委托的负责审查建设工程设计文件的技术服务机构,应当对建设工程消防设计进行严格审查。

第二十五条　经公安机关消防机构审核同意的消防设计,未经原审核机构批准,任何单位和个人不得更改;

经公安机关消防机构备案的消防设计需要更改的,建设单位应当将更改后的消防设计文件重新备案。

第二十六条 施工单位应当依照经公安机关消防机构审核同意或者备案的消防设计进行施工。

建设工程施工现场的消防安全由施工单位负责。实行施工总承包的,由总承包单位负责。建筑物进行局部改建、扩建和内装修时,建设单位应当与施工单位在订立的合同中明确各方对施工现场的消防安全责任。

施工单位应当指定专人负责施工现场的消防工作,落实消防安全管理制度,配备必要的灭火器具。建筑物施工高度超过二十四米时,施工单位应当随施工进度落实消防水源。

第二十七条 需要进行消防设计的建设工程竣工,依照下列规定进行消防验收、备案:

(一)经公安机关消防机构审核的建设工程,建设单位应当向公安机关消防机构申请消防验收,未经验收或者验收不合格的,禁止投入使用;

(二)其他建设工程,建设单位在验收后应当报公安机关消防机构备案,公安机关消防机构应当进行抽查,经抽查不合格的,应当停止使用。

前款规定的建设工程中,设有火灾自动报警系统、固定灭火系统、防排烟系统的,建设单位在申请验收、备案时,应当提交由符合国家规定条件的检测机构出具的对相关系统的检测报告。

第二十八条 公安机关消防机构对建设工程被其责令停止施工、使用和建设工程经消防设计、竣工验收抽查不合格等情形,应当及时函告同级建设行政主管部门。

同级建设行政主管部门接到函告后,应当依法查处。

第二十九条 搭建临时建筑物、构筑物或者改变建筑物用途,应当符合消防安全要求。

第三十条 公众聚集场所在投入使用或者营业前,建设单位或者使用单位应当向当地公安机关消防机构申报,经消防安全检查合格后,方可投入使用或者营业。

第三十一条 建筑构件、建筑材料、建筑保温材料和室内装修、装饰材料的防火性能应当符合国家标准;没有国家标准的,应当符合行业标准。

第三十二条 消防产品应当符合国家标准;没有国家标准的,应当符合行业标准。

从事生产、销售、维修消防产品的单位,应当严格执行产品质量和标识的技术标准或有关规定。

第三十三条 火灾自动报警系统、固定灭火系统和防排烟系统等技术性能较高的消防设施,应当由有资质的单位安装,并由符合国家规定条件的单位定期检测。

配置火灾自动报警系统的单位,应当与城市火灾自动报警信息系统联网。

第三十四条 居民聚居区、大型商业区、党政机关、学校、铁路干线、名胜古迹、风景游览区以及其他重要场所周边,在国家规定的距离范围内不得新建、改建、扩建易燃易爆危险物品的生产设施或者储存场所。已经建成的易燃易爆危险物品的生产设施或者储存场所周边,在国家规定的距离范围内不得建造居民聚居区、大型商业区。

第三十五条 生产、储存、销售、运输、携带、使用或者销毁易燃易爆危险物品的,应当遵守国家和本市有关易燃易爆危险物品的安全管理规定。

禁止非法携带易燃易爆危险物品进入公共场所或者乘坐公共交通工具。

禁止邮寄或在邮品中夹带易燃易爆危险物品。

禁止擅自携带火种进入生产、储存、装卸易燃易爆危险物品的场所。

居民存放少量易燃易爆危险物品的,应当选择合适的容器,存放在安全的地方,配置必要的灭火器具。

第三十六条 禁止在具有火灾、爆炸危险的场所擅自动用明火或者吸烟。需要动用明火作业的,应当事先按规定办理本单位内部的审批手续,作业人员应当遵守安全规定,并采取严密的消防安全措施。

进行电焊、气焊等具有火灾危险作业的人员和自动消防系统的操作人员,应当持证上岗;在进行电焊、气焊、气割、砂轮切割以及其他具有火灾、爆炸危险作业时,应当严格遵守消防安全操作规程。

人员密集场所禁止在营业、使用期间进行电焊、气焊、气割、砂轮切割、油漆等具有火灾危险的施工、维修作业。

第三十七条 电器产品、燃气用具的安装、使用及其线路、管路的设计、敷设、维护保养、检测,应当符合国家和本市的消防技术标准和管理规定。

第四十条 生产、储存、经营易燃易爆危险物品的场所不得与居住场所设置在同一建筑物内,并应当与居住场所保持安全距离。

生产、储存、经营其他物品的场所与居住场所设置在同一建筑物内的,应当符合国家和本市有关消防安全规定。

建筑物的所有人、管理人发现违法设置上述场所的,应当及时劝阻,并向公安机关消防机构报告。

第四十一条 单位和个人应当做好消防设施的保护工作,禁止下列行为:

(一)损坏、挪用或者擅自拆除、停用消防设施、器材;

(二)埋压、圈占、遮挡消火栓;

(三)占用防火间距,破坏防火防烟分区;

(四)占用、堵塞、封闭疏散通道、安全出口、消防车通道。

人员密集场所的门窗不得设置影响逃生和灭火救援的障碍物。

禁止指使、强令他人从事违反消防安全规定的生产和作业。

第四十四条 单位应当按照本单位灭火和应急疏散预案及国家有关规定,定期组织消防演练。消防安全重点单位应当每年进行至少两次消防演练。

物业服务企业和人员密集场所的经营、管理单位,应当组织员工开展有针对性的消防演练,培训员工在火灾发生时组织、引导在场人员有序疏散的技能。

托儿所、幼儿园、学校、敬老院、养老院、福利院、医院等单位的灭火和应急疏散预案,应当包含在火灾发生时保护婴幼儿、学生、老人、残疾人、病人的相应措施。

第五章　灭火救援

第五十七条 任何个人发现火灾都应当迅速报警;任何单位和个人都应当为报警无偿提供便利。不得谎报火警,制造混乱。

任何单位和个人都有为扑救火灾提供帮助的义务。在消防队未到达火灾现场前,有关单位应当迅速组织力量扑救,减少火灾损失。

禁止组织未成年人参加火灾扑救。

人员密集场所发生火灾时,该场所的现场工作人员有组织、引导在场人员疏散的义务。

上海市防汛条例(2014)(节选)

《上海市人民代表大会常务委员会关于修改〈上海市防汛条例〉的决定》已由上海市第十四届人民代表大会常务委员会第十四次会议于2014年7月25日通过,并予公布,自2014年8月1日起施行。

第一章 总则

第一条 为了加强本市的防汛工作,维护人民的生命和财产安全,保障经济建设顺利进行,根据《中华人民共和国防洪法》、《中华人民共和国防汛条例》等法律、行政法规,结合本市实际情况,制定本条例。

第二条 本市行政区域内防御和减轻台风、暴雨、高潮和洪水引起的灾害的活动,适用本条例。

第三条 防汛工作实行全面规划、统筹兼顾、预防为主、及时抢险、局部利益服从全局利益的原则。

城乡建设和管理应当符合防汛安全的总体要求。

第十一条 防汛预案是指对台风、暴雨、高潮和洪水可能引起的灾害进行防汛抢险、减轻灾害的对策、措施和应急部署,包括防汛风险分析、组织体系与职责、预防与预警、应急响应、应急保障、后期处置等内容。

第三章 防汛工程设施建设和管理

第十五条 防汛工程设施,包括河道堤防(含防汛墙、海塘)、水闸、水文站、泵站、排水管道等能够防御和减轻台风、暴雨、高潮和洪水引起的灾害的工程设施,以及防汛信息系统等辅助性设施。

第十六条 水行政主管部门,乡镇人民政府应当按照防汛专项规划,制定防汛工程设施建设的年度计划。

防汛工程设施建设,必须按照有关法律、法规、技术规范以及防御标准进行设计、施工、监理和验收,确保防汛工程设施的建设质量。

防汛工程设施经验收确认符合防汛安全和运行条件的,方可投入使用。

第十七条 防汛工程设施建设立项审批时,应当按照分级负责原则,明确市管、区县管或者乡镇管防汛工程设施和维修养护管理职责。防汛工程设施的立项审批部门应当会同同级水行政主管部门明确防汛工程设施的管理单位。

第十八条 水行政主管部门应当根据防汛预案的要求,制订防汛工程设施的运行方案。

防汛工程设施的管理单位可以自行负责防汛工程设施的养护和运行,或者委托有关单位负责防汛工程设施的养护和运行。

防汛工程设施的养护和运行单位应当根据国家和本市有关防汛工程设施养护和运行的技术标准、操作规程和防汛工程设施运行方案,做好防汛工程设施的养护和运行工作。

第十九条 防汛工程设施的管理单位应当按照国家和本市的规定,定期组织相应的机构和专家对已投入使用的防汛工程设施进行安全鉴定;防汛工程设施运行中出现可能影响防汛安全要求状况的,应当及时进行安全鉴定。

经鉴定不符合安全运行要求的防汛工程设施,管理单位应当根据鉴定报告的要求限期改建、重建或者采取其他补救措施。

第二十条 防汛工程设施应当划定管理和保护范围。水行政主管部门应当会同同级规划行政管理部门提出关于防汛工程设施的管理、保护范围的方案,报同级人民政府批准后实施。

第二十一条 河道(包括湖泊洼淀、人工水道、河道沟叉)的利用必须确保引水、排水、行洪的畅通。禁止擅自填堵河道。

确因建设需要填堵河道的,建设单位应当按照《上海市河道管理条例》的规定办理审批手续。

第二十二条 在防汛墙保护范围内,禁止下列危害防汛墙安全的行为:

(一)擅自改变防汛墙主体结构;

(二)在不具备码头作业条件的防汛墙岸段内进行装卸作业,在不具备船舶靠泊条件的防汛墙岸段内带缆泊船;

(三)违反规定堆放货物、安装大型设备、搭建建筑物或者构筑物;

(四)违反规定疏浚河道;

（五）其他危害防汛墙安全的行为。

装卸作业单位或者防汛墙养护责任单位需要利用防汛墙岸段从事装卸作业的,应当按照市水行政主管部门规定的防汛要求对防汛墙进行加固或者改造。

第二十三条　在海塘保护范围内,禁止下列危害海塘安全的行为:

（一）削坡或者挖低堤顶;

（二）毁损防浪作物;

（三）擅自钻探、搭建建筑物或者构筑物;

（四）擅自垦殖;

（五）铁轮车、履带车、超重车擅自在堤上行驶;

（六）其他危害海塘安全的行为。

第二十四条　禁止向排水管道排放施工泥浆,倾倒垃圾、杂物。

确因施工需要临时封堵排水管道的,建设单位应当按照《上海市排水管理条例》的规定办理审批手续。

在临时封堵排水管道期间,遇有暴雨或者积水等紧急情况,水行政主管部门有权责令建设单位提前拆除封堵。

第二十五条　建设跨河、穿河、穿堤、临河的桥梁、码头、道路、渡口、管道、缆线、排(取)水等工程设施,应当符合防汛标准、岸线规划、航运要求和其他技术要求,不得危害堤防安全、妨碍行洪畅通;其可行性研究报告按照国家规定的基本建设程序报请批准前,其中的工程建设方案应当经有关水行政主管部门根据前述防汛要求审查同意,涉及航道的,按照《上海市内河航道管理条例》的规定办理审批手续。

前款规定以外的新建、改建、扩建的建设项目涉及防汛安全的,规划行政管理部门在审批前应当征求同级水行政主管部门的意见。

第二十六条　地铁、隧道、地下通道、大型地下商场、大型地下停车场(库)等地下公共工程的建设单位,应当按照相关技术规范组织编制地下公共工程防汛影响专项论证报告。

建设行政管理部门在对前款规定的建设工程的初步设计或者总体设计文件审查时,应当将防汛影响专项论证报告征求水行政主管部门意见。

建设单位在地下公共工程的施工图设计和施工过程中,应当落实防汛影响专项论证报告及其审查意见中提出的预防和减轻防汛安全影响的对策和措施。

第二十七条　企业、农村集体经济组织以及其他组织自行投资建设的防汛工程设施,应当符合本条例有关防汛工程设施建设、养护运行、安全鉴定、保护管理、设施废除等规定,并接受水行政主管部门的监督管理。

第二十八条　防汛工程设施不得擅自废除。擅自废除的,由水行政主管部门责令停止违法行为或者采取其他补救措施。失去防汛功能确需废除的防汛工程设施,由水行政主管部门按照管理权限审查同意后,方可废除。

第二十九条　水行政主管部门应当加强对防汛工程设施、涉及防汛安全的工程设施的建设以及运行养护的监督检查;发现危害或者影响防汛安全的工程设施或者行为的,应当责令有关单位限期整改或者采取其他防汛安全措施。

接受检查的单位应当予以配合,不得拒绝或者阻碍防汛监督检查。

第四章　防汛抢险

第三十条　汛期、紧急防汛期的进入和解除日期,由市防汛指挥机构公告。

本市建立防汛分级预警和响应制度,以蓝、黄、橙、红四色分别表示轻重不同的防汛预警,以Ⅳ、Ⅲ、Ⅱ、Ⅰ依次表示相应的四级响应等级。防汛预警和响应的具体制度,由市防汛指挥机构统一制定并公布。

市防汛指挥机构发布防汛预警时,有关部门应当立即启动防汛预案,采取必要的措施,确保城市安全运行。

第三十一条　有防汛任务的部门和单位,应当在汛期建立防汛领导小组,实行防汛岗位责任制,负责本部门、本单位的防汛抢险工作。

第三十二条　各级防汛指挥机构应当按照同级人民政府和上级防汛指挥机构的部署,组建防汛抢险队伍;防汛抢险队伍承担本行政区域内的防汛抢险,在紧急防汛期服从上一级防汛指挥机构的统一调度。

有防汛任务的部门和单位应当结合本部门、本单位的防汛需要,组织或者落实防汛抢险队伍;防汛抢险队伍承担本部门、本单位的防汛抢险工作,在紧急防汛期服从防汛指挥机构的统一调度。

第三十三条　出现重大险情需要请求当地驻军、武警部队给予防汛抢险支援的,由市或者区、县防汛指挥机构与当地驻军、武警部队联系安排。

第三十四条 各级防汛指挥机构、有防汛任务的部门和单位应当按照防汛预案的规定及时组织抢险救灾;有防汛任务的部门和单位应当服从防汛指挥机构的调度指令。

第三十五条 在汛期,各级防汛指挥机构应当安排专人值班,负责协调、指导、监督本辖区内的防汛工作;有防汛任务的部门和单位应当安排专人值班,负责本部门、本单位的防汛工作。

全市进入紧急防汛期时,各级防汛指挥机构的主要负责人应当到岗值班,负责本辖区防汛抢险的统一指挥;有防汛任务的部门和单位的主要负责人应当到岗值班,负责本部门或者本单位防汛抢险的指挥。

局部区域进入紧急防汛期的,有关区、县和部门的防汛值班按前款规定执行。

第三十六条 有防汛任务的部门和单位应当按照各自的职责,加强汛期安全检查。发现安全隐患的,应当及时整改或者采取其他补救措施。

防汛工程设施的管理单位和养护运行单位应当加强对防汛工程设施的汛期安全运行检查。发现防汛工程设施出现险情时,应当立即采取抢救措施,并及时向防汛指挥机构报告。

第三十七条 在汛期,水闸、排水管道运行单位应当根据汛情预报以及河道、排水管道的实际水位,按照运行方案,预先降低河道、排水管道的水位,并根据有关规定告知航运管理部门。

第三十八条 在汛期,执行防汛任务的防汛指挥和抢险救灾车辆、船舶,可以凭公安、海事、港口行政主管部门制作的,市防汛指挥机构统一核发的通行标志优先通行。

第三十九条 在紧急防汛期,市和区、县防汛指挥机构根据防汛抢险的需要,有权在其管辖范围内调用物资、设备、交通运输工具和人力,决定采取取土占地、砍伐林木、清除阻水障碍物和其他必要的紧急措施;必要时,公安、海事、港口等有关部门按照防汛指挥机构的决定,依法实施陆地和水面交通管制。

依照前款规定调用的物资、设备、交通运输工具等,在紧急情况消除后应当及时归还;造成损坏或者无法归还的,按照国家有关规定给予适当补偿或者作其他处理。取土占地、砍伐林木的,在汛期结束后依法向有关部门补办手续,对砍伐的林木予以补种。

第四十条 气象、水文、海洋等部门应当及时准确地向防汛指挥机构提供天气、水文等实时信息和风暴潮预报;防汛工程设施养护管理单位应当及时准确地向防汛指挥机构提供防汛工程设施安全情况等信息;电信部门应当保障防汛指挥系统的通信畅通。

市防汛指挥机构应当通过报纸、广播、电视、网络等传媒及时准确地向社会公告本市汛情和防汛抢险等信息。

第四十一条 本市发布台风、暴雨相应预警时,相关单位和个人应当采取相应的防范措施,确保人身和财产安全。

发布台风、暴雨红色预警时,中小学校和幼托机构应当立即通知停课;对已经到校的学生,中小学校和幼托机构应当做好安全保护工作。举办户外活动以及进行除应急抢险外的户外作业的,应当立即停止。工厂、各类交易市场、公园等可以根据实际情况,采取停工、停市、闭园等措施。有防汛任务的部门和单位应当及时组织专人加强对地下工程设施等重点防护对象进行现场巡查;发现安全隐患的,应当立即采取有效防范措施。

第四十二条 区、县人民政府应当根据防汛预案,对可能受到灾害严重威胁的人员组织撤离,各有关单位应当协助做好相关撤离工作。

区、县人民政府组织撤离时,应当告知灾害的危害性及具体的撤离地点和撤离方式,提供必要的交通工具,妥善安排被撤离人员的基本生活。

对人身安全受到严重威胁经劝导仍拒绝撤离的人员,组织撤离的区、县人民政府可以实施强制性撤离。

在撤离指令解除前,被撤离人员不得擅自返回,组织撤离的区、县人民政府应当采取措施防止人员返回。

海事管理部门应当会同相关管理部门按照各自职责,引导船舶择地避风。

第四十三条 市和区、县人民政府应当组织民防、民政、旅游、教育、体育、文化等有关部门,落实避灾安置场所。本市规划和建设的应急避难场所应当兼顾防汛避灾的需求。

第四十四条 台风、暴雨、高潮、洪水灾害发生后,各级人民政府应当组织有关部门和单位开展救灾工作,做好受灾群众安置、生活供给、卫生防疫、救灾物资供应、治安管理等善后工作。有关部门应当将毁损防汛工程设施的修复优先列入年度建设计划。

本市鼓励、扶持单位和个人参加财产或者人身伤害保险,减少因台风、暴雨、高潮、洪水灾害引起的损失。

第四十五条 台风、暴雨、高潮、洪水灾害发生后,防汛指挥机构应当按照国家统计部门的要求,核实和统计所管辖范围的受灾情况,及时报上级主管部门和同级统计部门,有关单位和个人不得虚报、瞒报、伪造、篡改。

第三篇　规章

安全生产事故隐患排查治理暂行规定

国家安全生产监督管理总局令第 16 号

《安全生产事故隐患排查治理暂行规定》已经 2007 年 12 月 22 日国家安全生产监督管理总局局长办公会议审议通过,并予公布,自 2008 年 2 月 1 日起施行。

第一章　总则

第一条　为了建立安全生产事故隐患排查治理长效机制,强化安全生产主体责任,加强事故隐患监督管理,防止和减少事故,保障人民群众生命财产安全,根据安全生产法等法律、行政法规,制定本规定。

第二条　生产经营单位安全生产事故隐患排查治理和安全生产监督管理部门、煤矿安全监察机构(以下统称安全监管监察部门)实施监管监察,适用本规定。

有关法律、行政法规对安全生产事故隐患排查治理另有规定的,依照其规定。

第三条　本规定所称安全生产事故隐患(以下简称事故隐患),是指生产经营单位违反安全生产法律、法规、规章、标准、规程和安全生产管理制度的规定,或者因其他因素在生产经营活动中存在可能导致事故发生的物的危险状态、人的不安全行为和管理上的缺陷。

事故隐患分为一般事故隐患和重大事故隐患。一般事故隐患,是指危害和整改难度较小,发现后能够立即整改排除的隐患。重大事故隐患,是指危害和整改难度较大,应当全部或者局部停产停业,并经过一定时间整改治理方能排除的隐患,或者因外部因素影响致使生产经营单位自身难以排除的隐患。

第四条　生产经营单位应当建立健全事故隐患排查治理制度。

生产经营单位主要负责人对本单位事故隐患排查治理工作全面负责。

第五条　各级安全监管监察部门按照职责对所辖区域内生产经营单位排查治理事故隐患工作依法实施综合监督管理;各级人民政府有关部门在各自职责范围内对生产经营单位排查治理事故隐患工作依法实施监督管理。

第六条　任何单位和个人发现事故隐患,均有权向安全监管监察部门和有关部门报告。

安全监管监察部门接到事故隐患报告后,应当按照职责分工立即组织核实并予以查处;发现所报告事故隐患应当由其他有关部门处理的,应当立即移送有关部门并记录备查。

第二章　生产经营单位的职责

第七条　生产经营单位应当依照法律、法规、规章、标准和规程的要求从事生产经营活动。严禁非法从事生产经营活动。

第八条　生产经营单位是事故隐患排查、治理和防控的责任主体。

生产经营单位应当建立健全事故隐患排查治理和建档监控等制度,逐级建立并落实从主要负责人到每个从业人员的隐患排查治理和监控责任制。

第九条　生产经营单位应当保证事故隐患排查治理所需的资金,建立资金使用专项制度。

第十条　生产经营单位应当定期组织安全生产管理人员、工程技术人员和其他相关人员排查本单位的事故隐患。对排查出的事故隐患,应当按照事故隐患的等级进行登记,建立事故隐患信息档案,并按照职责分工实施监控治理。

第十一条　生产经营单位应当建立事故隐患报告和举报奖励制度,鼓励、发动职工发现和排除事故隐患,鼓励社会公众举报。对发现、排除和举报事故隐患的有功人员,应当给予物质奖励和表彰。

第十二条　生产经营单位将生产经营项目、场所、设备发包、出租的,应当与承包、承租单位签订安全生产管理协议,并在协议中明确各方对事故隐患排查、治理和防控的管理职责。生产经营单位对承包、承租单位的事故隐患排查治理负有统一协调和监督管理的职责。

第十三条　安全监管监察部门和有关部门的监督检查人员依法履行事故隐患监督检查职责时,生产经营单位应当积极配合,不得拒绝和阻挠。

第十四条　生产经营单位应当每季、每年对本单位事故隐患排查治理情况进行统计分析,并分别于下一季度15日前和下一年1月31日前向安全监管监察部门和有关部门报送书面统计分析表。统计分析表应当由生产经营单位主要负责人签字。

对于重大事故隐患,生产经营单位除依照前款规定报送外,应当及时向安全监管监察部门和有关部门报告。重大事故隐患报告内容应当包括:

(一)隐患的现状及其产生原因;

(二)隐患的危害程度和整改难易程度分析;

(三)隐患的治理方案。

第十五条　对于一般事故隐患,由生产经营单位(车间、分厂、区队等)负责人或者有关人员立即组织整改。

对于重大事故隐患,由生产经营单位主要负责人组织制定并实施事故隐患治理方案。重大事故隐患治理方案应当包括以下内容:

(一)治理的目标和任务;

(二)采取的方法和措施;

(三)经费和物资的落实;

(四)负责治理的机构和人员;

(五)治理的时限和要求;

(六)安全措施和应急预案。

第十六条　生产经营单位在事故隐患治理过程中,应当采取相应的安全防范措施,防止事故发生。事故隐患排除前或者排除过程中无法保证安全的,应当从危险区域内撤出作业人员,并疏散可能危及的其他人员,设置警戒标志,暂时停产停业或者停止使用;对暂时难以停产或者停止使用的相关生产储存装置、设施、设备,应当加强维护和保养,防止事故发生。

第十七条　生产经营单位应当加强对自然灾害的预防。对于因自然灾害可能导致事故灾难的隐患,应当按照有关法律、法规、标准和本规定的要求排查治理,采取可靠的预防措施,制定应急预案。在接到有关自然灾害预报时,应当及时向下属单位发出预警通知;发生自然灾害可能危及生产经营单位和人员安全的情况时,应当采取撤离人员、停止作业、加强监测等安全措施,并及时向当地人民政府及其有关部门报告。

第十八条　地方人民政府或者安全监管监察部门及有关部门挂牌督办并责令全部或者局部停产停业治理的重大事故隐患,治理工作结束后,有条件的生产经营单位应当组织本单位的技术人员和专家对重大事故隐患的治理情况进行评估;其他生产经营单位应当委托具备相应资质的安全评价机构对重大事故隐患的治理情况进行评估。

经治理后符合安全生产条件的,生产经营单位应当向安全监管监察部门和有关部门提出恢复生产的书面申请,经安全监管监察部门和有关部门审查同意后,方可恢复生产经营。申请报告应当包括治理方案的内容、项目和安全评价机构出具的评价报告等。

第三章　监督管理

第十九条　安全监管监察部门应当指导、监督生产经营单位按照有关法律、法规、规章、标准和规程的要求,建立健全事故隐患排查治理等各项制度。

第二十条　安全监管监察部门应当建立事故隐患排查治理监督检查制度,定期组织对生产经营单位事故隐患排查治理情况开展监督检查;应当加强对重点单位的事故隐患排查治理情况的监督检查。对检查过程中发现的重大事故隐患,应当下达整改指令书,并建立信息管理台账。必要时,报告同级人民政府并对重大事故隐患实行挂牌督办。

安全监管监察部门应当配合有关部门做好对生产经营单位事故隐患排查治理情况开展的监督检查,依法查处事故隐患排查治理的非法和违法行为及其责任者。

安全监管监察部门发现属于其他有关部门职责范围内的重大事故隐患的,应该及时将有关资料移送有管辖权的有关部门,并记录备查。

第二十一条　已经取得安全生产许可证的生产经营单位,在其被挂牌督办的重大事故隐患治理结束前,安全监管监察部门应当加强监督检查。必要时,可以提请原许可证颁发机关依法暂扣其安全生产许可证。

第二十二条　安全监管监察部门应当会同有关部门把重大事故隐患整改纳入重点行业领域的安全专项整治中加以治理,落实相应责任。

第二十三条　对挂牌督办并采取全部或者局部停产停业治理的重大事故隐患,安全监管监察部门收到生产经营单位恢复生产的申请报告后,应当在10日内进行现场审查。审查合格的,对事故隐患进行核销,同意恢复生产经营;审查不合格的,依法责令改正或者下达停产整改指令。对整改无望或者生产经营单位拒不执行整改指令的,依法实施行政处罚;不具备安全生产条件的,依法提请县级以上人民政府按照国务院规定的权限予以关闭。

第二十四条　安全监管监察部门应当每季将本行政区域重大事故隐患的排查治理情况和统计分析表逐级报至省级安全监管监察部门备案。

省级安全监管监察部门应当每半年将本行政区域重大事故隐患的排查治理情况和统计分析表报国家安全生产监督管理总局备案。

第四章　罚则

第二十五条　生产经营单位及其主要负责人未履行事故隐患排查治理职责,导致发生生产安全事故的,依法给予行政处罚。

第二十六条　生产经营单位违反本规定,有下列行为之一的,由安全监管监察部门给予警告,并处三万元以下的罚款:

(一)未建立安全生产事故隐患排查治理等各项制度的;

(二)未按规定上报事故隐患排查治理统计分析表的;

(三)未制定事故隐患治理方案的;

(四)重大事故隐患不报或者未及时报告的;

(五)未对事故隐患进行排查治理擅自生产经营的;

(六)整改不合格或者未经安全监管监察部门审查同意擅自恢复生产经营的。

第二十七条　承担检测检验、安全评价的中介机构,出具虚假评价证明,尚不够刑事处罚的,没收违法所得,违法所得在五千元以上的,并处违法所得二倍以上五倍以下的罚款,没有违法所得或者违法所得不足五千元的,单处或者并处五千元以上二万元以下的罚款,同时可对其直接负责的主管人员和其他直接责任人员处五千元以上五万元以下的罚款;给他人造成损害的,与生产经营单位承担连带赔偿责任。

对有前款违法行为的机构,撤销其相应的资质。

第二十八条　生产经营单位事故隐患排查治理过程中违反有关安全生产法律、法规、规章、标准和规程规定的,依法给予行政处罚。

第二十九条　安全监管监察部门的工作人员未依法履行职责的,按照有关规定处理。

第五章　附则

第三十条　省级安全监管监察部门可以根据本规定,制定事故隐患排查治理和监督管理实施细则。

第三十一条　事业单位、人民团体以及其他经济组织的事故隐患排查治理,参照本规定执行。

第三十二条　本规定自2008年2月1日起施行。

生产安全事故应急预案管理办法

国家安全生产监督管理总局令第 17 号

《生产安全事故应急预案管理办法》已经 2009 年 3 月 20 日国家安全生产监督管理总局局长办公会议审议通过,并予公布,自 2009 年 5 月 1 日起施行。

第一章　总则

第一条　为了规范生产安全事故应急预案的管理,完善应急预案体系,增强应急预案的科学性、针对性、实效性,依据《中华人民共和国突发事件应对法》、《中华人民共和国安全生产法》和国务院有关规定,制定本办法。

第二条　生产安全事故应急预案(以下简称应急预案)的编制、评审、发布、备案、培训、演练和修订等工作,适用本办法。

法律、行政法规和国务院另有规定的,依照其规定。

第三条　应急预案的管理遵循综合协调、分类管理、分级负责、属地为主的原则。

第四条　国家安全生产监督管理总局负责应急预案的综合协调管理工作。国务院其他负有安全生产监督管理职责的部门按照各自的职责负责本行业、本领域内应急预案的管理工作。

县级以上地方各级人民政府安全生产监督管理部门负责本行政区域内应急预案的综合协调管理工作。县级以上地方各级人民政府其他负有安全生产监督管理职责的部门按照各自的职责负责辖区内本行业、本领域应急预案的管理工作。

第二章　应急预案的编制

第五条　应急预案的编制应当符合下列基本要求:

(一) 符合有关法律、法规、规章和标准的规定;

(二) 结合本地区、本部门、本单位的安全生产实际情况;

(三) 结合本地区、本部门、本单位的危险性分析情况;

(四) 应急组织和人员的职责分工明确,并有具体的落实措施;

(五) 有明确、具体的事故预防措施和应急程序,并与其应急能力相适应;

(六) 有明确的应急保障措施,并能满足本地区、本部门、本单位的应急工作要求;

(七) 预案基本要素齐全、完整,预案附件提供的信息准确;

(八) 预案内容与相关应急预案相互衔接。

第六条　地方各级安全生产监督管理部门应当根据法律、法规、规章和同级人民政府以及上一级安全生产监督管理部门的应急预案,结合工作实际,组织制定相应的部门应急预案。

第七条　生产经营单位应当根据有关法律、法规和《生产经营单位安全生产事故应急预案编制导则》(AQ/T 9002—2006),结合本单位的危险源状况、危险性分析情况和可能发生的事故特点,制定相应的应急预案。

生产经营单位的应急预案按照针对情况的不同,分为综合应急预案、专项应急预案和现场处置方案。

第八条　生产经营单位风险种类多、可能发生多种事故类型的,应当组织编制本单位的综合应急预案。

综合应急预案应当包括本单位的应急组织机构及其职责、预案体系及响应程序、事故预防及应急保障、应急培训及预案演练等主要内容。

第九条　对于某一种类的风险,生产经营单位应当根据存在的重大危险源和可能发生的事故类型,制定相应的专项应急预案。

专项应急预案应当包括危险性分析、可能发生的事故特征、应急组织机构与职责、预防措施、应急处置程序和应急保障等内容。

第十条　对于危险性较大的重点岗位,生产经营单位应当制定重点工作岗位的现场处置方案。

现场处置方案应当包括危险性分析、可能发生的事故特征、应急处置程序、应急处置要点和注意事项等内容。

第十一条　生产经营单位编制的综合应急预案、专项应急预案和现场处置方案之间应当相互衔接,并与所涉及的其他单位的应急预案相互衔接。

第十二条 应急预案应当包括应急组织机构和人员的联系方式、应急物资储备清单等附件信息。附件信息应当经常更新,确保信息准确有效。

第三章 应急预案的评审

第十三条 地方各级安全生产监督管理部门应当组织有关专家对本部门编制的应急预案进行审定;必要时,可以召开听证会,听取社会有关方面的意见。涉及相关部门职能或者需要有关部门配合的,应当征得有关部门同意。

第十四条 矿山、建筑施工单位和易燃易爆物品、危险化学品、放射性物品等危险物品的生产、经营、储存、使用单位和中型规模以上的其他生产经营单位,应当组织专家对本单位编制的应急预案进行评审。评审应当形成书面纪要并附有专家名单。

前款规定以外的其他生产经营单位应当对本单位编制的应急预案进行论证。

第十五条 参加应急预案评审的人员应当包括应急预案涉及的政府部门工作人员和有关安全生产及应急管理方面的专家。

评审人员与所评审预案的生产经营单位有利害关系的,应当回避。

第十六条 应急预案的评审或者论证应当注重应急预案的实用性、基本要素的完整性、预防措施的针对性、组织体系的科学性、响应程序的操作性、应急保障措施的可行性、应急预案的衔接性等内容。

第十七条 生产经营单位的应急预案经评审或者论证后,由生产经营单位主要负责人签署公布。

第四章 应急预案的备案

第十八条 地方各级安全生产监督管理部门的应急预案,应当报同级人民政府和上一级安全生产监督管理部门备案。

其他负有安全生产监督管理职责的部门的应急预案,应当抄送同级安全生产监督管理部门。

第十九条 中央管理的总公司(总厂、集团公司、上市公司)的综合应急预案和专项应急预案,报国务院国有资产监督管理部门、国务院安全生产监督管理部门和国务院有关主管部门备案;其所属单位的应急预案分别抄送所在地的省、自治区、直辖市或者设区的市人民政府安全生产监督管理部门和有关主管部门备案。

前款规定以外的其他生产经营单位中涉及实行安全生产许可的,其综合应急预案和专项应急预案,按照隶属关系报所在地县级以上地方人民政府安全生产监督管理部门和有关主管部门备案;未实行安全生产许可的,其综合应急预案和专项应急预案的备案,由省、自治区、直辖市人民政府安全生产监督管理部门确定。

煤矿企业的综合应急预案和专项应急预案除按照本条第一款、第二款的规定报安全生产监督管理部门和有关主管部门备案外,还应当抄报所在地的煤矿安全监察机构。

第二十条 生产经营单位申请应急预案备案,应当提交以下材料:

(一)应急预案备案申请表;

(二)应急预案评审或者论证意见;

(三)应急预案文本及电子文档。

第二十一条 受理备案登记的安全生产监督管理部门应当对应急预案进行形式审查,经审查符合要求的,予以备案并出具应急预案备案登记表;不符合要求的,不予备案并说明理由。

对于实行安全生产许可的生产经营单位,已经进行应急预案备案登记的,在申请安全生产许可证时,可以不提供相应的应急预案,仅提供应急预案备案登记表。

第二十二条 各级安全生产监督管理部门应当指导、督促检查生产经营单位做好应急预案的备案登记工作,建立应急预案备案登记建档制度。

第五章 应急预案的实施

第二十三条 各级安全生产监督管理部门、生产经营单位应当采取多种形式开展应急预案的宣传教育,普及生产安全事故预防、避险、自救和互救知识,提高从业人员安全意识和应急处置技能。

第二十四条 各级安全生产监督管理部门应当将应急预案的培训纳入安全生产培训工作计划,并组织实施本行政区域内重点生产经营单位的应急预案培训工作。

生产经营单位应当组织开展本单位的应急预案培训活动,使有关人员了解应急预案内容,熟悉应急职责、应急程序和岗位应急处置方案。

应急预案的要点和程序应当张贴在应急地点和应急指挥场所,并设有明显的标志。

第二十五条 各级安全生产监督管理部门应当定期组织应急预案演练,提高本部门、本地区生产安全事故应急处置能力。

第二十六条 生产经营单位应当制定本单位的应急预案演练计划,根据本单位的事故预防重点,每年至少组织一次综合应急预案演练或者专项应急预案演练,每半年至少组织一次现场处置方案演练。

第二十七条 应急预案演练结束后,应急预案演练组织单位应当对应急预案演练效果进行评估,撰写应急预案演练评估报告,分析存在的问题,并对应急预案提出修订意见。

第二十八条 各级安全生产监督管理部门应当每年对应急预案的管理情况进行总结。应急预案管理工作总结应当报上一级安全生产监督管理部门。

其他负有安全生产监督管理职责的部门的应急预案管理工作总结应当抄送同级安全生产监督管理部门。

第二十九条 地方各级安全生产监督管理部门制定的应急预案,应当根据预案演练、机构变化等情况适时修订。

生产经营单位制定的应急预案应当至少每三年修订一次,预案修订情况应有记录并归档。

第三十条 有下列情形之一的,应急预案应当及时修订:

(一)生产经营单位因兼并、重组、转制等导致隶属关系、经营方式、法定代表人发生变化的;

(二)生产经营单位生产工艺和技术发生变化的;

(三)周围环境发生变化,形成新的重大危险源的;

(四)应急组织指挥体系或者职责已经调整的;

(五)依据的法律、法规、规章和标准发生变化的;

(六)应急预案演练评估报告要求修订的;

(七)应急预案管理部门要求修订的。

第三十一条 生产经营单位应当及时向有关部门或者单位报告应急预案的修订情况,并按照有关应急预案报备程序重新备案。

第三十二条 生产经营单位应当按照应急预案的要求配备相应的应急物资及装备,建立使用状况档案,定期检测和维护,使其处于良好状态。

第三十三条 生产经营单位发生事故后,应当及时启动应急预案,组织有关力量进行救援,并按照规定将事故信息及应急预案启动情况报告安全生产监督管理部门和其他负有安全生产监督管理职责的部门。

第六章　奖励与处罚

第三十四条 对于在应急预案编制和管理工作中做出显著成绩的单位和人员,安全生产监督管理部门、生产经营单位可以给予表彰和奖励。

第三十五条 生产经营单位应急预案未按照本办法规定备案的,由县级以上安全生产监督管理部门给予警告,并处三万元以下罚款。

第三十六条 生产经营单位未制定应急预案或者未按照应急预案采取预防措施,导致事故救援不力或者造成严重后果的,由县级以上安全生产监督管理部门依照有关法律、法规和规章的规定,责令停产停业整顿,并依法给予行政处罚。

第七章　附则

第三十七条 《生产经营单位生产安全事故应急预案备案申请表》、《生产经营单位生产安全事故应急预案备案登记表》由国家安全生产应急救援指挥中心统一制定。

第三十八条 各省、自治区、直辖市安全生产监督管理部门可以依据本办法的规定,结合本地区实际制定实施细则。

第三十九条 本办法自 2009 年 5 月 1 日起施行。

建筑施工企业主要负责人、项目负责人和专职
安全生产管理人员安全生产管理规定

中华人民共和国住房和城乡建设部令第 17 号

《建筑施工企业主要负责人、项目负责人和专职安全生产管理规定》已经第 13 次部常务会议审议通过,并予公布,自 2014 年 9 月 1 日起施行。

第一章　总则

第一条　为了加强房屋建筑和市政基础设施工程施工安全监督管理,提高建筑施工企业主要负责人、项目负责人和专职安全生产管理人员(以下合称"安管人员")的安全生产管理能力,根据《中华人民共和国安全生产法》、《建设工程安全生产管理条例》等法律法规,制定本规定。

第四条　国务院住房城乡建设主管部门负责对全国"安管人员"安全生产工作进行监督管理。

县级以上地方人民政府住房城乡建设主管部门负责对本行政区域内"安管人员"安全生产工作进行监督管理。

第六条　申请参加安全生产考核的"安管人员",应当具备相应文化程度、专业技术职称和一定安全生产工作经历,与企业确立劳动关系,并经企业年度安全生产教育培训合格。

第十一条　"安管人员"变更受聘企业的,应当与原聘用企业解除劳动关系,并通过新聘用企业到考核机关申请办理证书变更手续。考核机关应当在受理变更申请之日起 5 个工作日内办理完毕。

第十二条　"安管人员"遗失安全生产考核合格证书的,应当在公共媒体上声明作废,通过其受聘企业向原考核机关申请补办。考核机关应当在受理申请之日起 5 个工作日内办理完毕。

第十三条　"安管人员"不得涂改、倒卖、出租、出借或者以其他形式非法转让安全生产考核合格证书。

第二十七条　"安管人员"隐瞒有关情况或者提供虚假材料申请安全生产考核的,考核机关不予考核,并给予警告;"安管人员"1 年内不得再次申请考核。

"安管人员"以欺骗、贿赂等不正当手段取得安全生产考核合格证书的,由原考核机关撤销安全生产考核合格证书;"安管人员"3 年内不得再次申请考核。

第二十八条　"安管人员"涂改、倒卖、出租、出借或者以其他形式非法转让安全生产考核合格证书的,由县级以上地方人民政府住房城乡建设主管部门给予警告,并处 1 000 元以上 5 000 元以下的罚款。

第二十九条　建筑施工企业未按规定开展"安管人员"安全生产教育培训考核,或者未按规定如实将考核情况记入安全生产教育培训档案的,由县级以上地方人民政府住房城乡建设主管部门责令限期改正,并处 2 万元以下的罚款。

第三十一条　"安管人员"未按规定办理证书变更的,由县级以上地方人民政府住房城乡建设主管部门责令限期改正,并处 1 000 元以上 5 000 元以下的罚款。

主要负责人、项目负责人有前款违法行为,尚不够刑事处罚的,处 2 万元以上 20 万元以下的罚款或者按照管理权限给予撤职处分;自刑罚执行完毕或者受处分之日起,5 年内不得担任建筑施工企业的主要负责人、项目负责人。

第三十三条　专职安全生产管理人员未按规定履行安全生产管理职责的,由县级以上地方人民政府住房城乡建设主管部门责令限期改正,并处 1 000 元以上 5 000 元以下的罚款;造成生产安全事故或者其他严重后果的,按照《生产安全事故报告和调查处理条例》的有关规定,依法暂扣或者吊销安全生产考核合格证书;构成犯罪的,依法追究刑事责任。

第三十五条　本规定自 2014 年 9 月 1 日起施行。

实施工程建设强制性标准监督规定

中华人民共和国建设部令第 81 号

《实施工程建设强制性标准监督规定》已于 2000 年 8 月 21 日经第 27 次部常务会议通过,并予以发布,自发布之日起施行。

第一条 为加强工程建设强制性标准实施的监督工作,保证建设工程质量,保障人民的生命、财产安全,维护社会公共利益,根据《中华人民共和国标准化法》、《中华人民共和国标准化法实施条例》和《建设工程质量管理条例》,制定本规定。

第二条 在中华人民共和国境内从事新建、扩建、改建等工程建设活动,必须执行工程建设强制性标准。

第三条 本规定所称工程建设强制性标准是指直接涉及工程质量、安全、卫生及环境保护等方面的工程建设标准强制性条文。

国家工程建设标准强制性条文由国务院建设行政主管部门会同国务院有关行政主管部门确定。

第四条 国务院建设行政主管部门负责全国实施工程建设强制性标准的监督管理工作。

国务院有关行政主管部门按照国务院的职能分工负责实施工程建设强制性标准的监督管理工作。

县级以上地方人民政府建设行政主管部门负责本行政区域内实施工程建设强制性标准的监督管理工作。

第五条 工程建设中拟采用的新技术、新工艺、新材料,不符合现行强制性标准规定的,应当由拟采用单位提请建设单位组织专题技术论证,报批准标准的建设行政主管部门或者国务院有关主管部门审定。

工程建设中采用国际标准或者国外标准,现行强制性标准未作规定的,建设单位应当向国务院建设行政主管部门或者国务院有关行政主管部门备案。

第六条 建设项目规划审查机构应当对工程建设规划阶段执行强制性标准的情况实施监督。

施工图设计文件审查单位应当对工程建设勘察、设计阶段执行强制性标准的情况实施监督。

建筑安全监督管理机构应当对工程建设施工阶段执行施工安全强制性标准的情况实施监督。

工程质量监督机构应当对工程建设施工、监理、验收等阶段执行强制性标准的情况实施监督。

第七条 建设项目规划审查机关、施工设计图设计文件审查单位、建筑安全监督管理机构、工程质量监督机构的技术人员必须熟悉、掌握工程建设强制性标准。

第八条 工程建设标准批准部门应当定期对建设项目规划审查机关、施工图设计文件审查单位、建筑安全监督管理机构、工程质量监督机构实施强制性标准的监督进行检查,对监督不力的单位和个人,给予通报批评,建议有关部门处理。

第九条 工程建设标准批准部门应当对工程项目执行强制性标准情况进行监督检查。监督检查可以采取重点检查、抽查和专项检查的方式。

第十条 强制性标准监督检查的内容包括:

(一)有关工程技术人员是否熟悉、掌握强制性标准;

(二)工程项目的规划、勘察、设计、施工、验收等是否符合强制性标准的规定;

(三)工程项目采用的材料、设备是否符合强制性标准的规定;

(四)工程项目的安全、质量是否符合强制性标准的规定;

(五)工程中采用的导则、指南、手册、计算机软件的内容是否符合强制性标准的规定。

第十一条 工程建设标准批准部门应当将强制性标准监督检查结果在一定范围内公告。

第十二条 工程建设强制性标准的解释由工程建设标准批准部门负责。

有关标准具体技术内容的解释,工程建设标准批准部门可以委托该标准的编制管理单位负责。

第十三条 工程技术人员应当参加有关工程建设强制性标准的培训,并可以计入继续教育学时。

第十四条 建设行政主管部门或者有关行政主管部门在处理重大工程事故时,应当有工程建设标准方面的专家参加;工程事故报告应当包括是否符合工程建设强制性标准的意见。

第十五条 任何单位和个人对违反工程建设强制性标准的行为有权向建设行政主管部门或者有关部门检

举、控告、投诉。

第十六条 建设单位有下列行为之一的,责令改正,并处以 20 万元以上 50 万元以下的罚款:

(一)明示或者暗示施工单位使用不合格的建筑材料、建筑构配件和设备的;

(二)明示或者暗示设计单位或者施工单位违反工程建设强制性标准,降低工程质量的。

第十七条 勘察、设计单位违反工程建设强制性标准进行勘察、设计的,责令改正,并处以 10 万元以上 30 万元以下的罚款。

有前款行为,造成工程质量事故的,责令停业整顿,降低资质等级;情节严重的,吊销资质证书;造成损失的,依法承担赔偿责任。

第十八条 施工单位违反工程建设强制性标准的,责令改正,处工程合同价款 2%以上 4%以下的罚款;造成建设工程质量不符合规定的质量标准的,负责返工、修理,并赔偿因此造成的损失;情节严重的,责令停业整顿,降低资质等级或者吊销资质证书。

第十九条 工程监理单位违反强制性标准规定,将不合格的建设工程以及建筑材料、建筑构配件和设备按照合格签字的,责令改正,处 50 万元以上 100 万元以下的罚款,降低资质等级或者吊销资质证书;有违法所得的,予以没收;造成损失的,承担连带赔偿责任。

第二十条 违反工程建设强制性标准造成工程质量、安全隐患或者工程事故的,按照《建设工程质量管理条例》有关规定,对事故责任单位和责任人进行处罚。

第二十一条 有关责令停业整顿、降低资质等级和吊销资质证书的行政处罚,由颁发资质证书的机关决定;其他行政处罚,由建设行政主管部门或者有关部门依照法定职权决定。

第二十二条 建设行政主管部门和有关行政部门工作人员,玩忽职守、滥用职权、徇私舞弊的,给予行政处分;构成犯罪的,依法追究刑事责任。

第二十三条 本规定由国务院建设行政主管部门负责解释。

第二十四条 本规定自发布之日起施行。

建筑施工企业安全生产许可证管理规定

中华人民共和国建设部令第128号

《建筑施工企业安全生产许可证管理规定》已于2004年6月29日经第37次部常务会议讨论通过,并予发布,自公布之日起施行。

第一章　总则

第一条　为了严格规范建筑施工企业安全生产条件,进一步加强安全生产监督管理,防止和减少生产安全事故,根据《安全生产许可证条例》、《建设工程安全生产管理条例》等有关行政法规,制定本规定。

第二条　国家对建筑施工企业实行安全生产许可制度。

建筑施工企业未取得安全生产许可证的,不得从事建筑施工活动。

本规定所称建筑施工企业,是指从事土木工程、建筑工程、线路管道和设备安装工程及装修工程的新建、扩建、改建和拆除等有关活动的企业。

第三条　国务院建设主管部门负责中央管理的建筑施工企业安全生产许可证的颁发和管理。

省、自治区、直辖市人民政府建设主管部门负责本行政区域内前款规定以外的建筑施工企业安全生产许可证的颁发和管理,并接受国务院建设主管部门的指导和监督。

市、县人民政府建设主管部门负责本行政区域内建筑施工企业安全生产许可证的监督管理,并将监督检查中发现的企业违法行为及时报告安全生产许可证颁发管理机关。

第二章　安全生产条件

第四条　建筑施工企业取得安全生产许可证,应当具备下列安全生产条件:

(一)建立、健全安全生产责任制,制定完备的安全生产规章制度和操作规程;

(二)保证本单位安全生产条件所需资金的投入;

(三)设置安全生产管理机构,按照国家有关规定配备专职安全生产管理人员;

(四)主要负责人、项目负责人、专职安全生产管理人员经建设主管部门或者其他有关部门考核合格;

(五)特种作业人员经有关业务主管部门考核合格,取得特种作业操作资格证书;

(六)管理人员和作业人员每年至少进行一次安全生产教育培训并考核合格;

(七)依法参加工伤保险,依法为施工现场从事危险作业的人员办理意外伤害保险,为从业人员交纳保险费;

(八)施工现场的办公、生活区及作业场所和安全防护用具、机械设备、施工机具及配件符合有关安全生产法律、法规、标准和规程的要求;

(九)有职业危害防治措施,并为作业人员配备符合国家标准或者行业标准的安全防护用具和安全防护服装;

(十)有对危险性较大的分部分项工程及施工现场易发生重大事故的部位、环节的预防、监控措施和应急预案;

(十一)有生产安全事故应急救援预案、应急救援组织或者应急救援人员,配备必要的应急救援器材、设备;

(十二)法律、法规规定的其他条件。

第三章　安全生产许可证的申请与颁发

第五条　建筑施工企业从事建筑施工活动前,应当依照本规定向省级以上建设主管部门申请领取安全生产许可证。

中央管理的建筑施工企业(集团公司、总公司)应当向国务院建设主管部门申请领取安全生产许可证。

前款规定以外的其他建筑施工企业,包括中央管理的建筑施工企业(集团公司、总公司)下属的建筑施工企业,应当向企业注册所在地省、自治区、直辖市人民政府建设主管部门申请领取安全生产许可证。

第六条　建筑施工企业申请安全生产许可证时,应当向建设主管部门提供下列材料:

(一)建筑施工企业安全生产许可证申请表;

(二)企业法人营业执照;

（三）第四条规定的相关文件、材料。

建筑施工企业申请安全生产许可证，应当对申请材料实质内容的真实性负责，不得隐瞒有关情况或者提供虚假材料。

第七条 建设主管部门应当自受理建筑施工企业的申请之日起 45 日内审查完毕；经审查符合安全生产条件的，颁发安全生产许可证；不符合安全生产条件的，不予颁发安全生产许可证，书面通知企业并说明理由。企业自接到通知之日起应当进行整改，整改合格后方可再次提出申请。

建设主管部门审查建筑施工企业安全生产许可证申请，涉及铁路、交通、水利等有关专业工程时，可以征求铁路、交通、水利等有关部门的意见。

第八条 安全生产许可证的有效期为 3 年。安全生产许可证有效期满需要延期的，企业应当于期满前 3 个月向原安全生产许可证颁发管理机关申请办理延期手续。

企业在安全生产许可证有效期内，严格遵守有关安全生产的法律法规，未发生死亡事故的，安全生产许可证有效期届满时，经原安全生产许可证颁发管理机关同意，不再审查，安全生产许可证有效期延期 3 年。

第九条 建筑施工企业变更名称、地址、法定代表人等，应当在变更后 10 日内，到原安全生产许可证颁发管理机关办理安全生产许可证变更手续。

第十条 建筑施工企业破产、倒闭、撤销的，应当将安全生产许可证交回原安全生产许可证颁发管理机关予以注销。

第十一条 建筑施工企业遗失安全生产许可证，应当立即向原安全生产许可证颁发管理机关报告，并在公众媒体上声明作废后，方可申请补办。

第十二条 安全生产许可证申请表采用建设部规定的统一式样。

安全生产许可证采用国务院安全生产监督管理部门规定的统一式样。

安全生产许可证分正本和副本，正、副本具有同等法律效力。

第四章 监督管理

第十三条 县级以上人民政府建设主管部门应当加强对建筑施工企业安全生产许可证的监督管理。建设主管部门在审核发放施工许可证时，应当对已经确定的建筑施工企业是否有安全生产许可证进行审查，对没有取得安全生产许可证的，不得颁发施工许可证。

第十四条 跨省从事建筑施工活动的建筑施工企业有违反本规定行为的，由工程所在地的省级人民政府建设主管部门将建筑施工企业在本地区的违法事实、处理结果和处理建议抄告原安全生产许可证颁发管理机关。

第十五条 建筑施工企业取得安全生产许可证后，不得降低安全生产条件，并应当加强日常安全生产管理，接受建设主管部门的监督检查。安全生产许可证颁发管理机关发现企业不再具备安全生产条件的，应当暂扣或者吊销安全生产许可证。

第十六条 安全生产许可证颁发管理机关或者其上级行政机关发现有下列情形之一的，可以撤销已经颁发的安全生产许可证：

（一）安全生产许可证颁发管理机关工作人员滥用职权、玩忽职守颁发安全生产许可证的；

（二）超越法定职权颁发安全生产许可证的；

（三）违反法定程序颁发安全生产许可证的；

（四）对不具备安全生产条件的建筑施工企业颁发安全生产许可证的；

（五）依法可以撤销已经颁发的安全生产许可证的其他情形。

依照前款规定撤销安全生产许可证，建筑施工企业的合法权益受到损害的，建设主管部门应当依法给予赔偿。

第十七条 安全生产许可证颁发管理机关应当建立、健全安全生产许可证档案管理制度，定期向社会公布企业取得安全生产许可证的情况，每年向同级安全生产监督管理部门通报建筑施工企业安全生产许可证颁发和管理情况。

第十八条 建筑施工企业不得转让、冒用安全生产许可证或者使用伪造的安全生产许可证。

第十九条 建设主管部门工作人员在安全生产许可证颁发、管理和监督检查工作中，不得索取或者接受建筑施工企业的财物，不得谋取其他利益。

第二十条 任何单位或者个人对违反本规定的行为，有权向安全生产许可证颁发管理机关或者监察机关等有关部门举报。

第五章 罚则

第二十一条 违反本规定,建设主管部门工作人员有下列行为之一的,给予降级或者撤职的行政处分;构成犯罪的,依法追究刑事责任:

(一)向不符合安全生产条件的建筑施工企业颁发安全生产许可证的;

(二)发现建筑施工企业未依法取得安全生产许可证擅自从事建筑施工活动,不依法处理的;

(三)发现取得安全生产许可证的建筑施工企业不再具备安全生产条件,不依法处理的;

(四)接到对违反本规定行为的举报后,不及时处理的;

(五)在安全生产许可证颁发、管理和监督检查工作中,索取或者接受建筑施工企业的财物,或者谋取其他利益的。

由于建筑施工企业弄虚作假,造成前款第(一)项行为的,对建设主管部门工作人员不予处分。

第二十二条 取得安全生产许可证的建筑施工企业,发生重大安全事故的,暂扣安全生产许可证并限期整改。

第二十三条 建筑施工企业不再具备安全生产条件的,暂扣安全生产许可证并限期整改;情节严重的,吊销安全生产许可证。

第二十四条 违反本规定,建筑施工企业未取得安全生产许可证擅自从事建筑施工活动的,责令其在建项目停止施工,没收违法所得,并处 10 万元以上 50 万元以下的罚款;造成重大安全事故或者其他严重后果,构成犯罪的,依法追究刑事责任。

第二十五条 违反本规定,安全生产许可证有效期满未办理延期手续,继续从事建筑施工活动的,责令其在建项目停止施工,限期补办延期手续,没收违法所得,并处 5 万元以上 10 万元以下的罚款;逾期仍不办理延期手续,继续从事建筑施工活动的,依照本规定第二十四条的规定处罚。

第二十六条 违反本规定,建筑施工企业转让安全生产许可证的,没收违法所得,处 10 万元以上 50 万元以下的罚款,并吊销安全生产许可证;构成犯罪的,依法追究刑事责任;接受转让的,依照本规定第二十四条的规定处罚。

冒用安全生产许可证或者使用伪造的安全生产许可证的,依照本规定第二十四条的规定处罚。

第二十七条 违反本规定,建筑施工企业隐瞒有关情况或者提供虚假材料申请安全生产许可证的,不予受理或者不予颁发安全生产许可证,并给予警告,1 年内不得申请安全生产许可证。

建筑施工企业以欺骗、贿赂等不正当手段取得安全生产许可证的,撤销安全生产许可证,3 年内不得再次申请安全生产许可证;构成犯罪的,依法追究刑事责任。

第二十八条 本规定的暂扣、吊销安全生产许可证的行政处罚,由安全生产许可证的颁发管理机关决定;其他行政处罚,由县级以上地方人民政府建设主管部门决定。

第六章 附则

第二十九条 本规定施行前已依法从事建筑施工活动的建筑施工企业,应当自《安全生产许可证条例》施行之日起(2004 年 1 月 13 日起)1 年内向建设主管部门申请办理建筑施工企业安全生产许可证;逾期不办理安全生产许可证,或者经审查不符合本规定的安全生产条件,未取得安全生产许可证,继续进行建筑施工活动的,依照本规定第二十四条的规定处罚。

第三十条 本规定自公布之日起施行。

建筑起重机械安全监督管理规定

中华人民共和国建设部令第 166 号

《建筑起重机械安全监督管理规定》已于 2008 年 1 月 8 号经建设部第 145 次常务会议讨论通过,并予发布,自 2008 年 6 月 1 日起施行。

第一条 为了加强建筑起重机械的安全监督管理,防止和减少生产安全事故,保障人民群众生命和财产安全,依据《建设工程安全生产管理条例》、《特种设备安全监察条例》、《安全生产许可证条例》,制定本规定。

第二条 建筑起重机械的租赁、安装、拆卸、使用及其监督管理,适用本规定。

本规定所称建筑起重机械,是指纳入特种设备目录,在房屋建筑工地和市政工程工地安装、拆卸、使用的起重机械。

第三条 国务院建设主管部门对全国建筑起重机械的租赁、安装、拆卸、使用实施监督管理。

县级以上地方人民政府建设主管部门对本行政区域内的建筑起重机械的租赁、安装、拆卸、使用实施监督管理。

第四条 出租单位出租的建筑起重机械和使用单位购置、租赁、使用的建筑起重机械应当具有特种设备制造许可证、产品合格证、制造监督检验证明。

第五条 出租单位在建筑起重机械首次出租前,自购建筑起重机械的使用单位在建筑起重机械首次安装前,应当持建筑起重机械特种设备制造许可证、产品合格证和制造监督检验证明到本单位工商注册所在地县级以上地方人民政府建设主管部门办理备案。

第六条 出租单位应当在签订的建筑起重机械租赁合同中,明确租赁双方的安全责任,并出具建筑起重机械特种设备制造许可证、产品合格证、制造监督检验证明、备案证明和自检合格证明,提交安装使用说明书。

第七条 有下列情形之一的建筑起重机械,不得出租、使用:

(一)属国家明令淘汰或者禁止使用的;

(二)超过安全技术标准或者制造厂家规定的使用年限的;

(三)经检验达不到安全技术标准规定的;

(四)没有完整安全技术档案的;

(五)没有齐全有效的安全保护装置的。

第八条 建筑起重机械有本规定第七条第(一)、(二)、(三)项情形之一的,出租单位或者自购建筑起重机械的使用单位应当予以报废,并向原备案机关办理注销手续。

第九条 出租单位、自购建筑起重机械的使用单位,应当建立建筑起重机械安全技术档案。

建筑起重机械安全技术档案应当包括以下资料:

(一)购销合同、制造许可证、产品合格证、制造监督检验证明、安装使用说明书、备案证明等原始资料;

(二)定期检验报告、定期自行检查记录、定期维护保养记录、维修和技术改造记录、运行故障和生产安全事故记录、累计运转记录等运行资料;

(三)历次安装验收资料。

第十条 从事建筑起重机械安装、拆卸活动的单位(以下简称安装单位)应当依法取得建设主管部门颁发的相应资质和建筑施工企业安全生产许可证,并在其资质许可范围内承揽建筑起重机械安装、拆卸工程。

第十一条 建筑起重机械使用单位和安装单位应当在签订的建筑起重机械安装、拆卸合同中明确双方的安全生产责任。

实行施工总承包的,施工总承包单位应当与安装单位签订建筑起重机械安装、拆卸工程安全协议书。

第十二条 安装单位应当履行下列安全职责:

(一)按照安全技术标准及建筑起重机械性能要求,编制建筑起重机械安装、拆卸工程专项施工方案,并由本单位技术负责人签字;

(二)按照安全技术标准及安装使用说明书等检查建筑起重机械及现场施工条件;

（三）组织安全施工技术交底并签字确认；

（四）制定建筑起重机械安装、拆卸工程生产安全事故应急救援预案；

（五）将建筑起重机械安装、拆卸工程专项施工方案，安装、拆卸人员名单，安装、拆卸时间等材料报施工总承包单位和监理单位审核后，告知工程所在地县级以上地方人民政府建设主管部门。

第十三条 安装单位应当按照建筑起重机械安装、拆卸工程专项施工方案及安全操作规程组织安装、拆卸作业。

安装单位的专业技术人员、专职安全生产管理人员应当进行现场监督，技术负责人应当定期巡查。

第十四条 建筑起重机械安装完毕后，安装单位应当按照安全技术标准及安装使用说明书的有关要求对建筑起重机械进行自检、调试和试运转。自检合格的，应当出具自检合格证明，并向使用单位进行安全使用说明。

第十五条 安装单位应当建立建筑起重机械安装、拆卸工程档案。

建筑起重机械安装、拆卸工程档案应当包括以下资料：

（一）安装、拆卸合同及安全协议书；

（二）安装、拆卸工程专项施工方案；

（三）安全施工技术交底的有关资料；

（四）安装工程验收资料；

（五）安装、拆卸工程生产安全事故应急救援预案。

第十六条 建筑起重机械安装完毕后，使用单位应当组织出租、安装、监理等有关单位进行验收，或者委托具有相应资质的检验检测机构进行验收。建筑起重机械经验收合格后方可投入使用，未经验收或者验收不合格的不得使用。

实行施工总承包的，由施工总承包单位组织验收。

建筑起重机械在验收前应当经有相应资质的检验检测机构监督检验合格。

检验检测机构和检验检测人员对检验检测结果、鉴定结论依法承担法律责任。

第十七条 使用单位应当自建筑起重机械安装验收合格之日起 30 日内，将建筑起重机械安装验收资料、建筑起重机械安全管理制度、特种作业人员名单等，向工程所在地县级以上地方人民政府建设主管部门办理建筑起重机械使用登记。登记标志置于或者附着于该设备的显著位置。

第十八条 使用单位应当履行下列安全职责：

（一）根据不同施工阶段、周围环境以及季节、气候的变化，对建筑起重机械采取相应的安全防护措施；

（二）制定建筑起重机械生产安全事故应急救援预案；

（三）在建筑起重机械活动范围内设置明显的安全警示标志，对集中作业区做好安全防护；

（四）设置相应的设备管理机构或者配备专职的设备管理人员；

（五）指定专职设备管理人员、专职安全生产管理人员进行现场监督检查；

（六）建筑起重机械出现故障或者发生异常情况的，立即停止使用，消除故障和事故隐患后，方可重新投入使用。

第十九条 使用单位应当对在用的建筑起重机械及其安全保护装置、吊具、索具等进行经常性和定期的检查、维护和保养，并做好记录。

使用单位在建筑起重机械租期结束后，应当将定期检查、维护和保养记录移交出租单位。

建筑起重机械租赁合同对建筑起重机械的检查、维护、保养另有约定的，从其约定。

第二十条 建筑起重机械在使用过程中需要附着的，使用单位应当委托原安装单位或者具有相应资质的安装单位按照专项施工方案实施，并按照本规定第十六条规定组织验收。验收合格后方可投入使用。

建筑起重机械在使用过程中需要顶升的，使用单位委托原安装单位或者具有相应资质的安装单位按照专项施工方案实施后，即可投入使用。

禁止擅自在建筑起重机械上安装非原制造厂制造的标准节和附着装置。

第二十一条 施工总承包单位应当履行下列安全职责：

（一）向安装单位提供拟安装设备位置的基础施工资料，确保建筑起重机械进场安装、拆卸所需的施工条件；

（二）审核建筑起重机械的特种设备制造许可证、产品合格证、制造监督检验证明、备案证明等文件；

（三）审核安装单位、使用单位的资质证书、安全生产许可证和特种作业人员的特种作业操作资格证书；

（四）审核安装单位制定的建筑起重机械安装、拆卸工程专项施工方案和生产安全事故应急救援预案；

（五）审核使用单位制定的建筑起重机械生产安全事故应急救援预案；

（六）指定专职安全生产管理人员监督检查建筑起重机械安装、拆卸、使用情况；

（七）施工现场有多台塔式起重机作业时，应当组织制定并实施防止塔式起重机相互碰撞的安全措施。

第二十二条 监理单位应当履行下列安全职责：

（一）审核建筑起重机械特种设备制造许可证、产品合格证、制造监督检验证明、备案证明等文件；

（二）审核建筑起重机械安装单位、使用单位的资质证书、安全生产许可证和特种作业人员的特种作业操作资格证书；

（三）审核建筑起重机械安装、拆卸工程专项施工方案；

（四）监督安装单位执行建筑起重机械安装、拆卸工程专项施工方案情况；

（五）监督检查建筑起重机械的使用情况；

（六）发现存在生产安全事故隐患的，应当要求安装单位、使用单位限期整改，对安装单位、使用单位拒不整改的，及时向建设单位报告。

第二十三条 依法发包给两个及两个以上施工单位的工程，不同施工单位在同一施工现场使用多台塔式起重机作业时，建设单位应当协调组织制定防止塔式起重机相互碰撞的安全措施。

安装单位、使用单位拒不整改生产安全事故隐患的，建设单位接到监理单位报告后，应当责令安装单位、使用单位立即停工整改。

第二十四条 建筑起重机械特种作业人员应当遵守建筑起重机械安全操作规程和安全管理制度，在作业中有权拒绝违章指挥和强令冒险作业，有权在发生危及人身安全的紧急情况时立即停止作业或者采取必要的应急措施后撤离危险区域。

第二十五条 建筑起重机械安装拆卸工、起重信号工、起重司机、司索工等特种作业人员应当经建设主管部门考核合格，并取得特种作业操作资格证书后，方可上岗作业。

省、自治区、直辖市人民政府建设主管部门负责组织实施建筑施工企业特种作业人员的考核。

特种作业人员的特种作业操作资格证书由国务院建设主管部门规定统一的样式。

第二十六条 建设主管部门履行安全监督检查职责时，有权采取下列措施：

（一）要求被检查的单位提供有关建筑起重机械的文件和资料；

（二）进入被检查单位和被检查单位的施工现场进行检查；

（三）对检查中发现的建筑起重机械生产安全事故隐患，责令立即排除；重大生产安全事故隐患排除前或者排除过程中无法保证安全的，责令从危险区域撤出作业人员或者暂时停止施工。

第二十七条 负责办理备案或者登记的建设主管部门应当建立本行政区域内的建筑起重机械档案，按照有关规定对建筑起重机械进行统一编号，并定期向社会公布建筑起重机械的安全状况。

第二十八条 违反本规定，出租单位、自购建筑起重机械的使用单位，有下列行为之一的，由县级以上地方人民政府建设主管部门责令限期改正，予以警告，并处以5 000元以上1万元以下罚款：

（一）未按照规定办理备案的；

（二）未按照规定办理注销手续的；

（三）未按照规定建立建筑起重机械安全技术档案的。

第二十九条 违反本规定，安装单位有下列行为之一的，由县级以上地方人民政府建设主管部门责令限期改正，予以警告，并处以5 000元以上3万元以下罚款：

（一）未履行第十二条第（二）、（四）、（五）项安全职责的；

（二）未按照规定建立建筑起重机械安装、拆卸工程档案的；

（三）未按照建筑起重机械安装、拆卸工程专项施工方案及安全操作规程组织安装、拆卸作业的。

第三十条 违反本规定，使用单位有下列行为之一的，由县级以上地方人民政府建设主管部门责令限期改正，予以警告，并处以5 000元以上3万元以下罚款：

（一）未履行第十八条第（一）、（二）、（四）、（六）项安全职责的；

（二）未指定专职设备管理人员进行现场监督检查的；

（三）擅自在建筑起重机械上安装非原制造厂制造的标准节和附着装置的。

第三十一条 违反本规定,施工总承包单位未履行第二十一条第(一)、(三)、(四)、(五)、(七)项安全职责的,由县级以上地方人民政府建设主管部门责令限期改正,予以警告,并处以 5 000 元以上 3 万元以下罚款。

第三十二条 违反本规定,监理单位未履行第二十二条第(一)、(二)、(四)、(五)项安全职责的,由县级以上地方人民政府建设主管部门责令限期改正,予以警告,并处以 5 000 元以上 3 万元以下罚款。

第三十三条 违反本规定,建设单位有下列行为之一的,由县级以上地方人民政府建设主管部门责令限期改正,予以警告,并处以 5 000 元以上 3 万元以下罚款;逾期未改的,责令停止施工:

(一)未按照规定协调组织制定防止多台塔式起重机相互碰撞的安全措施的;

(二)接到监理单位报告后,未责令安装单位、使用单位立即停工整改的。

第三十四条 违反本规定,建设主管部门的工作人员有下列行为之一的,依法给予处分;构成犯罪的,依法追究刑事责任:

(一)发现违反本规定的违法行为不依法查处的;

(二)发现在用的建筑起重机械存在严重生产安全事故隐患不依法处理的;

(三)不依法履行监督管理职责的其他行为。

第三十五条 本规定自 2008 年 6 月 1 日起施行。

建设部关于印发《建筑业企业资质标准》的通知

建市〔2014〕159 号

各省、自治区住房城乡建设厅,直辖市建委,新疆生产建设兵团建设局,国务院有关部门建设司,总后基建营房部工程管理局:

根据《中华人民共和国建筑法》,我部会同国务院有关部门制定了《建筑业企业资质标准》。现印发给你们,请遵照执行。

本标准自 2015 年 1 月 1 日起施行。原建设部印发的《建筑业企业资质等级标准》(建建〔2001〕82 号)同时废止。

中华人民共和国住房和城乡建设部

2014 年 11 月 6 日

总则

为规范建筑市场秩序,加强建筑活动监管,保证建设工程质量安全,促进建筑业科学发展,根据《中华人民共和国建筑法》、《中华人民共和国行政许可法》、《建设工程质量管理条例》和《建设工程安全生产管理条例》等法律、法规,制定本资质标准。

一、资质分类

建筑业企业资质分为施工总承包、专业承包和施工劳务三个序列。其中施工总承包序列设有 12 个类别,一般分为 4 个等级(特级、一级、二级、三级);专业承包序列设有 36 个类别,一般分为 3 个等级(一级、二级、三级);施工劳务序列不分类别和等级。本标准包括建筑业企业资质各个序列、类别和等级的资质标准。

二、基本条件

具有法人资格的企业申请建筑业企业资质应具备

下列基本条件:

(一)具有满足本标准要求的资产;

(二)具有满足本标准要求的注册建造师及其他注册人员、工程技术人员、施工现场管理人员和技术工人;

(三)具有满足本标准要求的工程业绩;

(四)具有必要的技术装备。

三、业务范围

(一)施工总承包工程应由取得相应施工总承包资质的企业承担。取得施工总承包资质的企业可以对所承接的施工总承包工程内各专业工程全部自行施工,也可以将专业工程依法进行分包。对设有资质的专业工程进行分包时,应分包给具有相应专业承包资质的企业。施工总承包企业将劳务作业分包时,应分包给具有施工劳务资质的企业。

(二)设有专业承包资质的专业工程单独发包时,应由取得相应专业承包资质的企业承担。取得专业承包资质的企业可以承接具有施工总承包资质的企业依法分包的专业工程或建设单位依法发包的专业工程。取得专业承包资质的企业应对所承接的专业工程全部自行组织施工,劳务作业可以分包,但应分包给具有施工劳务资质的企业。

(三)取得施工劳务资质的企业可以承接具有施工总承包资质或专业承包资质的企业分包的劳务作业。

(四)取得施工总承包资质的企业,可以从事资质 证书许可范围内的相应工程总承包、工程项目管理等业务。

四、有关说明

(一)本标准"注册建造师或其他注册人员"是指取得相应的注册证书并在申请资质企业注册的人员;"持有岗位证书的施工现场管理人员"是指持有国务院有关行业部门认可单位颁发的岗位(培训)证书的施工现场管理人员,或按照相关行业标准规定,通过有关部门或行业协会职业能力评价,取得职业能力评价合格证书的人员;"经考核或培训合格的技术工人"是指经国务院有关行业部门、地方有关部门以及行业协会考核或培训合格的技术工人。

（二）本标准"企业主要人员"年龄限 60 周岁以下。

（三）本标准要求的职称是指工程序列职称。

（四）施工总承包资质标准中的"技术工人"包括企业直接聘用的技术工人和企业全资或控股的劳务企业的技术工人。

（五）本标准要求的工程业绩是指申请资质企业依法承揽并独立完成的工程业绩。

（六）本标准"配套工程"含厂/矿区内的自备电站、道路、专用铁路、通信、各种管网管线和相应建筑物、构筑物等全部配套工程。

（七）本标准的"以上"、"以下"、"不少于"、"超过"、"不超过"均包含本数。

（八）施工总承包特级资质标准另行制定。

5 水利水电工程施工总承包资质标准

水利水电工程施工总承包资质分为特级、一级、二级、三级。

5.1 一级资质标准

5.1.1

企业资产净资产 1 亿元以上。

5.1.2

企业主要人员

（1）水利水电工程专业一级注册建造师不少于 15 人。

（2）技术负责人具有 10 年以上从事工程施工技术管理工作经历，且具有水利水电工程相关专业高级职称；水利水电工程相关专业中级以上职称人员不少 60 人。

（3）持有岗位证书的施工现场管理人员不少于 50 人，且施工员、质量员、安全员、材料员、资料员等人员齐全。

（4）经考核或培训合格的中级工以上技术工人不少于 70 人。

5.1.3

企业工程业绩近 10 年承担过下列 7 类中的 3 类工程的施工总承 包或主体工程承包，其中 1～2 类至少 1 类，3～5 类至 31 少 1 类，工程质量合格。

（1）库容 5 000 万立方米以上且坝高 15 米以上或库容 1 000 万立方米以上且坝高 50 米以上的水库、水电站大坝 2 座；

（2）过闸流量≥500 立方米/秒的水闸 4 座（不包括橡胶坝等）；

（3）总装机容量 100 MW 以上水电站 2 座；

（4）总装机容量 5 MW（或流量≥25 立方米/秒）以上泵站 2 座；

（5）洞径≥6 米（或断面积相等的其他型式）且长度≥500 米的水工隧洞 4 个；

（6）年完成水工混凝土浇筑 50 万立方米以上或坝体土石方填筑 120 万立方米以上或灌浆 12 万米以上或防渗墙 8 万平方米以上；

（7）单项合同额 1 亿元以上的水利水电工程。

5.2 二级资质标准

5.2.1

企业资产净资产 4 000 万元以上。

5.2.2

企业主要人员

（1）水利水电工程专业注册建造师不少于 15 人，其中一级注册建造师不少于 6 人。

（2）技术负责人具有 8 年以上从事工程施工技术管理工作经历，且具有水利水电工程相关专业高级职称或水利水电工程专业一级注册建造师执业资格；水利水电工程相关专业中级以上职称人员不少于 30 人。

（3）持有岗位证书的施工现场管理人员不少于 30 人，且施工员、质量员、安全员、材料员、资料员等人员齐全。

（4）经考核或培训合格的中级工以上技术工人不少于 40 人。

5.2.3

企业工程业绩近 10 年承担过下列 7 类中的 3 类工程的施工总承 包或主体工程承包,其中 1~2 类至少 1 类,3~5 类至 少 1 类,工程质量合格。

(1) 库容 500 万立方米以上且坝高 15 米以上或库 容 10 万立方米以上且坝高 30 米以上的水库、水电站大 坝 2 座;

(2) 过闸流量 60 立方米/秒的水闸 4 座(不包括 橡胶坝等);

(3) 总装机容量 10 MW 以上水电站 2 座;

(4) 总装机容量 500 kW(或流量≥8 立方米/秒)以上泵站 2 座;

(5) 洞径≥4 米(或断面积相等的其他型式)且长度≥200 米的水工隧洞 3 个;

(6) 年完成水工混凝土浇筑 20 万立方米以上或坝 体土石方填筑 60 万立方米以上或灌浆 6 万米以上或防渗 墙 4 万平方米以上;

(7) 单项合同额 5 000 万元以上的水利水电工程。

5.3 三级资质标准

5.3.1

企业资产净资产 800 万元以上。

5.3.2

企业主要人员

(1) 水利水电工程专业注册建造师不少于 8 人。

(2) 技术负责人具有 5 年以上从事工程施工技术管理工作经历,且具有水利水电工程相关专业中级以上职称 或水利水电工程专业注册建造师执业资格;水利水电工程相关专业中级以上职称人员不少于 10 人。

(3) 持有岗位证书的施工现场管理人员不少于 15 人,且施工员、质量员、安全员、材料员、资料员等人员齐全。

(4) 经考核或培训合格的中级工以上技术工人不少于 20 人。

(5) 技术负责人(或注册建造师)主持完成过本类别资质二级以上标准要求的工程业绩不少于 2 项。

5.4 承包工程范围

5.4.1

一级资质可承担各类型水利水电工程的施工。

5.4.2

二级资质可承担工程规模中型以下水利水电工程和建筑物级别 3 级以下水工建筑物的施工,但下列工程规 模限制在以下范围内:坝高 70 米以下、水电站总装机容量 150 MW 以下、水工隧洞洞径小于 8 米(或断面积相等 的其他型式)且长度小于 1 000 米、堤防级别 2 级以下。

5.4.3

三级资质

可承担单项合同额 6 000 万元以下的下列水利水电工程的施工:小(1)型以下水利水电工程和建筑物级别 4 级以下水工建筑物的施工总承包,但下列工程限制在以下范围内:坝高 40 米以下、水电站总装机容量 20 MW 以 下、泵站总装机容量800 kW 以下、水工隧洞洞径小于 6 米(或断面积相等的其他型式)且长度小于 500 米、堤防级 别 3 级以下。

注:

1. 水利水电工程是指以防洪、灌溉、发电、供水、治涝、水环境治理等为目的的各类工程(包括配套与附属工程),主要工程 内容包括:水工建筑物(坝、堤、水闸、溢洪道、水工隧洞、涵洞与涵管、取水建筑物、河道整治建筑物、渠系建筑物、通航、过木、 过鱼建筑物、地基处理)建设、水电站建设、水泵站建设、水力机械安装、水工金属结构制造及安装、电气设备安装、自动化信息 系统、环境保护工程建设、水土保持工程建设、土地整治工程建设,以及与防汛抗旱有关的道路、桥梁、通讯、水文、凿井等工程 建设,与上述工程相关的管理用房附属工程建设等,详见《水利水电工程技术术语标准》(SL26—2012)。

2. 水利水电工程等级按照《水利水电工程等级划分及洪水标准》(SL252—2000)确定。

3. 水利水电工程相关专业职称包括水利水电工程建筑、水利工程施工、农田水利工程、水电站动力设备、电力系统及自动 化、水力学及河流动力学、水文与水资源、工程地质及水文地质、水利机械等水利水电类相关专业职称。

关于进一步加强和完善建筑劳务管理工作的指导意见

建市〔2014〕112 号

各省、自治区住房城乡建设厅,直辖市建委,新疆生产建设兵团建设局:

为贯彻落实《关于推进建筑业发展和改革的若干意见》(建市〔2014〕92 号)精神,加强建筑劳务用工管理,进一步落实建筑施工企业在队伍培育、权益保护、质量安全等方面的责任,保障劳务人员合法权益,构建起有利于形成建筑产业工人队伍的长效机制,提高工程质量水平,促进建筑业健康发展,提出以下意见:

一、倡导多元化建筑用工方式,推行实名制管理

(一)施工总承包、专业承包企业可通过自有劳务人员或劳务分包、劳务派遣等多种方式完成劳务作业。施工总承包、专业承包企业应拥有一定数量的与其建立稳定劳动关系的骨干技术工人,或拥有独资或控股的施工劳务企业,组织自有劳务人员完成劳务作业;也可以将劳务作业分包给具有施工劳务资质的企业;还可以将部分临时性、辅助性或者替代性的工作使用劳务派遣人员完成作业。

(二)施工劳务企业应组织自有劳务人员完成劳务分包作业。施工劳务企业应依法承接施工总承包、专业承包企业发包的劳务作业,并组织自有劳务人员完成作业,不得将劳务作业再次分包或转包。

(三)推行劳务人员实名制管理。施工总承包、专业承包和施工劳务等建筑施工企业要严格落实劳务人员实名制,加强对自有劳务人员的管理,在施工现场配备专职或兼职劳务用工管理人员,负责登记劳务人员的基本身份信息、培训和技能状况、从业经历、考勤记录、诚信信息、工资结算及支付等情况,加强劳务人员动态监管和劳务纠纷调处。实行劳务分包的工程项目,施工劳务企业除严格落实实名制管理外,还应将现场劳务人员的相关资料报施工总承包企业核实、备查;施工总承包企业也应配备现场专职劳务用工管理人员监督施工劳务企业落实实名制管理,确保工资支付到位,并留存相关资料。

二、落实企业责任,保障劳务人员合法权益与工程质量安全

(四)建筑施工企业对自有劳务人员承担用工主体责任。建筑施工企业应对自有劳务人员的施工现场用工管理、持证上岗作业和工资发放承担直接责任。建筑施工企业应与自有劳务人员依法签订书面劳动合同,办理工伤、医疗或综合保险等社会保险,并按劳动合同约定及时将工资直接发放给劳务人员本人;应不断提高和改善劳务人员的工作条件和生活环境,保障其合法权益。

(五)施工总承包、专业承包企业承担相应的劳务用工管理责任。按照"谁承包、谁负责"的原则,施工总承包企业应对所承包工程的劳务管理全面负责。施工总承包、专业承包企业将劳务作业分包时,应对劳务费结算支付负责,对劳务分包企业的日常管理、劳务作业和用工情况、工资支付负监督管理责任;对因转包、违法分包、拖欠工程款等行为导致拖欠劳务人员工资的,负相应责任。

(六)建筑施工企业承担劳务人员的教育培训责任。建筑施工企业应通过积极创建农民工业余学校、建立培训基地、师傅带徒弟、现场培训等多种方式,提高劳务人员职业素质和技能水平,使其满足工作岗位需求。建筑施工企业应对自有劳务人员的技能和岗位培训负责,建立劳务人员分类培训制度,实施全员培训、持证上岗。对新进入建筑市场的劳务人员,应组织相应的上岗培训,考核合格后方可上岗;对因岗位调整或需要转岗的劳务人员,应重新组织培训,考核合格后方可上岗;对从事建筑电工、建筑架子工、建筑起重信号司索工等岗位的劳务人员,应组织培训并取得住房城乡建设主管部门颁发的证书后方可上岗。施工总承包、专业承包企业应对所承包工程项目施工现场劳务人员的岗前培训负责,对施工现场劳务人员持证上岗作业负监督管理责任。

(七)建筑施工企业承担相应的质量安全责任。施工总承包企业对所承包工程项目的施工现场质量安全负总责,专业承包企业对承包的专业工程质量安全负责,施工总承包企业对分包工程的质量安全承担连带责任。施工劳务企业应服从施工总承包或专业承包企业的质量安全管理,组织合格的劳务人员完成施工作业。

三、加大监管力度,规范劳务用工管理

(八)落实劳务人员实名制管理各项要求。各地住房城乡建设主管部门应根据本地区的实际情况,做好实名制管理的宣贯、推广及施工现场的检查、督导工作。积极推行信息化管理方式,将劳务人员的基本身份信息、培训和技能状况、从业经历和诚信信息等内容纳入信息化管理范畴,逐步实现不同项目、企业、地域劳务人员信息的共

享和互通。有条件的地区,可探索推进劳务人员的诚信信息管理,对发生违法违规行为以及引发群体性事件的责任人,记录其不良行为并予以通报。

(九)加大企业违法违规行为的查处力度。各地住房城乡建设主管部门应加大对转包、违法分包等违法违规行为以及不执行实名制管理和持证上岗制度、拖欠劳务费或劳务人员工资、引发群体性讨薪事件等不良行为的查处力度,并将查处结果予以通报,记入企业信用档案。有条件的地区可加快施工劳务企业信用体系建设,将其不良行为统一纳入全国建筑市场监管与诚信信息发布平台,向社会公布。

四、加强政策引导与扶持,夯实行业发展基础

(十)加强劳务分包计价管理。各地工程造价管理机构应根据本地市场实际情况,动态发布定额人工单价调整信息,使人工费用的变化在工程造价中得到及时反映;实时跟踪劳务市场价格信息,做好建筑工种和实物工程量人工成本信息的测算发布工作,引导建筑施工企业合理确定劳务分包费用,避免因盲目低价竞争和计费方式不合理引发合同纠纷。

(十一)推进建筑劳务基地化建设。各地住房城乡建设主管部门应结合本地实际,完善管理机制、明确管理机构、健全工作网络,推进建筑劳务基地化管理工作开展。以劳务输出为主地区的住房城乡建设主管部门应积极与本地相关部门沟通协调,制定扶持优惠政策,争取财政资金和各类培训经费,加大建筑劳务人员职业技能培训和鉴定力度,坚持先培训后输出、先持证后上岗,多渠道宣传推介本地建筑劳务优势,完善建筑劳务输出人员的跟踪服务,推进建筑劳务人员组织化输出。劳务输入地住房城乡建设主管部门应积极协调本地企业与劳务输出地建立沟通、交流渠道,鼓励大型建筑施工企业在劳务输出地建立独资或控股的施工劳务企业,或与劳务输出地有关单位建立长期稳定的合作关系,支持企业参与劳务输出地劳务人员的技能培训,建立双方定向培训机制。

(十二)做好引导和服务工作。各地住房城乡建设主管部门和行业协会应根据本地和行业实际情况,搭建建筑劳务供需平台,提供建筑劳务供求信息,鼓励施工总承包企业与长期合作、市场信誉好的施工劳务企业建立稳定的合作关系,鼓励和扶持实力较强的施工劳务企业向施工总承包或专业承包企业发展;加强培训工作指导,整合培训资源,推动各类培训机构建设,引导有实力的建筑施工企业按相关规定开办技工职业学校,培养技能人才,鼓励建筑施工企业加强校企合作,对自有劳务人员开展定向教育,加大高技能人才的培养力度。各地住房城乡建设主管部门应会同有关部门积极探索适合建筑行业特点的劳务人员参加社会保险的方式方法,允许劳务人员在就业地办理工伤、医疗及养老保险,研究做好劳务人员社会保障与新农合的合并统一及异地转移接续,夯实劳务人员向产业工人转型的基础建设工作。

中华人民共和国住房和城乡建设部

2014 年 7 月 28 日

关于印发《建筑工程施工转包违法分包等违法行为认定查处管理办法(试行)》的通知

建市〔2014〕118号

各省、自治区住房城乡建设厅,直辖市建委,新疆生产建设兵团建设局:

为了规范建筑工程施工承发包活动,保证工程质量和施工安全,有效遏制违法发包、转包、违法分包及挂靠等违法行为,维护建筑市场秩序和建设工程主要参与方的合法权益,我部制定了《建筑工程施工转包违法分包等违法行为认定查处管理办法(试行)》,现印发给你们,请遵照执行。在执行过程中遇到的问题,请及时报我部。

中华人民共和国住房和城乡建设部

2014年8月4日

建筑工程施工转包违法分包等违法行为认定查处管理办法(试行)

第一条 为了规范建筑工程施工承发包活动,保证工程质量和施工安全,有效遏制违法发包、转包、违法分包及挂靠等违法行为,维护建筑市场秩序和建设工程主要参与方的合法权益,根据《建筑法》、《招标投标法》、《合同法》以及《建设工程质量管理条例》、《建设工程安全生产管理条例》、《招标投标法实施条例》等法律法规,结合建筑活动实践,制定本办法。

第二条 本办法所称建筑工程,是指房屋建筑和市政基础设施工程。

第三条 住房城乡建设部负责统一监督管理全国建筑工程违法发包、转包、违法分包及挂靠等违法行为的认定查处工作。

县级以上地方人民政府住房城乡建设主管部门负责本行政区域内建筑工程违法发包、转包、违法分包及挂靠等违法行为的认定查处工作。

第四条 本办法所称违法发包,是指建设单位将工程发包给不具有相应资质条件的单位或个人,或者肢解发包等违反法律法规规定的行为。

第五条 存在下列情形之一的,属于违法发包:

(一)建设单位将工程发包给个人的;

(二)建设单位将工程发包给不具有相应资质或安全生产许可的施工单位的;

(三)未履行法定发包程序,包括应当依法进行招标未招标,应当申请直接发包未申请或申请未核准的;

(四)建设单位设置不合理的招投标条件,限制、排斥潜在投标人或者投标人的;

(五)建设单位将一个单位工程的施工分解成若干部分发包给不同的施工总承包或专业承包单位的;

(六)建设单位将施工合同范围内的单位工程或分部分项工程又另行发包的;

(七)建设单位违反施工合同约定,通过各种形式要求承包单位选择其指定分包单位的;

(八)法律法规规定的其他违法发包行为。

第六条 本办法所称转包,是指施工单位承包工程后,不履行合同约定的责任和义务,将其承包的全部工程或者将其承包的全部工程肢解后以分包的名义分别转给其他单位或个人施工的行为。

第七条 存在下列情形之一的,属于转包:

(一)施工单位将其承包的全部工程转给其他单位或个人施工的;

(二)施工总承包单位或专业承包单位将其承包的全部工程肢解以后,以分包的名义分别转给其他单位或个人施工的;

(三)施工总承包单位或专业承包单位未在施工现场设立项目管理机构或未派驻项目负责人、技术负责人、质量管理负责人、安全管理负责人等主要管理人员,不履行管理义务,未对该工程的施工活动进行组织管理的;

(四)施工总承包单位或专业承包单位不履行管理义务,只向实际施工单位收取费用,主要建筑材料、构配件及工程设备的采购由其他单位或个人实施的;

（五）劳务分包单位承包的范围是施工总承包单位或专业承包单位承包的全部工程,劳务分包单位计取的是除上缴给施工总承包单位或专业承包单位"管理费"之外的全部工程价款的;

（六）施工总承包单位或专业承包单位通过采取合作、联营、个人承包等形式或名义,直接或变相的将其承包的全部工程转给其他单位或个人施工的;

（七）法律法规规定的其他转包行为。

第八条 本办法所称违法分包,是指施工单位承包工程后违反法律法规规定或者施工合同关于工程分包的约定,把单位工程或分部分项工程分包给其他单位或个人施工的行为。

第九条 存在下列情形之一的,属于违法分包:

（一）施工单位将工程分包给个人的;

（二）施工单位将工程分包给不具备相应资质或安全生产许可的单位的;

（三）施工合同中没有约定,又未经建设单位认可,施工单位将其承包的部分工程交由其他单位施工的;

（四）施工总承包单位将房屋建筑工程的主体结构的施工分包给其他单位的,钢结构工程除外;

（五）专业分包单位将其承包的专业工程中非劳务作业部分再分包的;

（六）劳务分包单位将其承包的劳务再分包的;

（七）劳务分包单位除计取劳务作业费用外,还计取主要建筑材料款、周转材料款和大中型施工机械设备费用的;

（八）法律法规规定的其他违法分包行为。

第十条 本办法所称挂靠,是指单位或个人以其他有资质的施工单位的名义,承揽工程的行为。

前款所称承揽工程,包括参与投标、订立合同、办理有关施工手续、从事施工等活动。

第十一条 存在下列情形之一的,属于挂靠:

（一）没有资质的单位或个人借用其他施工单位的资质承揽工程的;

（二）有资质的施工单位相互借用资质承揽工程的,包括资质等级低的借用资质等级高的,资质等级高的借用资质等级低的,相同资质等级相互借用的;

（三）专业分包的发包单位不是该工程的施工总承包或专业承包单位的,但建设单位依约作为发包单位的除外;

（四）劳务分包的发包单位不是该工程的施工总承包、专业承包单位或专业分包单位的;

（五）施工单位在施工现场派驻的项目负责人、技术负责人、质量管理负责人、安全管理负责人中一人以上与施工单位没有订立劳动合同,或没有建立劳动工资或社会养老保险关系的;

（六）实际施工总承包单位或专业承包单位与建设单位之间没有工程款收付关系,或者工程款支付凭证上载明的单位与施工合同中载明的承包单位不一致,又不能进行合理解释并提供材料证明的;

（七）合同约定由施工总承包单位或专业承包单位负责采购或租赁的主要建筑材料、构配件及工程设备或租赁的施工机械设备,由其他单位或个人采购、租赁,或者施工单位不能提供有关采购、租赁合同及发票等证明,又不能进行合理解释并提供材料证明的;

（八）法律法规规定的其他挂靠行为。

第十二条 建设单位及监理单位发现施工单位有转包、违法分包及挂靠等违法行为的,应及时向工程所在地的县级以上人民政府住房城乡建设主管部门报告。

施工总承包单位或专业承包单位发现分包单位有违法分包及挂靠等违法行为,应及时向建设单位和工程所在地的县级以上人民政府住房城乡建设主管部门报告;发现建设单位有违法发包行为的,应及时向工程所在地的县级以上人民政府住房城乡建设主管部门报告。

其他单位和个人发现违法发包、转包、违法分包及挂靠等违法行为的,均可向工程所在地的县级以上人民政府住房城乡建设主管部门进行举报并提供相关证据或线索。

接到举报的住房城乡建设主管部门应当依法受理、调查、认定和处理,除无法告知举报人的情况外,应当及时将查处结果告知举报人。

第十三条 县级以上人民政府住房城乡建设主管部门要加大执法力度,对在实施建筑市场和施工现场监督管理等工作中发现的违法发包、转包、违法分包及挂靠等违法行为,应当依法进行调查,按照本办法进行认定,并依法予以行政处罚。

（一）对建设单位将工程发包给不具有相应资质等级的施工单位的,依据《建筑法》第六十五条和《建设工程质量管理条例》第五十四条规定,责令其改正,处以 50 万元以上 100 万元以下罚款。对建设单位将建设工程肢解发包的,依据《建筑法》第六十五条和《建设工程质量管理条例》第五十五条规定,责令其改正,处工程合同价款 0.5% 以上 1% 以下的罚款;对全部或者部分使用国有资金的项目,并可以暂停项目执行或者暂停资金拨付。

（二）对认定有转包、违法分包违法行为的施工单位,依据《建筑法》第六十七条和《建设工程质量管理条例》第六十二条规定,责令其改正,没收违法所得,并处工程合同价款 0.5% 以上 1% 以下的罚款;可以责令停业整顿,降低资质等级;情节严重的,吊销资质证书。

（三）对认定有挂靠行为的施工单位或个人,依据《建筑法》第六十五条和《建设工程质量管理条例》第六十条规定,对超越本单位资质等级承揽工程的施工单位,责令停止违法行为,并处工程合同价款 2% 以上 4% 以下的罚款;可以责令停业整顿,降低资质等级;情节严重的,吊销资质证书;有违法所得的,予以没收。对未取得资质证书承揽工程的单位和个人,予以取缔,并处工程合同价款 2% 以上 4% 以下的罚款;有违法所得的,予以没收。对其他借用资质承揽工程的施工单位,按照超越本单位资质等级承揽工程予以处罚。

（四）对认定有转让、出借资质证书或者以其他方式允许他人以本单位的名义承揽工程的施工单位,依据《建筑法》第六十六条和《建设工程质量管理条例》第六十一条规定,责令改正,没收违法所得,并处工程合同价款 2% 以上 4% 以下的罚款;可以责令停业整顿,降低资质等级;情节严重的,吊销资质证书。

（五）对建设单位、施工单位给予单位罚款处罚的,依据《建设工程质量管理条例》第七十三条规定,对单位直接负责的主管人员和其他直接责任人员处单位罚款数额 5% 以上 10% 以下的罚款。

（六）对注册执业人员未执行法律法规的,依据《建设工程安全生产管理条例》第五十八条规定,责令其停止执业 3 个月以上 1 年以下;情节严重的,吊销执业资格证书,5 年内不予注册;造成重大安全事故的,终身不予注册;构成犯罪的,依照刑法有关规定追究刑事责任。对注册执业人员违反法律法规规定,因过错造成质量事故的,依据《建设工程质量管理条例》第七十二条规定,责令停止执业 1 年;造成重大质量事故的,吊销执业资格证书,5 年内不予注册;情节特别恶劣的,终身不予注册。

第十四条 县级以上人民政府住房城乡建设主管部门对有违法发包、转包、违法分包及挂靠等违法行为的单位和个人,除应按照本办法第十三条规定予以相应行政处罚外,还可以采取以下行政管理措施:

（一）建设单位违法发包,拒不整改或者整改仍达不到要求的,致使施工合同无效的,不予办理质量监督、施工许可等手续。对全部或部分使用国有资金的项目,同时将建设单位违法发包的行为告知其上级主管部门及纪检监察部门,并建议对建设单位直接负责的主管人员和其他直接责任人员给予相应的行政处分。

（二）对认定有转包、违法分包、挂靠、转让出借资质证书或者以其他方式允许他人以本单位的名义承揽工程等违法行为的施工单位,可依法限制其在 3 个月内不得参加违法行为发生地的招标投标活动、承揽新的工程项目,并对其企业资质是否满足资质标准条件进行核查,对达不到资质标准要求的限期整改,整改仍达不到要求的,资质审批机关撤回其资质证书。

对 2 年内发生 2 次转包、违法分包、挂靠、转让出借资质证书或者以其他方式允许他人以本单位的名义承揽工程的施工单位,责令其停业整顿 6 个月以上,停业整顿期间,不得承揽新的工程项目。

对 2 年内发生 3 次以上转包、违法分包、挂靠、转让出借资质证书或者以其他方式允许他人以本单位的名义承揽工程的施工单位,资质审批机关降低其资质等级。

（三）注册执业人员未执行法律法规,在认定有转包行为的项目中担任施工单位项目负责人的,吊销其执业资格证书,5 年内不予注册,且不得再担任施工单位项目负责人。

对认定有挂靠行为的个人,不得再担任该项目施工单位项目负责人;有执业资格证书的吊销其执业资格证书,5 年内不予执业资格注册;造成重大质量安全事故的,吊销其执业资格证书,终身不予注册。

第十五条 县级以上人民政府住房城乡建设主管部门应将查处的违法发包、转包、违法分包、挂靠等违法行为和处罚结果记入单位或个人信用档案,同时向社会公示,并逐级上报至住房城乡建设部,在全国建筑市场监管与诚信信息发布平台公示。

第十六条 建筑工程以外的其他专业工程参照本办法执行。省级人民政府住房城乡建设主管部门可结合本地实际,依据本办法制定相应实施细则。

第十七条 本办法由住房城乡建设部负责解释。

第十八条 本办法自 2014 年 10 月 1 日起施行。住房城乡建设部之前发布的有关规定与本办法的规定不一致的,以本办法为准。

关于印发《建筑施工安全生产标准化考评暂行办法》的通知

建质〔2014〕111 号

各省、自治区住房城乡建设厅,直辖市建委(建交委),新疆生产建设兵团建设局:

为贯彻落实国务院有关文件要求,进一步加强建筑施工安全生产管理,落实企业安全生产主体责任,规范建筑施工安全生产标准化考评工作,我部制定了《建筑施工安全生产标准化考评暂行办法》。现印发给你们,请结合实际,认真贯彻执行。

中华人民共和国住房和城乡建设部

2014 年 7 月 31 日

建筑施工安全生产标准化考评暂行办法

第一章　总则

第一条　为进一步加强建筑施工安全生产管理,落实企业安全生产主体责任,规范建筑施工安全生产标准化考评工作,根据《国务院关于进一步加强企业安全生产工作的通知》(国发〔2010〕23 号)、《国务院关于坚持科学发展安全发展促进安全生产形势持续稳定好转的意见》(国发〔2011〕40 号)等文件,制定本办法。

第二条　本办法所称建筑施工安全生产标准化是指建筑施工企业在建筑施工活动中,贯彻执行建筑施工安全法律法规和标准规范,建立企业和项目安全生产责任制,制定安全管理制度和操作规程,监控危险性较大分部分项工程,排查治理安全生产隐患,使人、机、物、环始终处于安全状态,形成过程控制、持续改进的安全管理机制。

第三条　本办法所称建筑施工安全生产标准化考评包括建筑施工项目安全生产标准化考评和建筑施工企业安全生产标准化考评。

建筑施工项目是指新建、扩建、改建房屋建筑和市政基础设施工程项目。

建筑施工企业是指从事新建、扩建、改建房屋建筑和市政基础设施工程施工活动的建筑施工总承包及专业承包企业。

第四条　国务院住房城乡建设主管部门监督指导全国建筑施工安全生产标准化考评工作。

县级以上地方人民政府住房城乡建设主管部门负责本行政区域内建筑施工安全生产标准化考评工作。

县级以上地方人民政府住房城乡建设主管部门可以委托建筑施工安全监督机构具体实施建筑施工安全生产标准化考评工作。

第五条　建筑施工安全生产标准化考评工作应坚持客观、公正、公开的原则。

第六条　鼓励应用信息化手段开展建筑施工安全生产标准化考评工作。

第二章　项目考评

第七条　建筑施工企业应当建立健全以项目负责人为第一责任人的项目安全生产管理体系,依法履行安全生产职责,实施项目安全生产标准化工作。

建筑施工项目实行施工总承包的,施工总承包单位对项目安全生产标准化工作负总责。施工总承包单位应当组织专业承包单位等开展项目安全生产标准化工作。

第八条　工程项目应当成立由施工总承包及专业承包单位等组成的项目安全生产标准化自评机构,在项目施工过程中每月主要依据《建筑施工安全检查标准》(JGJ59)等开展安全生产标准化自评工作。

第九条　建筑施工企业安全生产管理机构应当定期对项目安全生产标准化工作进行监督检查,检查及整改情况应当纳入项目自评材料。

第十条　建设、监理单位应当对建筑施工企业实施的项目安全生产标准化工作进行监督检查,并对建筑施工企业的项目自评材料进行审核并签署意见。

第十一条　对建筑施工项目实施安全生产监督的住房城乡建设主管部门或其委托的建筑施工安全监督机构(以下简称"项目考评主体")负责建筑施工项目安全生产标准化考评工作。

第十二条 项目考评主体应当对已办理施工安全监督手续并取得施工许可证的建筑施工项目实施安全生产标准化考评。

第十三条 项目考评主体应当对建筑施工项目实施日常安全监督时同步开展项目考评工作,指导监督项目自评工作。

第十四条 项目完工后办理竣工验收前,建筑施工企业应当向项目考评主体提交项目安全生产标准化自评材料。

项目自评材料主要包括:

(一)项目建设、监理、施工总承包、专业承包等单位及其项目主要负责人名录;

(二)项目主要依据《建筑施工安全检查标准》(JGJ59)等进行自评结果及项目建设、监理单位审核意见;

(三)项目施工期间因安全生产受到住房城乡建设主管部门奖惩情况(包括限期整改、停工整改、通报批评、行政处罚、通报表扬、表彰奖励等);

(四)项目发生生产安全责任事故情况;

(五)住房城乡建设主管部门规定的其他材料。

第十五条 项目考评主体收到建筑施工企业提交的材料后,经查验符合要求的,以项目自评为基础,结合日常监管情况对项目安全生产标准化工作进行评定,在 10 个工作日内向建筑施工企业发放项目考评结果告知书。

评定结果为"优良"、"合格"及"不合格"。

项目考评结果告知书中应包括项目建设、监理、施工总承包、专业承包等单位及其项目主要负责人信息。

评定结果为不合格的,应当在项目考评结果告知书中说明理由及项目考评不合格的责任单位。

第十六条 建筑施工项目具有下列情形之一的,安全生产标准化评定为不合格:

(一)未按规定开展项目自评工作的;

(二)发生生产安全责任事故的;

(三)因项目存在安全隐患在一年内受到住房城乡建设主管部门 2 次及以上停工整改的;

(四)住房城乡建设主管部门规定的其他情形。

第十七条 各省级住房城乡建设部门可结合本地区实际确定建筑施工项目安全生产标准化优良标准。

安全生产标准化评定为优良的建筑施工项目数量,原则上不超过所辖区域内本年度拟竣工项目数量的 10%。

第十八条 项目考评主体应当及时向社会公布本行政区域内建筑施工项目安全生产标准化考评结果,并逐级上报至省级住房城乡建设主管部门。

建筑施工企业跨地区承建的工程项目,项目所在地省级住房城乡建设主管部门应当及时将项目的考评结果转送至该企业注册地省级住房城乡建设主管部门。

第十九条 项目竣工验收时建筑施工企业未提交项目自评材料的,视同项目考评不合格。

第三章　企业考评

第二十条 建筑施工企业应当建立健全以法定代表人为第一责任人的企业安全生产管理体系,依法履行安全生产职责,实施企业安全生产标准化工作。

第二十一条 建筑施工企业应当成立企业安全生产标准化自评机构,每年主要依据《施工企业安全生产评价标准》(JGJ/T77)等开展企业安全生产标准化自评工作。

第二十二条 对建筑施工企业颁发安全生产许可证的住房城乡建设主管部门或其委托的建筑施工安全监督机构(以下简称"企业考评主体")负责建筑施工企业的安全生产标准化考评工作。

第二十三条 企业考评主体应当对取得安全生产许可证且许可证在有效期内的建筑施工企业实施安全生产标准化考评。

第二十四条 企业考评主体应当对建筑施工企业安全生产许可证实施动态监管时同步开展企业安全生产标准化考评工作,指导监督建筑施工企业开展自评工作。

第二十五条 建筑施工企业在办理安全生产许可证延期时,应当向企业考评主体提交企业自评材料。

企业自评材料主要包括:

(一)企业承建项目台帐及项目考评结果;

(二)企业主要依据《施工企业安全生产评价标准》(JGJ/T77)等进行自评结果;

(三)企业近三年内因安全生产受到住房城乡建设主管部门奖惩情况(包括通报批评、行政处罚、通报表扬、表彰奖励等）；

（四）企业承建项目发生生产安全责任事故情况；

（五）省级及以上住房城乡建设主管部门规定的其他材料。

第二十六条 企业考评主体收到建筑施工企业提交的材料后，经查验符合要求的，以企业自评为基础，以企业承建项目安全生产标准化考评结果为主要依据，结合安全生产许可证动态监管情况对企业安全生产标准化工作进行评定，在 20 个工作日内向建筑施工企业发放企业考评结果告知书。

评定结果为"优良"、"合格"及"不合格"。

企业考评结果告知书应包括企业考评年度及企业主要负责人信息。

评定结果为不合格的，应当说明理由，责令限期整改。

第二十七条 建筑施工企业具有下列情形之一的，安全生产标准化评定为不合格：

（一）未按规定开展企业自评工作的；

（二）企业近三年所承建的项目发生较大及以上生产安全责任事故的；

（三）企业近三年所承建已竣工项目不合格率超过 5% 的（不合格率是指企业近三年作为项目考评不合格责任主体的竣工工程数量与企业承建已竣工工程数量之比）；

（四）省级及以上住房城乡建设主管部门规定的其他情形。

第二十八条 各省级住房城乡建设部门可结合本地区实际确定建筑施工企业安全生产标准化优良标准。

安全生产标准化评定为优良的建筑施工企业数量，原则上不超过本年度拟办理安全生产许可证延期企业数量的 10%。

第二十九条 企业考评主体应当及时向社会公布建筑施工企业安全生产标准化考评结果。

对跨地区承建工程项目的建筑施工企业，项目所在地省级住房城乡建设主管部门可以参照本办法对该企业进行考评，考评结果及时转送至该企业注册地省级住房城乡建设主管部门。

第三十条 建筑施工企业在办理安全生产许可证延期时未提交企业自评材料的，视同企业考评不合格。

第四章 奖励和惩戒

第三十一条 建筑施工安全生产标准化考评结果作为政府相关部门进行绩效考核、信用评级、诚信评价、评先推优、投融资风险评估、保险费率浮动等重要参考依据。

第三十二条 政府投资项目招投标应优先选择建筑施工安全生产标准化工作业绩突出的建筑施工企业及项目负责人。

第三十三条 住房城乡建设主管部门应当将建筑施工安全生产标准化考评情况记入安全生产信用档案。

第三十四条 对于安全生产标准化考评不合格的建筑施工企业，住房城乡建设主管部门应当责令限期整改，在企业办理安全生产许可证延期时，复核其安全生产条件，对整改后具备安全生产条件的，安全生产标准化考评结果为"整改后合格"，核发安全生产许可证；对不再具备安全生产条件的，不予核发安全生产许可证。

第三十五条 对于安全生产标准化考评不合格的建筑施工企业及项目，住房城乡建设主管部门应当在企业主要负责人、项目负责人办理安全生产考核合格证书延期时，责令限期重新考核，对重新考核合格的，核发安全生产考核合格证；对重新考核不合格的，不予核发安全生产考核合格证。

第三十六条 经安全生产标准化考评合格或优良的建筑施工企业及项目，发现有下列情形之一的，由考评主体撤销原安全生产标准化考评结果，直接评定为不合格，并对有关责任单位和责任人员依法予以处罚。

（一）提交的自评材料弄虚作假的；

（二）漏报、谎报、瞒报生产安全事故的；

（三）考评过程中有其他违法违规行为的。

第五章 附则

第三十七条 省、自治区、直辖市人民政府住房城乡建设主管部门可根据本办法制定实施细则并报国务院住房城乡建设主管部门备案。

第三十八条 本办法自发布之日起施行。

水利工程建设安全生产管理规定

中华人民共和国水利部令第 26 号

《水利工程建设安全生产管理规定》已经 2005 年 6 月 22 日水利部部务会议审议通过,并予公布,自 2005 年 9 月 1 日起施行。

第一章　总则

第一条　为了加强水利工程建设安全生产监督管理,明确安全生产责任,防止和减少安全生产事故,保障人民群众生命和财产安全,根据《中华人民共和国安全生产法》、《建设工程安全生产管理条例》等法律、法规,结合水利工程的特点,制定本规定。

第二条　本规定适用于水利工程的新建、扩建、改建、加固和拆除等活动及水利工程建设安全生产的监督管理。

前款所称水利工程,是指防洪、除涝、灌溉、水力发电、供水、围垦等(包括配套与附属工程)各类水利工程。

第三条　水利工程建设安全生产管理,坚持安全第一,预防为主的方针。

第四条　发生生产安全事故,必须查清事故原因,查明事故责任,落实整改措施,做好事故处理工作,并依法追究有关人员的责任。

第五条　项目法人(或者建设单位,下同)、勘察(测)单位、设计单位、施工单位、建设监理单位及其他与水利工程建设安全生产有关的单位,必须遵守安全生产法律、法规和本规定,保证水利工程建设安全生产,依法承担水利工程建设安全生产责任。

第二章　项目法人的安全责任

第六条　项目法人在对施工投标单位进行资格审查时,应当对投标单位的主要负责人、项目负责人以及专职安全生产管理人员是否经水行政主管部门安全生产考核合格进行审查。有关人员未经考核合格的,不得认定投标单位的投标资格。

第七条　项目法人应当向施工单位提供施工现场及施工可能影响的毗邻区域内供水、排水、供电、供气、供热、通讯、广播电视等地下管线资料,气象和水文观测资料,拟建工程可能影响的相邻建筑物和构筑物、地下工程的有关资料,并保证有关资料的真实、准确、完整,满足有关技术规范的要求。对可能影响施工报价的资料,应当在招标时提供。

第八条　项目法人不得调减或挪用批准概算中所确定的水利工程建设有关安全作业环境及安全施工措施等所需费用。工程承包合同中应当明确安全作业环境及安全施工措施所需费用。

第九条　项目法人应当组织编制保证安全生产的措施方案,并自开工报告批准之日起 15 日内报有管辖权的水行政主管部门、流域管理机构或者其委托的水利工程建设安全生产监督机构(以下简称安全生产监督机构)备案。建设过程中安全生产的情况发生变化时,应当及时对保证安全生产的措施方案进行调整,并报原备案机关。

保证安全生产的措施方案应当根据有关法律法规、强制性标准和技术规范的要求并结合工程的具体情况编制,应当包括以下内容:

(一)项目概况;

(二)编制依据;

(三)安全生产管理机构及相关负责人;

(四)安全生产的有关规章制度制定情况;

(五)安全生产管理人员及特种作业人员持证上岗情况等;

(六)生产安全事故的应急救援预案;

(七)工程度汛方案、措施;

(八)其他有关事项。

第十条　项目法人在水利工程开工前,应当就落实保证安全生产的措施进行全面系统的布置,明确施工单位的安全生产责任。

第十一条 项目法人应当将水利工程中的拆除工程和爆破工程发包给具有相应水利水电工程施工资质等级的施工单位。

项目法人应当在拆除工程或者爆破工程施工 15 日前,将下列资料报送水行政主管部门、流域管理机构或者其委托的安全生产监督机构备案:

(一)施工单位资质等级证明;

(二)拟拆除或拟爆破的工程及可能危及毗邻建筑物的说明;

(三)施工组织方案;

(四)堆放、清除废弃物的措施;

(五)生产安全事故的应急救援预案。

第三章 勘察(测)、设计、建设、监理及其他有关单位的安全责任

第十二条 勘察(测)单位应当按照法律、法规和工程建设强制性标准进行勘察(测),提供的勘察(测)文件必须真实、准确,满足水利工程建设安全生产的需要。

勘察(测)单位在勘察(测)作业时,应当严格执行操作规程,采取措施保证各类管线、设施和周边建筑物、构筑物的安全。

勘察(测)单位和有关勘察(测)人员应当对其勘察(测)成果负责。

第十三条 设计单位应当按照法律、法规和工程建设强制性标准进行设计,并考虑项目周边环境对施工安全的影响,防止因设计不合理导致生产安全事故的发生。

设计单位应当考虑施工安全操作和防护的需要,对涉及施工安全的重点部位和环节在设计文件中注明,并对防范生产安全事故提出指导意见。

采用新结构、新材料、新工艺以及特殊结构的水利工程,设计单位应当在设计中提出保障施工作业人员安全和预防生产安全事故的措施建议。

设计单位和有关设计人员应当对其设计成果负责。

设计单位应当参与与设计有关的生产安全事故分析,并承担相应的责任。

第十四条 建设监理单位和监理人员应当按照法律、法规和工程建设强制性标准实施监理,并对水利工程建设安全生产承担监理责任。

建设监理单位应当审查施工组织设计中的安全技术措施或者专项施工方案是否符合工程建设强制性标准。

建设监理单位在实施监理过程中,发现存在生产安全事故隐患的,应当要求施工单位整改;对情况严重的,应当要求施工单位暂时停止施工,并及时向水行政主管部门、流域管理机构或者其委托的安全生产监督机构以及项目法人报告。

第十五条 为水利工程提供机械设备和配件的单位,应当按照安全施工的要求提供机械设备和配件,配备齐全有效的保险、限位等安全设施和装置,提供有关安全操作的说明,保证其提供的机械设备和配件等产品的质量和安全性能达到国家有关技术标准。

第四章 施工单位的安全责任

第十六条 施工单位从事水利工程的新建、扩建、改建、加固和拆除等活动,应当具备国家规定的注册资本、专业技术人员、技术装备和安全生产等条件,依法取得相应等级的资质证书,并在其资质等级许可的范围内承揽工程。

第十七条 施工单位应当依法取得安全生产许可证后,方可从事水利工程施工活动。

第十八条 施工单位主要负责人依法对本单位的安全生产工作全面负责。施工单位应当建立健全安全生产责任制度和安全生产教育培训制度,制定安全生产规章制度和操作规程,保证本单位建立和完善安全生产条件所需资金的投入,对所承担的水利工程进行定期和专项安全检查,并做好安全检查记录。

施工单位的项目负责人应当由取得相应执业资格的人员担任,对水利工程建设项目的安全施工负责,落实安全生产责任制度、安全生产规章制度和操作规程,确保安全生产费用的有效使用,并根据工程的特点组织制定安全施工措施,消除安全事故隐患,及时、如实报告生产安全事故。

第十九条 施工单位在工程报价中应当包含工程施工的安全作业环境及安全施工措施所需费用。对列入建设工程概算的上述费用,应当用于施工安全防护用具及设施的采购和更新、安全施工措施的落实、安全生产条件的改善,不得挪作他用。

第二十条 施工单位应当设立安全生产管理机构,按照国家有关规定配备专职安全生产管理人员。施工现场必须有专职安全生产管理人员。

专职安全生产管理人员负责对安全生产进行现场监督检查。发现生产安全事故隐患,应当及时向项目负责人和安全生产管理机构报告;对违章指挥、违章操作的,应当立即制止。

第二十一条 施工单位在建设有度汛要求的水利工程时,应当根据项目法人编制的工程度汛方案、措施制定相应的度汛方案,报项目法人批准;涉及防汛调度或者影响其他工程、设施度汛安全的,由项目法人报有管辖权的防汛指挥机构批准。

第二十二条 垂直运输机械作业人员、安装拆卸工、爆破作业人员、起重信号工、登高架设作业人员等特种作业人员,必须按照国家有关规定经过专门的安全作业培训,并取得特种作业操作资格证书后,方可上岗作业。

第二十三条 施工单位应当在施工组织设计中编制安全技术措施和施工现场临时用电方案,对下列达到一定规模的危险性较大的工程应当编制专项施工方案,并附具安全验算结果,经施工单位技术负责人签字以及总监理工程师核签后实施,由专职安全生产管理人员进行现场监督:

（一）基坑支护与降水工程;

（二）土方和石方开挖工程;

（三）模板工程;

（四）起重吊装工程;

（五）脚手架工程;

（六）拆除、爆破工程;

（七）围堰工程;

（八）其他危险性较大的工程。

对前款所列工程中涉及高边坡、深基坑、地下暗挖工程、高大模板工程的专项施工方案,施工单位还应当组织专家进行论证、审查。

第二十四条 施工单位在使用施工起重机械和整体提升脚手架、模板等自升式架设设施前,应当组织有关单位进行验收,也可以委托具有相应资质的检验检测机构进行验收;使用承租的机械设备和施工机具及配件的,由施工总承包单位、分包单位、出租单位和安装单位共同进行验收。验收合格的方可使用。

第二十五条 施工单位的主要负责人、项目负责人、专职安全生产管理人员应当经水行政主管部门安全生产考核合格后方可任职。

施工单位应当对管理人员和作业人员每年至少进行一次安全生产教育培训,其教育培训情况记入个人工作档案。安全生产教育培训考核不合格的人员,不得上岗。

施工单位在采用新技术、新工艺、新设备、新材料时,应当对作业人员进行相应的安全生产教育培训。

第五章 监督管理

第二十六条 水行政主管部门和流域管理机构按照分级管理权限,负责水利工程建设安全生产的监督管理。水行政主管部门或者流域管理机构委托的安全生产监督机构,负责水利工程施工现场的具体监督检查工作。

第二十七条 水利部负责全国水利工程建设安全生产的监督管理工作,其主要职责是:

（一）贯彻、执行国家有关安全生产的法律、法规和政策,制定有关水利工程建设安全生产的规章、规范性文件和技术标准;

（二）监督、指导全国水利工程建设安全生产工作,组织开展对全国水利工程建设安全生产情况的监督检查;

（三）组织、指导全国水利工程建设安全生产监督机构的建设、考核和安全生产监督人员的考核工作以及水利水电工程施工单位的主要负责人、项目负责人和专职安全生产管理人员的安全生产考核工作。

第二十八条 流域管理机构负责所管辖的水利工程建设项目的安全生产监督工作。

第二十九条 省、自治区、直辖市人民政府水行政主管部门负责本行政区域内所管辖的水利工程建设安全生产的监督管理工作,其主要职责是:

（一）贯彻、执行有关安全生产的法律、法规、规章、政策和技术标准,制定地方有关水利工程建设安全生产的规范性文件;

（二）监督、指导本行政区域内所管辖的水利工程建设安全生产工作,组织开展对本行政区域内所管辖的水利工程建设安全生产情况的监督检查;

（三）组织、指导本行政区域内水利工程建设安全生产监督机构的建设工作以及有关的水利水电工程施工单位的主要负责人、项目负责人和专职安全生产管理人员的安全生产考核工作。

市、县级人民政府水行政主管部门水利工程建设安全生产的监督管理职责，由省、自治区、直辖市人民政府水行政主管部门规定。

第三十条 水行政主管部门或者流域管理机构委托的安全生产监督机构，应当严格按照有关安全生产的法律、法规、规章和技术标准，对水利工程施工现场实施监督检查。

安全生产监督机构应当配备一定数量的专职安全生产监督人员。安全生产监督机构以及安全生产监督人员应当经水利部考核合格。

第三十一条 水行政主管部门或者其委托的安全生产监督机构应当自收到本规定第九条和第十一条规定的有关备案资料后20日内，将有关备案资料抄送同级安全生产监督管理部门。流域管理机构抄送项目所在地省级安全生产监督管理部门，并报水利部备案。

第三十二条 水行政主管部门、流域管理机构或者其委托的安全生产监督机构依法履行安全生产监督检查职责时，有权采取下列措施：

（一）要求被检查单位提供有关安全生产的文件和资料；

（二）进入被检查单位施工现场进行检查；

（三）纠正施工中违反安全生产要求的行为；

（四）对检查中发现的安全事故隐患，责令立即排除；重大安全事故隐患排除前或者排除过程中无法保证安全的，责令从危险区域内撤出作业人员或者暂时停止施工。

第三十三条 各级水行政主管部门和流域管理机构应当建立举报制度，及时受理对水利工程建设生产安全事故及安全事故隐患的检举、控告和投诉；对超出管理权限的，应当及时转送有管理权限的部门。举报制度应当包括以下内容：

（一）公布举报电话、信箱或者电子邮件地址，受理对水利工程建设安全生产的举报；

（二）对举报事项进行调查核实，并形成书面材料；

（三）督促落实整顿措施，依法作出处理。

第六章 生产安全事故的应急救援和调查处理

第三十四条 各级地方人民政府水行政主管部门应当根据本级人民政府的要求，制定本行政区域内水利工程建设特大生产安全事故应急救援预案，并报上一级人民政府水行政主管部门备案。流域管理机构应当编制所管辖的水利工程建设特大生产安全事故应急救援预案，并报水利部备案。

第三十五条 项目法人应当组织制定本建设项目的生产安全事故应急救援预案，并定期组织演练。应急救援预案应当包括紧急救援的组织机构、人员配备、物资准备、人员财产救援措施、事故分析与报告等方面的方案。

第三十六条 施工单位应当根据水利工程施工的特点和范围，对施工现场易发生重大事故的部位、环节进行监控，制定施工现场生产安全事故应急救援预案。实行施工总承包的，由总承包单位统一组织编制水利工程建设生产安全事故应急救援预案，工程总承包单位和分包单位按照应急救援预案，各自建立应急救援组织或者配备应急救援人员，配备救援器材、设备，并定期组织演练。

第三十七条 施工单位发生生产安全事故，应当按照国家有关伤亡事故报告和调查处理的规定，及时、如实地向负责安全生产监督管理的部门以及水行政主管部门或者流域管理机构报告；特种设备发生事故的，还应当同时向特种设备安全监督管理部门报告。接到报告的部门应当按照国家有关规定，如实上报。

实行施工总承包的建设工程，由总承包单位负责上报事故。

发生生产安全事故，项目法人及其他有关单位应当及时、如实地向负责安全生产监督管理的部门以及水行政主管部门或者流域管理机构报告。

第三十八条 发生生产安全事故后，有关单位应当采取措施防止事故扩大，保护事故现场。需要移动现场物品时，应当做出标记和书面记录，妥善保管有关证物。

第三十九条 水利工程建设生产安全事故的调查、对事故责任单位和责任人的处罚与处理，按照有关法律、法规的规定执行。

第七章 附则

第四十条 违反本规定，需要实施行政处罚的，由水行政主管部门或者流域管理机构按照《建设工程安全生产管理条例》的规定执行。

第四十一条 省、自治区、直辖市人民政府水行政主管部门可以结合本地区实际制定本规定的实施办法,报水利部备案。

第四十二条 本规定自 2005 年 9 月 1 日起施行。

上海市建设工程文明施工管理规定

上海市人民政府令第 48 号

2009 年 9 月 25 日上海市人民政府令第 18 号公布,根据 2010 年 10 月 30 日上海市人民政府令第 48 号公布的《上海市人民政府关于修改〈上海市建设工程文明施工管理规定〉的决定》进行修正。

第一条 （目的和依据）

为加强本市建设工程文明施工,维护城市环境整洁,依据国家有关法律、法规的规定,结合本市实际情况,制定本规定。

第二条 （定义）

本规定所称文明施工,是指在建设工程和建筑物、构筑物拆除等活动中,按照规定采取措施,保障施工现场作业环境、改善市容环境卫生和维护施工人员身体健康,并有效减少对周边环境影响的施工活动。

第三条 （适用范围）

在本市行政区域内从事建设工程和建筑物、构筑物拆除等有关活动及其监督管理,应当遵守本规定。

第四条 （管理部门）

市建设交通行政管理部门是本市建设工程文明施工的行政主管部门;市建筑市场管理机构负责本市建设工程文明施工的日常监督管理工作。

本市各区(县)建设行政管理部门负责所辖行政区域内建设工程文明施工的监督管理工作。

本市其他有关行政管理部门按照各自职责,协同实施本规定。

第五条 （工程招标和发包要求）

建设单位在建设工程和建筑物、构筑物拆除招标或者直接发包时,应当在招标文件或者承发包合同中明确设计、施工或者监理等单位有关文明施工的要求和措施。

第六条 （文明施工措施费）

建设单位在编制工程概算、预算时,应当按照国家有关规定,确定文明施工措施费用,并在招标文件或者工程承发包合同中,单独开列文明施工费用的项目清单。

建设单位应当在办理建设工程安全质量监督手续时,同时提供文明施工措施费用项目清单,并按照合同约定,及时向施工单位支付文明施工措施费。施工单位应当将文明施工措施费专款专用。

市建设交通行政管理部门应当会同市发展改革、财政等有关部门制定文明施工措施费的具体标准。

第七条 （现场调查要求）

建设工程设计文件确定前,建设单位应当组织设计单位和相关管线单位,对建设工程周边建筑物、构筑物和各类管线、设施进行现场调查,提出文明施工的具体技术措施和要求。

建设单位应当将文明施工的具体技术措施和要求,以书面形式提交给设计单位和施工单位。

第八条 （设计和施工要求）

设计单位编制设计文件时,应当根据建设工程勘察文件和建设单位提供的文明施工书面意见,对建设工程周边建筑物、构筑物和各类管线、设施提出保护要求,并优先选用有利于文明施工的施工技术、工艺和建筑材料。

施工单位应当根据建设单位的文明施工书面意见,在施工组织设计文件中明确文明施工的具体措施,并予以实施;建设单位或者施工单位委托的专业单位进入施工现场施工的,应当遵守施工单位明确的文明施工要求。

施工单位应当配备专职文明施工管理人员,负责监督落实施工现场文明施工的各项措施。

第九条 （监理要求）

监理单位应当将文明施工纳入监理范围,并对施工单位落实文明施工措施、文明施工措施费的使用等情况进行监理。

监理单位在实施监理过程中,发现施工单位有违反文明施工行为的,应当要求施工单位予以整改;情节严重的,应当要求施工单位暂停施工,并向建设单位报告。施工单位拒不整改或者不停止施工的,监理单位应当及时向建设行政管理部门报告。

建设行政管理部门接到监理单位的报告后,应当及时到施工现场进行查处。

第十条　(施工铭牌)

施工单位应当在施工现场醒目位置,设置施工铭牌。

施工铭牌应当标明下列内容:

(一)建设工程项目名称、工地四至范围和面积;

(二)建设单位、设计单位和施工单位的名称及工程项目负责人姓名;

(三)开工、竣工日期和监督电话;

(四)夜间施工时间和许可、备案情况;

(五)文明施工具体措施;

(六)其他依法应当公示的内容。

第十一条　(围档设置)

除管线工程、水利工程以及非全封闭的城市道路工程、公路工程外,施工单位应当在施工现场四周设置连续、封闭的围档。建设工程施工现场围档的设置应当符合下列要求:

(一)采用符合规定强度的硬质材料,基础牢固,表面平整和清洁。

(二)围档高度不得低于 2 米。

(三)施工现场主要出入口的围档大门符合有关规定。

(四)距离住宅、医院、学校等建筑物不足 5 米的施工现场,设置具有降噪功能的围档。

管线工程、水利工程以及非全封闭的城市道路工程、公路工程的施工现场,应当使用路拦式围档。

第十二条　(围网和脚手架设置)

除管线工程以及爆破拆除作业外,施工现场脚手架外侧应当设置整齐、清洁的绿色密目式安全网。

脚手架杆件应当涂装规定颜色的警示漆,并不得有明显锈迹。

第十三条　(防治噪声和扬尘污染要求)

施工单位在施工中除应当遵守有关防治噪声和扬尘污染的法律、法规和规章外,还应当遵守以下规定:

(一)易产生噪声的作业设备,设置在施工现场中远离居民区一侧的位置,并在设有隔音功能的临房、临棚内操作;

(二)夜间施工不得进行捶打、敲击和锯割等作业;

(三)在施工现场不得进行敞开式搅拌砂浆、混凝土作业和敞开式易扬尘加工作业。

第十四条　(渣土处置和建筑物、构筑物拆除要求)

施工单位进行渣土处置或者建筑物、构筑物拆除作业时,应当遵守以下规定:

(一)气象预报风速达到 5 级以上时,停止建筑物、构筑物爆破或者拆除建筑物、构筑物作业。

(二)拆除建筑物、构筑物或者进行建筑物、构筑物爆破时,对被拆除或者被爆破的建筑物、构筑物进行洒水或者喷淋;人工拆除建筑物、构筑物时,实行洒水或者喷淋措施可能导致建筑物、构筑物结构疏松而危及施工人员安全的除外。

(三)在施工工地内,设置车辆清洗设施以及配套的排水、泥浆沉淀设施;运输车辆在除泥、冲洗干净后,方可驶出施工工地。

(四)对建筑垃圾在当日不能完成清运的,采取遮盖、洒水等防尘措施。

(五)在施工现场处置工程渣土时进行洒水或者喷淋。

第十五条　(道路管线施工要求)

城市道路工程或者管线工程施工,需要开挖沥青、混凝土等路面的,施工单位应当按照有关规定采用覆罩法作业方式。

在城市道路上开挖管线沟槽、沟坑,当日不能完工且需要作为通行道路的,施工单位应当在该道路上覆盖钢板,使其与路面保持平整。

第十六条　(防治光照污染要求)

施工单位进行电焊作业或者夜间施工使用灯光照明的,应当采取有效的遮蔽光照措施,避免光照直射居民住宅。

第十七条　(排水设施)

建设工程施工现场应当设置沉淀池和排水沟(管)网,确保排水畅通。

施工单位应当对工地泥浆进行三级沉淀后予以排放,禁止直接将工地泥浆排入城市排水管网或者河道。

第十八条 （渣土堆放）

建设工程施工现场堆放工程渣土的,堆放高度应当低于围档高度,并且不得影响周边建筑物、构筑物和各类管线、设施的安全。

第十九条 （夜间施工备案）

除城市道路工程、管线工程施工以及抢险、抢修工程外,建设工程或者建筑物、构筑物拆除需要在夜间22时至次日凌晨6时施工的,施工单位应当根据《上海市环境保护条例》的有关规定,向环境保护管理部门办理夜间施工许可手续。

除抢险、抢修外,城市道路工程、管线工程需要在夜间22时至次日凌晨6时施工的,施工单位应当事先向建设行政管理部门备案。

第二十条 （通行安全保障措施）

建设工程项目的外立面紧邻人行道或者车行道的,施工单位应当在该道路上方搭建坚固的安全天棚,并设置必要的警示和引导标志。

因建设工程施工需要,对道路实施全部封闭、部分封闭或者减少车行道,影响行人出行安全的,施工单位应当设置安全通道;临时占用施工工地以外的道路或者场地的,施工单位应当设置围档予以封闭。

第二十一条 （施工现场生活区设置）

施工现场设置生活区的,应当符合下列规定:

（一）生活区和作业区分隔设置;

（二）设置饮用水设施;

（三）设置盥洗池和淋浴间;

（四）设置水冲式或者移动式厕所,并由专人负责冲洗和消毒;

（五）设置密闭式垃圾容器,生活垃圾应当放置于垃圾容器内并做到日产日清。

在生活区设置食堂的,应当依法办理餐饮服务许可手续,并遵守食品卫生管理的有关规定。

在生活区设置宿舍的,应当安装可开启式窗户,每间宿舍人均居住面积不得低于4平方米。

第二十二条 （工地住宿人员管理）

施工工地内住宿人员的管理,执行本市实有人口管理的有关规定。非本工地工作人员不得在施工工地内的宿舍住宿。

第二十三条 （竣工后工地的清理）

建设工程竣工备案前,施工单位应当按照规定,及时拆除施工现场围档和其他施工临时设施,平整施工工地,清除建筑垃圾、工程渣土及其他废弃物。

第二十四条 （重点区域管理要求）

本市重点区域内施工工地的文明施工要求,还应当符合下列规定:

（一）围档图案简洁、美观且与周边环境相协调,高度不得低于2.5米。

（二）安全网采用不透尘、符合安全要求的材料。

（三）禁止采用爆破方式拆除基坑支撑。

（四）禁止使用不符合标准的高噪声作业设备。

（五）施工现场设置宿舍的,每间宿舍人均居住面积不得低于5平方米,并按照标准配备生活设施。

（六）禁止夜间施工,但抢险、抢修工程及有特殊工序要求的工程除外;因特殊工序要求确需夜间施工的,应当向市环境保护管理部门或者市建设交通行政管理部门办理夜间施工有关手续,并提前在周边区域予以公告。

（七）禁止采用钢筋、模板成型加工作业。

本市文明施工重点区域是指内环线以内区域和市人民政府确定的其他重点区域。市建设交通行政管理部门应当根据人口密度、居住环境、景观要求等提出其他重点区域划分方案,报市人民政府批准。

市建设交通行政管理部门应当制定本市建设工程文明施工的具体标准,其中重点区域内夜间施工限制要求等方面的文明施工标准应当高于其他区域。

第二十五条 （投诉）

任何单位和个人发现施工活动有违反本规定情形的,可以向建设行政管理部门投诉。建设行政管理部门接到投诉后,应当及时进行处理,并将处理结果告知投诉人。

第二十六条 （日常巡查）

建设行政管理部门应当落实经费和人员,加强对施工现场的日常巡查,发现施工活动有违反本规定情形的,应当及时制止并依法予以查处。

第二十七条 （监督检查）

市建设交通行政管理部门应当加强对区(县)文明施工管理工作的监督检查,并将监督检查情况和处理结果向社会公开。

第二十八条 （对建设单位的查处）

违反本规定第六条第二款、第七条第一款规定,建设单位未按照标准支付文明施工措施费或者未按照要求组织进行现场调查的,由市建筑市场管理机构或者区(县)建设行政管理部门责令限期改正。

第二十九条 （对施工单位的处罚）

违反本规定,施工单位有下列行为之一的,由市建筑市场管理机构或者区(县)建设行政管理部门责令限期改正;逾期不改正的,可以责令暂停施工,并按照下列规定予以处罚:

(一)违反本规定第十条规定,未按照要求设置施工铭牌的,处5 000元以上1万元以下的罚款;

(二)违反本规定第十二条第二款、第十三条第(三)项、第十四条第(五)项、第十六条规定,脚手架杆件、搅拌砂浆等加工作业、渣土处置或者光照遮蔽措施不符合要求的,处5 000元以上1万元以下的罚款;

(三)违反本规定第十五条、第二十条规定,未采用覆罩法施工、路面未按照要求覆盖钢板或者未采取通行安全措施的,处1万元以上3万元以下的罚款;

(四)违反本规定第二十一条第一款第(一)项至第(三)项、第三款规定,未分隔设置生活区和作业区、未设置饮用水设施、盥洗池和淋浴间或者宿舍设置不符合要求的,处5 000元以上1万元以下的罚款;

(五)违反本规定第二十四条第一款第(一)项至第(五)项、第(七)项规定,施工工地不符合重点区域文明施工管理要求的,处1万元以上3万元以下的罚款。

第三十条 （对其他违法行为的处罚）

违反本规定其他相关条款的行为,法律、法规、规章已有处罚规定的,由相关行政管理部门依照其规定处罚。

第三十一条 （施行日期）

本规定自2009年12月1日起施行。1994年5月24日上海市人民政府发布的《上海市建设工程文明施工管理暂行规定》同时废止。

上海市安全生产事故隐患排查治理办法

上海市人民政府令第 91 号

《上海市安全生产事故隐患排查治理办法》已经 2012 年 10 月 22 日市政府第 155 次常务会议通过,并予公布,自 2013 年 1 月 1 日起施行。

第一章 总则

第一条 (目的和依据)

为了建立健全安全生产事故隐患排查治理机制,落实生产经营单位的安全生产主体责任,防范和减少事故发生,保障人民群众生命财产安全,根据《中华人民共和国安全生产法》、《上海市安全生产条例》等法律、法规,制定本办法。

第二条 (适用范围)

本市行政区域内生产经营单位安全生产事故隐患的排查治理及其监督管理工作,适用本办法。

法律、法规、规章对消防、道路交通、铁路交通、水上交通、民用航空等安全生产事故隐患的排查治理及其监督管理另有规定的,适用其规定。

第三条 (含义)

本办法所称的安全生产事故隐患(以下简称"事故隐患"),是指从事生产经营活动的企业、个体工商户以及其他能够独立承担民事责任的经营性组织(以下统称"生产经营单位")违反安全生产法律、法规、规章、标准、规程和管理制度的规定或者因其他因素在生产经营活动中存在可能导致事故发生的物的危险状态、人的不安全行为和管理上的缺陷。

第四条 (责任主体)

生产经营单位是事故隐患排查治理的责任主体。

生产经营单位法定代表人和实际负有本单位生产经营最高管理权限的人员(以下统称"主要负责人")是本单位事故隐患排查治理的第一责任人,对本单位事故隐患排查治理工作全面负责,应当履行下列职责:

(一)组织制定事故隐患排查治理的各项规章制度;

(二)建立健全安全生产责任制;

(三)保障事故隐患排查治理的相关资金投入;

(四)定期组织全面的事故隐患排查;

(五)督促检查安全生产工作,及时消除事故隐患。

第五条 (政府职责)

市和区县人民政府应当加强对本行政区域内事故隐患排查治理工作的领导。

市和区县人民政府的安全生产委员会及其办公室负责统筹、协调事故隐患排查治理工作中的重大问题。

乡镇人民政府、街道办事处、产业园区管理机构应当依法做好本辖区内事故隐患排查治理的相关工作。

第六条 (部门分工)

安全生产监管、公安、建设、质量技术监督、交通港口、经济信息化、水务、农业、环保等依法对涉及安全生产的事项负有审批、处罚等监督管理职责的部门(以下统称"负有安全生产监管职责的部门"),依照法律、法规、规章和本市安全生产委员会成员单位安全生产工作职责的规定,对其职责范围内的事故隐患排查治理实施监管。

安全生产监管部门除承担本条第一款规定职责外,还负责指导、协调、监督同级人民政府有关部门和下级人民政府对事故隐患排查治理实施监管。

发展改革、财政、国有资产管理等其他有关部门按照本市安全生产委员会成员单位安全生产工作职责规定,协同实施事故隐患排查治理监管的相关工作。

第七条 (层级分工)

市级负有安全生产监管职责的部门应当确定由其监管的生产经营单位的范围;区县负有安全生产监管职责的部门负责对本行政区域内其他生产经营单位实施监管。

第八条 （举报和奖励）

任何单位和个人发现事故隐患的,有权向负有安全生产监管职责的部门举报。负有安全生产监管职责的部门接到事故隐患举报后,应当按照职责分工,立即组织核实处理。属于其他部门职责范围的,应当立即移送有管辖权的部门核实处理。

举报生产经营单位存在事故隐患排查治理相关违法行为,经核实的,由负有安全生产监管职责的部门按照规定给予奖励。负有安全生产监管职责的部门应当为举报者保密。

第二章　生产经营单位的事故隐患排查治理责任

第九条 （事故隐患排查治理制度）

生产经营单位应当按照有关安全生产法律、法规、规章、标准、规程,建立事故隐患排查、登记、报告、整改等安全管理规章制度,明确单位负责人、部门(车间)负责人、班组负责人和具体岗位从业人员的事故隐患排查治理责任范围,并予以落实。

第十条 （教育培训）

生产经营单位应当加强对从业人员开展安全教育培训,保证其熟悉安全管理规章制度,具备与岗位职责相适应的技术能力和安全作业知识。

第十一条 （事故隐患日常排查）

安全生产管理人员、其他从业人员应当根据其岗位职责,开展经常性的安全生产检查,及时发现工艺系统、基础设施、技术装备、防(监)控设施等方面存在的危险状态以及落实安全生产责任、执行劳动纪律、实施现场管理等方面存在的缺陷。

安全生产管理人员、其他从业人员发现事故隐患,应当报告直接负责人并及时处理;发现直接危及人身安全的紧急情况,有权停止作业或者采取可能的应急措施后撤离作业场所。

第十二条 （事故隐患定期排查）

生产经营单位主要负责人和分管负责人应当定期组织安全生产管理人员、专业技术人员和其他相关人员进行全面的事故隐患排查,主要包括:

(一)安全生产法律、法规、规章、标准、规程的贯彻执行情况,安全生产责任制、安全管理规章制度、岗位操作规范的建立落实情况;

(二)应急(救援)预案制定、演练,应急救援物资、设备的配备及维护情况;

(三)设施、设备、装置、工具的状况和日常维护、保养、检验、检测情况;

(四)爆破、大型设备(构件)吊装、危险装置设备试生产、危险场所动火作业、有毒有害及受限空间作业、重大危险源作业等危险作业的现场安全管理情况;

(五)重大危险源普查建档、风险辨识、监控预警制度的建设及措施落实情况;

(六)劳动防护用品的配备、发放和佩戴使用情况,以及从业人员的身体、精神状况;

(七)从业人员接受安全教育培训、掌握安全知识和操作技能情况,特种作业人员、特种设备作业人员培训考核和持证上岗情况。

第十三条 （事故隐患定级）

生产经营单位发现事故隐患后,应当启动相应的应急预案,采取措施保证安全,并组织专业技术人员、专家或者具有相应资质的专业机构分析确定事故隐患级别。

事故隐患按照危害程度和整改难度,分为以下三个级别:

(一)危害和整改难度较小,发现后能够在3日内排除,或者无需停止使用相关设施设备、停产停业即可排除的隐患,为三级事故隐患。

(二)危害和整改难度较大,需要4日以上且停止使用相关设施设备,或者需要4至6日且停产停业方可排除的隐患,为二级事故隐患。

(三)危害和整改难度极大,需要7日以上且停产停业方可排除的隐患,或者因非生产经营单位原因造成且生产经营单位自身无法排除的隐患,为一级事故隐患。

市级负有安全生产监管职责的部门可以根据需要,对本条第二款规定的事故隐患分级予以细化、补充。

第十四条 （事故隐患处理）

对三级事故隐患,生产经营单位应当在保证安全的前提下,采取措施予以排除。

对一级、二级事故隐患,生产经营单位应当按照以下规定处理:

(一)根据需要停止使用相关设施、设备,局部停产停业或者全部停产停业。

(二)组织专业技术人员、专家或者具有相应资质的专业机构进行风险评估,明确事故隐患的现状、产生原因、危害程度、整改难易程度。

(三)根据风险评估结果制定治理方案,明确治理目标、治理措施、责任人员、所需经费和物资条件、时间节点、监控保障和应急措施。

(四)落实治理方案,排除事故隐患。

对确定为一级事故隐患的,生产经营单位应当立即向负有安全生产监管职责的部门报告事故隐患的现状,并及时报送风险评估结果和治理方案。

第十五条 (监控保障)

生产经营单位在事故隐患治理过程中,应当采取必要的监控保障措施。事故隐患排除前或者排除过程中无法保证安全的,应当从危险区域内撤出作业人员,疏散可能危及的其他人员,并设置警示标志,必要时应当派员值守。

第十六条 (信息档案)

生产经营单位应当建立事故隐患排查治理信息档案,对隐患排查治理情况进行详细记录。

事故隐患排查治理信息档案应当包括以下内容:

(一)事故隐患排查时间;

(二)事故隐患排查的具体部位或者场所;

(三)发现事故隐患的数量、级别和具体情况;

(四)参加隐患排查的人员及其签字;

(五)事故隐患治理情况、复查情况、复查时间、复查人员及其签字。

事故隐患排查治理信息档案应当保存2年以上。

第十七条 (月度报表)

下列生产经营单位应当每月对本单位事故隐患排查治理情况进行汇总分析,并向负有安全生产监管职责的部门报送月度报表:

(一)属于矿山、建设施工以及危险物品生产、经营等高度危险性行业以及危险物品使用、储存、运输、处置单位;

(二)属于金属冶炼、船舶修造、电力、装卸、道路交通运输等较大危险性行业;

(三)市级负有安全生产监管职责的部门确定的其他生产经营单位。

月度报表的格式,由市安全生产监管部门会同各负有安全生产监管职责的部门确定。

第十八条 (承包承租管理)

生产经营单位将生产经营项目、场所发包、租赁给其他单位的,应当对承包、承租单位的事故隐患排查治理负有统一协调和管理的责任;发现承包、承租单位存在事故隐患的,应当及时督促其开展治理。

承包、承租单位应当服从生产经营单位对其事故隐患排查治理工作的统一协调、管理。

第十九条 (奖惩制度)

生产经营单位应当建立事故隐患排查治理的奖惩制度,鼓励从业人员发现和排除事故隐患,对发现、排除事故隐患的有功人员给予奖励和表彰,对瞒报事故隐患或者排查治理不力的人员按照有关规定予以处理。

第二十条 (资金保障)

生产经营单位应当保障事故隐患排查治理所需的资金,在年度安全生产资金中列支,并专款专用;事故隐患治理资金需求超出年度安全生产资金使用计划的,应当及时调整资金使用计划。

第三章 监督管理

第二十一条 (年度监督检查计划的制定及执行)

负有安全生产监管职责的部门应当制定年度监督检查计划,明确监督检查的频次、方式、重点行业和重点内容,并建立相应的监督检查记录。监督检查中发现事故隐患的,负有安全生产监管职责的部门应当责令立即或者限期治理,并及时组织复查。

第二十二条 (街镇园区的日常监督检查)

乡镇人民政府、街道办事处、产业园区管理机构依法开展安全生产日常监督检查时,发现事故隐患的,应当责令生产经营单位立即排除或者限期治理,并报告负有安全生产监管职责的部门。

第二十三条 （一级事故隐患的核查）

对一级事故隐患,负有安全生产监管职责的部门接到生产经营单位的报告后,应当根据需要,进行现场核查,督促生产经营单位按照治理方案排除事故隐患,防止事故发生;必要时,可以要求生产经营单位采取停产停业、设置安全警示标志等应急措施。

第二十四条 （移送）

负有安全生产监管职责的部门发现属于其他部门职责范围的事故隐患,应当及时将有关资料移送有管辖权的部门,并记录备查。

第二十五条 （监督检查信息汇总和分析）

本市建立事故隐患排查治理信息系统,由市安全生产监管部门负责日常运行管理,接受、汇总、分析、通报事故隐患排查治理信息。

区县负有安全生产监管职责的部门应当按月汇总整理监督检查记录、生产经营单位上报的月度报表等信息,并报送上级负有安全生产监管职责的部门和同级安全生产监管部门。

市级负有安全生产监管职责的部门和区县安全生产监管部门应当按月汇总整理监督检查记录、生产经营单位上报的月度报表等信息,并报送市安全生产监管部门。

第二十六条 （年度督办计划的编制）

市和区县安全生产监管部门应当分别组织编制事故隐患治理年度督办计划(以下简称"年度督办计划"),报同级人民政府批准后实施。

年度督办计划应当明确督办项目、督办部门、承担治理责任的生产经营单位(以下称"治理单位")以及治理目标、措施、时限等事项。涉及多个部门督办的,由安全生产监管部门报请同级人民政府指定牵头督办部门和配合督办部门。

年度督办计划涉及重大问题的,由市和区县政府的安全生产委员会及其办公室统筹、协调。

第二十七条 （督办项目的报送和确定）

对需要列入本区县下一年度督办计划的项目,区县负有安全生产监管职责的部门应当于每年9月底前,报同级安全生产监管部门。对需要列入市下一年度督办计划的项目,市级负有安全生产监管职责的部门应当于每年10月底前,报同级安全生产监管部门。

区县负有安全生产监管职责的部门认为项目督办涉及多个区县或者需要市有关部门协调处理的,应当报市级负有安全生产监管职责的部门,并由其提请市安全生产监管部门列入市下一年度督办计划。

市和区县安全生产监管部门应当会同同级负有安全生产监管职责的部门综合考虑事故隐患的现状、产生原因、危害程度、整改治理难度等情况,确定列入年度督办计划的项目。

第二十八条 （年度督办计划的实施）

治理单位应当按照年度督办计划确定的目标、措施和时限,实施事故隐患治理。

督办部门应当每月至少进行一次进展情况检查,每季度至少召开一次推进会议,指导、协调解决治理过程中遇到的问题,并对因非生产经营单位原因造成且治理单位自身难以排除的事故隐患的治理提供技术支持。

治理项目基本完成的,治理单位应当组织专业技术人员、专家或者委托具有相应资质的专业机构进行治理评估。经评估达到治理目标的,由督办部门组织有关专业技术人员、专家进行现场核查。经核查,达到治理目标的,应当解除督办并通报安全生产监管部门;未达到治理目标的,督办部门应当依法责令改正或者下达停产整改指令。

未经解除督办,治理单位不得擅自恢复生产经营。治理单位应当执行督办部门下达的改正或者整改指令。

由于客观原因无法按期完成治理目标的,治理单位应当向督办部门说明理由和调整后的治理计划。督办部门经核查后同意延期的,应当报安全生产监管部门备案。

第二十九条 （专业力量参与监督管理）

负有安全生产监管职责的部门、乡镇人民政府、街道办事处、产业园区管理机构可以根据实际需要,邀请专业技术人员、专家学者参与监督管理,听取对专业技术问题的意见。

第三十条 （信用信息记录和通报）

安全生产监管部门应当定期向社会公布年度督办计划进展的有关情况。

生产经营单位对事故隐患治理不力且负有责任的,负有安全生产监管职责的部门应当按照规定记入该单位及其主要负责人的信用信息记录,向工商、发展改革、国土资源、建设交通、金融监管等部门通报有关情况,并通过政府网站或者新闻媒体向社会公布。

第四章　法律责任

**第三十一条　**（生产经营单位违法行为处罚一）

生产经营单位有下列行为之一的,由负有安全生产监管职责的部门责令改正,并可以处 5 000 元以上 3 万元以下的罚款,同时可对该单位主要负责人处 1 000 元以上 1 万元以下的罚款:

（一）违反本办法第九条的规定,未建立事故隐患排查、登记、报告、整改等安全管理规章制度的;

（二）违反本办法第十六条的规定,未建立事故隐患排查治理信息档案的;

（三）违反本办法第十七条的规定,未报送月度报表的。

**第三十二条　**（生产经营单位违法行为处罚二）

生产经营单位有下列行为之一的,由负有安全生产监管职责的部门责令改正,并可以处 1 万元以上 5 万元以下的罚款,同时可对该单位主要负责人处 2 000 元以上 5 000 元以下的罚款;情节严重的,处 5 万元以上 10 万元以下的罚款,并对该单位主要负责人处 5 000 元以上 1 万元以下的罚款:

（一）违反本办法第十四条第二款的规定,对确定为二级事故隐患或者一级事故隐患的,未根据需要停止使用相关设施设备、局部停产停业或者全部停产停业,未进行风险评估,或者未制定并落实治理方案的;

（二）违反本办法第十四条第三款的规定,存在一级事故隐患的生产经营单位未报告事故隐患的现状、报送风险评估结果和治理方案的;

（三）违反本办法第十五条的规定,在事故隐患治理过程中未采取必要的监控保障措施的。

**第三十三条　**（年度督办计划项目治理单位违法行为的处罚）

治理单位违反本办法第二十八条第一款的规定,未根据年度督办计划确定的目标、措施和时限实施事故隐患治理的,由督办部门责令改正,并处 3 万元以上 10 万元以下的罚款,同时可对该单位主要负责人处 5 000 元以上 3 万元以下的罚款。

治理单位违反本办法第二十八条第四款的规定,拒不改正、拒不执行整改指令,或者未经解除督办擅自恢复生产经营的,由督办部门处 3 万元以上 10 万元以下的罚款,并对该单位主要负责人处 5 000 元以上 3 万元以下的罚款;不具备安全生产条件的,由督办部门依法提请市或者区县人民政府按照国务院规定的权限予以关闭。

**第三十四条　**（监管部门的法律责任）

负有安全生产监管职责的部门的工作人员有下列情形之一的,依法给予行政处分;构成犯罪的,依法追究刑事责任:

（一）接到事故隐患举报,未按照规定处理的;

（二）未按照本办法规定,对生产经营单位安全生产事故隐患排查治理情况履行监督检查职责,造成后果的;

（三）发现生产经营单位存在安全生产事故隐患排查治理的违法行为,不及时查处,或者有包庇、纵容违法行为,造成后果的;

（四）违法实施行政处罚的;

（五）其他玩忽职守、滥用职权、徇私舞弊的行为。

第五章　附则

**第三十五条　**（实施日期）

本办法自 2013 年 1 月 1 日起施行。

第四篇 管理性文件

国务院安委会关于进一步加强安全培训工作的决定

安委〔2012〕10 号

各省、自治区、直辖市人民政府,新疆生产建设兵团,国务院安委会各成员单位,各中央企业:

为提高企业从业人员安全素质和安全监管监察效能,防止和减少违章指挥、违规作业和违反劳动纪律(以下简称"三违")行为,促进全国安全生产形势持续稳定好转,现就进一步加强安全培训工作作出如下决定:

一、加强安全培训工作的重要意义和总体要求

(一)重要意义。党中央、国务院高度重视安全培训工作,安全培训力度不断加大,企业职工安全素质和安全监管监察人员执法能力明显提高。但一些地区和单位安全培训工作仍然存在着思想认识不到位、责任落实不到位、实效性不强、投入不足、基础工作薄弱、执法偏轻偏软等问题,给安全生产带来较大压力。实践表明,进一步加强安全培训工作,是落实党的十八大精神,深入贯彻科学发展观,实施安全发展战略的内在要求;是强化企业安全生产基础建设,提高企业安全管理水平和从业人员安全素质,提升安全监管监察效能的重要途径;是防止"三违"行为,不断降低事故总量,遏制重特大事故发生的源头性、根本性举措。

(二)总体思路。深入贯彻落实科学发展观,认真落实党中央、国务院关于加强安全生产工作的决策部署,牢固树立"培训不到位是重大安全隐患"的意识,坚持依法培训、按需施教的工作理念,以落实持证上岗和先培训后上岗制度为核心,以落实企业安全培训主体责任、提高企业安全培训质量为着力点,全面加强安全培训基础建设,严格安全培训监察执法和责任追究,扎实推进安全培训内容规范化、方式多样化、管理信息化、方法现代化和监督日常化,努力实施全覆盖、多手段、高质量的安全培训,切实减少"三违"行为,促进全国安全生产形势持续稳定好转。

(三)工作目标。到"十二五"时期末,矿山、建筑施工单位和危险物品生产、经营、储存等高危行业企业(以下简称高危企业)主要负责人、安全管理人员和生产经营单位特种作业人员(以下简称"三项岗位"人员)100%持证上岗,以班组长、新工人、农民工为重点的企业从业人员100%培训合格后上岗,各级安全监管监察人员100%持行政执法证上岗,承担安全培训的教师100%参加知识更新培训,安全培训基础保障能力和安全培训质量得到明显提高。

二、全面落实安全培训工作责任

(四)认真落实企业安全培训主体责任。企业是从业人员安全培训的责任主体,要把安全培训纳入企业发展规划,健全落实以"一把手"负总责、领导班子成员"一岗双责"为主要内容的安全培训责任体系,建立健全机构并配备充足人员,保障经费需求,严格落实"三项岗位"人员持证上岗和从业人员先培训后上岗制度,健全安全培训档案。劳务派遣单位要加强劳务派遣工基本安全知识培训,劳务使用单位要确保劳务派遣工与本企业职工接受同等安全培训。境内投资主体要指导督促境外中资企业依法加强安全培训工作。安全生产技术研发、装备制造单位要与使用单位共同承担新工艺、新技术、新设备、新材料培训责任。

(五)切实履行政府及有关部门安全培训监管和安全监管监察人员培训职责。地方各级政府要统筹指导相关部门加强本地区安全培训工作。有关主管部门要根据有关法律法规,组织实施职责范围内的安全培训工作,完善安全培训法规制度,统一培训大纲、考试标准,加强教材建设,严格管理培训机构,做好证件发放和复审工作,避免多头管理、重复发证;要强化安全培训监督检查,依法严惩不培训就上岗和乱办班、乱收费、乱发证行为;要组织培训安全监管监察人员。要将安全生产知识作为领导干部培训、义务教育、职业教育、职业技能培训等的重要内容。要减少对培训班的直接参与,由办培训向管培训、管考试、监督培训转变。

(六)强化承担安全培训和考试的机构培训质量保障责任。承担安全培训的机构是安全培训施教主体,担负

保证安全培训质量的主要责任,要健全落实安全培训质量控制制度,严格按培训大纲培训,严格学员、培训档案和培训收费管理,加强师资队伍建设和资金投入,持续改善培训条件。承担安全培训考试的机构要严格教考分离制度,健全考务管理体系,建立考试档案,切实做到考试不合格不发证。

三、全面落实持证上岗和先培训后上岗制度

(七)实施高危企业从业人员准入制度。有关主管部门要结合实际,制定本行业领域从业人员准入制度。矿山和危险物品生产企业专职安全管理人员要至少具备相关专业中专以上学历或者中级以上专业技术职称、高级工以上技能等级,或者具备注册安全工程师资格。各类特种作业人员要具有初中及以上文化程度,危险化学品特种作业人员要具有高中或者相当于高中及以上文化程度。矿山井下、危险化学品生产单位从业人员要具有初中及以上文化程度。安全生产专业服务机构为企业提供安全技术服务时,要对企业安全培训情况进行审核。高危企业安全生产许可证发放、延期和安全生产标准化考评时,有关主管部门要审核企业安全培训情况。

(八)严格落实"三项岗位"人员持证上岗制度。企业新任用或者招录"三项岗位"人员,要组织其参加安全培训,经考试合格持证后上岗。取得注册安全工程师资格证并经注册,可以直接申领矿山、危险物品行业主要负责人和安全管理人员安全资格证。对发生人员死亡事故负有责任的企业主要负责人、实际控制人和安全管理人员,要重新参加安全培训考试。要严格证书延期继续教育制度。有关主管部门要按照职责分工,定期开展本行业领域"三项岗位"人员持证上岗情况登记普查,建立信息库。要建立特种作业人员范围修订机制。

(九)严格落实企业职工先培训后上岗制度。矿山、危险物品等高危企业要对新职工进行至少72学时的安全培训,建筑企业要对新职工进行至少32学时的安全培训,每年进行至少20学时的再培训;非高危企业新职工上岗前要经过至少24学时的安全培训,每年进行至少8学时的再培训。企业调整职工岗位或者采用新工艺、新技术、新设备、新材料的,要进行专门的安全培训。矿山和危险物品生产企业逐步实现从职业院校和技工院校相关专业毕业生中录用新职工。政府有关部门要实施"中小企业安全培训援助"工程,推动大型企业和培训机构与中小企业签订培训服务协议;组织讲师团,开展培训下基层进企业活动。

(十)完善和落实师傅带徒弟制度。高危企业新职工安全培训合格后,要在经验丰富的工人师傅带领下,实习至少2个月后方可独立上岗。工人师傅一般应当具备中级工以上技能等级,3年以上相应工作经历,成绩突出,善于"传、帮、带",没有发生过"三违"行为等条件。要组织签订师徒协议,建立师傅带徒弟激励约束机制。

(十一)严格落实安全监管监察人员持证上岗和继续教育制度。市(地)及以下政府分管安全生产工作的领导同志要在明确分工后半年内参加专题安全培训。各级安全监管监察人员要经执法资格培训考试合格,持有效行政执法证上岗;新上岗人员要在上岗一年内参加执法资格培训考试;执法证有效期满的,要参加延期换证继续教育和考试。鼓励安全监管监察人员报考注册安全工程师等职业资格,在职攻读安全生产相关专业学历和学位。

四、全面加强安全培训基础保障能力建设

(十二)完善安全培训大纲和教材。有关主管部门要定期制定、修订各类人员安全培训大纲和考核标准,根据安全生产工作发展需要和企业安全生产实际,不断规范安全培训内容。鼓励行业组织、企业及培训机构编写针对性、实效性强的实用教材。要分行业组织编写企业职工安全生产应知应会读本、建立生产安全事故案例库和制作警示教育片。

(十三)加强安全培训师资队伍建设。承担安全培训的机构要建立健全安全培训专职教师考核合格后上岗制度,保证专职教师定期参加继续教育,积极组织教师参加国际学术交流。有关主管部门要加强承担安全培训的教师培训,定期开展教师讲课大赛,建立安全培训师资库。企业要建立领导干部上讲台制度,选聘一线安全管理、技术人员担任兼职教师。

(十四)加强安全培训机构建设。要根据实际需要,科学规划安全培训机构建设,控制数量,合理布局。支持大中型企业和欠发达地区建立安全培训机构,重点建设一批具有仿真、体感、实操特色的示范培训机构。要加强安全培训机构管理,定期公布安全培训机构名单和培训范围,接受社会监督。支持高等学校、职业院校、技工院校、工会培训机构等开展安全培训。

(十五)加强远程安全培训。开发国家安全培训网和有关行业网络学习平台,实现优质资源共享。建立安全培训视频课程征集、遴选、审核制度,建设课程"超市",推行自主选学。实行网络培训学时学分制,将学时和学分结果与继续教育、再培训挂钩,与安全监管监察人员年度考核、提拔使用、评先评优挂钩。利用视频、电视、手机等拓展远程培训形式。

(十六)加强安全培训管理信息化建设。编制安全培训信息管理数据标准。开发安全培训信息管理系统。

健全"三项岗位"人员、安全监管监察人员培训持证情况和考试题库、培训机构、考试机构、培训教师等数据库,实现全国安全培训数据共享。

五、全面提高安全培训质量

(十七)强化实际操作培训。制定特种作业人员实训大纲和考试标准。建立安全监管监察人员实训制度。推动科研和装备制造企业在安全培训场所展示新装备新技术。提高3D、4D、虚拟现实等技术在安全培训中的应用,组织开发特种作业各工种仿真实训系统。

(十八)强化现场安全培训。高危企业要严格班前安全培训制度,有针对性地讲述岗位安全生产与应急救援知识、安全隐患和注意事项等,使班前安全培训成为安全生产第一道防线。要大力推广"手指口述"等安全确认法,帮助员工通过心想、眼看、手指、口述,确保按规程作业。要加强班组长培训,提高班组长现场安全管理水平和现场安全风险管控能力。

(十九)建立安全培训示范视频课程体系。分行业建立"三项岗位"人员安全培训示范视频课程体系,上网发布,逐步实现优质培训资源社会共享。将示范课程作为教师培训的重要内容。建立示范课程跟踪评价制度,定期评选优质课程,给予荣誉称号或者适当资助。

(二十)加强安全培训过程管理和质量评估。建立安全培训需求调研、培训策划、培训计划备案、教学管理、培训效果评估等制度,加强安全培训全过程管理。制定安全培训质量评估指标体系,定期向全社会公布评估结果,并将评估结果作为安全培训机构考评的重要依据。

(二十一)完善安全培训考试体系。有关主管部门要按照职责分工,建立健全本行业领域安全培训考试制度,加强考试机构建设,严格教考分离制度。要建立健全安全资格考试题库,完善国家与地方相结合的题库应用机制。建立网络考试平台,加快计算机考试点建设,开发实际操作模拟考试系统。加强考试监督,严格考试纪律,依法严肃处理考试违纪行为。有关主管部门要统一本行业领域一般从业人员安全培训合格证书式样,规范考试发证管理。

六、加强安全培训监督检查

(二十二)加大安全培训执法力度。有关主管部门要把安全培训纳入年度执法计划,作为日常执法的必查内容,定期开展安全培训专项执法。要规范安全培训执法程序和方法,将抽查持证情况、抽考职工安全生产应知应会知识作为日常执法的重要方式。要加强对承担安全培训的机构管理,深入开展专项治理,促进安全培训机构健康发展。企业要建立安全培训自查自考制度,加大"三违"行为处罚力度。

(二十三)严肃追究安全培训责任。对应持证未持证或者未经培训就上岗的人员,一律先离岗、培训持证后再上岗,并依法对企业按规定上限处罚,直至停产整顿和关闭。对存在不按大纲教学、不按题库考试、教考不分、乱办班等行为的安全培训和考试机构,一律依法严肃处罚。对各类生产安全责任事故,一律倒查培训、考试、发证不到位的责任。对因未培训、假培训或者未持证上岗人员的直接责任引发重特大事故的,所在企业主要负责人依法终身不得担任本行业企业矿长(厂长、经理),实际控制人依法承担相应责任。

(二十四)建立安全培训绩效考核制度。制定安全培训工作绩效考核指标体系,做到定性与定量、内部考核与外部评议相结合。安全培训绩效考核结果要纳入安全生产综合考核内容。每年通报安全培训绩效考核结果。

七、切实加强对安全培训工作的组织领导

(二十五)把安全培训摆上更加突出位置。各级政府及有关主管部门、各企业要把安全培训工作纳入实施安全发展战略的总体布局。各级安委会要定期研究解决安全培训突出问题,有关主管部门主要负责同志要亲自抓、负总责,各级安委会办公室要牵头抓总,当好参谋,创新实践,整合资源,示范引领。要经常深入基层、企业开展安全培训调查研究。要支持工会、共青团、妇联、科协以及新闻媒体等参与、监督安全培训工作。

(二十六)保证安全培训投入。建立以企业投入为主、社会资金积极资助的安全培训投入机制。要将政府应当承担的安全培训经费纳入财政保障范围。企业要在职工培训经费和安全费用中足额列支安全培训经费,实施技术改造和项目引进时要专门安排安全培训资金。研究探索由开展安全生产责任险、建筑意外伤害险的保险机构安排一定资金,用于事故预防与安全培训工作。

(二十七)充分运用典型和媒体推动安全培训工作。要总结推广政府有关主管部门加大安全培训监管力度、企业落实安全培训主体责任、培训机构提高安全培训质量的典型经验,以点带面推动工作。要定期公布安全培训问题企业和问题培训机构名单。要广泛宣传安全培训工作的重要地位和作用,宣传安全生产知识和技能,不断提高人民群众安全素质,努力形成全社会更加支持安全生产工作的氛围。

各省级安委会和国务院有关主管部门及各有关中央企业要根据本决定制定实施意见,并及时将实施意见和落实情况报告国务院安委会办公室。

2012 年 11 月 21 日

企业安全生产费用提取和使用管理办法(节选)

财企〔2012〕16 号

第一章 总则

第一条 为了建立企业安全生产投入长效机制,加强安全生产费用管理,保障企业安全生产资金投入,维护企业、职工以及社会公共利益,依据《中华人民共和国安全生产法》等有关法律法规和《国务院关于加强安全生产工作的决定》(国发〔2004〕2 号)和《国务院关于进一步加强企业安全生产工作的通知》(国发〔2010〕23 号),制定本办法。

第二条 在中华人民共和国境内直接从事煤炭生产、非煤矿山开采、建设工程施工、危险品生产与储存、交通运输、烟花爆竹生产、冶金、机械制造、武器装备研制生产与试验(含民用航空及核燃料)的企业以及其他经济组织(以下简称企业)适用本办法。

第三条 本办法所称安全生产费用(以下简称安全费用)是指企业按照规定标准提取在成本中列支,专门用于完善和改进企业或者项目安全生产条件的资金。

安全费用按照"企业提取、政府监管、确保需要、规范使用"的原则进行管理。

第四条 本办法下列用语的含义是:

建设工程是指土木工程、建筑工程、井巷工程、线路管道和设备安装及装修工程的新建、扩建、改建以及矿山建设。

第二章 安全费用的提取标准

第七条 建设工程施工企业以建筑安装工程造价为计提依据。各建设工程类别安全费用提取标准如下:

(一)矿山工程为 2.5%;

(二)房屋建筑工程、水利水电工程、电力工程、铁路工程、城市轨道交通工程为 2.0%;

(三)市政公用工程、冶炼工程、机电安装工程、化工石油工程、港口与航道工程、公路工程、通信工程为 1.5%。

建设工程施工企业提取的安全费用列入工程造价,在竞标时,不得删减,列入标外管理。国家对基本建设投资概算另有规定的,从其规定。

总包单位应当将安全费用按比例直接支付分包单位并监督使用,分包单位不再重复提取。

第十四条 中小微型企业和大型企业上年末安全费用结余分别达到本企业上年度营业收入的 5% 和 1.5% 时,经当地县级以上安全生产监督管理部门、煤矿安全监察机构商财政部门同意,企业本年度可以缓提或者少提安全费用。

企业规模划分标准按照工业和信息化部、国家统计局、国家发展和改革委员会、财政部《关于印发中小企业划型标准规定的通知》(工信部联企业〔2011〕300 号)规定执行。

第十五条 企业在上述标准的基础上,根据安全生产实际需要,可适当提高安全费用提取标准。

本办法公布前,各省级政府已制定下发企业安全费用提取使用办法的,其提取标准如果低于本办法规定的标准,应当按照本办法进行调整;如果高于本办法规定的标准,按照原标准执行。

第十六条 新建企业和投产不足一年的企业以当年实际营业收入为提取依据,按月计提安全费用。

混业经营企业,如能按业务类别分别核算的,则以各业务营业收入为计提依据,按上述标准分别提取安全费用;如不能分别核算的,则以全部业务收入为计提依据,按主营业务计提标准提取安全费用。

第三章 安全费用的使用

第十九条 建设工程施工企业安全费用应当按照以下范围使用:

(一)完善、改造和维护安全防护设施设备支出(不含"三同时"要求初期投入的安全设施),包括施工现场临时用电系统、洞口、临边、机械设备、高处作业防护、交叉作业防护、防火、防爆、防尘、防毒、防雷、防台风、防地质灾害、地下工程有害气体监测、通风、临时安全防护等设施设备支出;

(二)配备、维护、保养应急救援器材、设备支出和应急演练支出;

(三)开展重大危险源和事故隐患评估、监控和整改支出;

（四）安全生产检查、评价（不包括新建、改建、扩建项目安全评价）、咨询和标准化建设支出；

（五）配备和更新现场作业人员安全防护用品支出；

（六）安全生产宣传、教育、培训支出；

（七）安全生产适用的新技术、新标准、新工艺、新装备的推广应用支出；

（八）安全设施及特种设备检测检验支出；

（九）其他与安全生产直接相关的支出。

第二十六条　在本办法规定的使用范围内，企业应当将安全费用优先用于满足安全生产监督管理部门、煤矿安全监察机构以及行业主管部门对企业安全生产提出的整改措施或者达到安全生产标准所需的支出。

第二十七条　企业提取的安全费用应当专户核算，按规定范围安排使用，不得挤占、挪用。年度结余资金结转下年度使用，当年计提安全费用不足的，超出部分按正常成本费用渠道列支。

主要承担安全管理责任的集团公司经过履行内部决策程序，可以对所属企业提取的安全费用按照一定比例集中管理，统筹使用。

企业由于产权转让、公司制改建等变更股权结构或者组织形式的，其结余的安全费用应当继续按照本办法管理使用。

企业调整业务、终止经营或者依法清算，其结余的安全费用应当结转本期收益或者清算收益。

第三十条　本办法第二条规定范围以外的企业为达到应当具备的安全生产条件所需的资金投入，按原渠道列支。

第四章　监督管理

第三十一条　企业应当建立健全内部安全费用管理制度，明确安全费用提取和使用的程序、职责及权限，按规定提取和使用安全费用。

第三十二条　企业应当加强安全费用管理，编制年度安全费用提取和使用计划，纳入企业财务预算。企业年度安全费用使用计划和上一年安全费用的提取、使用情况按照管理权限报同级财政部门、安全生产监督管理部门、煤矿安全监察机构和行业主管部门备案。

第三十三条　企业安全费用的会计处理，应当符合国家统一的会计制度的规定。

第三十四条　企业提取的安全费用属于企业自提自用资金，其他单位和部门不得采取收取、代管等形式对其进行集中管理和使用，国家法律、法规另有规定的除外。

第三十五条　各级财政部门、安全生产监督管理部门、煤矿安全监察机构和有关行业主管部门依法对企业安全费用提取、使用和管理进行监督检查。

第三十六条　企业未按本办法提取和使用安全费用的，安全生产监督管理部门、煤矿安全监察机构和行业主管部门会同财政部门责令其限期改正，并依照相关法律法规进行处理、处罚。

建设工程施工总承包单位未向分包单位支付必要的安全费用以及承包单位挪用安全费用的，由建设、交通运输、铁路、水利、安全生产监督管理、煤矿安全监察等主管部门依照相关法规、规章进行处理、处罚。

第三十七条　各省级财政部门、安全生产监督管理部门、煤矿安全监察机构可以结合本地区实际情况，制定具体实施办法，并报财政部、国家安全生产监督管理总局备案。

第五章　附则

第三十八条　本办法由财政部、国家安全生产监督管理总局负责解释。

第三十九条　实行企业化管理的事业单位参照本办法执行。

第四十条　本办法自公布之日起施行。《关于调整煤炭生产安全费用提取标准加强煤炭生产安全费用使用管理与监督的通知》（财建〔2005〕168号）、《关于印发〈烟花爆竹生产企业安全费用提取与使用管理办法〉的通知》（财建〔2006〕180号）和《关于印发〈高危行业企业安全生产费用财务管理暂行办法〉的通知》（财企〔2006〕478号）同时废止。《关于印发〈煤炭生产安全费用提取和使用管理办法〉和〈关于规范煤矿维简费管理问题的若干规定〉的通知》（财建〔2004〕119号）等其他有关规定与本办法不一致的，以本办法为准。

关于建筑施工企业主要负责人、项目负责人和专职安全生产管理人员安全生产考核合格证书延期工作的指导意见

（建质〔2007〕189 号）

各省、自治区建设厅，直辖市建委，江苏省、山东省建管局，新疆生产建设兵团建设局，中央管理的建筑施工企业：

根据《建筑施工企业主要负责人、项目负责人和专职安全生产管理人员安全生产考核管理暂行规定》（建质〔2004〕59 号）规定，建筑施工企业管理人员安全生产考核合格证书有效期为三年。目前，各地区建筑施工企业主要负责人、项目负责人和专职安全生产管理人员（以下简称"三类人员"）即将陆续进入安全生产考核合格证书延期工作办理阶段，为进一步加强和规范"三类人员"安全生产考核合格证书延期工作，提出以下指导意见：

一、各地区"三类人员"安全生产考核合格证书颁发管理机关（以下简称"颁发管理机关"）要加强组织领导，切实做好"三类人员"安全生产考核合格证书延期工作。要以延期工作为契机，加强对"三类人员"的审查和继续教育培训工作，切实提高"三类人员"整体队伍素质；要结合实际，合理安排"三类人员"安全生产考核合格证书延期准备工作，做好与企业安全生产许可证延期的衔接工作；要规范办理程序，在办公场所、机关网站上公示延期的条件、程序、期限和需提交的材料，方便申请人办理延期手续。

二、各地区颁发管理机关要认真做好"三类人员"的安全生产知识继续教育工作。要将近期出台的一系列建筑安全生产相关法律法规以及技术标准作为继续教育内容的重点，进一步加强"三类人员"对安全生产法律、法规及技术标准的理解和掌握，提高安全生产管理能力，提升"三类人员"安全生产管理水平。

三、"三类人员"在安全生产考核合格证书有效期内，有下列行为之一的，安全生产考核合格证书有效期届满时，应重新考核：

（一）对于企业主要负责人：

1. 所在企业发生过较大及以上等级生产安全责任事故或两起及以上一般生产安全责任事故的；

2. 所在企业存在违法违规行为，或本人未依法认真履行安全生产管理职责，被处罚或通报批评的；

3. 未按规定接受企业年度安全生产培训教育和建设行政主管部门继续教育的；

4. 未按规定提出延期申请的；

5. 颁发管理机关认为有必要重新考核的其他行为。

（二）对于项目负责人：

1. 承建的工程项目发生过一般及以上等级生产安全责任事故的；

2. 承建的工程项目存在违法违规行为，或本人未依法认真履行安全生产管理职责，被处罚或通报批评的；

3. 未按规定接受企业年度安全生产培训教育和建设行政主管部门继续教育的；

4. 未按规定提出延期申请的；

5. 颁发管理机关认为有必要重新考核的其他行为。

（三）对于专职安全生产管理人员：

1. 企业安全监督机构的专职安全生产管理人员，其所在企业发生过较大及以上等级生产安全责任事故或两起及以上一般生产安全责任事故的；施工现场的专职安全生产管理人员，其所在工程项目发生过一般及以上等级生产安全责任事故的；

2. 所在企业或工程项目存在违法违规行为，或本人未依法履行安全生产管理职责，被处罚或通报批评的；

3. 未按规定接受企业年度安全生产培训教育和建设行政主管部门继续教育的；

4. 未按规定提出延期申请的；

5. 颁发管理机关认为有必要重新考核的其他行为。

四、对于在安全生产考核合格证书有效期内无上述行为，严格遵守有关安全生产的法律、法规和规章，认真履行安全生产职责，并接受企业年度安全生产培训教育和建设行政主管部门继续教育的"三类人员"，颁发管理机关可不再重新考核，其证书有效期可延期 3 年。

五、"三类人员"在安全生产考核合格证书三年有效期满前 3 个月，由本人向所在施工企业提出安全生产考核

合格证书延期申请,经施工企业同意后,由施工企业向原颁发管理机关递交申请材料。申请材料包括"三类人员"安全生产考核申请表和"三类人员"安全生产考核申请名单(申请表可参照《中央管理的建筑施工企业(集团公司、总公司)主要负责人、项目负责人和专职安全生产管理人员安全生产考核管理实施细则》(建质函〔2004〕189号))。逾期未办理延期申请且有效期满的,"三类人员"原证书自动失效。

六、各地区颁发管理机关在接到企业的延期申请后应在5个工作日内做出是否受理的决定。对于无需重新考核的,应当自受理安全生产考核合格证书延期申请之日起20个工作日内为其办理延期手续。颁发管理机关应在安全生产考核合格证书有效期一栏内填写新的有效期,加盖考核发证单位公章,并注明"经考核,同意延期三年"字样,其安全生产考核合格证书有效期延期3年。对于需重新考核的"三类人员",经颁发管理机关重新考核合格后,办理延期手续,并在其证书内注明"经重新考核,同意延期三年"字样。

七、各地区颁发管理机关应建立完善"三类人员"安全生产考核动态管理信息系统,定期向社会公布"三类人员"取得安全生产考核合格证书及延期情况。

八、各地区颁发管理机关可依照本通知,制定本地区的具体实施办法。

关于印发《建筑施工企业安全生产管理机构设置及专职安全生产管理人员配备办法》的通知

建质〔2008〕91 号

各省、自治区建设厅,直辖市建委,江苏、山东省建管局,新疆生产建设兵团建设局,中央管理的建筑企业:

为进一步规范建筑施工企业安全生产管理机构设置及专职安全生产管理人员配备,全面落实建筑施工企业安全生产主体责任,我们组织修订了《建筑施工企业安全生产管理机构设置及专职安全生产管理人员配备办法》,现印发给你们,请遵照执行。原《关于印发〈建筑施工企业安全生产管理机构设置及专职安全生产管理人员配备办法〉和〈危险性较大工程安全专项施工方案编制及专家论证审查办法〉的通知》(建质〔2004〕213 号)中的《建筑施工企业安全生产管理机构设置及专职安全生产管理人员配备办法》同时废止。

中华人民共和国住房和城乡建设部
2008 年 5 月 13 日

建筑施工企业安全生产管理机构设置及专职安全生产管理人员配备办法

第一条 为规范建筑施工企业安全生产管理机构的设置,明确建筑施工企业和项目专职安全生产管理人员的配备标准,根据《中华人民共和国安全生产法》、《建设工程安全生产管理条例》、《安全生产许可证条例》及《建筑施工企业安全生产许可证管理规定》,制定本办法。

第二条 从事土木工程、建筑工程、线路管道和设备安装工程及装修工程的新建、改建、扩建和拆除等活动的建筑施工企业安全生产管理机构的设置及其专职安全生产管理人员的配备,适用本办法。

第三条 本办法所称安全生产管理机构是指建筑施工企业设置的负责安全生产管理工作的独立职能部门。

第四条 本办法所称专职安全生产管理人员是指经建设主管部门或者其他有关部门安全生产考核合格取得安全生产考核合格证书,并在建筑施工企业及其项目从事安全生产管理工作的专职人员。

第五条 建筑施工企业应当依法设置安全生产管理机构,在企业主要负责人的领导下开展本企业的安全生产管理工作。

第六条 建筑施工企业安全生产管理机构具有以下职责:

(一)宣传和贯彻国家有关安全生产法律法规和标准;

(二)编制并适时更新安全生产管理制度并监督实施;

(三)组织或参与企业生产安全事故应急救援预案的编制及演练;

(四)组织开展安全教育培训与交流;

(五)协调配备项目专职安全生产管理人员;

(六)制订企业安全生产检查计划并组织实施;

(七)监督在建项目安全生产费用的使用;

(八)参与危险性较大工程安全专项施工方案专家论证会;

(九)通报在建项目违规违章查处情况;

(十)组织开展安全生产评优评先表彰工作;

(十一)建立企业在建项目安全生产管理档案;

(十二)考核评价分包企业安全生产业绩及项目安全生产管理情况;

(十三)参加生产安全事故的调查和处理工作;

(十四)企业明确的其他安全生产管理职责。

第七条 建筑施工企业安全生产管理机构专职安全生产管理人员在施工现场检查过程中具有以下职责:

(一)查阅在建项目安全生产有关资料、核实有关情况;

(二)检查危险性较大工程安全专项施工方案落实情况;

（三）监督项目专职安全生产管理人员履责情况；

（四）监督作业人员安全防护用品的配备及使用情况；

（五）对发现的安全生产违章违规行为或安全隐患，有权当场予以纠正或作出处理决定；

（六）对不符合安全生产条件的设施、设备、器材，有权当场作出查封的处理决定；

（七）对施工现场存在的重大安全隐患有权越级报告或直接向建设主管部门报告。

（八）企业明确的其他安全生产管理职责。

第八条 建筑施工企业安全生产管理机构专职安全生产管理人员的配备应满足下列要求，并应根据企业经营规模、设备管理和生产需要予以增加：

（一）建筑施工总承包资质序列企业：特级资质不少于 6 人；一级资质不少于 4 人；二级和二级以下资质企业不少于 3 人。

（二）建筑施工专业承包资质序列企业：一级资质不少于 3 人；二级和二级以下资质企业不少于 2 人。

（三）建筑施工劳务分包资质序列企业：不少于 2 人。

（四）建筑施工企业的分公司、区域公司等较大的分支机构（以下简称分支机构）应依据实际生产情况配备不少于 2 人的专职安全生产管理人员。

第九条 建筑施工企业应当实行建设工程项目专职安全生产管理人员委派制度。建设工程项目的专职安全生产管理人员应当定期将项目安全生产管理情况报告企业安全生产管理机构。

第十条 建筑施工企业应当在建设工程项目组建安全生产领导小组。建设工程实行施工总承包的，安全生产领导小组由总承包企业、专业承包企业和劳务分包企业项目经理、技术负责人和专职安全生产管理人员组成。

第十一条 安全生产领导小组的主要职责：

（一）贯彻落实国家有关安全生产法律法规和标准；

（二）组织制定项目安全生产管理制度并监督实施；

（三）编制项目生产安全事故应急救援预案并组织演练；

（四）保证项目安全生产费用的有效使用；

（五）组织编制危险性较大工程安全专项施工方案；

（六）开展项目安全教育培训；

（七）组织实施项目安全检查和隐患排查；

（八）建立项目安全生产管理档案；

（九）及时、如实报告安全生产事故。

第十二条 项目专职安全生产管理人员具有以下主要职责：

（一）负责施工现场安全生产日常检查并做好检查记录；

（二）现场监督危险性较大工程安全专项施工方案实施情况；

（三）对作业人员违规违章行为有权予以纠正或查处；

（四）对施工现场存在的安全隐患有权责令立即整改；

（五）对于发现的重大安全隐患，有权向企业安全生产管理机构报告；

（六）依法报告生产安全事故情况。

第十三条 总承包单位配备项目专职安全生产管理人员应当满足下列要求：

（一）建筑工程、装修工程按照建筑面积配备：

1. 1 万平方米以下的工程不少于 1 人；

2. 1 万～5 万平方米的工程不少于 2 人；

3. 5 万平方米及以上的工程不少于 3 人，且按专业配备专职安全生产管理人员。

（二）土木工程、线路管道、设备安装工程按照工程合同价配备：

1. 5 000 万元以下的工程不少于 1 人；

2. 5 000 万～1 亿元的工程不少于 2 人；

3. 1 亿元及以上的工程不少于 3 人，且按专业配备专职安全生产管理人员。

第十四条 分包单位配备项目专职安全生产管理人员应当满足下列要求：

（一）专业承包单位应当配置至少 1 人，并根据所承担的分部分项工程的工程量和施工危险程度增加。

（二）劳务分包单位施工人员在50人以下的，应当配备1名专职安全生产管理人员；50人～200人的，应当配备2名专职安全生产管理人员；200人及以上的，应当配备3名及以上专职安全生产管理人员，并根据所承担的分部分项工程施工危险实际情况增加，不得少于工程施工人员总人数的5‰。

第十五条 采用新技术、新工艺、新材料或致害因素多、施工作业难度大的工程项目，项目专职安全生产管理人员的数量应当根据施工实际情况，在第十三条、第十四条规定的配备标准上增加。

第十六条 施工作业班组可以设置兼职安全巡查员，对本班组的作业场所进行安全监督检查。建筑施工企业应当定期对兼职安全巡查员进行安全教育培训。

第十七条 安全生产许可证颁发管理机关颁发安全生产许可证时，应当审查建筑施工企业安全生产管理机构设置及其专职安全生产管理人员的配备情况。

第十八条 建设主管部门核发施工许可证或者核准开工报告时，应当审查该工程项目专职安全生产管理人员的配备情况。

第十九条 建设主管部门应当监督检查建筑施工企业安全生产管理机构及其专职安全生产管理人员履责情况。

第二十条 本办法自颁发之日起实施，原《关于印发〈建筑施工企业安全生产管理机构设置及专职安全生产管理人员配备办法〉和〈危险性较大工程安全专项施工方案编制及专家论证审查办法〉的通知》（建质〔2004〕213号）中的《建筑施工企业安全生产管理机构设置及专职安全生产管理人员配备办法》废止。

建筑施工企业安全生产许可证动态监管暂行办法

建质〔2008〕121 号

各省、自治区建设厅,直辖市建委:

为强化建筑施工企业安全生产许可证动态监管,促进施工企业保持和改善安全生产条件,控制和减少生产安全事故,我部制定了《建筑施工企业安全生产许可证动态监管暂行办法》。现印发给你们,请结合本地区实际执行。

中华人民共和国住房和城乡建设部
2008 年 6 月 30 日

第一条 为加强建筑施工企业安全生产许可证的动态监管,促进建筑施工企业保持和改善安全生产条件,控制和减少生产安全事故,根据《安全生产许可证条例》、《建设工程安全生产管理条例》和《建筑施工企业安全生产许可证管理规定》等法规规章,制定本办法。

第二条 建设单位或其委托的工程招标代理机构在编制资格预审文件和招标文件时,应当明确要求建筑施工企业提供安全生产许可证,以及企业主要负责人、拟担任该项目负责人和专职安全生产管理人员(以下简称"三类人员")相应的安全生产考核合格证书。

第三条 建设主管部门在审核发放施工许可证时,应当对已经确定的建筑施工企业是否具有安全生产许可证以及安全生产许可证是否处于暂扣期内进行审查,对未取得安全生产许可证及安全生产许可证处于暂扣期内的,不得颁发施工许可证。

第四条 建设工程实行施工总承包的,建筑施工总承包企业应当依法将工程分包给具有安全生产许可证的专业承包企业或劳务分包企业,并加强对分包企业安全生产条件的监督检查。

第五条 工程监理单位应当查验承建工程的施工企业安全生产许可证和有关"三类人员"安全生产考核合格证书持证情况,发现其持证情况不符合规定的或施工现场降低安全生产条件的,应当要求其立即整改。施工企业拒不整改的,工程监理单位应当向建设单位报告。建设单位接到工程监理单位报告后,应当责令施工企业立即整改。

第六条 建筑施工企业应当加强对本企业和承建工程安全生产条件的日常动态检查,发现不符合法定安全生产条件的,应当立即进行整改,并做好自查和整改记录。

第七条 建筑施工企业在"三类人员"配备、安全生产管理机构设置及其他法定安全生产条件发生变化以及因施工资质升级、增项而使得安全生产条件发生变化时,应当向安全生产许可证颁发管理机关(以下简称颁发管理机关)和当地建设主管部门报告。

第八条 颁发管理机关应当建立建筑施工企业安全生产条件的动态监督检查制度,并将安全生产管理薄弱、事故频发的企业作为监督检查的重点。

颁发管理机关根据监管情况、群众举报投诉和企业安全生产条件变化报告,对相关建筑施工企业及其承建工程项目的安全生产条件进行核查,发现企业降低安全生产条件的,应当视其安全生产条件降低情况对其依法实施暂扣或吊销安全生产许可证的处罚。

第九条 市、县级人民政府建设主管部门或其委托的建筑安全监督机构在日常安全生产监督检查中,应当查验承建工程施工企业的安全生产许可证。发现企业降低施工现场安全生产条件的或存在事故隐患的,应立即提出整改要求;情节严重的,应责令工程项目停止施工并限期整改。

第十条 依据本办法第九条责令停止施工符合下列情形之一的,市、县级人民政府建设主管部门应当于作出最后一次停止施工决定之日起15日内以书面形式向颁发管理机关(县级人民政府建设主管部门同时抄报设区市级人民政府建设主管部门;工程承建企业跨省施工的,通过省级人民政府建设主管部门抄告)提出暂扣企业安全生产许可证的建议,并附具企业及有关工程项目违法违规事实和证明安全生产条件降低的相关询问笔录或其他证据材料。

(一)在 12 个月内,同一企业同一项目被两次责令停止施工的。

（二）在 12 个月内,同一企业在同一市、县内三个项目被责令停止施工的;

（三）施工企业承建工程经责令停止施工后,整改仍达不到要求或拒不停工整改的。

第十一条　颁发管理机关接到本办法第十条规定的暂扣安全生产许可证建议后,应当于 5 个工作日内立案,并根据情节轻重依法给予企业暂扣安全生产许可证 30 日至 60 日的处罚。

第十二条　工程项目发生一般及以上生产安全事故的,工程所在地市、县级人民政府建设主管部门应当立即按照事故报告要求向本地区颁发管理机关报告。

工程承建企业跨省施工的,工程所在地省级建设主管部门应当在事故发生之日起 15 日内将事故基本情况书面通报颁发管理机关,同时附具企业及有关项目违法违规事实和证明安全生产条件降低的相关询问笔录或其他证据材料。

第十三条　颁发管理机关接到本办法第十二条规定的报告或通报后,应立即组织对相关建筑施工企业（含施工总承包企业和与发生事故直接相关的分包企业）安全生产条件进行复核,并于接到报告或通报之日起 20 日内复核完毕。

颁发管理机关复核施工企业及其工程项目安全生产条件,可以直接复核或委托工程所在地建设主管部门复核。被委托的建设主管部门应严格按照法规规章和相关标准进行复核,并及时向颁发管理机关反馈复核结果。

第十四条　依据本办法第十三条进行复核,对企业降低安全生产条件的,颁发管理机关应当依法给予企业暂扣安全生产许可证的处罚;属情节特别严重的或者发生特别重大事故的,依法吊销安全生产许可证。

暂扣安全生产许可证处罚视事故发生级别和安全生产条件降低情况,按下列标准执行:

（一）发生一般事故的,暂扣安全生产许可证 30 至 60 日。

（二）发生较大事故的,暂扣安全生产许可证 60 至 90 日。

（三）发生重大事故的,暂扣安全生产许可证 90 至 120 日。

第十五条　建筑施工企业在 12 个月内第二次发生生产安全事故的,视事故级别和安全生产条件降低情况,分别按下列标准进行处罚:

（一）发生一般事故的,暂扣时限为在上一次暂扣时限的基础上再增加 30 日。

（二）发生较大事故的,暂扣时限为在上一次暂扣时限的基础上再增加 60 日。

（三）发生重大事故的,或按本条（一）、（二）处罚暂扣时限超过 120 日的,吊销安全生产许可证。12 个月内同一企业连续发生三次生产安全事故的,吊销安全生产许可证。

第十六条　建筑施工企业瞒报、谎报、迟报或漏报事故的,在本办法第十四条、第十五条处罚的基础上,再处延长暂扣期 30 日至 60 日的处罚。暂扣时限超过 120 日的,吊销安全生产许可证。

第十七条　建筑施工企业在安全生产许可证暂扣期内,拒不整改的,吊销其安全生产许可证。

第十八条　建筑施工企业安全生产许可证被暂扣期间,企业在全国范围内不得承揽新的工程项目。发生问题或事故的工程项目停工整改,经工程所在地有关建设主管部门核查合格后方可继续施工。

第十九条　建筑施工企业安全生产许可证被吊销后,自吊销决定作出之日起一年内不得重新申请安全生产许可证。

第二十条　建筑施工企业安全生产许可证暂扣期满前 10 个工作日,企业需向颁发管理机关提出发还安全生产许可证申请。颁发管理机关接到申请后,应当对被暂扣企业安全生产条件进行复查,复查合格的,应当在暂扣期满时发还安全生产许可证;复查不合格的,增加暂扣期限直至吊销安全生产许可证。

第二十一条　颁发管理机关应建立建筑施工企业安全生产许可动态监管激励制度。对于安全生产工作成效显著、连续三年及以上未被暂扣安全生产许可证的企业,在评选各级各类安全生产先进集体和个人、文明工地、优质工程等时可以优先考虑,并可根据本地实际情况在监督管理时采取有关优惠政策措施。

第二十二条　颁发管理机关应将建筑施工企业安全生产许可证审批、延期、暂扣、吊销情况,于做出有关行政决定之日起 5 个工作日内录入全国建筑施工企业安全生产许可证管理信息系统,并对录入信息的真实性和准确性负责。

第二十三条　在建筑施工企业安全生产许可证动态监管中,涉及有关专业建设工程主管部门的,依照有关职责分工实施。

各省、自治区、直辖市人民政府建设主管部门可根据本办法,制定本地区的实施细则。

危险性较大的分部分项工程安全管理办法

建质〔2009〕87 号

各省、自治区住房和城乡建设厅,直辖市建委,江苏省、山东省建管局,新疆生产建设兵团建设局,中央管理的建筑企业:

为进一步规范和加强对危险性较大的分部分项工程安全管理,积极防范和遏制建筑施工生产安全事故的发生,我们组织修定了危险性较大的分部分项工程安全管理办法》,现印发给你们,请遵照执行。

中华人民共和国住房和城乡建设部

2009 年 5 月 13 日

第一条 为加强对危险性较大的分部分项工程安全管理,明确安全专项施工方案编制内容,规范专家论证程序,确保安全专项施工方案实施,积极防范和遏制建筑施工生产安全事故的发生,依据《建设工程安全生产管理条例》及相关安全生产法律法规制定本办法。

第二条 本办法适用于房屋建筑和市政基础设施工程(以下简称"建筑工程")的新建、改建、扩建、装修和拆除等建筑安全生产活动及安全管理。

第三条 本办法所称危险性较大的分部分项工程是指建筑工程在施工过程中存在的、可能导致作业人员群死群伤或造成重大不良社会影响的分部分项工程。危险性较大的分部分项工程范围见附件一。

危险性较大的分部分项工程安全专项施工方案(以下简称"专项方案"),是指施工单位在编制施工组织(总)设计的基础上,针对危险性较大的分部分项工程单独编制的安全技术措施文件。

第四条 建设单位在申请领取施工许可证或办理安全监督手续时,应当提供危险性较大的分部分项工程清单和安全管理措施。施工单位、监理单位应当建立危险性较大的分部分项工程安全管理制度。

第五条 施工单位应当在危险性较大的分部分项工程施工前编制专项方案;对于超过一定规模的危险性较大的分部分项工程,施工单位应当组织专家对专项方案进行论证。超过一定规模的危险性较大的分部分项工程范围见附件二。

第六条 建筑工程实行施工总承包的,专项方案应当由施工总承包单位组织编制。其中,起重机械安装拆卸工程、深基坑工程、附着式升降脚手架等专业工程实行分包的,其专项方案可由专业承包单位组织编制。

第七条 专项方案编制应当包括以下内容:

(一)工程概况:危险性较大的分部分项工程概况、施工平面布置、施工要求和技术保证条件。

(二)编制依据:相关法律、法规、规范性文件、标准、规范及图纸(国标图集)、施工组织设计等。

(三)施工计划:包括施工进度计划、材料与设备计划。

(四)施工工艺技术:技术参数、工艺流程、施工方法、检查验收等。

(五)施工安全保证措施:组织保障、技术措施、应急预案、监测监控等。

(六)劳动力计划:专职安全生产管理人员、特种作业人员等。

(七)计算书及相关图纸。

第八条 专项方案应当由施工单位技术部门组织本单位施工技术、安全、质量等部门的专业技术人员进行审核。经审核合格的,由施工单位技术负责人签字。实行施工总承包的,专项方案应当由总承包单位技术负责人及相关专业承包单位技术负责人签字。

不需专家论证的专项方案,经施工单位审核合格后报监理单位,由项目总监理工程师审核签字。

第九条 超过一定规模的危险性较大的分部分项工程专项方案应当由施工单位组织召开专家论证会。实行施工总承包的,由施工总承包单位组织召开专家论证会。

下列人员应当参加专家论证会:

(一)专家组成员;

(二)建设单位项目负责人或技术负责人;

(三)监理单位项目总监理工程师及相关人员;

（四）施工单位分管安全的负责人、技术负责人、项目负责人、项目技术负责人、专项方案编制人员、项目专职安全生产管理人员；

（五）勘察、设计单位项目技术负责人及相关人员。

第十条 专家组成员应当由 5 名及以上符合相关专业要求的专家组成。

本项目参建各方的人员不得以专家身份参加专家论证会。

第十一条 专家论证的主要内容：

（一）专项方案内容是否完整、可行；

（二）专项方案计算书和验算依据是否符合有关标准规范；

（三）安全施工的基本条件是否满足现场实际情况。

专项方案经论证后，专家组应当提交论证报告，对论证的内容提出明确的意见，并在论证报告上签字。该报告作为专项方案修改完善的指导意见。

第十二条 施工单位应当根据论证报告修改完善专项方案，并经施工单位技术负责人、项目总监理工程师、建设单位项目负责人签字后，方可组织实施。

实行施工总承包的，应当由施工总承包单位、相关专业承包单位技术负责人签字。

第十三条 专项方案经论证后需做重大修改的，施工单位应当按照论证报告修改，并重新组织专家进行论证。

第十四条 施工单位应当严格按照专项方案组织施工，不得擅自修改、调整专项方案。

如因设计、结构、外部环境等因素发生变化确需修改的，修改后的专项方案应当按本办法第八条重新审核。对于超过一定规模的危险性较大工程的专项方案，施工单位应当重新组织专家进行论证。

第十五条 专项方案实施前，编制人员或项目技术负责人应当向现场管理人员和作业人员进行安全技术交底。

第十六条 施工单位应当指定专人对专项方案实施情况进行现场监督和按规定进行监测。发现不按照专项方案施工的，应当要求其立即整改；发现有危及人身安全紧急情况的，应当立即组织作业人员撤离危险区域。

施工单位技术负责人应当定期巡查专项方案实施情况。

第十七条 对于按规定需要验收的危险性较大的分部分项工程，施工单位、监理单位应当组织有关人员进行验收。验收合格的，经施工单位项目技术负责人及项目总监理工程师签字后，方可进入下一道工序。

第十八条 监理单位应当将危险性较大的分部分项工程列入监理规划和监理实施细则，应当针对工程特点、周边环境和施工工艺等，制定安全监理工作流程、方法和措施。

第十九条 监理单位应当对专项方案实施情况进行现场监理；对不按专项方案实施的，应当责令整改，施工单位拒不整改的，应当及时向建设单位报告；建设单位接到监理单位报告后，应当立即责令施工单位停工整改；施工单位仍不停工整改的，建设单位应当及时向住房城乡建设主管部门报告。

第二十条 各地住房城乡建设主管部门应当按专业类别建立专家库。专家库的专业类别及专家数量应根据本地实际情况设置。

专家名单应当予以公示。

第二十一条 专家库的专家应当具备以下基本条件：

（一）诚实守信、作风正派、学术严谨；

（二）从事专业工作 15 年以上或具有丰富的专业经验；

（三）具有高级专业技术职称。

第二十二条 各地住房城乡建设主管部门应当根据本地区实际情况，制定专家资格审查办法和管理制度并建立专家诚信档案，及时更新专家库。

第二十三条 建设单位未按规定提供危险性较大的分部分项工程清单和安全管理措施，未责令施工单位停工整改的，未向住房城乡建设主管部门报告的；施工单位未按规定编制、实施专项方案的；监理单位未按规定审核专项方案或未对危险性较大的分部分项工程实施监理的；住房城乡建设主管部门应当依据有关法律法规予以处罚。

第二十四条 各地住房城乡建设主管部门可结合本地区实际，依照本办法制定实施细则。

第二十五条 本办法自颁布之日起实施。原《关于印发〈建筑施工企业安全生产管理机构设置及专职安全生产管理人员配备办法〉和〈危险性较大工程安全专项施工方案编制及专家论证审查办法〉的通知》（建质〔2004〕213号）中的《危险性较大工程安全专项施工方案编制及专家论证审查办法》废止。

附件一：危险性较大的分部分项工程范围

附件二：超过一定规模的危险性较大的分部分项工程范围

附件一：危险性较大的分部分项工程范围

一、基坑支护、降水工程

开挖深度超过 3 m（含 3 m）或虽未超过 3 m 但地质条件和周边环境复杂的基坑（槽）支护、降水工程。

二、土方开挖工程

开挖深度超过 3 m（含 3 m）的基坑（槽）的土方开挖工程。

三、模板工程及支撑体系

（一）各类工具式模板工程：包括大模板、滑模、爬模、飞模等工程。

（二）混凝土模板支撑工程：搭设高度 5 m 及以上；搭设跨度 10 m 及以上；施工总荷载 10 kN/m² 及以上；集中线荷载 15 kN/m² 及以上；高度大于支撑水平投影宽度且相对独立无联系构件的混凝土模板支撑工程。

（三）承重支撑体系：用于钢结构安装等满堂支撑体系。

四、起重吊装及安装拆卸工程

（一）采用非常规起重设备、方法，且单件起吊重量在 10 kN 及以上的起重吊装工程。

（二）采用起重机械进行安装的工程。

（三）起重机械设备自身的安装、拆卸。

五、脚手架工程

（一）搭设高度 24 m 及以上的落地式钢管脚手架工程。

（二）附着式整体和分片提升脚手架工程。

（三）悬挑式脚手架工程。

（四）吊篮脚手架工程。

（五）自制卸料平台、移动操作平台工程。

（六）新型及异型脚手架工程。

六、拆除、爆破工程

（一）建筑物、构筑物拆除工程。

（二）采用爆破拆除的工程。

七、其他

（一）建筑幕墙安装工程。

（二）钢结构、网架和索膜结构安装工程。

（三）人工挖扩孔桩工程。

（四）地下暗挖、顶管及水下作业工程。

（五）预应力工程。

（六）采用新技术、新工艺、新材料、新设备及尚无相关技术标准的危险性较大的分部分项工程。

附件二：超过一定规模的危险性较大的分部分项工程范围

一、深基坑工程

（一）开挖深度超过 5 m（含 5 m）的基坑（槽）的土方开挖、支护、降水工程。

（二）开挖深度虽未超过 5 m，但地质条件、周围环境和地下管线复杂，或影响毗邻建筑（构筑）物安全的基坑（槽）的土方开挖、支护、降水工程。

二、模板工程及支撑体系

（一）工具式模板工程：包括滑模、爬模、飞模工程。

（二）混凝土模板支撑工程：搭设高度 8 m 及以上；搭设跨度 18 m 及以上，施工总荷载 15 kN/m² 及以上；集中线荷载 20 kN/m² 及以上。

（三）承重支撑体系：用于钢结构安装等满堂支撑体系，承受单点集中荷载 700 Kg 以上。

三、起重吊装及安装拆卸工程

（一）采用非常规起重设备、方法，且单件起吊重量在 100 kN 及以上的起重吊装工程。

（二）起重量 300 kN 及以上的起重设备安装工程；高度 200 m 及以上内爬起重设备的拆除工程。

四、脚手架工程

（一）搭设高度 50 m 及以上落地式钢管脚手架工程。

（二）提升高度 150 m 及以上附着式整体和分片提升脚手架工程。

（三）架体高度 20 m 及以上悬挑式脚手架工程。

五、拆除、爆破工程

（一）采用爆破拆除的工程。

（二）码头、桥梁、高架、烟囱、水塔或拆除中容易引起有毒有害气（液）体或粉尘扩散、易燃易爆事故发生的特殊建、构筑物的拆除工程。

（三）可能影响行人、交通、电力设施、通讯设施或其他建、构筑物安全的拆除工程。

（四）文物保护建筑、优秀历史建筑或历史文化风貌区控制范围的拆除工程。

六、其他

（一）施工高度 50 m 及以上的建筑幕墙安装工程。

（二）跨度大于 36 m 及以上的钢结构安装工程；跨度大于 60 m 及以上的网架和索膜结构安装工程。

（三）开挖深度超过 16 m 的人工挖孔桩工程。

（四）地下暗挖工程、顶管工程、水下作业工程。

（五）采用新技术、新工艺、新材料、新设备及尚无相关技术标准的危险性较大的分部分项工程。

关于建立水利建设工程安全生产条件市场准入制度的通知

水建管〔2005〕80 号

各流域机构,各省、自治区、直辖市水利(水务)厅(局),各计划单列市水利(水务)局,新疆生产建设兵团水利局,各有关单位:

为进一步加强水利建设工程安全生产监督管理,保障施工安全和人民群众生命财产安全,根据《建设工程安全生产管理条例》(国务院令第 393 号)、《安全生产许可证条例》(国务院令第 397 号),我部决定从即日起,在水利工程招标投标活动中,建立水利建设工程安全生产条件市场准入制度。现将有关事项通知如下:

一、各级水行政主管部门、各有关单位除继续加强对投标施工企业的能力(如资质、业绩等)审查外,还必须增加对投标施工企业是否取得建设行政主管部门办法的安全生产许可证的审查,凡未取得安全生产许可证的施工企业不得参加水利工程的投标。

二、各级水行政主管部门、各有关单位除继续加强对投标施工企业有关人员(如项目经理)的能力(如项目经理证书或建造师执业资格证书、业绩等)审查外,还必须增加对投标施工企业负责人、项目负责人和专职安全生产管理人员是否取得水行政主管部门颁发的安全生产考核合格证书的审查,凡未取得安全生产考核合格证书的施工企业主要负责人、项目负责人和专职安全生产管理人员不得参与水利工程的投标并不得担任相关施工管理职务。

三、水利工程质量监督、勘测设计、监理等单位应当积极组织本单位相关人员参加有关水利建设工程安全生产知识培训,增强安全生产意识,增加安全生产知识,提高施工现场安全生产监督检查水平,适应《建设工程安全生产管理条例》的要求。

水利工程建设重大质量与安全事故应急预案

水建管〔2006〕202 号

为提高应对水利工程建设重大质量与安全事故能力,做好应急处置工作,保证工程建设质量与施工安全,根据国务院《国家突发公共事件总体应急预案》和《有关部门和单位制定和修订突发公共事件应急预案框架指南(国办函〔2004〕33 号),我部结合水利工程建设实际,制定了《水利工程建设重大质量与安全事故应急预案》。现印发给你们,请遵照执行。

1. 总则

1.1 目的

为做好水利工程建设重大质量与安全事故应急处置工作,有效预防、及时控制和消除水利工程建设重大质量与安全事故的危害,最大限度减少人员伤亡和财产损失,保证水利工程建设顺利进行,根据国家有关规定结合水利工程建设实际,制定本应急预案。

1.2 编制依据

制定本预案的依据是《中华人民共和国安全生产法》、《中华人民共和国水法》、《中华人民共和国防洪法》、《建设工程安全生产管理条例》、《建设工程质量管理条例》、《安全生产许可证条例》、《特别重大事故调查程序暂行规定》、《国家突发公共事件总体应急预案》、《水利工程质量管理规定》、《水利工程质量事故处理暂行规定》和《水利工程建设安全生产管理规定》等法律、法规和有关规定。

1.3 适用范围

1.3.1 本应急预案适用于水利工程建设过程中突然发生且已经造成或者可能造成重大人员伤亡、重大财产损失,有重大社会影响或涉及公共安全的重大质量与安全事故的应急处置工作。

国家法律、行政法规另有规定的,从其规定。

1.3.2 结合水利工程建设的实际,按照质量与安全事故发生的过程、性质和机理,水利工程建设重大质量与安全事故主要包括:

(1) 施工中土石方塌方和结构坍塌安全事故;

(2) 特种设备或施工机械安全事故;

(3) 施工围堰坍塌安全事故;

(4) 施工爆破安全事故;

(5) 施工场地内道路交通安全事故;

(6) 施工中发生的各种重大质量事故;

(7) 其他原因造成的水利工程建设重大质量与安全事故。

水利工程建设中发生的自然灾害(如洪水、地震等)、公共卫生、社会安全等事件,依照国家和地方相应应急预案执行。

1.4 工作原则

1.4.1 以人为本,安全第一。应急处置以保障人民群众的利益和生命财产安全作为出发点和落脚点,最大限度地减少或减轻重大质量与安全事故造成的人员伤亡和财产损失以及社会危害。

1.4.2 分级管理、分级负责。在国务院统一领导下,根据水利工程建设重大质量与安全事故等级、类型和职责分工,水利部及其所属流域机构、地方各级人民政府及各级水行政主管部门以及水利工程建设项目法人(建设单位,包括项目代建机构,下同)和施工等工程参建单位负责相应的质量与安全事故应急处置工作。

1.4.3 集中领导、统一指挥,属地为主,条块结合。地方各级人民政府是水利工程建设重大质量与安全事故应急处置的主体,承担处置事故的首要责任。水利部予以协调和指导,水利部所属流域机构、各级水行政主管部门各司其职,积极协调配合,动员力量,有组织地参与事故处置活动。事故现场应当设立由当地政府组建、各应急指挥机构参加的事故现场应急处置指挥机构,实行集中领导、统一指挥。水利工程建设项目法人和施工等工程参建单位在事故现场应急处置指挥机构的统一指挥下,进行事故处置活动。

1.4.4 信息准确、运转高效。水利工程建设项目法人和施工等工程参建单位要及时报告事故信息。在地方人民政府的领导下,各级水行政主管部门要与地方人民政府和有关部门密切协作,快速处置信息。相关部门应当在接到事故信息后第一时间内启动应急预案。

1.4.5 预防为主,平战结合。贯彻落实"安全第一,预防为主"的方针,坚持事故应急与预防工作相结合,做好预防、预测、预警和预报、正常情况下的水利建设工程项目风险评估、应急物资储备、应急队伍建设以及完善应急装备和应急预案演练等工作。

2. 应急指挥机构与体系

2.1 协调机制及相关部门职

水利部与国家有关部门和单位建立联络协调机制,在启动本预案时统一行动、密切配合、提高应急效率。

2.2 应急组织指挥体系

水利工程建设重大质量与安全事故应急组织指挥体系由水利部及流域机构、各级水行政主管部门的水利工程建设重大质量与安全事故应急指挥部、地方各级人民政府、水利工程建设项目法人以及施工等工程参建单位的质量与安全事故应急指挥部组成。应急组织指挥体系框架见附录2。

2.3 水利部应急指挥机构及职责

2.3.1 水利部设立水利工程建设重大质量与安全事故应急指挥部(以下简称"水利部工程建设事故应急指挥部")。水利部工程建设事故应急指挥部的组成如下:

指挥长:分管工程建设的副部长;

副指挥长:建设与管理司司长(兼水利部工程建设事故应急指挥部办公室主任),办公厅副主任,部安全生产领导小组办公室主任;

成员:规划计划司、人事劳动教育司、监察部驻水利部监察局、国家防汛抗旱总指挥部办公室、水利水电规划设计总院的主要负责同志(水利部工程建设事故应急指挥部成员未在京或有特殊情况时,由所在单位按职务排名先后递补)。

水利部工程建设事故应急指挥部在水利部安全生产领导小组的领导下开展工作,其主要职责为:

(1) 拟定水利工程建设重大质量与安全事故应急预案、工作制度和办法;

(2) 监督、指导和协调流域机构以及各级水行政管理部门制定和完善应急预案,落实预案措施,做好事故发生后的应急处置、信息上报和发布、善后处置等工作;

(3) 指导、协调和参与水利工程建设重大质量与安全事故应急处置;

(4) 及时了解和掌握水利工程建设重大质量与安全事故信息,根据事故情况需要,及时向国务院报告事故情况;

(5) 组织事故调查工作,或配合国务院以及国家安全生产监督管理总局等职能部门进行事故调查、分析、处理及评估工作;

(6) 为地方提供事故处理的专家和技术支持,组织事故应急处置相关知识的宣传、培训和演练。

2.3.2 水利部工程建设事故应急指挥部下设办公室,作为其日常办事机构。

水利部工程建设事故应急指挥部办公室设在水利部建设与管理司,其组成如下:

主任:建设与管理司司长;

副主任:人事劳动教育司副司长、建设与管理司副司长(分管水利工程建设);

联络员:建设与管理司有关处室工作人员。

水利部工程建设事故应急指挥部办公室主要职责是:

(1) 在水利部工程建设事故应急指挥部和水利部安全生产领导小组的领导下,在水利部安全生产领导小组办公室的指导下,负责水利工程建设重大质量与安全事故应急的日常事务工作;

(2) 组织实施应急预案,传达水利部工程建设事故应急指挥部的各项指令,协调水利工程建设重大质量与安全事故应急处置工作;

(3) 汇总事故信息并报告(通报)事故情况,组织事故信息的发布工作;

(4) 负责水利部直管(水利部或流域机构直接负责建设管理,下同)水利工程建设项目重大质量与安全事故的应急处置工作;

(5) 承办水利部工程建设事故应急指挥部召开的会议和重要活动;

（6）承办水利部工程建设事故应急指挥部交办的其他事项。

2.3.3 水利部工程建设事故应急指挥部下设专家技术组、事故调查组等若干个工作组（以下统称为"工作组"），根据需要及时组建并开展工作。

工作组的具体设置，由水利部工程建设事故应急指挥部根据具体情况确定。有关专家从水利部安全生产专家库中选择，特殊专业或有特殊要求的专家，由水利部工程建设事故应急指挥部办公室商请有关部门推荐。各工作组在水利部工程建设事故应急指挥部的组织协调下，为事故应急救援和处置提供专业支援和技术支撑，开展具体的应急处置工作，主要职责如下：

（1）专家技术组：根据重大质量与安全事故类别和性质，及时调集和组织安全、施工、监理、设计、科研等相关技术专家，分析事故发生原因，评估预测事故发展趋势，提出消减事故对人员和财产危害的应急救援技术措施和对策，为水利部工程建设事故应急指挥部及现场应急处置指挥机构提供决策依据和技术支持。

（2）事故调查组：按照事故调查规则和程序，全面、科学、客观、公正、实事求是地收集事故资料，以及其他可能涉及事故的相关事件，详细掌握事故情况，查明事故原因，评估事故影响程度，分清事故责任并提出相应处理意见，提出防止事故重复发生的意见和建议，写出事故调查报告。

2.4 流域机构应急处置指挥机构及职责

水利部流域机构应当制定流域机构水利工程建设重大质量与安全事故应急预案。有关重大质量与安全事故应急指挥部的组成以及职责，可参照水利部工程建设事故应急指挥部的组成与职责，结合流域机构的职责与水利工程项目管理的实际制定。应急预案需经水利部核准并抄送流域内省级水行政主管部门（含新疆生产建设兵团水利局，下同）。

2.5 各级水行政主管部门应急处置机构及职责

各级水行政主管部门应当根据本级人民政府的统一部署和水利部的有关规定，制定本行政区域内水利工程建设重大质量与安全事故应急预案。有关重大质量与安全事故应急指挥部的组成以及职责，可参照水利部工程建设事故应急指挥部的组成与职责，结合本地实际制定。水利工程建设重大质量与安全事故应急预案应逐级上报备案，省级水行政主管部门应将其应急预案报水利部及所在流域机构备案。

2.6 项目法人应急处置指挥机构及职责

在本级水行政主管部门的指导下，水利工程建设项目法人应当组织制定本工程项目建设质量与安全事故应急预案，建立工程项目建设质量与安全事故应急处置指挥部。工程项目建设质量与安全事故应急处置指挥部的组成如下：

指挥：项目法人主要负责人；

副指挥：工程各参建单位主要负责人；

成员：工程各参建单位有关人员。

工程项目建设质量与安全事故应急处置指挥部的主要职责有：

（1）制定工程项目质量与安全事故应急预案（包括专项应急预案），明确工程各参建单位的责任，落实应急救援的具体措施；

（2）事故发生后，执行现场应急处置指挥机构的指令，及时报告并组织事故应急救援和处置，防止事故的扩大和后果的蔓延，尽力减少损失；

（3）及时向地方人民政府、地方安全生产监督管理部门和有关水行政主管部门应急指挥机构报告事故情况；

（4）配合工程所在地人民政府有关部门划定并控制事故现场的范围、实施必要的交通管制及其他强制性措施、组织人员和设备撤离危险区等；

（5）按照应急预案，做好与工程项目所在地有关应急救援机构和人员的联系沟通；

（6）配合有关水行政主管部门应急处置指挥机构及其他有关主管部门发布和通报有关信息；

（7）组织事故善后工作，配合事故调查、分析和处理；

（8）落实并定期检查应急救援器材、设备情况；

（9）组织应急预案的宣传、培训和演练；

（10）完成事故救援和处理的其他相关工作。

水利工程项目建设质量与安全事故应急预案应当报工程所在地县级以上水行政主管部门以及项目法人的主

管部门备案。

2.7 施工单位应急救援组织及职责

2.7.1 承担水利工程施工的施工单位应当制定本单位施工质量与安全事故应急预案,建立应急救援组织或者配备应急救援人员,配备必要的应急救援器材、设备,并定期组织演练。水利工程施工企业应明确专人维护救援器材、设备等。

2.7.2 在工程项目开工前,施工单位应当根据所承担的工程项目施工特点和范围,制定施工现场施工质量与安全事故应急预案,建立应急救援组织或配备应急救援人员并明确职责。

2.7.3 在承包单位的统一组织下,工程施工分包单位(包括工程分包和劳务作业分包)应当按照施工现场施工质量与安全事故应急预案,建立应急救援组织或配备应急救援人员并明确职责。

2.7.4 施工单位的施工质量与安全事故应急预案、应急救援组织或配备的应急救援人员和职责应当与项目法人制定的水利工程项目建设质量与安全事故应急预案协调一致,并将应急预案报项目法人备案。

2.8 现场应急处置指挥机构及职责

重大质量与安全事故发生后,在当地政府的统一领导下,应当迅速组建重大质量与安全事故现场应急处置指挥机构,负责事故现场应急救援和处置的统一领导与指挥。

3. 预警和预防机制

3.1 工作准备

各级水行政主管部门应当定期研究水利工程建设重大质量与安全事故应急工作,指导建立和完善本行政区域内以及所主管工程项目应急组织体系和应急队伍建设,加强质量与安全事故应急有关知识的宣传教育,开展工程项目应急预案以及应急救援器材、设备的监督检查工作,防患于未然。

3.2 预警预防行动

3.2.1 施工单位应当根据建设工程的施工特点和范围,加强对施工现场易发生重大事故的部位、环节进行监控,配备救援器材、设备,并定期组织演练。

3.2.2 对可能导致重大质量与安全事故后果的险情,项目法人和施工等知情单位应当按项目管理权限立即报告流域机构或水行政主管部门和工程所在地人民政府,必要时可越级上报至水利部工程建设事故应急指部办公室;对可能造成重大洪水灾害的险情,项目法人和施工单位等知情单位应当立即报告所在地防汛指挥部,必要时可越级上报至国家防汛抗旱总指挥部办公室。

3.2.3 项目法人、各级水行政主管部门接到可能导致水利工程建设重大质量与安全事故的信息后,及时确定应对方案,通知有关部门、单位采取相应行动预防事故发生,并按照预案做好应急准备。

水利部工程建设事故应急指挥部办公室接到可能导致水利工程建设重大质量与安全事故信息后,密切关注事态进展,及时给予指导协调,并按照预案做好应急准备工作。

4. 应急响应

4.1 分级响应

按事故的严重程度和影响范围,将水利工程建设质量与安全事故分为Ⅰ、Ⅱ、Ⅲ、Ⅳ四级。对应相应事故等级,采取Ⅰ级、Ⅱ级、Ⅲ级、Ⅳ级应急响应行动。

4.1.1 Ⅰ级(特别重大质量与安全事故)

已经或者可能导致死亡(含失踪)30人以上(含本数,下同),或重伤(中毒)100人以上,或需要紧急转移安置10万人以上,或直接经济损失1亿元以上的事故。

4.1.2 Ⅱ级(特大质量与安全事故)

已经或者可能导致死亡(含失踪)10人以上、30人以下(不含本数,下同),或重伤(中毒)50人以上、100以下,或需要紧急转移安置1万人以上、10万人以下,或直接经济损失5 000万元以上、1亿元以下的事故。

4.1.3 Ⅲ级(重大质量与安全事故)

已经或者可能导致死亡(含失踪)3人以上、10人以下,或重伤(中毒)30以上、50人以下,或直接经济损失1 000万元以上、5 000万元以下的事故。

4.1.4 Ⅳ级(较大质量与安全事故)

已经或者可能导致死亡(含失踪)3人以下,或重伤(中毒)30以下,或直接经济损失1 000万元以下的事故。根据国家有关规定和水利工程建设实际情况,事故分级将适时做出调整。

4.2　响应程序

水利工程建设质量与安全事故发生后,各级应急指挥部应当根据项目管理权限立即启动应急预案,迅速赶赴事故现场。

4.2.1　水利部直管水利工程建设项目发生质量与安全事故后,水利部工程建设事故应急指挥部在接到事故报告后,应当立即启动应急预案,有关部门和单位按职责认真开展应急处置工作。

启动Ⅰ级应急响应行动时,由水利部工程建设事故应急指挥部指挥长(分管工程建设的副部长)或副指挥长(水利部办公厅主任)率水利部工作组指导事故应急处置和事故调查工作。

启动Ⅱ、Ⅲ级应急响应行动时,由水利部工程建设事故应急指挥部办公室主任(水利部建设与管理司司长)或副主任(水利部建设与管理司分管工程建设的副司长)率水利部工作组指导事故应急处置和事故调查工作。

启动Ⅳ级应急响应行动时,由水利部工程建设事故应急指挥部办公室有关处长率水利部工作组指导事故应急处置和事故调查工作。

4.2.2　地方水行政主管部门负责建设管理的水利工程建设项目(包括跨省、自治区、直辖市的水利工程建设项目)发生质量与安全事故后,水利部工程建设事故应急指挥部在接到事故报告后,应当立即启动应急预案,协助和指导地方有关部门和单位按职责认真开展应急处置的工作。

启动Ⅰ、Ⅱ级应急响应行动时,由水利部工程建设事故应急指挥部办公室主任或副主任率水利部工作组协调、指导事故应急处置和事故调查工作。

启动Ⅲ、Ⅳ级应急响应行动时,由水利部工程建设事故应急指挥部办公室有关处长率水利部工作组协调、指导事故应急处置和事故调查工作。

4.3　事故报告

4.3.1　事故报告程序

(1)水利工程建设重大质量与安全事故发生后,事故现场有关人员应当立即报告本单位负责人。项目法人、施工等单位应当立即将事故情况按项目管理权限如实向流域机构或水行政主管部门和事故所在地人民政府报告,最迟不得超过4小时。流域机构或水行政主管部门接到事故报告后,应当立即报告上级水行政主管部门和水利部工程建设事故应急指挥部。水利工程建设过程中发生生产安全事故的,应当同时向事故所在地安全生产监督局报告;特种设备发生事故,应当同时向特种设备安全监督管理部门报告。接到报告的部门应当按照国家有关规定,如实上报。

报告的方式可先采用电话口头报告,随后递交正式书面报告。在法定工作日向水利部工程建设事故应急指挥部办公室报告,夜间和节假日向水利部总值班室报告,总值班室归口负责向国务院报告。

(2)各级水行政主管部门接到水利工程建设重大质量与安全事故报告后,应当遵循"迅速、准确"的原则,立即逐级报告同级人民政府和上级水行政主管部门。

(3)对于水利部直管的水利工程建设项目以及跨省(自治区、直辖市)的水利工程项目,在报告水利部的同时应当报告有关流域机构。

(4)特别紧急的情况下,项目法人和施工单位以及各级水行政主管部门可直接向水利部报告。

4.3.2　事故报告内容

(1)事故发生后及时报告以下内容:

◆发生事故的工程名称、地点、建设规模和工期,事故发生的时间、地点、简要经过、事故类别和等级、人员伤亡及直接经济损失初步估算;

◆有关项目法人、施工单位、主管部门名称及负责人联系电话,施工等单位的名称、资质等级;

◆事故报告的单位、报告签发人及报告时间和联系电话等。

(2)根据事故处置情况及时续报以下内容:

◆有关项目法人、勘察、设计、施工、监理等工程参建单位名称、资质等级情况,单位以及项目负责人的姓名以及相关执业资格;

◆事故原因分析;

◆事故发生后采取的应急处置措施及事故控制情况;

◆抢险交通道路可使用情况;

◆其他需要报告的有关事项等。

4.3.3 相关记录

各级应急指挥部应当明确专人对组织、协调应急行动的情况做出详细记录。

4.4 指挥协调和紧急处置

4.4.1 水利工程建设发生质量与安全事故后，在工程所在地人民政府的统一领导下，迅速成立事故现场应急处置指挥机构负责统一领导、统一指挥、统一协调事故应急救援工作。事故现场应急处置指挥机构由到达现场的各级应急指挥部和项目法人、施工等工程参建单位组成。

在事故现场参与救援的各单位和人员应当服从事故现场应急处置指挥机构的指挥，并及时向事故现场应急处置指挥机构汇报有关重要信息。

4.4.2 水利工程建设发生重大质量与安全事故后，项目法人和施工等工程参建单位必须迅速、有效地实施先期处置，防止事故进一步扩大，并全力协助开展事故应急处置工作。

4.4.3 在事故应急处置过程中，各级应急指挥部应高度重视应急救援人员的安全防护，并根据工程特点、环境条件、事故类型及特征，为应急救援人员提供必要的安全防护装备。

4.4.4 在事故应急处置过程中，根据事故状态，事故现场应急指挥机构应划定事故现场危险区域范围、设置明显警示标志，并及时发布通告，防止人畜进入危险区域。

4.4.5 在事故应急处置过程中，要注意做好事故现场保护工作，因抢救人员防止事故扩大以及为缩小事故等原因需移动现场物件时，应当做出明显的标记和书面记录，尽可能拍照或者录像，妥善保管现场的重要物证和痕迹。

4.5 新闻报道

水利工程建设重大安全事故的信息和新闻发布，由水利部或省级水行政主管部门实行集中、统一管理，确保信息准确、及时传递，并根据国家有关规定向社会公布。必要时，国务院新闻管理部门进行指导协调，重大情况报国务院决定。

5. 应急结束

5.1 结束程序

水利工程建设重大质量与安全事故现场应急救援活动结束以及调查评估完成后，按照"谁启动、谁结束"的原则，由有关应急指挥部决定应急结束，并通知有关部门和公众。特殊情况下，报国务院或国务院授权的部门决定应急结束。

5.2 善后处置

5.2.1 水利工程建设重大质量与安全事故应急处置结束后，根据事故发生区域、影响范围，有关应急处置指挥机构要督促、协调、检查事故善后处置工作。

5.2.2 项目法人及事故发生单位应依法认真做好各项善后工作，妥善解决伤亡人员的善后处理，以及受影响人员的生活安排，按规定做好有关损失的补偿工作。

5.2.3 项目法人应当组织有关部门对事故产生的损失逐项核查，编制损失情况报告上报主管部门并抄送有关单位。

5.2.4 项目法人、事故发生单位及其他有关单位应当积极配合事故的调查、分析、处理和评估等工作。

5.2.5 项目法人应当组织有关单位共同研究，采取有效措施，修复或处理发生事故的工程项目，尽快恢复工程的正常建设。

5.3 事故调查和经验教训总结

各级水行政主管部门要按照有关规定，及时组织有关部门和单位进行事故调查，认真吸取教训，总结经验，及时进行整改。

5.3.1 重大质量与安全事故调查应当严格按照国家有关规定进行。事故调查组织的职责如下：

(1) 查明事故发生的原因、人员伤亡及财产损失情况；

(2) 查明事故的性质和责任；

(3) 提出事故处理及防止类似事故再次发生所采取措施的建议；

(4) 提出对事故责任者的处理建议；

(5) 检查控制事故的应急措施是否得当和落实；

(6) 写出事故调查报告。

5.3.2 事故调查报告应当包括以下内容：

（1）发生事故的工程基本情况；

（2）调查中查明的事实；

（3）事故原因分析及主要依据；

（4）事故发展过程及造成的后果（包括人员伤亡、经济损失）分析、评估；

（5）采取的主要应急响应措施及其有效性；

（6）事故结论；

（7）事故责任单位、事故责任人及其处理建议；

（8）调查中尚未解决的问题；

（9）经验教训和有关水利工程建设的质量与安全建议；

（10）各种必要的附件等。

5.3.3 重大质量事故调查应当执行《水利工程质量事故处理暂行规定》的有关规定。

5.3.4 重大质量与安全事故现场处置工作结束后，参加事故应急处置的各级应急指挥机构应当组织有关单位对本部门（单位）应急预案的实际应急效能进行评估，对应急预案中存在的问题和不足及时进行完善和补充。

5.3.5 项目法人、事故发生单位及工程其他参建单位，应当从事故中总结经验，吸取教训，采取有效整改措施，确保后续工程安全、保质保量地完成建设。

5.3.6 重大质量与安全事故现场处置工作结束后，应急救援指挥机构应当提出应急救援工作总结报告。

6. 应急保障措施

6.1 通讯与信息保障

6.1.1 各级应急指挥机构部门及人员通讯方式应当报上一级应急指挥部备案，其中省级水行政主管部门以及国家重点建设项目的项目法人应急指挥部的通讯方式报水利部和流域机构备案。

水利部工程建设事故应急指挥部有关组成单位和人员名单由水利部工程建设事故应急指挥部办公室汇总编印分送各有关单位，需要上报的，报有关部门备案。通讯方式发生变化的，应当及时通知水利部工程建设事故应急指挥部办公室以便及时更新。

6.1.2 正常情况下，各级应急指挥机构和主要人员应当保持通讯设备 24 小时正常畅通。

6.1.3 重大质量与安全事故发生后，正常通讯设备不能工作时，应立即启动通讯应急预案，迅速调集力量抢修损坏的通讯设施，启用备用应急通讯设备，保证事故应急处置的信息畅通，为事故应急处置和现场指挥提供通讯保障。

6.1.4 通讯与信息联络的保密工作、保密范围及相应通讯设备应当符合应急指挥要求及国家有关规定。

6.2 应急支援与装备保障

6.2.1 工程现场抢险及物资装备保障

（1）根据可能突发的重大质量与安全事故性质、特征、后果及其应急预案要求，项目法人应当组织工程有关施工单位配备适量应急机械、设备、器材等物资装备，以保障应急救援调用。

（2）重大质量与安全事故发生时，应当首先充分利用工程现场既有的应急机械、设备、器材。同时在地方应急指挥部的调度下，动用工程所在地公安、消防、卫生等专业应急队伍和其他社会资源。

6.2.2 应急队伍保障

各级应急指挥部应当组织好三支应急救援基本队伍：

（1）工程设施抢险队伍，由工程施工等参建单位的人员组成，负责事故现场的工程设施抢险和安全保障工作。

（2）专家咨询队伍，由从事科研、勘察、设计、施工、监理、质量监督、安全监督、质量检测等工作的技术人员组成，负责事故现场的工程设施安全性能评价与鉴定，研究应急方案、提出相应应急对策和意见；并负责从工程技术角度对已发事故还可能引起或产生的危险因素进行及时分析预测。

（3）应急管理队伍，由各级水行政主管部门的有关人员组成，负责接收同级人民政府和上级水行政主管部门的应急指令、组织各有关单位对水利工程建设重大质量与安全事故进行应急处置，并与有关部门进行协调和信息交换。

6.2.3 经费与物资保障

地方各级应急指挥部应当确保应急处置过程中的资金和物资供给。

6.3 技术储备与保障

6.3.1 各级应急指挥部应当整合水利工程建设各级应急救援专家并建立专家库,常设专家技术组,根据工程重大质量与安全事故的具体情况,及时派遣或调整现场应急救援专家成员。

6.3.2 各级应急指挥部将组织有关单位对水利工程质量与安全事故的预防、预测、预警、预报和应急处置技术研究,提高应急监测、预防、处置及信息处理的技术水平,增强技术储备。

6.3.3 水利工程重大质量与安全事故预防、预测、预警、预报和处置技术研究和咨询依托有关专业机构。

6.4 宣传、培训和演练

6.4.1 公众信息交流

(1)本应急预案及相关信息公布范围至流域机构、省级水行政主管部门。

(2)项目法人制定的应急预案应当公布至工程各参建单位及相关责任人,并向工程所在地人民政府及有关部门备案。

6.4.2 培训

(1)水利部负责对各级水行政主管部门以及国家重点建设项目的项目法人应急指挥机构有关工作人员进行培训。

(2)项目法人应当组织水利工程建设各参建单位人员进行各类质量与安全事故及应急预案教育,对应急救援人员进行上岗前培训和常规性培训。培训工作应结合实际,采取多种形式,定期与不定期相结合,原则上每年至少组织一次。

(3)培训对象包括有关领导和有关应急人员等,培训工作应做到合理规范,保证培训工作质量和实际效果。培训情况要留有记录并建立培训档案。

6.4.3 演练

(1)各级水行政主管部门应急指挥部应当根据水利工程建设情况和总体工作安排,适时选定某一工程,组织相关单位进行重大质量与安全事故应急处置演练。

(2)项目法人应急处置指挥部应根据工程具体情况及事故特点,组织工程参建单位进行突发事故应急救援演习,必要时邀请工程所在地人民政府及有关部门或社会公众参与。

(3)演练结束后,组织单位要总结经验,完善和改进事故防范措施和应急预案。

6.5 监督检查

6.5.1 水利部工程建设事故应急指挥部对流域机构、省级水行政主管部门应急指挥部实施应急预案进行指导和协调。

6.5.2 按照水利工程建设管理事权划分,由水行政主管部门应急指挥部对项目法人以及工程项目施工单位应急预案进行监督检查。

6.5.3 项目法人应急指挥部对工程各参建单位实施应急预案进行督促检查。

6.5.4 各级应急指挥机构应当有具体的监督、检查办法和程序,对检查发现的问题及时责令整改,拒不执行的,报请有关主管部门予以处理。

7. 附则

7.1 预案管理与更新

7.1.1 本预案报国务院并抄送有关部门,由水利部具体负责管理与更新。

7.1.2 适时对本预案组织评审,评审工作由有关部门、流域机构、省级水行政主管部门以及国家重点建设项目的项目法人应急指挥部等单位负责人及有关专家参加,并视评审结果和具体情况进行相应修改、完善或修订。本预案更新后报国务院备案,并抄送有关部门。

7.1.3 流域机构、省级水行政主管部门以及国家重点建设项目的项目法人应急指挥部制定及其更新的事故应急预案应报水利部工程建设事故应急指挥部办公室备案。

7.1.4 本预案所依据的法律法规、所涉及的机构和人员发生重大变化或在执行过程中发现存在重大缺陷时,由水利部及时组织修订。

7.2 奖励与责任追究

7.2.1 对水利工程建设重大质量与安全事故应急处置工作做出突出贡献的单位、集体或个人,由有关部门按照有关规定给予表彰和奖励。

7.2.2　对水利工程建设中玩忽职守造成重大质量与安全事故的,依照《中华人民共和国安全生产法》、《建设工程安全生产管理条例》和《建设工程质量管理条例》等法律法规,追究当事人和有关单位的责任,并予以处罚;相关国家行政机关、国家公务员和国家行政机关任命的其他人员,由监察机构根据《中华人民共和国行政监察法》、《中华人民共和国行政监察法实施条例》追究行政责任;构成犯罪的,由司法机关依法追究刑事责任。

7.2.3　各级应急处置指挥机构、项目法人及施工单位等工程参建单位按本预案要求,承担各自职责和责任。在水利工程建设重大质量与安全事故应急处置中,由于玩忽职守、渎职、违法违规等行为造成严重后果的,依照国家有关法律及行政法规,追究当事人和有关单位责任,并予以处理;构成犯罪的,由司法机关依法追究刑事责任。

7.3　制定与解释部门

本预案由水利部制定并负责解释。

联系部门:水利部建设与管理司

联系人:赵东晓 010-63202710;李富根 010-63202132

传真:010-63202685

7.4　预案实施或生效时间

本应急预案自发布之日起实施。

水利行业深入开展安全生产标准化建设实施方案

水安监〔2011〕346 号

为深入贯彻落实《中共中央国务院关于加快水利改革发展的决定》（中发〔2011〕1 号，以下简称中央一号文件）和《国务院关于进一步加强企业安全生产工作的通知》（国发〔2010〕23 号），根据《国务院安委会关于深入开展企业安全生产标准化建设的指导意见》（安委〔2011〕4 号，以下简称《指导意见》）精神，结合水利实际，制定水利行业深入开展安全生产标准化建设实施方案。

一、总体要求

以科学发展观为统领，牢固树立以人为本、安全发展的理念，坚持"安全第一、预防为主、综合治理"的方针，大力推进水利安全生产法规规章和技术标准的贯彻实施，进一步规范水利生产经营单位安全生产行为，落实安全生产主体责任，强化安全基础管理，促进水利施工企业市场行为的标准化、施工现场安全防护的标准化、工程建设和运行管理单位安全生产工作的规范化，推动全员、全方位、全过程安全管理。通过统筹规划、分类指导、分步实施、稳步推进，逐步实现水利工程建设和运行管理安全生产工作的标准化，促进水利安全生产形势持续稳定向好，确保国家和人民群众生命财产安全，为实现水利跨越式发展提供坚实的安全生产保障。

二、目标任务

在水利生产经营单位推行标准化管理，实现岗位达标、专业达标和单位达标，进一步提高水利生产经营单位的安全生产管理水平和事故防范能力。水利工程项目法人、水利系统施工企业、大中型水利工程管理单位要在2013 年底前实现达标；小型水利工程管理单位、农村水电企业要在 2015 年底前实现达标。通过开展达标考评验收，不断完善工作机制，将安全生产标准化建设纳入水利工程建设和运行管理全过程，有效提高水利生产经营单位本质安全水平。

三、实施方法

（一）制定标准，建立机制

按照水利行业安全生产标准化建设要求，水利部要在 2011 年底前完成水利施工企业和水利工程管理单位安全生产标准化评定标准、水利施工现场安全生产标准化评定标准、水利行业安全生产标准化建设考评办法的制定工作，完成农村水电站安全管理分类及年检办法的修订工作。省级水行政主管部门根据国务院安委会《指导意见》和本实施方案，制定本地区水利安全生产标准化建设工作方案和考评细则，并将工作方案于 2011 年 7 月 31日前报水利部备案。通过建立和完善水利生产经营单位安全生产标准化建设考评机制，实现安全生产标准化建设的动态化、规范化和制度化管理。

（二）对照检查，整改提高

各水利生产经营单位制定安全生产标准化建设实施计划，落实各项工作措施，从安全生产组织机构、安全投入、规章制度、教育培训、装备设施、现场管理、隐患排查治理、重大危险源监控、职业健康、应急管理以及事故报告、绩效评定等方面，严格对应评定标准要求，深入开展自检自查，规范安全生产行为，建立安全生产标准建设基础档案，加强动态管理，通过加强本单位各个岗位和环节的安全生产标准化建设，不断提高安全管理水平，促进安全生产主体责任落实到位。

各级水行政部门要加强对安全生产标准化建设工作的指导和督促检查，对评为安全生产标准化一级单位的重点抓巩固、二级单位着力抓提升、三级单位督促抓改进，对不达标的限期抓整改。对问题集中、整改难度大的单位，组织专业技术人员进行"会诊"，提出具体办法和措施，集中力量，重点解决；对存在重大隐患的单位，责令限期整改，并跟踪督办，做到隐患排查治理的措施、责任、资金、时限和预案"五到位"。对发生较大以上生产安全事故、存在非法违法生产建设经营行为、重大隐患限期整改仍达不到安全要求，以及未按规定要求开展安全生产标准化建设且在规定限期内未及时整改的，取消其安全生产标准化达标参评资格。

（三）严格考评，促进达标

按照分级管理和"谁主管、谁负责"的原则，水利部负责直属单位和直属工程项目以及水利行业安全生产标准化一级单位的评审、公告、授牌等工作；地方水利生产经营单位的安全生产标准化二级、三级达标考评的具体办法,由省级水行政主管部门制定并组织实施,考评结果报送水利部备案。有关水行政主管部门在水利生产经营单位的安全生产标准化创建中不得收取费用并严格达标等级考评,明确专业达标最低等级为单位达标等级,有一个专业不达标则该单位不达标。

地方水行政主管部门结合自身实际,对本地区水利安全生产标准化建设工作作出具体安排,积极推进,成熟一批、考评一批、公告一批、授牌一批。对在规定时间内经整改仍不具备最低安全生产标准化等级的单位,要督促整顿达标。水利部将适时组织对各地水利行业安全生产标准化建设工作的检查。

四、工作要求

(一)高度重视,加强领导。开展水利安全生产标准化建设工作是加强水利安全生产工作的一项基础性、长期性的工作,是新形势下安全生产工作方式方法的创新和发展。各级水行政主管部门充分认识开展水利安全生产标准化建设的重要意义,切实增强推动水利安全生产标准化建设的自觉性和主动性,确保标准化建设工作取得实效。进一步落实农村水电安全监管主体责任,实现安全监管全覆盖。水利生产经营单位是安全生产标准化建设工作的责任主体,要坚持高标准、严要求,全面落实安全生产法规规章和标准规范,加大投入,规范管理,加快实现安全管理和施工生产现场达标。各地各单位认真做好水利安全生产标准化工作的舆论宣传及先进经验的总结和推广等工作,积极推动安全生产标准化工作的开展。

(二)分类指导,重点推进。要针对水利行业的特点,加强工作指导,把水利工程建设、水库工程管理特别是病险水库和施工现场作为重点,着力解决影响安全生产的重大隐患、突出问题和管理漏洞,通过达标建设进一步增强人员安全素质、提高装备设施水平、改善作业环境、强化岗位责任落实,全面促进企业提高安全生产保障水平。要做到安全生产标准化建设与打击各类非法违法生产经营建设、安全生产专项整治和安全隐患排查治理相结合;与落实安全生产主体责任、安全生产基层和基础建设、提高安全生产保障能力相结合,推进安全生产长效机制建设,有效防范生产安全事故发生。

(三)严抓整改,规范管理。严格安全生产市场准入制度,促进隐患整改。对达标单位,要深入分析二级与一级、三级与二级之间的差距,找准薄弱点,完善工作措施,推进达标升级;对未达标的单位,要盯住抓紧,督促加强整改,限期达标。通过水利行业安全生产标准化建设,促进相关单位不断查找管理缺陷,堵塞工作漏洞,建立水利生产经营单位、施工生产现场安全生产标准化体系,形成制度不断完善、工作不断细化、程序不断优化的持续改进机制,提高水利行业安全生产规范化、标准化水平。

(四)严格监督,加强宣传。各级水行政主管部门要加强对水利安全生产标准化建设工作的督促检查和规范管理,深入基层对重点地区和重点单位加强服务指导,及时发现解决标准化创建过程中出现的突出问题和薄弱环节,切实把安全生产标准化建设工作作为落实安全生产主体责任、健全安全生产规章制度、推广应用先进技术装备、强化安全生产监管、提高安全管理水平的重要途径和方式。要积极研究采取相关激励政策措施,促进提高达标建设的质量和水平。充分利用各类舆论媒体,积极宣传安全生产标准化建设的重要意义和具体标准要求,营造安全生产标准化建设的浓厚氛围。有关水行政部门要建立公告制度,定期发布安全生产标准化建设进展情况和达标单位,及时总结推广先进经验,积极培育典型,示范引导,推进水利安全生产标准化建设工作广泛深入、扎实有效开展。

水利部关于印发《水利水电工程施工企业主要负责人、项目负责人和专职安全生产管理人员安全生产考核管理暂行规定》的通知

水安监〔2011〕374 号

为贯彻落实《安全生产法》、《建设工程安全生产管理条例》和《安全生产许可证条例》,提高水利水电工程施工企业主要负责人、项目负责人和专职安全生产管理人员安全生产知识水平和管理能力,保证水利水电工程施工安全生产,我部制定了《水利水电工程施工企业主要负责人、项目负责人和专职安全生产管理人员安全生产考核管理暂行规定》,现印发给你们,请结合实际情况贯彻执行。在执行中有何问题,请及时告我部建设与管理司。

水利水电工程施工企业主要负责人、项目负责人和专职安全生产管理人员安全生产考核管理暂行规定

第一章 总则

第一条 为规范水利水电工程施工企业主要负责人、项目负责人和专职安全生产管理人员的安全生产考核管理,保障水利水电工程施工安全,根据《中华人民共和国安全生产法》、《安全生产许可证条例》、《水利工程建设安全生产管理规定》,制定本办法。

第二条 在中华人民共和国境内从事水利水电工程施工活动的施工企业管理人员以及实施水利水电工程施工企业管理人员安全生产考核管理的,必须遵守本规定。

第三条 本办法所称企业主要负责人,是指对本企业日常生产经营活动和安全生产工作全面负责、有生产经营决策权的人员,包括企业法定代表人、经理、企业分管安全生产工作副经理等。

项目负责人,是指由企业法定代表人授权,负责水利水电工程项目施工管理的负责人。

专职安全生产管理人员,是指在企业专职从事安全生产管理工作的人员,包括企业安全生产管理机构的负责人及其工作人员和施工现场专职安全员。

企业主要负责人、项目负责人和专职安全生产管理人员以下统称为"安全生产管理三类人员"。

第四条 安全生产管理三类人员安全生产考核实行分类考核。

企业主要负责人、项目负责人不得同时参加专职安全生产管理人员安全生产考核。

第五条 考核分为安全管理能力考核(以下简称"能力考核")和安全生产知识考试(以下简称"知识考试")两部分。

能力考核是对申请人与所从事水利水电工程活动相应的文化程度、工作经历、业绩等资格的审核。

知识考试是对申请人具备法律法规、安全生产管理、安全生产技术知识情况的测试。

第六条 安全生产管理三类人员必须经过水行政主管部门组织的能力考核和知识考试,考核合格后,取得《安全生产考核合格证书》(以下简称"考核合格证书"),方可参与水利水电工程投标,从事施工活动。

考核合格证书在全国水利水电工程建设领域适用。

第二章 考核管理

第七条 安全生产管理三类人员考核按照统一规划、分级管理的原则实施。

水利部负责全国水利水电工程施工企业管理人员的安全生产考核工作的统一管理,并负责全国水利水电工程施工总承包一级(含一级)以上资质、专业承包一级资质施工企业以及水利部直属施工企业的安全生产管理三类人员的考核。

省级水行政主管部门负责本行政区域内水利水电工程施工总承包二级(含二级)以下资质以及专业承包二级(含二级)以下资质施工企业的安全生产管理三类人员的考核。

第八条 水利部和省级水行政主管部门应建立水利水电工程施工企业安全生产管理三类人员安全生产考核管理制度,并向社会公布安全生产管理三类人员的考核情况。

水利部建立"水利水电工程施工企业安全生产管理人员信息管理系统"(以下简称"管理系统"),用于水利部

负责考核的安全生产管理三类人员的申请受理、培训考试、岗位登记、考核审查、信息查询和系统管理等。水利部负责考核的企业须登录"管理系统",在线填报相关信息。

各省(自治区、直辖市)可参照水利部安全生产管理三类人员"管理系统",建立本行政区域的安全生产管理三类人员安全生产考核管理系统。

第九条 安全生产管理三类人员考核申请、证书延期与变更等事项由施工企业统一组织申报,具有管辖权限的水行政主管部门不接受个人申请。施工企业对申请材料的真实性负责。

第十条 施工企业申请考核,应向水行政主管部门提交以下信息材料:

(一)企业出具的申请函;

(二)企业施工资质证书复印件;

(三)个人考核申请表及考核申请汇总表(见附录1、附录2);

(四)企业聘用劳动合同复印件或劳动人事部门出具的劳动人事关系证明;

(五)申请人的有效身份证件及学历证书或职称证书等复印件,并附申请人1寸免冠彩色正面照片1张。

第十一条 能力考核应包括以下内容:

(一)具有完全民事行为能力,身体健康。

(二)与申报企业有正式劳动关系。

(三)项目负责人,年龄不超过65周岁;专职安全生产管理人员,年龄不超过60周岁。

(四)申请人的学历、职称和工作经历应分别满足以下要求:

1. 企业主要负责人:法定代表人应满足水利水电工程承包企业资质等级标准的要求。除法定代表人之外的其他企业主要负责人,应具有大专及以上学历或中级及以上技术职称,且具有3年及以上的水利水电工程建设经历;

2. 项目负责人,应具有大专及以上学历或中级及以上技术职称,且具有3年及以上的水利水电工程建设经历;

3. 专职安全生产管理人员,应具有中专或同等学历且具有3年及以上的水利水电工程建设经历,或大专及以上学历且具有2年及以上的水利水电工程建设经历。

(五)在申请考核之日前1年内,申请人没有在一般及以上等级安全责任事故中负有责任的记录。

(六)符合国家有关法律法规规定的要求。

能力考核通过后,方可参加知识考试。

第十二条 对于申请材料不齐或者不符合申报要求的,水行政主管部门应告知申报企业予以补充。未补充或补充后仍不符合要求的,将不予受理。

第十三条 知识考试由有考核管辖权的水行政主管部门或其委托的有关机构具体组织。知识考试采取闭卷形式,考试时间180分钟。

第十四条 申请人知识考试合格,经公示后无异议的,由相应水行政主管部门(以下简称"发证机关")按照考核管理权限在20日内核发考核合格证书。考核合格证书有效期为3年。

第十五条 考核合格证书有效期满后,可申请2次延期,每次延期期限为3年。施工企业应于有效期截止日前5个月内,向原发证机关提出延期申请。有效期满而未申请延期的考核合格证书自动失效。

考核合格证书失效或已经过2次延期的,需重新参加原发证机关组织的考核。

第十六条 安全生产管理三类人员在考核合格证书的每一个有效期内,应当至少参加一次由原发证机关组织的、不低于8个学时的安全生产继续教育。发证机关应及时对安全生产继续教育情况进行建档、备案。

第十七条 申请考核合格证书延期的,由施工企业向发证机关提交以下材料:

(一)企业出具的延期申请函;

(二)个人延期申请表及延期申请汇总表(见附录3、附录4);

(三)个人参加企业组织的年度安全生产教育培训证明和发证机关组织的安全生产继续教育证明;

(四)原考核合格证书;

(五)考核合格证书有效期内,企业如发生过生产安全责任事故,提供有关部门出具的事故认定报告或者处罚、通报文件等。

第十八条 在考核合格证书有效期内,安全生产管理三类人员有下列情况之一的,不予延期:

（一）本人受到水利部或省级水行政主管部门及各级安全监管行政主管部门处罚或者通报批评的；

（二）未参加本企业组织的年度安全生产教育培训或未参加原发证机关组织的安全生产继续教育的；

（三）项目负责人年满65周岁的，专职安全生产管理人员年满60周岁的。

第十九条 安全生产管理三类人员因所在施工企业名称、施工企业资质、个人信息改变等原因需要更换证书或补办证书的，应由所在企业向发证机关提出考核合格证书变更申请。

（一）施工企业名称变更

因施工企业名称变更需要更换证书的，应向发证机关提交以下材料：

1. 企业出具的变更申请函和变更申请表（见附录5）；

2. 企业上级主管部门关于企业名称变更的批复文件或者工商行政管理部门出具的变更核准通知书等相关证明材料复印件；

3. 企业新的施工资质证书复印件。

4. 原考核合格证书。

（二）施工企业资质变更

施工企业资质等级变更需要更换证书的，应向发证机关提交以下材料：

1. 企业出具的变更申请函和变更申请表（见附录5）；

2. 施工企业资质变更的有效证明文件复印件；

3. 原考核合格证书。

（三）个人信息变更

个人信息变更需要更换证书的，应向发证机关提交以下材料：

1. 企业出具的变更申请函和变更申请表（见附录5）；

2. 变更信息的有效证明文件复印件；

3. 原考核合格证书。

（四）个人工作单位调动

个人工作单位调动需要更换证书的，应向发证机关提交以下材料：

1. 新企业出具的变更申请函和变更申请表（见附录5、附录6）；

2. 原企业解聘证明文件、新企业聘用或者任用证明文件等复印件。

3. 原考核合格证书。

（五）考核合格证书污损

考核合格证书污损需要更换证书的，应向发证机关提交以下材料：

1. 企业出具的污损补办申请函和变更申请表（见附录5）；

2. 原考核合格证书。

（六）考核合格证书遗失

考核合格证书遗失需要补办证书的，应向发证机关提交以下材料：

1. 企业出具的遗失补办申请函和变更申请表（见附录5）；

2. 水利部负责考核的安全生产管理三类人员，应由申请人所在企业通过"管理系统"在水利安全监督网上登载遗失作废声明；省级水行政主管部门负责考核的安全生产管理三类人员，申请人应在省级媒体上登载遗失作废声明。

第三章 证书管理

第二十条 考核合格证书采用建设行政主管部门规定的统一样式。考核合格证书加盖发证机关公章及专用钢印。

第二十一条 考核合格证书采用统一的编号规则。

水利部颁发的考核合格证书编号规则为：水安＋管理类别代号＋证书颁发年份＋证书颁发当年5位流水次序号。

省级水行政主管部门颁发的考核合格证书编号规则为：省（自治区、直辖市）简称＋水安＋管理类别代号＋证书颁发年份＋证书颁发当年5位流水次序号。

其中，管理类别代号分为A（企业主要负责人）、B（项目负责人）、C（专职安全生产管理人员）三类。

第二十二条 经审核准予延期的,由原发证机关在考核合格证书上加盖公章。

第二十三条 因信息变更和证书污损换发的考核合格证书,有效期不变,证书编号不变,原证书收回。因遗失补发的考核合格证书编号更新,其他信息不变。

第二十四条 施工企业应当加强项目负责人及专职安全生产管理人员的上岗登记和离岗核销管理。

对由水利部负责考核的施工企业,工程开工前,施工企业应当在"管理系统"中将参与工程建设的项目负责人及专职安全生产管理人员进行上岗登记。工程结束后或上述两类人员离岗时,应在"管理系统"中进行评价并核销。从业记录将作为考核合格证书延期审查的依据。

第二十五条 水利部和省级水行政主管部门应当加强对建设项目安全生产管理三类人员岗位登记情况以及履行安全管理职责情况的监督检查,做好安全生产管理三类人员的违法违规行为或者受到其他处罚的信息管理和公开工作。

任何单位或个人均有权举报安全生产管理三类人员违法违规行为。

第二十六条 有下列情形之一的,发证机关应及时收回证书并重新考核:

(一)企业主要负责人所在企业发生1起及以上重大、特大等级生产安全事故或2起及以上较大生产安全事故,且本人负有责任的;

(二)项目负责人所在工程项目发生过1起及以上一般及以上等级生产安全事故,且本人负有责任的;

(三)专职安全管理人员所在工程项目发生过1起及以上一般及以上等级生产安全事故,且本人负有责任的。

第二十七条 在施工各项活动中伪造、仿冒安全生产合格证书的,发证机关应吊销安全生产合格证书,2年内不得重考,构成犯罪的,依照有关规定追究其法律责任。

第四章 附则

第二十八条 各省级水行政主管部门可根据本办法结合本地实际制定实施细则。

第二十九条 各省级水行政主管部门应在每年12月31日前向水利部报告本行政区域内安全生产管理三类人员考核、培训情况,安全生产管理三类人员的违法违规行为或者受到其他处罚的情况等。

第三十条 本办法由水利部负责解释。本办法自发布之日起施行。水利部《关于印发〈水利水电工程施工企业主要负责人、项目负责人和专职安全生产管理人员安全生产考核管理暂行规定〉的通知》(水建管〔2004〕168号)及水利部办公厅《关于做好水利水电工程施工企业主要负责人、项目负责人和专职安全生产考核合格证书有效期满延期工作的通知》(办建管〔2007〕77号)同时废止。

附录1:水利水电工程施工企业安全生产管理人员考核合格证书个人考核申请表

附录2:水利水电工程施工企业安全生产管理人员考核合格证书考核申请汇总表

附录3:水利水电工程施工企业安全生产管理人员考核合格证书个人延期申请表

附录4:水利水电工程施工企业安全生产管理人员考核合格证书延期申请汇总表

附录5:水利水电工程施工企业安全生产管理人员考核合格证书变更申请表

附录1：水利水电工程施工企业安全生产管理人员考核合格证书

个人考核申请表

姓 名		性 别		职 务		
身份证号码				技术职称		照 片
学 历		所学专业				
毕(肄、结)业院校		毕业时间	从事水利水电工程专业年限			

申请类别(√)	A□ B□ C□	初次申请	□	再次申请	□
单位全称					

工作简历	

参建工程及安全生产管理业绩	

本人申请水利水电工程安全生产考核，并声明对本次申报材料内容的真实性负责。
申请人(签字)：　　　　　　　　　　　　　　　　　　　年　　月　　日

企业意见
我单位＿＿＿＿＿＿＿同志，本次所报材料均真实有效，同意该同志申请考核。 企业负责人(签字)：　　　　　　　　　　　　　　(单位公章) 　　　　　　　　　　　　　　　　　　　　　　　年　月　日

附录2：水利水电工程施工企业安全生产管理人员考核合格证书

考核申请汇总表

企业名称(盖章)：

企业资质证书编号：　　　　　　　　　　　　企业类别：

序号	姓 名	性别	出生年月	身份证号码	学 历	技术职称	职 务	申请类型	申报类别	备 注
1										
2										
3										
4										
5										

填写时间：　　　　　　　　　填写人：　　　　　　　　　　　　　　　联系电话：

说明：1. 表中统一采用9号楷体GB2312字体；
　　　2. 学历、职称、职务必须填写全称；
　　　3. 申请类型填写初领、再次领取；
　　　4. 申报类别填写A、B、C类；
　　　5. 企业类型填写水利部直属、总承包一级、专业承包一级及二级等。

附录3:水利水电工程施工企业安全生产管理人员考核合格证书

个人延期申请表

姓 名		性 别		职 务		照 片
身份证号码			技术职称			
证书编号		企业名称				
发证时间		初次延期	☐	再次延期	☐	

近3年承建的水利水电工程项目情况

项目名称	建设规模	项目法人名称	担任职务	起止时间	网上执业记录是否一致

近3年每年参加企业年度安全生产教育情况

培训机构	培训时间	主要内容

参加原发证机关
继续教育情况

　　本人近3年所参建的水利水电工程发生过____起(特别重大、重大、较大、一般)生产安全责任事故。本人对本次申报材料内容的真实性负责。
　　　　申请人(签字):　　　　　　　　　　　　　　　　年 月 日

企业意见

　　我单位_____同志,本次所报材料均真实有效,同意该同志证书延期申请。
　　　　企业负责人(签字):　　　　　　　　　　　(企业公章)
　　　　　　　　　　　　　　　　　　　　　　　年 月 日

　　注:提出延期申请前必须登陆"管理系统"核对信息。
　　　　如所参建工程未发生生产安全责任事故,请在事故调查栏的下划线处填写"零"。

附录 4:水利水电工程施工企业安全生产管理人员考核合格证书

延期申请汇总表

企业名称(盖章):　　　　　　　　　　　　　　　　　　　　　　企业资质证书编号:

序号	姓 名	性别	出生日期	身份证号码	学 历	技术职称	职 务	类别	证书编号	发证时间	延期次数	备 注
1												
2												
3												
4												
5												

填写时间:　　　　　　　　　　填写人:　　　　　　　　　　　　　　　　联系电话:

　　说明:

　　1. 表中统一采用 9 号楷体 GB2312 字体;

　　2. 学历、职称、职务必须填写全称;

　　3. 类别填写 A、B、C 类;延期次数填写 1 次或 2 次;

　　4. 发证时间格式对应年-月-日填写为 0000-00-00。

附录 5:水利水电工程施工企业安全生产管理人员考核合格证书

变更申请表

企业名称(盖章):　　　　　　　　　　　　　　　　　　　　　　企业资质证书编号:

序号	姓 名	性别	出生年月	身份证号码	技术职称	职 务	类别	证书编号	发证时间	变更类型	变更内容	备 注
1												
2												
3												
4												
5												

填写时间:　　　　　　　　　　填写人:　　　　　　　　　　　　　　　　联系电话:

　　说明:

　　1. 表中统一采用 9 号楷体 GB2312 字体;

　　2. 发证时间格式对应年-月-日填写为 0000-00-00;

　　3. 变更类型一栏应填写"企业名称、个人信息、个人工作调动、污损补办、遗失补办、企业资质变更"等具体变更事项;

　　4. 变更内容一栏需填写变更的详细内容。如变更企业名称,则只需在变更内容栏填写企业原名称"×××"更改为现名称"×××";

　　5. 如个人单位变更涉及不同发证机关的,请在备注中说明原发证机关。

水利安全生产标准化评审管理暂行办法

水安监〔2013〕189 号

部直属各单位,各省、自治区、直辖市水利(水务)厅(局),各计划单列市水利(水务)局,新疆生产建设兵团水利局:

根据《国务院安委会关于深入开展企业安全生产标准化建设的指导意见》(安委〔2011〕4 号)和水利部《关于印发水利行业深入开展安全生产标准化建设实施方案的通知》(水安监〔2011〕346 号)精神,为进一步落实水利生产经营单位安全生产主体责任,强化安全基础管理,规范安全生产行为,促进水利工程建设和运行安全生产工作的规范化、标准化,推动全员、全方位、全过程安全管理,我部组织制定了《水利安全生产标准化评审管理暂行办法》。现印发给你们,请结合实际,认真贯彻执行

附件:水利安全生产标准化评审管理暂行办法

中华人民共和国水利部
2013 年 4 月 7 日

第一章 总则

第一条 为进一步落实水利生产经营单位安全生产主体责任,规范水利安全生产标准化评审工作,根据《国务院关于进一步加强企业安全生产工作的通知》(国发〔2010〕23 号)、《国务院安委会关于深入开展企业安全生产标准化建设的指导意见》(安委〔2011〕4 号)和《水利行业深入开展安全生产标准化建设实施方案》(水安监〔2011〕346 号),制定本办法。

第二条 本办法适用于水利部部属水利生产经营单位,以及申请一级的非部属水利生产经营单位安全生产标准化评审。

水利生产经营单位是指水利工程项目法人、从事水利水电工程施工的企业和水利工程管理单位。其中水利工程项目法人为施工工期 2 年以上的大中型水利工程项目法人。小型水利工程项目法人和施工工期 2 年以下的大中型水利工程项目法人不参加安全生产标准化评审,但应按照安全生产标准化评审标准开展安全生产标准化建设工作。

农村水电站安全生产标准化评审办法另行制定。

第三条 水利工程项目法人评审执行《水利工程项目法人安全生产标准化评审标准(试行)》(见附件 1);从事水利水电工程施工的企业评审执行《水利水电施工企业安全生产标准化评审标准(试行)》(见附件 2);水利工程管理单位评审执行《水利工程管理单位安全生产标准化评审标准(试行)》(见附件 3)。以下统称《评审标准》。

第四条 水利安全生产标准化等级分为一级、二级和三级,依据评审得分确定,评审满分为 100 分。具体标准为:

(一) 一级:评审得分 90 分以上(含),且各一级评审项目得分不低于应得分的 70%;

(二) 二级:评审得分 80 分以上(含),且各一级评审项目得分不低于应得分的 70%;

(三) 三级:评审得分 70 分以上(含),且各一级评审项目得分不低于应得分的 60%;

(四) 不达标:评审得分低于 70 分,或任何一项一级评审项目得分低于应得分的 60%。

第五条 水利部安全生产标准化评审委员会负责部属水利生产经营单位一、二、三级和非部属水利生产经营单位一级安全生产标准化评审的指导、管理和监督,其办公室设在水利部安全监督司。评审具体组织工作由中国水利企业协会承担。

第六条 水利安全生产标准化评审程序:

(一) 水利生产经营单位依照《评审标准》进行自主评定;

(二) 水利生产经营单位根据自主评定结果向水利部提出评审申请;

(三) 经审核符合条件的,由水利部认可的评审机构开展评审;

(四) 水利部安全生产标准化评审委员会审定,由水利部公告、颁证授牌。

第七条 评审机构应具有独立法人资格,熟悉水利业务,有固定的办公地点和必备的设备,有开展标准化评

审所需的人力资源。

第八条 水利安全生产标准化等级是体现水利生产经营单位安全生产管理水平的重要标志,可作为业绩考核、行业表彰、信用评级以及评价水利生产经营单位参与水利市场竞争能力的重要参考依据。

第二章 单位自评和申请

第九条 水利生产经营单位应按照《评审标准》组织开展安全生产标准化建设,自主开展等级评定,形成自评报告(格式见附件4)。自评报告内容应包括:单位概况及安全管理状况、基本条件的符合情况、自主评定工作开展情况、自主评定结果、发现的主要问题、整改计划及措施、整改完成情况等。

水利生产经营单位在策划、实施安全生产标准化工作和自主开展安全生产标准化等级评定时,可以聘请专业技术咨询机构提供支持。

第十条 水利生产经营单位根据自主评定结果,按照下列规定提出评审书面申请,申请材料包括申请表(见附件5)和自评报告:

(一)部属水利生产经营单位经上级主管单位审核同意后,向水利部提出评审申请;

(二)地方水利生产经营单位申请水利安全生产标准化一级的,经所在地省级水行政主管部门审核同意后,向水利部提出评审申请;

(三)上述两款规定以外的水利生产经营单位申请水利安全生产标准化一级的,经上级主管单位审核同意后,向水利部提出评审申请。

第十一条 申请水利安全生产标准化评审的单位应具备以下条件:

(一)设立有安全生产行政许可的,应依法取得国家规定的相应安全生产行政许可;

(二)水利工程项目法人所管辖的建设项目、水利水电施工企业在评审期(申请等级评审之日前1年)内,未发生较大及以上生产安全事故,不存在非法违法生产经营建设行为,重大事故隐患已治理达到安全生产要求;

(三)水利工程管理单位在评审期内,未发生造成人员死亡、重伤3人以上或直接经济损失超过100万元以上的生产安全事故,不存在非法违法生产经营建设行为,重大事故隐患已治理达到安全生产要求。

第三章 评审机构评审和水利部审定

第十二条 水利部对申请材料进行审核,符合申请条件的,通知申请单位开展评审机构评审。

第十三条 评审机构按照以下程序进行评审:

(一)评审机构依据相关法律法规、技术标准以及《评审标准》,采用抽样的方式,采取文件审查、资料核对、人员询问、现场察看等方法,对申请单位进行评审;

(二)评审机构评审工作应在30日内完成(不含申请单位整改时间);

(三)评审机构应在评审工作结束后15日内完成评审报告(格式见附件6)。评审报告内容应包括:单位概况,安全生产管理及绩效,评审情况、得分及得分明细表,存在的主要问题及整改建议,推荐性评审意见,现场评审人员组成及分工。

第十四条 水利部安全生产标准化评审委员会对评审报告进行审定,达到申请等级的,公示后由水利部公告、颁证授牌。

第十五条 评审未达到申请等级的,限期整改后重新申请评审;对部属水利生产经营单位可征得其同意,根据评审结果确定其安全生产标准化等级。

第四章 监督管理

第十六条 水利部对取得水利安全生产标准化等级证书的单位,实施分类指导和督促检查,一级单位抓巩固,二级单位抓提升,三级单位抓改进。并视情况组织检查、抽查,对检查、抽查中发现的重大问题进行通报。

第十七条 水利生产经营单位取得水利安全生产标准化等级证书后,每年应对本单位安全生产标准化的情况至少进行一次自我评审,并形成报告,及时发现和解决生产经营中的安全问题,持续改进,不断提高安全生产水平。

第十八条 安全生产标准化等级证书有效期为3年。有效期满需要延期的,须于期满前3个月,向水利部提出延期申请。

水利生产经营单位在安全生产标准化等级证书有效期内,完成年度自我评审,保持绩效,持续改进安全生产标准化工作,经评审机构复评,水利部审定,符合延期条件的,可延期3年。

第十九条 取得水利安全生产标准化等级证书的单位,在证书有效期内发生下列行为之一的,由水利部撤销

其安全生产标准化等级,并予以公告:

(一)在评审过程中弄虚作假、申请材料不真实的;

(二)不接受检查的;

(三)迟报、漏报、谎报、瞒报生产安全事故的;

(四)水利工程项目法人所管辖建设项目、水利水电施工企业发生较大及以上生产安全事故后,水利工程管理单位发生造成人员死亡、重伤3人以上或经济损失超过100万元以上的生产安全事故后,在半年内申请复评不合格的;

(五)水利工程项目法人所管辖建设项目、水利水电施工企业复评合格后再次发生较大及以上生产安全事故的;水利工程管理单位复评合格后再次发生造成人员死亡、重伤3人以上或经济损失超过100万元以上的生产安全事故的。

第二十条 被撤销水利安全生产标准化等级的单位,自撤销之日起,需按降低至少一个等级重新申请评审;且自撤销之日起满1年后,方可申请被降低前的等级评审。

第二十一条 水利安全标准化生产三级单位构成撤销等级条件的,责令限期整改。整改期满,经评审符合三级单位要求的,予以公告。整改期限不得超过1年。

第二十二条 评审机构应客观、公正、独立地开展评审工作,对评审结果负责。在评审过程中出现下列行为之一的,取消其水利安全生产标准化评审机构资格:

(一)出具虚假或严重失实的评审报告的;

(二)泄露被评审单位的经济技术和商业秘密的;

(三)发生其他违法、违规行为,情节严重的。

第五章　附则

第二十三条 本办法规定之外的水利多种经营单位安全生产标准化建设执行相关行业标准评审。

第二十四条 各省、自治区、直辖市水行政主管部门可参照本办法,结合本地区水利实际制定相关规定,开展本地区二级和三级水利安全生产标准化评审工作。

第二十五条 本办法由水利部负责解释。

第二十六条 本办法自印发之日起施行。

附件:

1. 水利工程项目法人安全生产标准化评审标准(试行)

2. 水利水电施工企业安全生产标准化评审标准(试行)

3. 水利工程管理单位安全生产标准化评审标准(试行)

4. 水利安全生产标准化自评报告(格式)

5. 水利安全生产标准化评审申请表

6. 水利安全生产标准化评审报告(格式)

水利安全生产标准化评审管理暂行办法实施细则

第一章　总则

第一条　根据《水利安全生产标准化评审管理暂行办法》(水安监〔2013〕189号,以下简称《办法》),制定本细则。

第二条　本细则适用于水利部部属水利生产经营单位一、二、三级安全生产标准化评审和非部属水利生产经营单位一级安全生产标准化评审,水利生产经营单位需具有独立法人资格。

第二章　单位申请

第三条　水利安全生产标准化评审实行网上申报。水利生产经营单位须根据自主评定结果登录水利安全监督网(http://aqjd.mwr.gov.cn)"水利安全生产标准化评审管理系统",按照《办法》第十条的规定,经上级主管单位或所在地省级水行政主管部门审核同意后,提交水利部安全生产标准化委员会办公室。其中,审核单位为非水利部直属单位或省级水行政主管部门的,须以纸质材料进行审核,审核通过后,登陆"水利安全生产标准化评审管理系统"进行申报。

第四条　水利部安全生产标准化评审委员会办公室自收到申请材料之日起,5个工作日内完成材料审核。主要审核:

(一)水利生产经营单位是否符合申请条件;

(二)自评报告是否符合要求,内容是否完整。

对符合申请条件且材料合格的水利生产经营单位,通知其开展评审机构评审;对符合申请条件但材料不完整或存在疑问的,要求其补充相关材料或说明有关情况;对不符合申请条件的,退回申请材料。

第三章　评审机构评审

第五条　通过水利部审核的水利生产经营单位,应委托水利部认可的评审机构开展评审。评审所需费用根据评审工作量等实际情况,参照国家相关收费标准,由承担评审的机构与委托单位双方协商,合理确定。

第六条　评审机构应具备以下条件:

(一)具有独立法人资格,没有违法行为记录;

(二)具有与开展工作相适应的固定工作场所和办公设备;

(三)从事水利建设、管理等方面的安全生产技术服务工作5年以上;

(四)具有满足评审工作需要的人力资源,其中评审工作人员不少于15人;

(五)具有健全的内部管理制度和安全生产标准化过程控制体系。

第七条　评审工作人员应具备下列条件:

(一)具有国家承认的大学本科(含)以上学历,且具有水利或安全相关专业中级(含)以上技术职称、安全评价师资格、注册安全工程师资格之一;

(二)从事安全生产管理工作5年以上,年龄不超过65周岁,身体健康;

(三)熟悉安全生产法律法规、技术标准和水利安全生产标准化评审标准,掌握相应的评审方法;

(四)经水利安全生产标准化培训并考试合格。

第八条　评审工作人员的从业要求:

(一)认真贯彻执行国家有关安全生产的法律法规,严格按照水利安全生产标准化评审标准开展评审工作;

(二)认真履行评审工作职责,并对评审结论负责;

(三)严格遵守公正性与保密承诺,不得泄露被评审单位的技术和商业秘密;

(四)在评审过程中恪守职业道德、廉洁自律;

(五)不得在两家以上评审机构从事评审工作;

(六)根据工作需要,定期参加知识更新培训。

第九条　评审机构现场评审工作程序:

(一)根据被评审单位实际,制定评审工作计划,选派评审工作人员开展评审。评审工作人员原则上不得少于5人,且与被评审单位无直接利益关系;

(二)召开评审工作会议,听取被评审单位安全生产工作汇报,了解被评审单位安全生产工作情况;

（三）对照评审标准要求，进行现场查验、问询，形成评审记录，提出整改意见和建议；

（四）召开总结会议，通报评审工作情况和推荐性评审意见。

第十条　被评审单位所管辖的项目或工程数量超过 3 个时，应抽查不少于 3 个项目或工程现场。

项目法人须抽查开工一年后的在建水利工程项目；施工企业须抽查现场作业量相对较大时期的水利水电工程项目。

第四章　水利部审定和管理

第十一条　水利部安全生产标准化评审委员会办公室收到被评审单位提交的评审报告后，应进行初审。认为有必要时，可组织现场核查。现场核查中发现评审报告虚假或严重失实的，按《办法》第二十二条的规定处理。

第十二条　评审报告审核工作主要包括以下内容：

（一）评审机构和现场评审人员是否符合要求；

（二）评审程序和现场评审是否规范；

（三）评审报告是否客观、公正、真实、完整；

（四）自评及评审中发现的主要问题的整改落实情况；

（五）是否存在否决条件；

（六）审定级别是否符合规定。

第十三条　水利部安全生产标准化评审委员会办公室将初审后的评审报告提交评审委员会审定。

审定通过的单位在水利安全监督网上公示，公示期为 7 个工作日。公示无异议的，由水利部颁发证书、牌匾（证书、牌匾式样见附件）；公示有异议的，由水利部安全生产标准化评审委员会办公室核查处理。

第十四条　取得水利安全生产标准化等级证书的单位每年年底应对安全生产标准化情况进行自评，形成报告，于次年 1 月 31 日前通过"水利安全生产标准化评审管理系统"报送水利部安全生产标准化评审委员会办公室。

第五章　附则

第十五条　本细则由水利部安全监督司负责解释。

第十六条　本细则自印发之日起施行。

附件：水利安全生产标准化证书和牌匾式样

水利安全生产标准化证书

水利安全生产标准化

证　书

证书编号:水安标××××××××××

单位名称

水利安全生产标准化×级单位

有效期至:××××年××月

（水利部章）
××××年××月××日

中华人民共和国水利部制

水利安全生产标准化牌匾式样

水利安全生产标准化
×级单位

中华人民共和国水利部颁发
××××年××月

水利水电建设项目安全评价管理办法(试行)

水规计〔2012〕112 号

部机关各司局,部直属各单位,各省、自治区、直辖市水利(水务)厅(局),各计划单列市水利(水务)局,新疆生产建设兵团水利局:

为贯彻落实"安全第一、预防为主、综合治理"的方针,加强水利水电建设项目的安全生产工作,规范水利水电建设项目的安全评价管理,根据《中华人民共和国安全生产法》、《中华人民共和国水法》等有关法律、法规,我部制定了《水利水电建设项目安全评价管理办法(试行)》,现予印发,请遵照执行。

中华人民共和国水利部

2012 年 3 月 23 日

第一章 总 则

第一条 为规范水利水电建设项目安全评价工作,加强水利水电建设项目安全生产管理,贯彻"安全第一、预防为主"的方针,根据《中华人民共和国安全生产法》、《中华人民共和国水法》、《水库大坝安全管理条例》、《建设工程安全生产管理条例》、《水利工程建设安全生产管理规定》等有关法律、法规,特制定本办法。

第二条 本办法适用于中华人民共和国境内河流、湖泊上新建的水利水电建设项目的安全评价工作。

大型水利枢纽应按照本办法开展安全评价工作,其他水利水电建设项目的安全评价工作,逐步推广实行。

第三条 水利水电建设项目安全评价分为安全预评价、安全验收评价和安全现状评价。

有关水利水电建设项目应按照本办法开展安全预评价和安全验收评价,并可根据需要开展安全现状评价。

第四条 水利水电建设项目安全评价对象为生产设备、作业环境、监控设备、安全设施等有关工程安全、劳动安全和工业卫生的项目。

第五条 水利部负责全国水利水电建设项目安全评价工作的行业管理。

第二章 安全预评价

第六条 水利水电建设项目安全预评价,是根据建设项目可行性研究报告,运用科学的评价方法,对拟建工程推荐的设计方案进行分析,预测该项目存在的危险,有害因素的种类和程度,提出合理可行的安全技术设计和安全管理的建议,作为该建设项目初步设计中安全设施设计和建设项目安全管理、监督的主要依据。

第七条 承担安全预评价工作的机构应针对可行性研究报告提出的工程设计方案,分析和预测该建设项目建设期和运行期可能存在的危险、有害因素,选择合适的评价方法,根据危险发生频率、危害程度、已提出的防范措施,以及有关规程、规范和工程实践,确定危险等级和排序,提出安全对策措施和建议,为编制初步设计报告安全篇和建设项目安全管理及安全监督提供科学依据。

第八条 安全预评价工作应在建设项目可行性研究报告审批前完成。安全预评价报告是初步设计报告劳动安全与工业卫生设计专篇的编制依据。

第三章 安全验收评价

第九条 水利水电建设项目安全验收评价,是在工程完工后,通过对该项目设备、装置实际运行状况及管理状况进行检测、考察,查找该建设项目投产后可能存在的危险、有害因素,提出合理可靠的安全技术调整方案和安全管理对策。

第十条 承担安全验收评价工作的机构应在分析建设管理、设计、施工、监理、质理监督等单位提交的安全自检报告和监测资料分析报告的基础上,现场检查安全预评价报告及安全设施"三同时"的落实情况;检查安全生产法律、法规及技术标准的执行情况;检查生产安全管理机构和安全制度运作状况;深入调查建设项目设施、设备、装置的实际运行状况、管理状况、监控状况,查找尚存的危险、有害因素,选择合适的评价方法确定其危险程度并提出安全对策和建议;对项目运行状况及安全管理做出总体评判,为生产管理单位制订防范措施和修编管理制度提供科学依据。

第十一条 安全验收评价报告应在建设项目安全设施验收前完成。安全验收评价报告及其审查意见是建设项目安全设施专项验收的重要依据。

第四章　安全评价组织管理

第十二条　项目法人对水利水电建设项目安全设施"三同时"负总责。

项目法人应在建设项目可行性研究阶段组织开展安全预评价工作，在建设项目竣工验收前组织开展安全验收评价工作；尚未成立项目法人的，由项目主管部门组织开展安全预评价工作。

第十三条　水利水电建设项目安全评价工作由项目法人委托具有工程设计水利行业甲级资质并经水利部认可的设计单位或具有《安全评价机构资质证书》（业务范围为水利、水电工程业）的甲级资质机构承担。建设项目工程主体设计单位不得承担该建设项目的安全评价工作。

从事水利水电建设项目安全评价活动的人员应具有安全评价师资格。

第十四条　承担安全评价工作的机构应组织安全评价从业人员深入了解工程实际情况、设计文件、相关审查和鉴定意见，以现行的法律、法规、规程、规范为依据，对照设计成果、工程施工状况，独立开展评价工作并对评价结果负责。

第十五条　安全评价发生的费用，根据评价工作量等实际情况，参照国家相关收费标准，由承担安全评价工作的机构与委托单位双方协商，合理确定，纳入项目建设费用。

第五章　安全评价报告的审查

第十六条　水利部委托水利水电规划设计总院（以下简称水规总院）承担安全预评价报告的审查工作。

安全预评价工作完成后，项目法人或项目主管部门应向水规总院提出安全预评价报告审查书面申请。

第十七条　安全验收评价工作完成后，项目法人应及时将安全验收评价报告报送有关验收主持单位进行安全专项验收。

有关验收主持单位应按照项目验收的有关规定确定安全验收评价报告审查或验收程序。

第十八条　安全评价报告的审查一般采用会议形式，实行专家审查。

水规总院和有关验收主持单位应建立规范的审查制度、工作程序和审查专家库，认真执行有关安全生产的法律、法规和技术标准，坚持"科学、客观、公正、求实"的原则，根据项目实际情况选择相关专家，充分发挥审查专家组的作用，确保审查工作的质量。

第十九条　水规总院和有关验收主持单位及参加审查工作的专家应认真履行职责，保守技术秘密和商业秘密，尊重和保护安全评价报告有关技术内容的知识产权。对审查中有失公正、弄虚作假等违纪、违法行为应承担相应法律责任。

第二十条　水规总院和有关验收主持单位应将安全评价报告的审查意见发送项目法人或项目主管部门，同时报送水利部及省级水行政主管部门备案。

第六章　监督管理

第二十一条　水利部和各省、自治区、直辖市人民政府水行政主管部门的安全生产监督管理机构按照职责分工对水利水电建设项目的安全评价工作及评价意见的落实情况进行监督。

第二十二条　水利部组织对从事安全评价活动的人员进行相关安全生产和安全评价业务培训。

第七章　附则

第二十三条　本办法由水利部负责解释。

第二十四条　本办法自颁布之日起试行。

关于进一步规范本市建筑市场加强建设工程质量安全管理的若干意见

沪府发〔2011〕1号

各区、县人民政府，市政府各委、办、局：

现将《关于进一步规范本市建筑市场加强建设工程质量安全管理的若干意见》印发给你们，请认真按照执行。

上海市人民政府
2011年1月10日

关于进一步规范标建筑市场加强建设工程质量安全管理若干意见

为深刻吸取"11.15"特别重大火灾事故的教训，切实解决工程建设中存在的安全生产责任制不落实、施工管理混乱和监管缺失等问题，加强各类建设工程的监督管理，保证工程质量安全，现就进一步规范本市建筑市场，加强建设工程质量安全管理提出如下若干意见：

一、全面整顿和规范建筑市场

（一）集中整治工程建设中的违法违规行为。各区县政府、各有关部门和单位要本着对人民群众生命和财产安全高度负责的精神，充分认识建设工程质量安全工作的重要性，按照全市整顿规范建筑市场的统一部署，精心组织，落实责任，针对工程建设中存在的各类违法违规问题，用一年左右时间集中开展建筑市场的整治和建设工程质量安全大检查，认真排查事故隐患，堵住质量安全管理漏洞，完善管理措施，进一步形成以建设工程质量安全为核心的建筑市场管理长效机制，推进上海建筑行业健康有序发展。

（二）严格执行工程建设审批程序。本市新建、改建、扩建建设工程（包括房屋修缮项目中的改扩建工程和城市基础设施大修工程）必须按照建设程序规定，严格履行项目立项、项目报建、环境影响评价、规划许可、征地拆迁、设计文件审查、施工许可和竣工验收等审批和备案程序。各级建设交通、发展改革、规划国土资源、公安（消防）、环保、安全监督、住房保障房屋管理等部门要根据项目的规模和性质，按照各自职责进一步完善建设管理流程，不得越权审批，不得擅自改变和减少审批环节。对严重违反建设程序的建设项目，要依法停止项目施工，对使用财政资金的政府投资项目停止资金拨付，并严肃查处违反建设程序的有关部门责任人和企业法人代表。

（三）全面排查建筑企业质量安全隐患。建筑企业要落实安全生产责任制，要对企业内部安全生产规章制度和教育培训制度等情况，以及对所承担的建设工程开展全面自查，对自查中发现的违法违规行为和质量安全隐患要及时改正，防止质量安全事故的发生。建设管理部门和相关管理部门要加强对建筑企业的动态监管，对取得资质证书后降低安全生产条件的企业，要责令停业整顿、限期改正，经整改仍未达到与其资质等级相适应的安全生产条件的，依法降低其资质等级直至吊销资质证书。对有出借企业资质证书、违反建设工程安全生产规定等违法行为的企业，要依法从严查处，追究单位法人代表、直接负责主管人员和其他直接责任人员的责任。

二、强化建设工程质量安全风险源头控制

（四）建立工程质量安全风险评估管理制度。建设单位对涉及建设工程质量安全的重大问题，要在工程可行性研究报告中进行专门分析，并提出方案，预留费用。工程初步设计必须达到规定深度要求，细化提出质量安全防护措施和费用。建设单位要组织有关单位对工程建设过程中可能存在的质量安全重大风险进行全面评估，并将评估结论作为确定设计和施工方案的重要依据。

（五）科学确定并严格执行合理的工程建设周期。建设单位应当根据实际情况对工程充分评估、论证，科学确定合理的施工工期。在工程招标投标时，要将合理的施工工期安排作为招标文件的实质性要求和条件，任何单位和个人不得任意压缩合理的施工工期；确需作出调整的，必须经过充分论证，并采取相应措施，增加技术措施费用，确保工程质量安全。

（六）保证建设工程安全生产专项经费。建设单位在建设项目预算中应当按照国家和本市的规定，单独列支安全防护和文明施工措施费、监理费、检测费等保证工程建设质量和安全的专项经费，专款专用，并在招标文件或

者合同中予以明确。建设单位应当按照合同约定及时足额支付保证工程建设质量和安全的专项经费,施工单位不得挪作他用。

三、严格建设工程承发包管理

（七）严格规范建设工程招投标活动。各类建设工程的承发包活动必须依法进行。除依法可以不公开招标的建设工程外,其他建设工程一律公开招标,项目审批部门应当加强监督,招投标管理部门要从严审核,严格规范招标人、投标人、评标专家、招标代理机构的行为。招投标中如有虚假招标、串通投标和挂靠借用资质投标等违法行为的,中标一律无效。同时,对责任单位和责任人按规定依法从严处罚,并依据情节轻重,取消相关单位一年至三年参加投标的资格,取消评标专家担任评标委员会委员资格,并予以公告。要进一步完善招标评标办法,安全防护和文明施工措施费、监理费不作为评标条件;将施工招标中必须由注册建造师担任关键岗位列为评标条件;质量员、安全员的数量和人选作为合同约定内容。

（八）坚决查处转包和违法分包。严禁转包和违法分包中标工程,分包单位将其承包的专业工程中非劳务作业的部分再分包的,劳务单位将其承包的劳务作业再分包的,分包无效;有违法所得的予以没收,责令停业整顿,依法进行处罚;情节严重的,依法吊销资质证书和营业执照;造成重大责任事故的,依法追究企业法人代表和直接责任人员责任。建设工程的发包单位和承包单位必须依法订立书面合同,明确双方的权利义务,分包单位对分包工程的质量和安全生产负责,总承包单位对分包工程承担连带责任。建立本市总承包单位、专业分包单位和劳务单位数据库,推行分包合同备案制度,总承包单位和分包单位应当将相关合同报政府有关部门备案。各级质量安全监督机构应当开展定期检查,发现实际分包单位和合同备案信息不符合的,责成施工单位停工整顿,并按规定重新办理备案手续。分包单位在申请资质升级、增项时,需提交经备案的工程业绩;未经备案的分包工程,不得作为资质审批的条件。对总承包单位和分包单位的违法行为,管理部门在依法处罚的同时,要将处罚信息记入诚信手册,并在本市建筑建材业管理信息平台上予以公示。

四、切实加强施工现场质量安全管理

（九）加强施工单位的现场管理。施工总承包单位对施工现场的质量和安全负总责,分包单位(含专业分包单位)应当服从总承包单位的安全生产管理,不服从管理造成安全生产事故的,由分包单位承担主要责任。总承包单位应当编制与承包工程的规模、技术复杂程度相适应的施工方案,并在施工现场设立项目管理机构指导现场施工,根据投标方案和合同确立的人员名单派驻技术、经济管理人员,其中的项目负责人、技术负责人、项目核算负责人、质量管理人员、安全管理人员必须是与本单位有劳动合同关系的人员,合同备案时应包括项目管理机构和人员,总承包单位不得擅自变更技术和经济管理人员。工程施工时,项目经理和质量安全管理人员应当实施现场管理和监督。施工现场各施工单位对所承揽工程的质量安全负责,必须按照设计图纸、技术标准、施工规范、施工方案明确的顺序进行施工,严格执行安全生产要求,认真落实设计方案中提出的专项质量安全防护措施。对工程的关键部位、关键环节、关键工序和危险性较大的分部、分项工程,必须制定专项施工方案,落实安全防护措施,确保施工安全。

（十）加强勘察设计现场服务。勘察、设计单位应当严格按照法律、法规和工程建设强制性标准进行勘察和设计,防止因勘察、设计不合理导致质量安全事故的发生。设计应当考虑施工安全操作和防护的需要,对涉及施工安全的重点部位和环节,以及使用建筑材料的性能等要依规定在设计文件中注明,并对防范质量安全事故提出建议。勘察、设计单位要加强工程建设过程中的现场服务,在建设工程施工前,向施工单位和监理单位说明建设工程勘察、设计意图,解释建设工程勘察、设计文件,指导施工单位按照设计要求和相关技术标准进行施工,对施工不符合设计的可以要求施工单位予以纠正。勘察、设计单位未按照工程建设强制性标准进行勘察、设计,造成工程质量安全事故,造成损失的,依法承担赔偿责任;后果严重的,责令停业整顿,并依法降低资质等级或者吊销资质。

（十一）严格建筑材料质量管理。建设单位、施工总承包单位对工程中使用的建筑材料质量负责,保证建筑材料符合相关标准和设计要求,严禁使用未经检测或者经检测质量不合格的建筑材料。加强建筑材料检测管理,健全和完善建设工程检测信息化管理系统,检测单位的检测数据应当自动录入信息系统,检测完成后,通过信息系统出具检测报告,确保工程检测数据的客观性和准确性。建筑材料供应商承担建筑材料施工的,应当具备相应资质。对生产和提供不合格以及假冒伪劣建筑材料的,建设管理部门应当将其列入不良名单,禁止其产品在本市建设工程中使用,并联合质量技监、工商等部门依法严肃处理。

（十二）落实建设工程中介服务机构责任。工程检测和施工图审查等中介服务机构应当依法依规开展服务,对所承担业务对应的工程质量安全负责,对编制虚假检测报告、施工图审查意见重大失误和弄虚作假的中介服务机构,暂停其承接新的业务,并依法进行处理;情节严重的,依法降低或者吊销资质(对审图机构取消认定或者不予再次认定)。

五、切实落实监理责任

(十三)完善工程监理招投标制度。依法必须进行监理招标的建设工程,建设单位应当通过招标方式选择监理单位。工程监理招标以监理大纲、人员、设施配备、单位业绩、社会信誉、企业诚信和服务承诺等作为评标的主要内容,投标文件应当明确项目总监理工程师等监理人员。工程监理费按国家收费规定,以工程概算中建安工程费等为计费基数,按基准费率上浮20%计费。政府投资项目监理费实行国库直拨。招投标监管部门在办理备案手续时,应当核验监理取费标准。工程监理单位与被监理工程的承包单位以及建筑材料、建筑构配件和设备供应单位不得有隶属关系或者其他利害关系。

(十四)提高工程监理现场控制能力。监理单位应当切实落实施工现场的监理责任,选派具备相应资格和能力的总监理工程师和监理工程师进驻施工现场,实行总监理工程师现场负责制,监理日志和监理提出的整改通知书,必须有总监理工程师或者其委托的监理人员签字。工程监理应当加强施工现场巡查,现场有施工时,必须有符合规定的监理人员到现场实施监理。监理应当对分包企业资质和人员到岗情况实施检查,对于施工现场中的各类违法违规行为要及时发现、及时制止,对质量安全隐患,监理应当要求施工单位停工整顿并书面报告建设单位。制止无效时,应当及时报告质量安全监督机构。监理未履行对重大安全隐患督促整改和报告责任的,依法予以处罚。本市建设工程实行监理向质量安全监督机构定期报告制度,项目总监理工程师通过监理管理信息平台,按照管理部门规定的内容,定期向质量安全监督机构报送施工现场监理情况的报告。

六、加强工程建设从业人员管理

(十五)加强对企业法人代表和注册执业人员的管理。建筑企业法人代表是企业安全生产第一责任人,依法对本单位的质量安全工作负责,要落实企业安全生产责任制,组织企业制定安全生产的规章制度和教育培训制度,加强对建筑安全生产的管理,采取有效措施,防止伤亡和其他安全生产事故的发生。有关管理部门要加强对企业法人代表质量安全方面的法律培训,加强对注册执业人员的管理。勘察设计项目负责人、施工单位项目负责人以及项目总监理工程师应当由注册执业人员担任,并实行严格的岗位负责制。注册执业人员参加法律法规和专业培训情况,要记入个人执业记录,未按规定参加培训的注册执业人员不得延期注册。建设管理部门应当加强对注册人员出借证章、重复注册等行为的查处力度,注册人员的诚信记录,作为单位参加投标的条件。建设管理、人力资源社会保障、工商、公安等部门要实现企业、人员信息的共享。

(十六)加强施工作业人员管理。规范建筑施工用工行为,保障工人的合法权益,在市、县区两级财政安排的教育费中应当单独列支建筑施工作业人员培训教育经费。总承包单位对劳务分包企业的施工现场管理、劳务作业和用工情况负有监督管理责任。各用工单位使用劳务人员,应当是有劳动合同关系或者劳务合同关系的人员,并实行实名制登记和发放人员信息卡。中心城区的建设工地实行工人刷卡上下班制度。建设、施工单位和劳务分包单位要加强建设工程施工作业人员的职业技能和安全培训,尤其要做好新入工地非专业人员上岗、转岗前的培训,全面提高其操作技能和安全生产意识。安全监督、建设交通、质量技监和公安(消防)部门应当加强对特种作业人员的教育和培训管理。企业特种作业人员必须根据安全生产的规定持证上岗,一经发现施工单位特种作业使用无证人员施工的,要立即责令停工整顿。建立政府、部门、行业协会和企业多层次培训体系,营造职业技能等级与劳动报酬挂钩的市场环境,逐步实现关键岗位技术工人经培训持证上岗。

七、加强建设工程质量安全监督管理

(十七)加快建设工程基本制度建设。各有关部门要根据建设工程质量安全管理的实际情况,按照加快完善本市建设工程法规规章体系的要求,抓紧制定和修订本市建设工程质量安全管理和建筑市场管理方面的地方性法规,并加快建设工程承发包管理、监理、检测等方面政府规章的制定修改,认真梳理配套的规范性文件,及时补充和完善建设工程质量安全管理所亟需的制度规范。进一步完善建设工程标准、规范体系。

(十八)加强各级建设工程质量安全监督机构建设。健全建设工程质量安全监督机构,将各级建设工程质量监督机构调整充实为独立的质量安全监督机构,并赋予建筑市场稽查职能。各级政府要根据辖区内建设工程质量安全监管职责和工程建设的规模,保证质量安全监督机构专业技术人员的配备,并保证质量安全监督机构和人员的经费,以及开展建材质量专项抽检的经费。市建设交通委要制定建设工程质量安全监督规范,进一步规范建设工程质量安全监督机构的监管行为,加强考核,建设一支责权明确、行为规范、执法有力的质量安全监管队伍。

对在建设工程质量监督管理工作中玩忽职守、滥用职权、徇私舞弊的工作人员,依法给予行政处分;构成犯罪的,依法追究刑事责任。

(十九)加大对工程建设中违法违规行为的查处力度。建设工程质量安全监督机构必须加强对建筑活动参与各方执行法律、法规和强制性标准情况的监督检查,改进检查手段,加强明查暗访,实施有效监督。各专业管理部门要根据部门职责分工,加强对建设工程质量和安全的监督管理,对建筑市场的各类违法违规行为在依法实施行政处罚,对情节严重的,应当依法责令停工整顿,直至吊销从业资质证书。依法加强对工程质量和安全事故的调查处理,严肃事故责任追究,对发生重特大事故的企业,实行社会公告制度,并向本市投资管理部门通报,限定其新增项目的审批,向银行金融机构通报,限定其新的项目融资。

(二十)运用信息化手段促进建筑市场监管公开透明。创新政务公开方式,建立全市统一的建筑建材业管理信息平台,通过信息平台向社会公布项目立项、规划许可、工程招标、企业及注册人员情况、施工许可、合同备案、竣工验收等各类信息。充分利用信息化手段开展执法评查、质量考核、满意度测评等工作,促进建筑市场监管公开透明、公平公正。完善建筑市场诚信体系,对建筑企业发生重大质量安全事故,以及转包和违法分包工程、拖欠民工工资等违法违规行为,及时在建筑建材业管理信息平台上公示。进一步完善市区(县)共享、部门共享的数据库,各级建设交通、发展改革、财政、规划国土资源、环保、安全监督、公安(消防)和质量技监部门要依托信息系统,实现管理协同、信息共享和执法联动。要提高建设工地管理的信息技术水平,强化对建设工程主要环节、现场信息和险情预兆的监控,完善及时发现和应急处置机制。

八、加强领导,确保建筑市场整治取得实效

(二十一)转变职能,进一步推进政企分开改革。各有关部门要积极转变职能,严格区分政府公共管理职能和国有资产经营的职能,进一步推进政企分开改革。各区县隶属建设部门的建筑企业要立即清理,限期脱钩。要坚决改变建设工程管理和建筑市场中存在的区域封闭、内部循环、暗箱操作等现象。有关管理部门要着力开展市场秩序的整顿规范,充分发挥企业作为市场主体的能动作用,共同营造统一开放、法制健全、公平竞争和有序运转的建筑市场,为建筑企业健康发展营造良好氛围。

(二十二)加强组织领导和督促检查。各区县、各有关部门要根据各自职责,制订部署本地区、本行业开展建筑市场整治的实施办法和具体措施,落实监督管理责任,加强监督检查和指导,及时研究解决建筑市场整治过程中暴露出的突出问题。市级管理部门要加强对区县的业务指导和监督检查,各区县政府要根据属地管理的原则,切实履行起本辖区内建设工程质量安全监管职责。同时,各区县政府要加强限额以下小型工程建设的监督管理,根据地区特点制定具体管理办法,确保小型工程质量安全监管全覆盖。有关管理部门要加强整治建筑市场的协同配合,加强宣传引导,营造良好氛围,全面提高本市建设工程质量安全水平。

关于贯彻落实《国务院安委会关于进一步加强安全培训工作的决定》的实施意见

沪安委办〔2013〕12 号

各区、县人民政府,市安委会各成员单位,各控股(集团)公司:

为进一步贯彻落实《国务院安委会关于进一步加强安全培训工作的决定》(安委〔2012〕10 号,以下简称《决定》)精神,市安委办结合本市实际,研究制定了《上海市安全生产委员会办公室关于贯彻落实国务院安委会关于进一步加强安全培训工作的决定的实施意见》,现印发给你们。请结合本地区、本部门实际,制定具体实施措施,研究部署加强安全培训工作,扎实抓好各项政策措施贯彻落实,努力推动全市安全生产形势持续稳定好转。

上海市安全生产委员会办公室

2013 年 3 月 25 日

上海市安全生产委员会办公室关于贯彻落实国务院安委会关于进一步加强安全培训工作的决定的实施意见

为认真贯彻落实《国务院安委会关于进一步加强安全培训工作的决定》(安委〔2012〕10 号,以下简称《决定》),大力推进安全培训工作,提高企业从业人员的安全素质和政府安全监管监察效能,防止和减少违章指挥、违规作业和违反劳动纪律(以下简称"三违")行为,促进全市安全生产形势持续稳定好转,现就贯彻《决定》,制定如下实施意见:

一、总体要求

以邓小平理论、"三个代表"重要思想和科学发展观为指导,全面贯彻落实党的十八大精神,以落实持证上岗和先培训后上岗制度为核心,以落实企业安全培训主体责任、提高企业安全培训质量为着力点,牢固树立"培训不到位是重大安全隐患"的意识,加强安全培训机构的规范管理,严格安全培训监督检查和责任追究,不断提高从业人员安全素质、监管监察人员监管能力和企业安全管理水平,不断降低事故总量,坚决遏制重特大事故发生,切实保障人民群众生命和财产安全。

二、工作目标

"十二五"期间,全市要形成政府统一领导、部门协调联动、企业主动落实、培训机构积极作为、监管监察到位的安全培训工作新格局。努力达到"五个 100%",即:高危行业和较大危险行业等企业负责人、安全管理人员(项目经理),以及所有从事特种作业的人员(以下简称"三项岗位"人员)100%持证上岗,以班组长、新员工为重点的企业从业人员 100%培训合格后上岗,市政府农民工安全培训实事项目 100%完成年度目标,安全监管监察人员100%持行政执法证上岗,承担安全培训的教师 100%参加知识更新培训,安全培训基础保障能力和安全培训质量得到明显提高。

三、落实责任

(一)认真落实企业安全培训主体责任。企业是从业人员安全培训的责任主体,要把安全培训工作纳入企业日常管理和发展规划,健全落实"一把手"负总责、领导班子成员"一岗双责"的安全培训组织体系,完善培训制度,保障培训经费,确保培训时间和质量,健全培训档案。严格按照法律法规和相关标准要求,积极安排从业人员参加与其所从事岗位相应的安全培训。严格落实"三项岗位"人员持证上岗制度和从业人员"三级安全教育"要求,加强应知应会的培训,培训时间不得低于有关规定的课时要求,教育和培训情况应当记入安全生产记录卡;使用劳务工的企业承担对劳务工进行安全培训的义务。安全生产技术研发、装备制造单位要与使用单位共同承担新工艺、新技术、新设备、新材料安全培训责任。

(二)切实履行政府及有关部门安全培训工作监管责任。各区县人民政府要统筹加强本地区安全培训工作领导,积极组织开展安全专题教育和培训工作。安全监管、公安、建设交通、交通港口、质量技监、消防、人力资源社会保障、农业等有关部门要完善安全培训法规制度,依法对职责范围内的安全培训工作实施监督管理;要逐步健全各类安全培训大纲、考试标准,加强教材建设;要积极组织安全监管监察人员安全培训;要严格管理培训机构,做好证件发放和复审工作,避免多头管理、重复发证;严肃查处不培训就上岗和乱办班、乱收费、乱发证行为。教育部门要在义务教育中开设安全知识课程或讲座,在职业教育相关专业中增加安全知识教育内容,鼓励有条件的高等院校增设安全相关专业或课程。工会组织要监督和协助政府有关部门开展农民工安全生产培训工作,督促企业落实"三级安全教育"。

(三)落实安全培训考试机构质量保障责任。承担安全培训的机构是安全培训施教主体,担负保证安全培训质量的主要责任。要依核定范围开展安全培训工作,健全落实安全培训质量控制制度,严格按纲施教,规范流程管理,加强基础建设,注重改善条件。承担安全培训考试的机构要深化安全培训考核信息化建设,着力推进、落实教考分离工作,逐步完善考务管理体系,健全责任倒查机制,严格按考核标准加强考试管理,健全考试档案,切实做到考试不合格不发证。

四、健全制度

(一)实施高危企业从业人员准入制度。市安全监管、建设交通等部门要结合实际,制定危险化学品、建筑施工行业从业人员准入制度,积极推动高危企业或者重点岗位从职业院校相关专业毕业生中录用新职工。逐步实现高危企业的负责人由具备相关专业本科学历人员担任。危险化学品生产企业专职安全管理人员要具备相关专业大专以上学历或者中级以上专业技术职称(含注册安全工程师),危险化学品特种作业人员要具有高中或者相当于高中及以上文化程度。其他各类特种作业人员或危险化学品生产企业从业人员要具有初中及以上文化程度。高危企业安全生产许可证发放、延期和安全生产标准化考评时,主管部门要审核企业安全培训情况。

(二)严格落实"三项岗位"人员持证上岗制度。企业新任用或者招录"三项岗位"人员,要组织其参加安全培训,严格落实企业职工经培训合格、持证上岗制度。对发生死亡事故负有主要责任的企业(含总包或者分包企业)负责人、安全管理人员,以及对事故负有直接责任的特种作业人员,要重新参加安全培训考试。有关部门要按照职责分工,定期开展本行业"三项岗位"人员持证上岗情况登记普查,建立信息库。取得注册安全工程师资格证并经注册的人员,注册资格证书在有效期内的,可以视同取得企业负责人和安全管理人员安全资格证、合格证。鼓励从业人员攻读安全生产相关学历和学位或者报考注册安全工程师。

(三)积极开展市政府农民工安全培训实事项目。各区县、各部门、各控股(集团)公司要按照属地化管理的原则,制定切实可行的农民工安全生产培训计划和轮训制度,进一步权力下放、关口前移、齐抓共管、提高质量,确保为农民工提供免费安全知识培训的市政府实事项目落到实处。要积极探索"政府支持、开门办学、持证上岗"的农民工安全培训长效机制。各相关培训机构要继续依托市政府实事项目这一载体,以服务企业、服务农民工为要求,简化程序,统筹安排,优化培训资源,采取集中培训、半工半培、送教上门等形式,采用通俗易懂的教材和多媒体影像、事故案例教学片等农民工喜闻乐见的直观手段施以培训。市安全监管部门要会同工会等部门进一步完善农民工安全培训相关政策,将交通安全、消防安全、职业健康等纳入培训内容,逐步健全本市农民工安全培训按行业培训发证机制。要加强农民工安全生产培训的宣传工作,及时总结、推广农民工安全生产培训工作中好的经验、做法。

(四)推进实施师傅带徒弟制度。高危行业、较大危险行业的企业新招录的危险操作岗位人员在安全培训合格后,要在有经验的师傅带领下实习,要根据本行业、企业的特点确定带教实习期,期满后方可独立上岗作业。带徒工人师傅一般应当具备中级工以上技能等级,3年以上相应工作经历,善于"传帮带",没有发生过"三违"行为等条件。相关企业要完善内部管理制度,健全师傅带徒弟的规范档案和激励约束机制。

(五)严格落实安全监管监察人员持证上岗和继续教育制度。要开展提高领导干部安全素质和安全监管监察人员执法能力的相关培训,加强对各区县人民政府、安全监管部门和乡镇(街道)及园区安全生产工作分管领导的专题安全培训,组织安全监管监察人员执法资格和业务培训,确保执法人员持行政执法证上岗。要注重开展继续教育,严格组织审证考核,保证执法证的有效性。通过开设"安监课堂",组织领导干部和安全监管监察人员实例教学和自主选学,开展学习讨论和实践交流;通过加强日常培训、考核和管理工作,提高安全监管监察队伍学习能力、创新能力、执法能力和执行能力。鼓励安全监管监察人员报考注册安全工程师,攻读安全生产相关专业学历和学位。各级工会要创造条件举办或选送劳动保护干部参加政府主管部门或上级工会举办的安全生产、劳动保护培训班,确保劳动保护干部具有专业任职资格。

五、规范管理

(一)强化企业全员培训。各控股(集团)公司要加强全体从业人员的安全生产、职业健康、技能培训以及安全意识的培养,确保员工做到应知应会,持证上岗。对不具备培训能力的中小企业,鼓励相关培训机构开展"送教上门"活动。道路运输企业要主动承担对所属驾驶人员和交通安全干部的交通安全培训义务。各有关部门和单位要继续抓好"安全生产月"、"5·12"防灾减灾日、"5·25"交通安全日、"11·9"消防日、"安康杯"竞赛、青年安全示范岗、《职业病防治法》宣传周等主题活动,并充分发挥社会组织参与安全培训的监督管理。

(二)加强安全培训机构建设。科学规划,合理布局,严格实施安全培训机构资质管理。重点支持大中型企业、高等院校、职业院校、技工学校、工会等开展安全培训,重点培育一批具有时代特征、行业特点、上海特色的示范培训机构。通过进一步完善培训机构评估标准,健全优胜劣汰的退出机制,对不具备资质条件或者不按照相关规定开展安全培训的机构,坚决予以调整或撤销。定期公布安全培训机构名单、培训范围,接受社会监督。鼓励有条件的企业积极参与安全培训教育。

(三)严格执行教考分离。安全监管部门要按照教考分离、统一标准、统一题库、分级负责的原则,加快特种作业实际操作考试中心和分中心建设,统一实际操作考试模块和考板,力争通过两年的试点,全面推行特种作业实际操作考试的教考分离。各相关部门要注重提高管理水平,积极提升服务能力,进一步健全远程监控、考试视频、语音对讲、证书查询等安全培训考核管理系统。企业"三项岗位"人员以外的其他从业人员的考核,由企业按照考核标准自行组织。

六、强化保障

(一)完善安全培训大纲、教材和师资队伍建设。市有关部门要定期编制安全培训大纲,组织编写针对性、实效性强的安全培训实用教材和从业人员安全生产理论与实务读本。定期开展教师讲课大赛和优秀安全培训教材的评选,及时调整和完善不同工种、不同类别的理论和实际操作考试题库。组织开展观摩生产安全事故现场、播放典型案例动漫教学片等警示教育活动,进一步强化企业员工的安全意识。各类安全培训机构要建立健全安全培训专职、兼职教师持证上岗、继续教育、绩效考核和档案管理制度,适时向社会公告师资培训、教育和奖惩情况。企业要建立领导干部上讲台宣讲安全生产知识,选聘有实际工作经验的安全管理、技术人员担任兼职教师等制度。

(二)加强远程培训和管理信息化建设。各有关单位要探索建设安全培训远程教育平台,积极推广运用安全培训网络学习,逐步实现网络培训学时学分制,将学时和学分结果与继续教育、再培训挂钩。进一步加强安全培训信息化建设,完善培训质量控制管理体系。

七、加强督查

(一)实行年度目标考核。市安委会要将安全培训作为安全生产工作的重要内容,纳入各级政府相关部门及有关控股(集团)公司年度安全生产目标考核体系。重点考核监管人员持证上岗、企业"三项岗位"人员持证上岗、企业职工先培训后上岗、企业"三级安全教育"等制度落实情况。

(二)开展安全培训专项执法。各相关部门要把安全培训纳入年度执法计划,作为日常执法必查内容,积极开展安全培训专项督查和联合执法。各级安全监管部门要结合本地区实际和企业特点,依法做好辖区内企业"三项岗位"人员安全培训的监督检查工作;要加大安全培训机构治理工作力度,定期进行培训工作的检查和评估,对涉及违法违规的从业行为严肃查处。企业要健全安全培训自查自考制度,加大"三违"行为处罚力度。要充分发挥社会监督作用,强化安全培训违法违规的举报投诉处理,促进安全培训机构健康发展。

(三)严肃追究安全培训责任。各相关部门要严厉查处企业"三项岗位"人员不按要求持证上岗、职工不经过培训或培训不合格上岗的行为;对不按规定接受复审或复审不合格,以及2年内违章操作记录达3次以上或者造成严重后果的特种作业人员,由发证机构依法撤销或吊销其特种作业操作证。对应当持证而没有持证或者没有经过培训而上岗的人员,一律先离岗,经培训持证后再上岗,并依法对企业进行从重处罚。对存在不按大纲教学、不按题库考试、教考不分、乱办班等行为的安全培训和考试机构,严格按法律法规或相关规定进行严肃处理。对各类生产安全责任事故,一律倒查培训、考核、发证等管理不到位的责任。相关部门对违反有关法律法规的企业、培训机构、人员及其失信行为,纳入安全生产信用体系,依法予以登录和公开,同时加大分类监管力度,实施"守信受益、失信惩戒"的联动机制。

八、组织机制

(一)强化组织领导。各有关单位要建立安全培训工作领导小组,落实工作机构,完善工作机制,整合资源,形成安全培训工作合力。工会、共青团、妇联、科协以及新闻媒体等要支持、参与和监督安全培训工作。

(二)拓宽安全培训投入渠道。各级政府要根据职责将安全培训经费纳入本级政府预算。企业要在员工培训经费和安全费用中足额列支安全培训经费。实施技术改造和项目引进时要专门安排安全培训资金。探索在工伤保险基金以及建筑意外伤害保险费用中安排一定资金用于安全培训,积极发挥安全生产责任保险对安全培训的促进作用,实现保险与培训的良性互动。

(三)加强廉政建设。各有关部门、考核发证机关和安全培训机构要加强廉政建设。各级政府部门要加强对安全培训机构的监督管理。严禁政府部门工作人员参与安全培训机构业务活动或兼职取酬。从严追究参与违规办理有关资格证书,或协助学员考试作弊的考试发证机构工作人员的法律责任。纪检监察部门要加强安全培训风险防控体系研究,加大对安全培训违法违纪问题的监督力度,依法依纪严肃处理相关人员的违法违纪行为。

各区县人民政府、市安委会各成员单位,各控股(集团)公司要根据本实施意见,制定细化本地区、本部门、本单位的实施措施,并及时将实施措施和落实情况报市安委会办公室。

上海市建筑施工企业安全生产许可证管理实施细则

沪建交〔2006〕第 161 号

现将《上海市建筑施工企业安全生产许可证管理实施细则》印发给你们,请遵照执行。

上海市建设和交通委员会
2006 年 3 月 15 日

上海市建筑施工企业安全生产许可证管理实施细则

第一条　目的

为规范建筑施工企业安全生产条件,进一步加强安全生产监督管理,防止和减少生产安全事故,按照国务院《安全生产许可证条例》,建设部《建筑施工企业安全生产许可证管理规定》,结合本市的实际情况,制定本管理实施细则。

第二条　适用范围

本管理实施细则适用于在本市范围内从事土木工程、建筑工程、线路管道、设备安装工程及装修工程的新建、扩建、改建和拆除等活动的建筑施工企业(以下统称建筑企业),以及安全生产许可证的颁发和管理单位。

第三条　管理部门

上海市建设和交通委员会负责本市建筑施工企业《安全生产许可证》的颁发管理工作。成立上海市建筑施工企业安全生产许可证领导小组和上海市建筑施工企业安全生产许可证领导小组办公室(办公室设在上海市建设工程安全质量监督总站),负责上海市建筑施工企业安全生产许可证的日常管理工作。

第四条　管理分工

安全生产许可证日常管理工作机构按照分级、按专业、属地化管理的原则设置:

(一)上海市建设工程安全质量监督总站负责特级、一级、二级和专业级施工企业的安全生产许可证的日常管理工作;

(二)区、县建设行政主管部门负责本行政区域范围内注册的三级及劳务施工企业安全生产许可证的日常管理工作;

(三)市市政局、市水务局、市绿化局、市房地资源局分别负责公路、市政养护、燃气、水务、绿化、拆房等施工企业的安全生产许可证的日常管理工作。

第五条　申请条件

(一)提供《建筑施工企业安全生产许可证管理规定》第四条所规定提供的材料。

(二)通过规定数量的"三类人员"安全生产知识考核。

(三)依法进行施工企业安全生产评价。

(四)其他规定条件。

第六条　网上申请

(一)登录上海市建设工程安全质量监督网安全生产许可证网站;

(二)下载并填写相关表式;

(三)网上申请。

第七条　受理

安全生产许可证日常管理工作机构对网上申请企业的受理日期为 5 个工作日,受理意见网上公告。

安全生产许可证日常管理工作机构对书面申请的企业,当场告知受理意见。

第八条　审核

对已经受理的申请,安全生产许可证日常管理工作机构进行审核,必要时应对企业进行抽查。各安全生产许可证日常管理工作机构在每月月底前,完成当月 20 日以前和上月 20 日以后受理企业的审核工作,审核结果在网上公告。对于审核通过的企业,由安全生产许可证管理领导小组办公室报送上海市建设和交通委员会审批。

第九条　审批

上海市建设和交通委员会在收到报批报告之日起的 5 个工作日内,完成审批。审批结果在网上公告。

未通过审批的建筑施工企业,自收到"不批准"决定之日起,通过整改,2 个月后方可再次提出申请。

第十条　发证

经审批符合安全生产条件的,自审批通过之日起 5 个工作日内向申请企业颁发安全生产许可证。审批通过企业的名单、领证地点、时间及领证要求均在网上公告。

第十一条　变更

建筑施工企业变更名称、地址、法定代表人等企业基本信息的,应当在信息变更后的 10 个工作日内,登录建设工程安全生产许可证网站办理变更手续。

建筑施工企业资质升级后,应依法进行施工企业安全生产评价,再登录建设工程安全生产许可证网站办理变更手续。

第十二条　管理职责

各级建设行政主管部门应加强对在本行政管理区域内从事施工活动的所有建筑施工企业的安全生产许可动态监督、检查和管理。

第十三条　市场准入

各级建设行政主管部门在招投标管理及审核发放施工许可证时,应当对建筑施工企业安全生产许可证及相关三类人员的持证情况进行核查,对未合法持有安全生产许可证的建筑施工企业,不允许其投标,不得核发施工许可证。

第十四条　违规处理

各级建设行政主管部门在监督过程中,发现未取得安全生产许可证而施工的建筑施工企业,应将事实通报安全生产许可证发证机关。

各级建设行政主管部门发现已取得安全生产许可证的企业不再具备规定的安全生产许可条件的,责令限期整改;经整改仍未达到规定的安全生产许可条件的,将相关事实通报安全生产许可证发证机关。

第十五条　事故处理

各级建设行政主管部门应在规定时间内将相关企业违反安全生产条件的事实通报安全生产许可证发证机关。

第十六条　动态考核

各级建设行政主管部门应针对日常监督、检查、管理过程中企业的安全行为建立企业诚信记录档案,实施动态考核。动态考核管理办法由市建筑业管理办公室另行制定。

第十七条　考核不合格的企业,须接受安全生产许可证日常管理工作机构组织实施的安全生产条件审查。

第十八条　年度抽查

各日常管理工作机构对取得安全生产许可证企业的安全生产条件进行年度抽查。抽查企业数量不应少于管理范围内企业总数的 5%,且不应少于 15 家。

第十九条　外省市进沪企业的安全生产许可证的动态监督管理(除暂扣、吊销安全生产许可证的行政处罚外),按照本规定执行。

第二十条　其他相关事宜应严格按照《安全生产许可证条例》、《建筑施工企业安全生产许可证管理规定》以及《关于严格实施建筑施工企业安全生产许可证制度的若干补充规定》等执行。

第二十一条　本规定由上海市建设和交通委员会负责解释。

第二十二条　本规定自发文之日起施行。

关于印发《上海市建设工程安全生产动态考核管理试行办法》的通知

沪建交〔2009〕1552 号

各区(县)建交委、有关局(集团、总公司)、各外省市沪办建管处:

现将《上海市建设工程安全生产动态考核管理试行办法》印发给你们,请遵照执行。执行过程中如有问题,请与市建设工程安全质量监督总站联系。

上海市建设和交通委员会

2009 年 11 月 16 日

上海市建设工程安全生产动态考核管理试行办法

第一条 为落实建设工程参与各方的安全生产责任,防止和减少生产安全事故,根据住房和城乡建设部《建筑施工企业安全生产许可证动态监管暂行办法》(建质〔2008〕121 号)和《关于落实建设工程安全生产监理责任的若干意见》(建市〔2006〕248 号)要求,结合本市建设工程实际情况,制定本办法。

第二条 本办法适用于本市行政区域内的施工企业、监理企业以及相关人员的安全生产业绩考核管理。

施工企业包括:总包企业和分包(劳务)企业;

相关人员(以下简称"人员")包括:取得安全生产考核合格证书的施工企业主要负责人、项目负责人和安全管理人员,取得操作资格证书的建筑起重机械司机,取得注册监理工程师证书的总监理工程师和取得安全监理上岗证书的安全监理员。

第三条 上海市建设工程安全质量监督总站(以下简称"市安质监总站")负责建设工程安全生产动态考核管理工作。各建设工程安全监督机构对管辖范围内的考核对象实施记分,并上报市安质监总站实施处理。

第四条 施工、监理企业(以下简称"企业")的考核,是根据对其施工、监理工地的考核结果予以确定。考核结论分为"合格"、"需整改"和"不合格"。

按照《工地安全生产动态考核记分标准》(附表一)计算分值累计达到 10 分的工地为"不合格工地"。

第五条 人员的考核是指按照安全生产动态考核记分标准(附表二至七),对其进行记分、考核和处理。考核结论分为"合格"、"需整改"和"不合格"。

第六条 安全生产动态考核周期为 12 个月。考核时对被考核对象前 12 个月的不良业绩分值进行累计,当企业、人员达到"需整改"或"不合格"标准时,即进行处理。已经按照"不合格"标准实施处理,或者实施行政处罚的,其分值不再累计计算。

第七条 企业有下列情形之一的,动态考核结论为"需整改":

(一)"不合格工地"达到在建(监理)工地总数比例 10%,且少于 20%;

(二)"不合格工地"数达到 3 个,且少于 5 个。

第八条 企业有下列情形之一的,动态考核结论为"不合格":

(一)"不合格工地"达到在建(监理)工地总数比例 20%;

(二)"不合格工地"达到 5 个。

第九条 人员的累计分值达到 5 分为"需整改",达到 10 分为"不合格"。

第十条 企业安全生产动态考核结论为"需整改"的,采取以下处理措施:

(一)市安质监督总站约谈企业法人代表,责成限期整改,整改结束后组织安全生产条件核查;

(二)对于逾期不整改或整改不合格的企业,按照"不合格"企业进行处理。

第十一条 企业安全生产动态考核结论为"不合格"的,采取以下处理措施:

(一)本市企业的,暂扣安全生产许可证 1 个月;1 个考核周期内第二次考核结论为"不合格"的,暂扣安全生产许可证 2 个月,情节严重的吊销安全生产许可证;

（二）外省市企业的，暂停在本市承接工程 1 个月；1 个考核周期内第二次考核结论为"不合格"的，暂停在本市承接工程 2 个月，情节严重的禁止在本市承接工程。

第十二条 人员安全生产动态考核为"需整改"的，须参加安全知识强化培训。

第十三条 人员安全生产动态考核为"不合格"，或者未按规定参加安全知识强化培训，以及安全知识强化培训不合格的，采取以下措施：

（一）本市人员的，暂扣相关证书 3 个月；1 个考核周期内第二次考核结论为"不合格"的，暂扣相关证书 6 个月，情节严重的吊销相关证书；

（二）外省市企业的，暂停在本市从事建筑活动 3 个月；1 个考核周期内第二次考核结论为"不合格"的，暂停在本市从事建筑活动 6 个月；情节严重的禁止在本市从事建筑活动。

第十四条 本通知自 2010 年 4 月 1 日起实施。原《关于印发〈上海市建筑施工企业安全生产许可证动态考核管理办法〉的通知》（沪建建管〔2006〕第 024 号）和《关于印发〈上海市建设工程安全监理动态考核管理试行办法〉的通知》（沪建建管〔2006〕第 129 号）废止。

关于加强建设工程施工现场临建房屋安全管理的通知

沪建交〔2011〕795 号

各区县建设交通委,各有关单位:

近年来,随着城市建设的不断发展,本市建设工程施工现场临建房屋安装、使用和拆除工作中,发生了多起安全事故,为加强对建设工程施工现场临建房屋安全管理安全生产工作,确保施工现场临建房屋使用安全和拆除工程安全,现将有关要求通知如下:

一、明确责任,切实加强安全生产工作

各区县建设行政管理部门,各相关企业和单位应高度重视建设工程施工现场临建房屋安装、使用和拆除的安全生产工作,加强领导,落实安全生产责任制。并通过排查和分析本地区、本部门、本单位在建设工程施工现场临建房屋安全防控工作中存在的薄弱环节,制定切实有效的措施,分解任务、明确责任,狠抓落实,切实加强安全生产工作。

二、临建房屋安装、使用和拆除管理要求

(一)各建设行政管理部门、各单位要督促企业严格落实《建设工程临建房屋应用技术标准》(DB 11/693—2009)、《临时性建(构)筑物应用技术规程》(DG 08—114—2005)及有关要求,采取有效措施,切实加强临建房屋设计、制作、安装、验收、使用和拆除的安全管理,严防临时性建(构)筑物安全事故的发生。

(二)施工总承包企业要对建筑施工现场临建房屋的安全管理负总责,项目部对临建房屋的安全管理具体负责,按照有关规定,制定完善的临建房屋安全使用管理制度并组织落实。

(三)产品化的临建房的安装,实施"谁生产、谁安装、"的原则,生产企业负责临时建房的安装工作。其他临建房的安装应由有叁级及以上承包资质或钢结构专业承包资质的施工企业承担。

安装单位应根据合同文件、设计文件的要求以及相关标准编制安装施工方案,并按方案组织施工。轻钢结构临建房屋的制作单位应具备钢结构工程专业资质,其他结构形式的临建房屋制作单位应具备相应资质,同时,要对施工材料、制作工序严格把关,确保临建房屋制作安全质量符合标准要求。

临建房屋的拆除实施"谁安装、谁拆除"的原则。

(四)本市推行使用标准化、定型化的,满足防火要求、易于拼装、循环使用的整体箱式房屋和装配式房屋。严禁使用水泥珍珠岩保温复合板临建房屋。

各类临建房屋,应具有在技术监督部门备案的产品技术标准;具有产品说明书,主要结构材料的质量说明书等。

(五)易燃易爆物品应专库储存,分类单独存放,保持通风,不准在临建房屋内调配油漆、稀料。食物制作间、锅炉房、可燃材料库房和易燃、易爆物品库房等生产性用房应为 1 层,其建筑构件的燃烧性能应为 A 级。办公、宿舍等临建房屋的围护结构须使用不燃材料。会议室等人员密集场所须设置在首层。

(六)临建房屋安装完成后,应由安装单位进行自检,合格后应由总承包单位组织监理单位、使用单位、安装单位进行安装质量验收,合格后方可交付使用。总承包单位应将相关资料留档。

(七)工地临建房屋拆除完毕,方可确认工程竣工;工地的停工时间如果超过临建房屋设计使用年限,则应拆除后方可停工,复工时重新安装。

(八)施工单位应严格按照房屋使用说明书要求正确使用和维护临建房屋,不得擅自改变使用功能和建筑的结构体系,同时施工单位应设置必要的安全警示标识,加强对临建房屋使用安全的检查,发现安全隐患立即整改。

三、临建房屋消防安全管理要求

(一)临建房屋周边应当设置临时消防车道,保证临时消防车道的畅通。禁止在临时消防车道上堆物、堆料或挤占临时消防车道。

(二)临建房屋周围应合理布置消火栓。消火栓处要设有明显标志,配备足够的消防水带、消防水枪,消防供水要保证足够的水源和水压。消火栓周围 3 米内不准存放物品,地下消火栓的设置必须符合现行技术规范要求。临建房屋必须配备灭火器材,做到布局、选型合理,并经常检查、维护、保养,保证灭火器材灵敏有效。

（三）加强施工现场临时用电管理要求：

1. 施工现场临建房屋用电必须编制临电施工方案，并经企业技术负责人、监理单位项目总监批准后实施；

2. 施工现场临建房屋用电，必须指定具备电工岗位资格（持有特种作业操作证）的专人进行管理。用电应按规定敷设线路，选用的电线电缆应满足用电安全性能要求；

3. 临建房屋不得擅自更改原设计电路，严禁私拉乱接电线；

4. 临建房屋配电线路布线应穿金属管或用非燃硬塑料管保护。

（四）施工单位应对施工人员居住的宿舍加强管理，采取措施有组织地做好夏季降温和冬季取暖工作，确保施工人员的身体健康。宿舍内严禁使用明火取暖。严禁使用电炉、电热毯、电褥子、热得快等电热器具，严防火灾事故的发生。临建房屋使用空调、电暖器取暖时，必须采购合格的产品，并采用专用的供电回路，设置专用插座，安装短路、过载、漏电保护电器，并定期进行检查，确保用电安全。

四、严查事故，追究安全生产责任

临建房屋使用中的生产安全事故，依法追究有关责任单位和责任人的责任。对于发生伤亡事故或存在严重安全生产违法违规行为的企业，建立企业的不良记录，实施安全生产动态监管，在工程招投标、安全生产许可证审核等过程中，采取限制措施。有效规范本市施工现场临建房屋的安全管理。

关于实施上海市建筑施工企业负责人及项目负责人施工现场带班制度的通知

沪建交〔2011〕970号

各区县建设交通委,各相关单位:

为了贯彻落实住房和城乡建设部"关于印发《建筑施工企业负责人及项目负责人施工现场带班暂行办法》的通知"(建质〔2011〕111号)要求,根据本市建设工程实际,将本市有关实施事项通知如下:

一、建筑施工企业负责人带班检查要求

(一)建筑施工企业应当建立企业负责人现场带班检查工作制度,明确带班检查的职责权限、组织形式,检查内容、方式以及考核办法等具体事项。

(二)建筑施工企业负责人是指项目总包、专业分包、劳务分包的企业法人代表、总经理、主管质量安全和生产工作的副总经理、总工程师和副总工程师。建筑施工企业负责人应当持有"A"类安全生产考核合格证书。

(三)建筑施工企业负责人应当到企业所属的每个工地开展带班检查,其次数每月不少于一次;总的带班检查日,每月不少于工作日的25%。

工程项目超过一定规模的危险性较大分部分项工程施工时,或工地出现险情和重大隐患的,企业负责人应当到施工现场带班检查;对日常管理状况差的施工现场,应当增加带班检查频次。

(四)建筑施工企业负责人检查记录(详见附表1)应分别在施工企业和施工现场留存,并报施工现场监理备案,没有实施项目监理的报项目建设单位备案。

二、项目负责人带班生产要求

(一)项目负责人是指建筑施工总包、专业分包企业项目经理和劳务分包企业项目管理人;监理企业总监理工程师(总监代表)。

施工企业的项目经理和监理企业的总监理工程师,应为备案合同明确的项目经理和总监理工程师,不得擅自变更。

(二)项目负责人应当确保每月在现场带班生产的实际时间不少于本月施工时间的80%,不得擅自脱岗。

项目经理不在岗时应书面委托持有"B"类安全生产考核合。

格证书的人员代行其承担管理工作(劳务企业除外),被委托人应相对固定,书面委托应报建筑施工企业、监理单位、建设单位备案并现场留存备查。

总监理工程师(总监代表)不在岗时应书面委托持有《安全监理从业人员岗位证书》的人员代行其承担管理工作,被委托人应相对固定,书面委托应报监理企业、建设单位备案并现场留存备查。

施工现场有超过一定规模的危险性较大分部分项工程施工、出现灾害性天气或发现重大隐患、出现险情等情况时,项目负责人等关键岗位人员必须在岗带班。

(三)建筑施工企业应当建立项目负责人带班生产考勤制度。各单位应当有专人进行考勤,带班人员名单每天应当在工地内进场的主要通道处进行公示。带班情况应当予以记录(详见附表2)。

(四)总包单位应对分包单位项目负责人带班生产情况进行考核,并作为对其安全生产标准达标的评判依据之一;监理单位应当对施工企业项目经理的到岗情况进行复核,并对带班情况予以记录(详见附表3),并作为对施工单位安全生产标准达标的复核依据之一。建设单位应采取有效措施督促施工单位、监理单位带班生产的实施。

三、监督检查和处理

(一)监督检查重点

各建设行政管理部门对现场带班制度的执行情况进行监督检查,重点检查下列内容:

1. 建筑施工企业负责人每月带班检查记录;

2. 项目负责人现场带班生产考勤制度,包括带班检查记录、考勤公示;

3. 监理企业对建筑施工企业负责人带班检查和项目经理带班生产的复核记录;

4. 建筑施工企业负责人带班检查和项目负责人带班生产的履职情况,特别是隐患整改和治理情况。

(二) 监督处理

1. 项目负责人未按规定带班生产,责令限期整改,并参照《上海市建设工程安全生产动态考核管理试行办法》,实施动态考核记分 2 分处理;现场隐患严重的,应责令整改并实施相应的行政处罚;发生事故的,将给予企业规定上限的处罚,并依法从重追究企业法定代表人和相关人员的责任。

2. 建筑施工企业带班制度与施工现场安全生产标准化季度确认以及企业年度考核挂钩,并作为《建筑施工企业安全生产许可证》必须审核的内容。

附表 1:上海市建设工程施工企业负责人带班检查记录

附表 2:上海市建设工程项目负责人带班生产情况记录表

附表 3:上海市建设工程总监(总监代表)带班生产情况记录表

附表 1   **上海市建设工程施工企业负责人带班检查记录**

施工总包单位				工程名称			天气情况	
监理单位				检查日期		年 月 日	形象进度	
检查内容	根据 JGJ59 及相关法律法规、规范标准对包括危险性较大分项分部工程在内的安全管理和实物状况;施工现场安全生产带班履职情况,包括:现场以往日、周检查发现的隐患整改情况等。			检查人员		带队检查负责人:		
序号	存在隐患情况			要求完成整改的日期以及整改回复方式				
	隐患代号	重复隐患	隐患内容					
1								
检查的评价和下一步工作要求:								
带队检查负责人签名(并盖企业章):				项目负责人签名:				

附表 2   **上海市建设工程施工单位项目负责人带班生产情况记录表**

工程名称:

序号	日期	带班生产过程中发现问题及处理情况	带班生产人签名	备注

注:1. 本表由项目负责人(或代行其承担管理工作的人员)填写。

    2. 当天如有施工企业负责人带班检查,则在备注栏中注明。

附表 3   **上海市建设工程监理单位总监(总监代表)带班生产情况记录表**

工程名称:

序号	日期	施工单位带班生产人员	带班过程中发现问题及处理情况	带班总监签名	备注

注:1. 本表由总监(或代行其承担管理工作总监代表)填写。

　　2. 当天如有施工企业负责人带班检查,则在备注栏中注明。

上海市建筑起重机械监督管理规定

沪建管〔2014〕755 号

各有关单位：

现将《上海市建筑起重机械监督管理规定》予以发布,请遵照执行。

特此通知。

上海市城乡建设和管理委员会

2014 年 9 月 11 日

上海市建筑起重机械监督管理规定

第一章　总则

第一条　为进一步加强本市建筑起重机械及特种作业人员持证上岗的监督管理,根据《特种设备安全监察条例》、《上海市建设工程质量和安全管理条例》、《建筑起重机械安全监督管理规定》和其他有关法律、行政法规、标准规程等,结合本市实际,制定本规定。

第二条　在本市行政区域内从事建筑起重机械的租赁、安装、拆卸、使用、维修保养、安装质量检测等活动,适用本规定。

本规定所称建筑起重机械是指房屋建筑、市政工程工地使用的塔式起重机、施工升降机、流动式起重机、门式起重机、高处作业吊篮、附着升降脚手架、物料提升机及桩机等。

第三条　上海市城乡建设和管理委员会(以下简称市建管委)是本市建筑起重机械的行政管理部门,并负责综合监督管理。区(县)建设行政管理部门负责本行政区域内建筑起重机械的监督管理。

上海市建设工程安全质量监督总站受市建管委委托,具体负责本市建筑起重机械的监管工作。区(县)及有关专业建设工程安全质量监督机构负责受监范围内建筑起重机械的日常监管。

第四条　上海市建设机械行业协会、上海市建设安全协会是本市建筑起重机械单位的自律组织,依法制定自律规程,积极参与本市建筑起重机械的租赁、安装、拆卸、使用、维修保养、安装质量检测等活动的监督管理,充分发挥协会在规范行业秩序、建立行业从业人员行为准则、促进企业诚信经营等方面的行业自律作用,维护行业发展利益。

第五条　完善本市建筑起重机械管理信息系统(以下简称管理信息系统),实现建筑起重机械租赁、安装、拆卸、使用、维修保养、安装质量检测的监管协同和信息公开。

第二章　备案管理

第六条　注册在本市的建筑起重机械出租单位和使用单位自购的建筑起重机械,在首次出租或使用前,应办理产权备案。

建筑起重机械在办理产权备案时,需提交以下资料:

(一)产权单位法人营业执照副本;

(二)产品合格证;

(三)建筑起重机械设备购销合同、发票或相应有效凭证;

(四)产品使用说明书。对符合产权备案条件的建筑起重机械,统一发放 IC 卡和产权备案标志牌,并及时将相关信息录入管理信息系统。

第七条　注册在本市的建筑起重机械出租单位和使用单位自购的建筑起重机械需到外省市使用的,应当凭该建筑起重机械的 IC 卡及备案标志牌换取《上海市建筑起重机械产权备案登记证》(附件 1),并加盖"上海市建筑起重机械产权备案登记专用章"。

第八条　在本市单位之间办理建筑起重机械过户以及产权单位注册在外省市的建筑起重机械进沪使用时,

应及时报送相关信息,录入管理信息系统。

第三章　租赁管理

第九条　建筑起重机械出租单位应取得上海市建设机械行业协会确认书,方可对外出租。

第十条　出租单位应与承租单位签订建筑起重机械租赁合同和安全管理协议,明晰各自安全责任,并在管理信息系统上及时录入合同相关信息。

出租前,出租单位应对出租的建筑起重机械及配件的安全性能进行自检,并出具自检合格证明。

第十一条　出租单位、自购建筑起重机械使用单位应建立建筑起重机械安全技术档案。安全技术档案应包括以下内容:

(一)购销合同、制造许可证、产品合格证、安装使用说明书、备案证明等原始资料;

(二)检验报告、定期自行检查记录、定期维护保养记录、维修和技术改造记录、运行故障和生产安全事故记录、累计运转记录等运行资料;

(三)历次安装验收资料。

第四章　安装及拆卸管理

第十二条　建筑起重机械的安装单位,应依法取得建设行政管理部门核发的资质证书和安全生产许可证,并在资质等级许可范围内从事建筑起重机械安装、拆卸活动。

第十三条　安装单位在建筑起重机械安装、拆卸前,应根据产品说明书、施工现场环境和有关标准编制建筑起重机械安装、拆卸专项方案,经安装单位技术负责人审核,并经施工总承包单位及监理单位审核后,方可实施。

塔式起重机安装前应编制基础专项施工方案。安装、使用过程中存在非标基础、非标附墙、设备周边开挖深基坑等情形的建筑起重机械,施工总承包单位必须编制针对性的专项施工方案,并组织专家评审。

第十四条　安装单位应制定建筑起重机械安装、拆卸工程生产安全事故应急救援预案,报送施工总承包单位审核。

第十五条　安装单位应与委托其安装、拆卸的施工总承包单位签订安装、拆卸合同,并签订安全管理协议,明确各自安全生产职责。

合同签订 30 日内,发包、委托单位应向建设行政管理部门报送工程内容、合同价款、计价方式、项目负责人等合同信息。合同信息发生变更的,发包、委托单位应于变更事项发生后 15 日内报送变更信息。

第十六条　建筑起重机械在安装、拆卸前,施工总承包单位、监理单位应审查安装单位的资质证书、安全生产许可证、安管人员及建筑施工特种作业人员操作证书。并由施工总承包单位通过管理信息系统办理安装、拆卸告知(附件 2)。

第十七条　建筑起重机械安装、拆卸作业前,安装单位技术负责人应向安装、拆卸的操作人员进行安全技术交底。

建筑起重机械在安装、拆卸作业过程中,安装单位应严格执行有关标准规范和施工方案的要求,技术负责人、安管人员应实施旁站监管。

施工总承包单位、监理单位应对安装、拆卸过程进行监控,做好监控记录。

第十八条　建筑起重机械安装完毕后,安装单位应按技术规范及说明书的有关要求对建筑起重机械进行自检、调试和试运转。自检合格后应出具自检合格证明,并向施工总承包单位进行安全使用说明。

第五章　使用管理

第十九条　建筑起重机械安装单位自检合格后,施工总承包单位应当向符合相应资质的检测机构申报安装质量检测(附件 2)。

建筑起重机械安装质量检测合格的,由施工总承包单位组织出租、安装、监理等有关单位进行验收。建筑起重机械经验收合格后,方可投入使用。

第二十条　建筑起重机械自验收合格之日起 30 日内,施工总承包单位应当办理使用登记(附件 2),并提供以下资料:

(一)建筑起重机械安装质量检测报告;

(二)使用验收资料;

(三)建筑施工特种作业人员操作证书复印件;

(四)日常维护保养合同;

（五）建筑起重机械安全使用管理制度。对符合使用要求的建筑起重机械应由原检测机构发放《上海市建筑起重机械使用登记证》（附件3），并置于或附着于该建筑起重机械的显著位置。

第二十一条　建筑起重机械安装拆卸工、起重信号工、起重司机、司索工等特种作业人员，应持证上岗。

第二十二条　施工总承包单位应配备机械员实施专业管理，并在建筑起重机械使用前，组织出租单位对特种作业人员进行联合安全技术交底。

第二十三条　特种作业人员在作业中应当严格执行安全规定。作业前，应对建筑起重机械使用状况进行检查。作业中，应对发现的事故隐患或其他不安全因素及时处置；情况紧急时，应停止使用并及时向现场安管人员报告。

第二十四条　使用单位应加强建筑起重机械的管理，组织技术负责人、安管人员、机械员定期对建筑起重机械进行全面检查，并做好日常维修保养工作。建筑起重机械租赁合同对建筑起重机械检查、维护、保养。另有约定的，从其约定。

第二十五条　建筑起重机械转场使用前，产权单位应进行维修保养。

第六章　检测、评估管理

第二十六条　市建设行政管理部门应将符合条件的安装质量检测和评估机构定期向社会公布。

第二十七条　检测、评估机构应建立健全检测、评估管理制度、报告审批制度和检测、评估统计报表制度。并根据委托要求，开展建筑起重机械安装质量检测及评估工作。

第二十八条　检测机构在接受安装质量检测委托后，严格按照相关技术规范和标准开展检验检测工作，并对力矩、重量限制器等安全装置的有效性进行复检。

鼓励施工升降机及塔式起重机在使用过程中定期进行安装质量检测（以下简称：中间检测）：使用期限半年以上的，在半年时实施中间检测；使用期限1年以上的，在1年后的每半年实施1次中间检测。

第二十九条　检测机构在检测工作完毕后，应在3个工作日内出具检测报告。并及时将相关检测信息、特种作业人员情况录入管理信息系统。

第三十条　塔式起重机及施工升降机有下列情况之一的应进行安全评估：

塔式起重机：630 kN·m以下（不含630 kN·m）、出厂年限超过10年（不含10年）；630 kN·m～1 250 kN·m（不含1 250 kN·m）、出厂年限超过15年（不含15年）；1 250 kN·m以上（含1 250 kN·m）、出厂年限超过20年（不含20年）。

施工升降机：出厂年限超过8年（不含8年）的SC型施工升降机；出厂年限超过5年（不含5年）的SS型施工升降机。

第三十一条　评估机构在接受评估申报后，应按《建筑起重机械安全评估技术规程》进行安全评估，并及时将相关安全评估信息录入管理信息系统。

第三十二条　建筑起重机械检测、评估机构的从业人员应经过培训考核合格后方可从事检测、评估工作。

第七章　监督管理

第三十三条　市、区（县）建设行政管理部门在进行安全监督检查时，有权采取下列措施：

（一）向建筑起重机械安装、使用单位的法定代表人、主要负责人和其他人员调查、了解情况，查阅、复制有关资料；

（二）进入被检查的单位或施工现场进行检查；

（三）发现有违反安全技术规范和本规定的行为，或在用建筑起重机械设备存在安全隐患的，责令立即排除；重大安全事故隐患排除前或排除过程中无法保证安全的，责令从危险区域内撤出作业人员或者暂时停止施工。

（四）依法对违法、违规和违反安全强制性标准的行为进行处罚。

第三十四条　市建设行政管理部门编制建筑起重机械的租赁、安装、拆卸、使用、维修保养、安装质量检测等办事指南，简化办事流程。

第三十五条　市建设行政管理部门建立建筑起重机械租赁、安装、拆卸、使用、维修保养、安装质量检测等单位及其从业人员的诚信档案，实行信用分类管理。

第三十六条　任何单位和个人有权举报建筑起重机械的租赁、安装、拆卸、使用、维修保养、安装质量检测等单位及其从业人员的违规行为。建设行政管理部门应为举报人保密。

　　第三十七条　市、区(县)建设行政管理部门应公布举报联系方式;对举报信息,应及时、完整地进行记录,并进行核实、处理、答复。

第八章　附则

　　第三十八条　本规定自发布之日起 30 日后施行。有效期五年。

　　附件 1:《上海市建筑起重机械产权备案登记证》

　　附件 2:建筑起重机械安装、拆卸告知、检测申报、使用登记办理系统流程图

　　附件 3:《上海市建筑起重机械使用登记证》

关于印发《上海市建筑施工企业施工现场项目管理机构关键岗位人员配备指南》的通知

沪建管〔2014〕758号

各区县建设和交通委员会:

为进一步加强对建设工程施工现场的质量安全管理,规范管理体系的建设,确保建设工程的质量和安全,我委根据《中华人民共和国建筑法》《建设工程安全管理条例》《建设工程质量管理条例》和《上海市建设工程质量和安全管理条例》等法律、法规和规章,结合本市实际情况,制定了《上海市建筑施工企业施工现场项目管理机构关键岗位人员配备指南》。现印发给你们,请参照执行。

附件:上海市建筑施工企业施工现场项目管理机构关键岗位人员配备指南表

上海市城乡建设和管理委员会

2014 年 9 月 11 日

上海市建筑施工企业施工现场项目管理机构关键岗位人员配备指南

第一条 为规范建筑施工企业施工现场项目管理机构(以下简称:项目管理机构)关键岗位人员配备,进一步提高本市建设工程施工现场管理水平,确保工程质量和安全,根据《建设工程安全管理条例》《建设工程质量管理条例》和《上海市建设工程质量和安全管理条例》等相关法律法规和标准,制定本指南。

第二条 凡在本市行政区域内从事建设工程的新建、改建、扩建等有关活动以及相关监督管理活动,应当遵守本指南。本指南所称建设工程,是指土木工程、建筑工程、线路管道工程、和设备安装工程和装修工程及城市基础设施工程(非交通类)。

第三条 本指南所指的项目管理机构关键岗位人员包括项目负责人(项目经理)、项目技术负责人、施工管理负责人(项目副经理)、质量员、安全员、施工员、材料员、资料员、标准员、机械员、劳务员等;其中,根据《建筑与市政工程施工现场专业人员职业标准》(JGJ/T 250—2011)等有关规定,以往所称的取样员、试验员的职责由本指南中的材料员承担,以往所称的技术员的职责由本指南中的施工员承担。

第四条 施工总承包单位和专业承包(分包)单位应当按照《建筑与市政工程施工现场专业人员职业标准》(JGJ/T 250—2011)等有关规定和合同约定,并结合工程实际情况合理配备项目管理机构关键岗位人员,以保证满足工程建设的需要。施工总承包单位项目管理机构关键岗位人员配备标准应不低于本指南附件中的规定。合同约定的配备标准高于指南的,按合同的约定执行。

(一)专业承包(分包)单位的项目负责人(项目经理)、项目技术负责人、施工管理负责人(项目副经理)、质量员、安全员等关键岗位人员的配备标准按照本指南附件执行,其他关键岗位人员根据有关规定和实际情况合理配备。

(二)总承包单位项目管理机构中施工员、质量员等专业人员的配备,在保证总数的前提下,可根据工程施工状况的变化进行调整,并应及时报建设、监理单位备案。

第五条 建筑面积5万平方米或工程合同价1亿元以下的工程项目,项目技术负责人应当具有工程类中级及以上技术职称,并应具有5年以上工程施工现场管理工作经验。建筑面积5万平方米及以上,或者工程合同价大于1亿元及以上的工程,项目技术负责人应具有工程类高级技术职称,并应具有8年以上工程施工现场管理工作经验。

第六条 施工单位工程项目管理机构应建立质量管理小组,配备与工程项目规模和技术难度相适应的质量员、专门负责施工检测管理的材料员。

(一)施工总承包单位和专业承包(分包)单位的质量员、材料员配备总数如下:建筑面积5万平方米或工程合同价1亿元以下的工程项目:质量员人数土建专业不应少于2人,水、电等专业各不应少于1人;材料员不少于1

人。建筑面积在 5 万平方米以上 10 万平方米以下或工程合同价 1 亿元以上，5 亿元以下的工程项目：质量员人数土建专业不应少于 4 名，水、电等专业不应少于 4 人；材料员不少于 2 人。10 万平方米或工程合同价 5 亿元以上的工程项目：质量员人数土建专业不应少于 6 名，水、电等专业不应少于 6 人；材料员不少于 3 人。

（二）建筑面积 5 万平方米或工程合同价 1 亿元以上的工程项目，施工单位应当在施工现场设置质量管理小组，小组组长应当由具有工程类中级及以上职称、大专以上文化程度以及具有 5 年以上施工现场管理经验的质量工程师担任。

第七条 建筑面积 1 万平方米或工程合同价 0.5 亿元以上的工程项目，且需要分期施工的，施工单位可以按照每期的面积比例合理配备关键岗位人员；单体建筑面积 2 万平方米或单位工程合同价 1 亿元以上的工程项目，施工单位在不同的施工阶段可以根据工程实际情况合理配备关键岗位人员。除以上情况外，关键岗位人员配备数量少于最低配备标准的，施工单位应当根据工程实际，按照施工的时间节点制定项目管理机构关键岗位人员实际配备方案，经建设单位、监理单位同意后，报项目受监的监督机构备案。

第八条 施工单位在参加工程投标时，应当将项目管理机构关键岗位人员配备情况列入投标文件。项目管理机构关键岗位人员不得擅自更换，确需更换的，应当建设单位书面同意，且不得降低相应的资格条件。建设工程合同履行期间变更关键岗位人员的，施工单位应当于相关人员变更 5 个工作日内报建设工程合同备案管理部门进行备案变更。

第九条 项目管理机构关键岗位人员应当是与施工单位建立直接劳动关系的人员。项目管理机构关键岗位人员应当按照有关规定参加建设行政管理部门组织的培训，依据相关规定持证上岗。

第十条 项目管理机构关键岗位人员不得同时在两个或者两个以上企业受聘工作。关键岗位人员不得违反规定同时在二个及二个以上建设工程项目的项目管理机构任职；同一工程项目，项目负责人（项目经理）、质量员、安全员等不得违反规定兼任本项目的其他关键岗位人员。同一报建编号的项目由同一施工企业分多个标段实施的，可以按同一工程项目认定。

第十一条 项目管理机构的项目负责人（项目经理）应当对除了其本人外的关键岗位人员进行考勤；建设单位或者书面委托监理单位应当对工程项目管理机构的项目负责人（项目经理）进行考勤，并对除了项目负责人（项目经理）以外的关键岗位人员的到岗情况进行定期抽查，施工期间每 10 天不少于 1 次，形成检查记录。

第十二条 市、区（县）招投标管理部门应当按照建设工程项目管理机构配备标准和相关规定，严格审查招标单位招标文件和施工企业投标文件中的人员配备情况，对人员配备未达到要求的，招投标管理部门应当及时告知招标单位，招标单位应当按照有关规定要求投标单位改正，逾期未改正的，招投标管理部门按照有关规定处理。

第十三条 市、区（县）建设工程合同备案管理部门应当核查建设工程施工合同中项目管理机构关键岗位人员配备情况，合同中未明确关键岗位人员或者关键岗位人员与投标文件不一致的，不予合同备案。

第十四条 市、区（县）建设工程安全质量监督机构，应当定期检查施工单位是否按照有关规定和合同约定配备项目管理机构关键岗位人员、关键岗位人员是否按照有关要求履行岗位职责，并形成监督检查记录。对关键岗位人员的违法、违规行为，按照《上海市建筑市场信用信息管理暂行规定》的要求记入企业和项目经理的诚信档案，依法依规限制其建筑市场活动。

第十五条 市、区（县）建设行政管理部门通过市建筑建材业信息系统对项目管理机构关键岗位人员配备情况进行核查，对存在问题的单位和个人，依法依规给予处罚。

第十六条 本指南自 2015 年 1 月 1 日起施行。

附件:

上海市建筑施工企业施工现场项目管理机构关键岗位人员配备指南表

工程类别	工程规模	总人数(不少于)	岗位及人数	备注
建筑工程、装修工程	建筑面积≤1万平方米	8	项目负责人(项目经理)1人、项目技术负责人1人、施工管理负责人(项目副经理)1人,施工员1人、安全员1人、质量员1人、材料员1人、资料员1人	1. 其他岗位可兼 2. 建筑面积小于4 000平方米的工程,施工员岗位可由施工管理负责人兼任
	1万平方米<建筑面积≤5万平方米	13	项目负责人(项目经理)1人、项目技术负责人1人、施工管理负责人(项目副经理)1人、施工员1人、安全员2人、质量员2人、材料员1人、资料员1人、机械员1人、标准员1人、劳务员1人	
	建筑面积>5万平方米	16	项目负责人(项目经理)1人、项目技术负责人1人、施工管理负责人(项目副经理)1人、施工员2人、安全员3人、质量员3人、材料员1人、资料员1人、标准员1人、机械员1人、劳务员1人	建筑面积在5万平方米以上时,每增加5万平方米,施工员、安全员、质量员、机械员应各增加不少于1人
土木工程、线路管道工程、设备安装工程、城市基础设施工程(非交通类)	工程合同价≤0.5亿元	8	项目负责人(项目经理)1人、项目技术负责人1人、施工管理负责人(项目副经理)1人、施工员1人、安全员1人、质量员1人、材料员1人、资料员1人	1. 其他岗位可兼 2. 工程合同价低于0.2亿元的工程,施工员岗位可由施工管理负责人兼任
	0.5亿元<工程合同价≤1亿元	13	项目负责人(项目经理)1人、项目技术负责人1人、施工管理负责人(项目副经理)1人、施工员1人、安全员2人、质量员2人、材料员1人、资料员1人、机械员1人、标准员1人、劳务员1人	
	工程合同价>1亿元	16	项目负责人(项目经理)1人、项目技术负责人1人、施工管理负责人(项目副经理)1人、施工员2人、安全员3人、质量员3人、材料员1人、资料员1人、标准员1人、机械员1人、劳务员1人	工程合同价在1亿元以上时,每增加0.5亿元,施工员、安全员、质量员、机械员各增加不少于1人

注:1. 此标准为岗位人员最低配备标准。
    2. 对于复杂的体育场所等大型公共建筑、综合性工程以及工期较紧、多班施工作业的工程,在以上配备标准基础上适当增加施工员、质量员、安全员等人数。
    3. 施工员、安全员、质量员为2人及以上时,应按专业合理配备。

上海市建设工程项目经理质量安全履职管理规定

沪建管〔2014〕802 号

各区县建设和交通委员会、各有关单位：

为进一步加强对建设工程施工现场的质量安全管理，规范项目经理履职行为，确保建设工程的质量和安全，我委根据《中华人民共和国建筑法》、《建设工程质量管理条例》、《建设工程安全管理条例》、《注册建造师管理规定》和《上海市建设工程质量和安全管理条例》等法律、法规和规章，结合本市实际情况，制定了《上海市建设工程项目经理质量安全管理履职规定》。现印发给你们，请遵照执行。

特此通知。

附件：上海市建设工程项目经理质量安全管理履职规定记分内容

上海市城乡建设和管理委员会

2014 年 9 月 22 日

第一条 （目的和依据）为进一步加强建设工程施工企业项目经理（项目负责人）（以下简称：项目经理）的质量安全履职的管理，保证建设工程的质量和安全，根据《中华人民共和国建筑法》、《建设工程质量管理条例》、《建设工程安全管理条例》、《注册建造师管理规定》、《上海市建设工程质量和安全管理条例》等法律、法规和规章，结合本市实际情况，制定本规定。

第二条 （定义）本规定所称项目经理，是指已取得建造师注册证书和执业印章，由企业法定代表人任命，根据法定代表人授权的范围期限和内容履行管理职责并对项目实施全过程全面管理的项目负责人。

本规定所称的休息时段，是指法定工作时间外自行支配的时间，包括两个班次之间的间歇时间，每日的休息时间，法定休假日。

第三条 （适用范围）本市行政区域内，从事建设工程施工活动的项目经理适用本规定。

第四条 （职责分工）上海市城乡建设和管理委员会（以下简称市建设管理委）负责本市建设工程项目经理质量安全履职的监督管理。市、区（县）建设工程监督机构根据职责分工负责项目经理的日常监管工作。

第五条 （项目经理职责）工程项目施工管理实行项目经理负责制。施工企业应当与项目经理签订项目管理目标责任书，项目经理在工程项目管理中应当履行以下职责：

（一）建立建设工程项目质量和安全管理体系并组织实施，采取有效措施，确保项目管理机构按照相关规定配置项目技术负责人、质量员、安全员、施工员、材料员、资料员、标准员、机械员、劳务员等相关技术和管理人员，明确其相应的岗位职责并签订责任书，做好相关人员的日常考勤工作。

（二）组织项目有关人员按照设计文件审查机构审查合格后的设计文件施工，严禁使用无签字盖章的白图施工。严禁违反施工技术标准验收。

（三）必须建立建筑材料、建筑构配件和设备等进场验收、检测复验、不合格处理等管理制度，严禁使用不合格的产品。对不合格的材料、构配件、设备和工程实体按有关规定处理，并由项目经理签字把关。

（四）组织、参加项目每周工作例会、图纸会审和设计交底会议，参加监督检查活动，履行施工过程中质量安全管理责任。对危险性较大的分部分项工程，组织、参加技术交底，并组织项目技术、质量、安全等人员进行质量安全方面的验收，项目经理应当在验收记录上签字把关。

（五）组织和参加所有分部工程（包括建筑节能工程）验收和危险性较大的子分部分项工程（基坑支护、降水工程，土方开挖工程，桩基、钢结构、网架和索膜结构、幕墙子分部工程等）验收和安全质量标准化验收，组织开展住宅工程分户验收，在验收文件上签字并加盖注册建造师执业印章；负责隐蔽工程验收、技术复核的抽查工作。

（六）参加政府部门组织的各项检查，落实项目经理带班制度的有关规定；每周组织一次工程质量安全检查，做好隐患排查治理和质量通病防治工作。国家和本市规定的危险性较大的分部分项工程施工时，项目经理应当进行现场检查，并做好检查记录。

（七）按照《注册建造师施工管理签章文件目录》和配套表格要求，在施工管理相关文件（包括施工组织设计、技术核定单、主要或专项工程施工技术措施或方案、重要验收资料、应急预案、整改回复单、复工申请书等)上签字并加盖注册建造师执业印章,签章文件作为工程竣工验收的依据。

（八）项目负责人应当负责特种作业人员和相关操作人员的教育培训以及持证上岗监督检查工作。

（九）落实、合理使用工程安全防护、文明施工措施费用,按照"四节一环保"要求,积极开展绿色施工相关工作。

（十）建立休息时段安全管理制度,统一协调管理休息时段的施工行为。休息时段的任何施工作业行为及为施工所做的准备工作都必须获得项目经理或项目经理授权的管理人员的批准,并落实安全监护措施。严禁未经批准,无安全监护的作业行为。

（十一）按照国家和本市有关规定及时向有关部门报告施工现场内发生的质量安全事故或重大事件,按照有关规定启动应急预案,采取紧急措施,减少人员伤亡和事故损失。积极配合事故调查、处理工作,落实有关整改工作。

（十二）法律、法规、规章、规范性文件、技术标准等规定的其他情形。

第六条 （项目经理任职锁定管理)市、区(县)建设行政管理部门应当通过信息系统,对项目经理进行锁定和解锁。未经过规定程序解锁的,有关项目经理不得在其他工程项目中任职。

（一）拟任职的项目经理,按下列规定进行锁定:

对实行招标或者直接发包的工程,在办理施工许可之日起给予锁定;

对于专业分包的工程,在分包合同备案之日起给予锁定。

（二）有下列情况之一的,建设行政管理部门应当对项目经理给予解除锁定:

工程项目已通过监督机构参加的由建设单位组织的竣工验收,出具建设工程质量监督报告的;

因非承包方原因致使工程项目停工达到 120 天,经建设单位同意,且已办理了停工登记的;

因故不能按期开工超过 6 个月,施工许可证失效的;施工专业承包、劳务分包单位完成合同约定内容的,持经项目建设单位、施工总承包单位、监理单位盖章的验收合格证明材料提出申请,建设行政管理部门给予施工专业承包、劳务分包单位的项目经理解锁;

符合兼任项目条件的,办理兼任项目的相关手续期间需要解锁的;

其他特殊原因,经市建设行政主管部门批准的。

第七条 （项目经理变更管理)施工单位不得擅自更换在建工程的项目经理,确需更换的,应当由施工企业提出申请,经建设单位同意,且拟更换的项目经理,其资格等级应不低于原项目经理,业绩应与拟承担工程项目的规模相适应。

项目经理需要变更的,应当经过建设施工合同备案管理部门备案后方可变更。

第八条 （项目经理到岗管理)

（一）项目经理应当在其注册证书所注明的专业范围内从事建设工程施工管理活动,专业范围按照《注册建造师执业工程范围》的规定执行。

（二）建设单位、监理单位应当在施工现场对项目经理的到岗情况进行考勤。项目经理每月现场出勤不应小于本月施工时间的 80%。

（三）未涉及施工关键节点、关键工序的,确因工作需要和特殊情况暂时离岗的,应当安排好现场带班负责人,且必须经其单位分管领导批准后方可离岗。暂离岗位 3 天(含)以上、10 天(含)以内的,应向建设单位提出书面申请,经批准后方可离岗;离岗 10 天以上的,应当向建设单位提出书面申请,经建设单位书面批准。项目经理变更后,施工单位应及时报建设行政主管网上变更。

（四）项目经理应当指定休息时段施工现场安全管理人员,并授权安全管理人员负责休息时段安全管理工作,组织安全巡查,制止未经批准的作业行为。

第九条 （信用记分管理)

（一）建设行政管理部门对项目经理的任职资格情况、到岗情况、履职情况等进行动态考核,对项目经理实施记分管理,同一事项按最高分记分,不重复记分,具体记分标准详见附件。

（二）以一个自然年为扣分周期,即从每年 1 月 1 日起到 12 月 31 日止。记分初始分值为零,最高分值不封顶,一个记分周期期满后,记分分值清零。一次记分的分值为 12 分、6 分、3 分、2 分、1 分五种,同一事件,按最高分值记分,不重复记分。具体记分规定详见附件。

加分内容的记录保存有效期原则上为 3 年,奖项的具体使用有效期以相关文件规定为准。

第十条 (扣分处理)

(一)项目经理在一个记分周期内累计被扣分分值达到 12 分(含)及以上不足 20 分时,建设行政管理部门给其黄牌警告,对其进行约谈、诫勉谈话,要求其限期提交整改报告,并责令其参加强制教育培训。

(二)项目经理在一个记分周期内累计被扣分分值达到 20 分(含)及以上不足 30 分时,除本条(一)中处罚外,项目经理不得参加各类评优活动,建设行政管理部门约谈责任人所在单位的主管领导,给企业黄牌警告。对项目经理进行不良行为记录,相关记录将作为对其信用评价的依据,并按照规定与其他有关行政管理部门共享。

(三)项目经理在一个记分周期内累计被扣分分值达到 30 分(含)及以上时,除本条(二)中处罚外,在任职的项目竣工验收备案后,暂停其在我市担任项目经理资格 1 年;超过 30 分的,每增加 10 分,暂停期限增加 6 个月。

(四)违规责任人在暂停从业期间,企业应当重新安排相应人员接替其岗位,其资格等级不得低于原项目经理资格等级,并报工程项目受监的质量安全监督机构备案。

第十一条 (加分奖励)按照《上海市建筑市场信用信息管理暂行规定》和有关诚信奖励政策等,对获得加分的项目经理在表彰评优、人员资格管理、项目兼任等方面给予激励。

第十二条 (监督管理)

(一)建设行政管理部门在开展监督执法检查时,应当要求项目经理出示其注册证书、执业印章,重点检查现场项目经理是否与中标通知书或备案合同中的人员一致、是否到岗、是否按要求履行岗位职责等,将检查情况记入监督记录。

(二)工程安全质量监督机构应当加强项目经理到岗情况和履行职责情况等方面的监督检查,建设行政主管部门定期或不定期组织开展项目经理到岗情况和履职情况专项检查和巡查,将检查结果作为考核监督机构和监督人员的重要内容。

第十三条 (对行政人员的处理)建设行政管理部门和其他有关部门的工作人员违反规定,未按照本规定履行监督检查职责,发现违法行为不及时查处,包庇、纵容违法行为造成后果的,或者其他玩忽职守、滥用职权、徇私舞弊的行为,由所在单位或者上级主管部门依法给予行政处分;构成犯罪的,依法追究刑事责任。

第十四条 (解释部门)本规定由市建设管理委负责解释。

第十五条 (实施日期)本规定自 2015 年 1 月 1 日施行。

附件：

上海市建设工程项目经理质量安全管理履职规定记分内容

类别	序号	记分内容	分值
01 执业资格与执业行为	01-1	弄虚作假或以不正当手段取得资格证书或注册证书的	—12
	01-2	伪造、涂改、倒卖、出租、出借或以其他形式非法转让资格证书、注册证书和执业印章的	—12
	01-3	未经过注册以注册人员名义执业，或注册有效期满未延续注册继续执业的	—12
	01-4	超出执业范围和聘用单位业务范围从事执业活动的	—12
	01-5	未变更注册单位，而在另一家企业从事执业活动的	—6
	01-6	所负责工程未办理竣工验收或移交手续前，变更注册到另一企业的	—6
	01-7	同时在两个或者两个以上企业受聘并执业的	—12
	01-8	以他人名义或允许他人以自己的名义从事执业活动，或仅在项目挂名而未实际履职的	—12
	01-9	违反规定，同时在两个或两个以上工程项目中任职施工项目负责人的	—12
	01-10	在有虚假记载等不合格文件上签字盖章，或无正当理由拒绝签字盖章，或不及时签字盖章的	—2
	01-11	不积极配合有关部门检查，或故意不提供相关资料，或执法检查时不能提供注册证书、执业印章的	—3
	01-12	不及时按建设行政管理部门检查要求进行整改，或被责令停工，仍继续施工的	—6
	01-13	不按规定参加建设行政管理部门组织的培训、继续教育，或者经考核不合格即从事相关工作的	—1
	01-14	工程项目未取得施工许可，擅自开工建设，项目经理未向建设行政管理部门报告的	—6
	01-15	参与将承包的工程转包或违法分包的	—3
	01-16	已担任在建工程的项目经理而违反规定以项目经理身份参加工程投标的	—6
	01-17	法律、法规、规章禁止注册建造师的其他情形	—1
02 项目部人员配置及上岗	02-1	项目管理机构人员的配备不符合相关规定，未向企业书面报告的，或者特种作业人员未按照相关规定持证上岗的	—3
	02-2	项目技术负责人、施工管理负责人、施工员、质量员、安全员无正当理由不到岗的	—1
	02-3	项目经理每月现场出勤天数少于规定时间的	—2
	02-4	项目经理因故需离开施工现场未向建设单位报告，或虽报告未得到批准擅自离开，或未按照规定备案脱岗的	—2
	02-5	在建设管理部门组织的各项检查中，发现项目经理未按照规定办理请假手续，或者无正当理由不到岗的	—1/次
	02-6	在市建设管理委组织的监督执法巡查中，发现项目经理未按照规定办理请假手续，或者无正当理由不到岗的	—3/次
	02-7	项目经理考勤（签到）由他人代替的	—2
	02-8	除了无不可抗力原因外，项目经理不能到岗参加分部工程验收、竣工验收的	—1
03 质量安全文明施工	03-1	未建立项目质量和安全保证体系，或未制订工程质量安全控制目标、计划、措施等，或未建立工程质量安全管理台帐的	—1
	03-2	未按规定编制施工组织设计、专项施工方案及技术措施等，或编制不完善、缺乏针对性且存在明显错误，或未按照审批的方案施工的	—3
	03-3	因项目经理失职，在施工中偷工减料，或者使用不合格的建筑材料，或者使用不合格的建筑构配件、设备，或者应当复试的建筑材料未经复试投入使用，或者对不合格的材料、构配件、设备和工程实体未按照有关规定处理的	—3

续表

类别	序号	记分内容	分值
03 质量 安全 文明 施工	03-4	未按经过审图的设计图纸施工,或违反工程建设强制性标准的	−3
	03-5	施工中发生涉及结构安全、使用功能和节能保温的重大变更,未经设计单位同意擅自违规施工,或设计变更需要重新审图而未审擅自违规施工的	−6
	03-6	国家和本市规定的危险性较大的分部工程、分项工程施工时,未进行现场检查,或无检查记录的	−2
	03-7	在施工过程中或工程竣工后保修期内有工程质量投诉,经建设行政管理部门核实施工质量问题较为严重,产生不良影响,或者不履行保修义务,或无正当理由拖延履行保修义务的	−6
	03-8	未定期开展安全检查,或安全检查不到位,存在较大安全隐患的,或无检查记录的	−1
	03-9	因项目经理失职,未进行隐蔽工程验收,擅自进入下一道工序施工的	−1
	03-10	因项目经理失职,造成一般及以上质量、安全事故的	−6
	03-11	未履行建造师义务,被举报或被媒体曝光,造成不良影响的	−2
	03-12	因项目经理失职,使用国家和本市明令淘汰、禁止使用的危及施工质量和安全的工艺、设备、材料的	−6
	03-13	发生重大工程质量、安全事故隐瞒不报、谎报或者拖延报告期限,或阻碍对事故调查的	−6
	03-14	项目经理违章指挥、强令工人冒险作业,造成后果的	−6
	03-15	因项目经理失职,违反文明施工相关规定,施工造成后果的	−2
	03-16	因项目经理失职,违反法律、法规、规章的其他情形	−1
04 行政 处理	04-1	被区(县)建设管理部门通报批评的	−2/次
	04-2	被市级建设管理部门通报批评的	−3/次
	04-3	被住房和城乡建设部通报批评的	−6/次
	04-4	被建设管理部门开具整改通知单,逾期未改正的	−2/次
	04-5	被建设管理部门开具局部暂缓施工通知单的	−2/次
	04-6	被建设管理部门开具停止施工通知书的	−3/次
	04-7	被建设行政管理部门行政处罚的	−3/次
	04-8	被住房和城乡建设部开具执法建议书的	−6/次
05 加分 项目	05-1	项目经理获住房和城乡建设部书面发文表彰的	12
	05—2	项目经理获市级建设行政管理部门书面发文表彰的	6
	05-3	项目经理获区(县)级建设行政管理部门书面发文表彰的	2
	05—4	任项目经理的项目获"鲁班奖"、"国家优质工程"、"詹天佑奖"、"全国市政金杯示范工程"、或"全国建筑业绿色施工示范工程"的	12
	05—5	任项目经理的项目获"白玉兰"奖、"市优质结构"、"市文明工地"、或"市绿色施工样板工程"的	6
	05—6	任项目经理的项目获"区(县)优质结构",区(县)级优质工程、或区(县)文明工地的	2
	05—7	任项目经理的项目为市级观摩工地的	6
	05—8	任项目经理的项目为区(县)级观摩工地的	3
	05-9	获国家级科技进步奖的(包括新技术应用示范工程、施工工法、专利等科技进步奖项)	12
	05—10	获市级科技进步奖的(包括新技术应用示范工程、施工工法、专利等科技进步奖项)	6

关于本市建设工程注册人员重复注册、人证分离等有关问题的处理通知

沪建受〔2014〕22 号

各区（县）建设管理部门、各有关单位：

为了加强对本市各类注册人员的管理，规范注册人员的执业行为，杜绝重复注册、人证分离现象，依据住房城乡建设部有关规定要求，现将有关事项通知知下：

一、关于重复注册问题。

本市注册人员如分别在两家及以上的聘用单位（含外省市企业）同时注册的情况（即重复注册，应于 2014 年 12 月 31 日前选择在同一聘用单位注册，并按照有关规定完成注销或变更手续。逾期不办的，该人员将不得参与项目投标、签署相关文件等执业活动，暂停除注销外的其他注册事项的办理，暂停在资质管理中作为有效注册人员使用，其违规行为将记入个人诚信记录并不定期公告。

二、关于人证分离问题。

本市注册人员存在正常社保缴纳单位与注册单位不一致的情况（即人证分离），应于 2014 年 12 月 31 日前办理相关手续，纠正人证分离情况。逾期不办的，该人员将不得参与项目投标、签署相关文件等执业活动，暂停除注销外的其他注册事项的办埋，暂停在资质管理中作为有效注册人员使用，其违规行为将记入企业与个人诚信记录并不定期公告。

三、注销注册后，符合重新注册条件的资格人员可以按各类注册规定重新办理注册手续。

四、外省市进沪备案的注册人员一旦发现上述情况，将直接备案，其违规行为将记入企业与个人诚信记录并不定期公告。

五、今后本市注册人员一旦发现上述情况即按上述原则处理。

上海市城乡建设和交通委员会业务受理服务中心
2014 年 9 月 11 日

关于印发《上海市建筑施工安全质量标准化工作实施办法》(2009 版)的通知

沪建建管〔2009〕64 号

各区、县建交委、外省市沪办建管处,上海建工、城建集团,各有关单位:

现将《上海市建筑施工安全质量标准化工作实施办法》(2009 版)印发给你们,望遵照执行。

上海市建筑业管理办公室

2009 年 9 月 10 日

上海市建筑施工安全质量标准化工作实施办法

为进一步贯彻《建设部关于开展建筑施工安全质量标准化工作的指导意见》(建质〔2005〕232 号),根据本市前三年建筑施工安全质量标准化工作的具体执行状况实施情况,制订新重新修订《上海市建筑施工安全质量标准化工作实施办法》(2009 版)实施办法。

一、适用范围

在本市行政区域内从事各类建设工程施工活动的建筑施工企业(包括专业承包及劳务分包),及新建、改建、扩建和装修工程的施工现场适用本办法。

二、安全质量标准化达标依据

(一)施工现场

1. 参按照《建筑施工安全检查标准》(JGJ 59)及相关法律法规、标准规范、文件,开展日、周、月、季检查(隐患排查)的情况;

2.《施工现场安全生产保证体系》(DGJ 08—903)贯标情况;

3.《建设工程班组安全管理标准》贯彻执行情况;

4. 危险性较大分部分项工程监控情况。

具体详见附表一。

(二)建筑施工企业

1.《施工企业安全生产评价标准》(JGJ/T 77)等相关标准。

2. 所属施工现场达标率。"合格"率应达到 100%,施工现场的"优良"率:特级、一级企业应达到 90%;二级企业应达到 80%;三级及其他各类施工企业应达到 70%。

3. 对所属施工现场检查、指导、考核和落实安全检查(隐患排查)情况。

三、管理机构

上海市建筑业管理办公室(以下简称"市建管办")负责对本市建设工程安全质量标准化考核工作实施监督管理。上海市建设工程安全质量监督总站(以下简称市安质监督总站)负责日常具体管理工作。

施工现场由各工地的受监安监站负责具体考核;在本市注册的特级、一级施工企业由市安质监督总站负责具体考核;在本市注册的二级及以下的施工企业、劳务分包企业由企业注册地的区、县安监站负责具体考核;外省市进沪施工企业由各省市驻沪办建管处负责;未设置驻沪建管处管理的企业由市安质监总站负责。

四、安全质量标准化考核程序

(一)施工现场

1. 建设单位和总包单位企业申报。建设单位在工程开工前申领施工许可证时,应向施工许可受理部门提交工程危险性较大分项分部工程(重大危险源)清单及控制和施工措施,进行备案。在工程开工后 10 天内,总包单位企业应向受监安监站申报安全质量标准化考核(详见附表二)。

2. 分包单位企业增报。分包单位企业在与总包单位企业签订合同后的 10 天内,向总包单位企业提出增报申请,由总包单位企业核定后在网上向受监安监站增报(详见附表二)。

3. 过程管理

每日日巡查:总包单位企业、分包单位企业专职安全管理人员每日对施工现场及施工班组的安全活动进行检查,并作好检查记录,记录中明确检查部位和隐患内容及整改情况。

每周周检查:总包单位企业的项目经理或项目分管安全的负责人组织各分包单位企业,对施工现场及日巡查情况进行全面检查,留存书面记录(详见附表三)并督促责任单位落实整改。

监理单位企业督促周检查的实施和隐患整改的落实。

每月月评定:总包单位企业应对施工现场及日、周巡查情况进行全面检查(详见附表三),并以此为主要依据,于次月5日前完成对施工现场月度考核评分(详见附表一),并在网上向受监安监站申报评分情况。

总包单位企业每月5日前在网上填报当月(从本月5日至次月5日)施工的危险性较大分部分项工程(详见附表七)。

监理单位企业应结合日常现场监理情况,在网上对总包企业的月度自评、总包单位企业对分包单位企业的月度评定及危险性较大的分部分项工程申报情况进行复核。

每季季确认:受监安监站结合施工现场检查记录(附表三)、日常监督及各类专项检查的情况,对施工现场的月评定、分包企业竣工的确认、监理的复核情况进行季度确认(详见附表一)。

竣工:分包工程竣工后,分包企业应及时进行竣工自评,并报总包单位企业进行竣工确认评定(详见附表五)。

整个工程整体工程施工竣工结束后,总包企业应及时在网上进行安全竣工确认自评(详见附表五)。

总包、分包单位企业的竣工确认评定结果应经监理核准签证后,由总包单位企业统一报受监安监站确认。受监安监站根据日常监督情况,提出确认意见,并对施工安全进行销项。

检查整改:检查内容应涉及现场实物的安全、文明施工状况(物、环境)、安全生产保证体系的运作情况(人、管理)。各责任单位应对检查中发现的隐患根据"三定"原则(即定时、定人、定措施)落实整改,形成书面记录(详见附表四),报总包单位企业复查确认封闭。责任单位的隐患整改情况作为安全质量标准化达标考核的重要依据。

外审认证:企业新成立一年内承接的工程或者有住房和城乡建设部文件规定的超过一定规模的危险性较大分部分项工程的施工现场应通过安全生产保证体系的外审认证。

4. 考核结论

月评定、季度确认和竣工确认等级分为:"优良"、"合格"和"不合格"。

月评定:根据《上海市建设工程安全质量标准化达标工地考核评分表》(详见附表一)打评分,80分及以上为"优良",70分及以上80分以下为"合格",70分以下为"不合格"。

季度确认:

(1) 日常监督及各类检查中:无管理失控、整改不力的情况。

(2) 监理单位企业复核过的记录。月评定无"不合格"等级的,且有"优良"等级的为"优良"";月评定有2次及以上"不合格"等级的,为"不合格";以上二者情形以外的为合格。

(3) 根据《上海市建设工程安全质量标准化达标工地考核评分表》(详见附表一)进行季度评分:80分及以上为"优良",70分及以上80分以下为"合格",70分以下为"不合格"。

竣工确认:季度确认优良的次数大高于等于总次数的1/2,且季度确认无不合格的施工现场,为"优良";季度确认总次数的1/3或3次或连续2次不合格的施工现场,为"不合格";以上二者两种情形以之外的为"合格"。

总站审查:总站将根据日常抽、巡查及各类专项检查情况审查施工现场的安全达标状况和竣工的确认等级。

(二)企业

1. 日常工作。总、分包单位企业每月均应对所属施工现场进行全面检查和考核。工地受监安监站在日常监督过程中将把将企业对现场的定期检查情况作为监督内容之一,并在网上对管辖区域内检查不力的企业进行督办和通告。

2. 年度统计。根据考核要求对所属施工现场的安全质量标准化达标情况和企业对所属施工现场定期检查到位情况做好统计工作。

3. 考核上报。按照所属施工现场达标率要求、《施工企业安全生产评价标准》(JGJ/T77)及有关标准进行年度自评(详见附表六)。自评资料于次年1月10日前报送对应的考核管理部门实施年度考核。

4. 管理审核。考核管理部门考核管理部门对企业上报的年度自评考核材料进行审核。根据审核情况对管辖区域内按企业总数10%并不得少于15家的比例,组织实施安全生产条件核查。

考核管理部门结合管辖企业所属施工现场安全质量标准化达标率及安全生产条件核查结果,对企业进行考核评定,于次年2月底前将考核结论上报市安质监督总站审核。

5. 年度核准。市安质监督总站审核后,上报市建管办。考核处理工作于次年第一季度完成。

6. 考核结论。施工企业安全质量标准化年度考核分为"合格"和"不合格"。企业按照《施工企业安全生产评价标准》(JGJ/T77)及有关标准,经评定达到合格等级;所属施工现场的合格率和优良率均达到规定要求;且按规定对所属施工现场定期检查到位的,考核结论为"合格"。其余为"不合格"。

五、考核要求

(一)施工现场应建立危险性较大分部分项工程信息定期更新上报制度。总包单位企业应当每月上报,及时更新危险性较大分部分项工程信息,监理单位企业对上报情况进行复核。

相关施工单位企业应制定安全防护、文明施工措施费用的使用计划,明确管理职责,确保该项费用按程序合理使用;落实施工现场专职安全生产管理人员的委派工作等。

(二)强化分包单位企业管理。总包单位企业应充分行使管理权力,对进场施工的各分包单位企业及时进行网上增报。对未在网上增报的分包单位企业,现场发生生产安全事故时,不再予以增报及认定;对于不积极配合,现场班组管理不善的分包单位企业,总包单位企业可判定其不合格。分包单位企业的不合格结论,不影响管理到位的总包单位企业的考核等级。

(三)加强监理。监理单位企业应充分利用安全质量标准化的管理手段平台,加强过程监管,督促总包单位企业对分包单位企业的管理,督促现场做好危险性较大分项分部工程的识别、上报与监控工作,及时完成周检查、月评定的核准复核,督促总包单位企业落实整改。

(四)施工企业应对所属施工现场安全质量标准化达标开展情况进行检查、分析、指导和考核。

(五)各安监站应结合首次监督告知、日常监督等手段加强对施工现场上报的危险性较大分项分部工程进行的信息比对、监管和督促。对确认等级为不合格的现场总、分包单位企业应及时告知相关企业负责人,采取约谈、重点监控等措施,加强程序监督,督促其整改完善。

六、安全质量标准化工作考核结果处理

(一)对达标业绩良好的企业及施工现场按规定给与表彰。

(二)对考核不达标的企业、施工现场,采取以下措施,并给予相应处理:

1. 实施安全生产许可证动态考核记分;

2. 实施媒体公布;

3. 企业及所属工地列为重点监管对象;

4. 与资质资格及招投标管理实施联动;

5. 进行安全生产条件复查。

本办法自颁布之日起施行。原《上海市建筑施工安全质量标准化工作的实施办法》沪建建管〔2006〕第025号同时作废。

附表一~七:工地考核评分及其他相关表式。

关于明确本市建设工程企业资质管理若干事项的通知

各区(县)建设交通委、各有关单位：

为进一步规范本市各级建设管理部门资质管理工作,更好地服务企业,现对区(县)建设管理部门负责受理、审核、管理建设工程企业资质事项,有关操作口径、办事程序等事项明确如下:

一、关于企业聘用小型项目负责人取消备案及相关认定

1. 鉴于企业聘用小型项目负责人备案已经市审改办确认取消,故自2014年2月1日起,各区(县)建设管理部门停止办理企业聘用小型项目负责人备案手续。

2. 小型项目负责人取消备案后,建筑业企业新申请资质时,现行资质标准要求中"三级项目经理"原由"小型项目负责人"替代的做法停止执行,改为"二级及以上注册建造师"替代,人数按现行资质标准中"三级项目经理"规定人数的50%考核。

3. 自2014年2月1日起,招标登记的建设工程项目,原备案的企业聘用小型项目负责人不得担任工程项目经理(投资额200万元以下项目除外)。2014年2月1日前已担任项目经理的企业聘用小型项目负责人,可以继续担任直至工程结束。

二、关于企业注册地跨区变更后资质变更办理工作

为方便企业注册地变更后资质手续办理,自2014年2月1日起,由各区(县)办理的本市建筑业三级资质企业、劳务分包资质企业、监理丙级资质企业,工商注册地跨区变更后办理资质证书变更,采用新注册地建设管理部门一口办理方式,具体如下:

1. 企业在市建筑建材业网(www.ciac.sh.cn)自助提交注册地变更申请后,携带企业工商注册变更材料、原资质证书至新注册地区(县)建设管理部门,当场办理企业资质证书变更换证手续。

2. 新注册地区(县)建设管理部门应及时将企业变更情况告知原注册地区(县)建设管理部门。变更注册地后企业的资质申办档案由原审批管理部门按规定保存。

三、关于涉及水利、信息产业等部门资质会审工作

自2014年2月1日起,各区(县)审核涉及水利、信息产业等方面建筑业企业三级资质、监理企业丙级资质,采用相关部门意见集中征询机制:各区(县)建设管理部门在企业申请受理通过后,将相关材料报市受理服务中心,由市受理服务中心集中转市水务局、市通管局等相关专业管理部门会审,并将会审意见反馈区(县)建设管理部门审核。

四、关于企业资质审核公示公告工作

为进一步加强资质审批信息公开工作,自2014年2月1日起,各区(县)建设管理部门审批建设工程企业资质,在市建筑建材业网(www.ciac.sh.cn)集中分栏公示区(县)审核意见和公告审查结论。

上海城乡建设交通委员会

2014年1月13日

关于印发《上海市水利工程安全防护、文明施工措施项目清单》等三个文件的通知

沪水务〔2009〕968 号

各有关单位：

　　根据上海市人民政府《上海市建设工程文明施工管理规定》（第 18 号令），针对本市水利工程建设的特点，参照市城乡和交通委员会《上海市建设工程安全防护、文明施工措施费用管理暂行规定》，我局有关部门编制完成了《上海市水利工程安全防护、文明施工措施项目清单》、《上海市水利工程安全防护、文明施工措施费用范围清单》和《上海市水利工程安全防护，文明施工措施费率表》，并经局长办公室会谈讨论同意。现予印发，请遵照执行。

2009 年 12 月 17 日

附件 1：

上海市水利工程安全防护、文明施工措施项目清单

序号	项目名称	具体要求	备注
	文明施工		
1	安全警告标志牌	在伤亡事故(或危险)处设置明细的、符合国家标准要求的安全警示标志牌及危险源告知牌。	
2	现场围挡	1. 市中心城区主要地段的建筑施工现场应采用封闭围挡,围挡高度不得低于2.5 m;其他地区应采用隔离设施;其他地区如要求采用围挡的,则围挡高度不得低于2 m	
		2. 建筑工程应根据工程特点、规模、施工周期和区域文化,设置与周边建筑艺术风格相协调的实体围挡	
		3. 围挡材料可采用彩色、定型钢板,砼砌体等墙体	
		4. 施工现场出入口应设置大门,宽度不得大于6 m,严禁敞口施工	
3	各类图版	施工现场或项目部显著位置须悬挂工程概况、管理人员名单及监督电话牌、安全生产管理目标牌、安全生产隐患公示牌、文明施工承诺公示牌、消防保卫牌;建筑业务工人员维权告示牌;施工现场总平面图、文明施工管理网络图、劳动保护管理网络图	
4	企业标志	1. 施工现场或项目部应设企业标识	
		2. 生活区宜有适时黑板报或阅报栏	
		3. 宣传横幅应适时醒目	
5	场容场貌	1. 场区道路应平整畅通,不得堆放建筑材料等	
		2. 办公及生活区域地面硬化处理;主干道应适时洒水防止扬尘;路面应保持整洁	
		3. 食堂宜设置隔油池,并及时清理	
		4. 厕所的化粪池应做抗渗处理	
		5. 现场进出口处宜设置车辆冲洗设备	
		6. 施工现场或项目部大门处应设置警卫室,出入人员应当进行登记;施工人员应当按劳动保护要求统一着装,佩戴安全帽和表明身份和胸卡	
6	材料堆放	1. 材料、构建、料具等堆放处,须悬挂有名称、品种、规格等	
		2. 易燃、易爆和有毒有害物品分类存放	
7	现场防火	1. 施工现场应当设有消防通道,宽度不得小于4 m	
		2. 在建工程内设置办公场所和临时宿舍的,应当与施工作业区之间采取有效的防火隔离,并设置安全疏散通道,配备应急照明等消防设施	

上海市水利工程安全防护、文明施工措施项目清单

序号	项目名称	具体要求	备注
7	现场防火	3. 临时搭建的建筑物区域内应当按规定配备消防器材;临时搭建的办公、住宿场所每 100 m² 配备两具灭火级别不小于 3A 的灭火器;临时油漆间、易燃易爆危险物品仓库等 30 m² 应配备两具灭火器不小于 4 L 的灭火器	
8	垃圾清运	1. 施工垃圾、生活垃圾应分类存放	
		2. 施工垃圾必须采用相应容器运输	
二、环境保护			
1	粉尘控制	1. 道路应防止扬尘;清扫路面时应先洒水后清扫	
		2. 裸露的场地和集中堆放的土方应采取有效的降尘措施	
		3. 施工现场水泥土等搅拌场所应采取封闭、降尘措施	
		4. 水泥和其他易飞扬颗粒建筑材料应密闭存放或采取覆盖等措施	
2	噪音控制	施工现场噪音应控制在有规定允许范围内	
3	有毒有害气体控制	应有相应安全防护措施	
4	污染物控制	1. 作业船舶备有船舶污水、生活垃圾及粪便储存容器,严格遵守有关规定,做好日常收集、分类储存	
		2. 定期回收作业船舶的各类固态和液态废弃物,运送至指定部门集中处理	
		3. 及时回收工程各类废弃物,运送至指定地点处理	
		4. 水上作业应配备适量的化学消油剂、吸油剂等物资,一旦发生事故,应立即采取措施,缩小污染范围	
三、临时设施			
1	现场办公生活设施	1. 施工现场应设置办公室、宿舍、食堂、厕所、淋浴间、开水房、文体活动室、垃圾站及盥洗设施等临时设施,临时设施所用建筑材料应符合环保、消防要求	
		2. 生产、生活及食堂严格区分,严禁三合一现象	
		3. 宿舍内应保证有必要的生活空间,室内净高不得小于 2.4 m,通道宽度不得小于 0.9 m,每间宿舍居住人员不得超过 16 人	
		4. 宿舍内应设置生活用品专柜,生活区内应提供为作业人员晾晒衣物的场地	
		5. 食堂应设有食品原料储存、原料初加工、烹饪加工、备餐(分装、出售)、餐具、公用具清洗消毒灯相对独立的专用场地,其中备餐间应单独设立	
		6. 食堂墙壁(含天花板)围护结构的建筑材料表面平整无裂缝,应有 1.5 m 以上(烹饪间、备餐间应到顶)的瓷砖或其他可清洗的材料制成的墙裙	

序号	项目名称	具体要求	备注
1	现场办公生活设施	7. 食品原料储存区域(间)应保持干燥、通风,食品储存应分类分架、隔墙离地(至少0.15 m)存放,冰箱(冷库)内温度应符合食品存储卫生要求	
		8. 原料初加工场地地面应由防水、防滑、无毒、易清洗的材料建造,具有1%～2%的坡度;水池应采用耐腐蚀、耐磨损、易清洗的无毒材料制成	
		9. 烹调场所地面应铺设防滑地砖,墙壁应铺设瓷砖,炉灶上方应安装有效的脱牌油烟机和排气罩,设有烹调时放置生食品(包括配料)、熟制品的操作台或者货架	
		10. 备餐间应设有二次更衣设施、备餐台、能开合的食品传递窗及清洗消毒设施,并配备紫外线灭菌灯等空气消毒设施;220伏紫外线灯安装应距地面不低于2.5 m;备餐间排水不得为明沟;备餐台宜采用不锈钢材质制成	
		11. 为就餐人员提供餐饮具的食堂,还应根据需要配备足够的餐饮具清洗消毒保洁设施	
		12. 食堂应配备必要的排风设施和冷藏设施	
		13. 食堂外应设置密闭式泔桶,应及时清运	
		14. 炊事人员上岗应穿戴洁净的工作服、工作帽和口罩,应保持个人卫生	
		15. 食堂炊具及所用燃气应符合国家强制性标准,食堂的炊具、餐具和公用饮水器必须清洗消毒,饮用水必须符合饮用标准	
		16. 施工现场应设置水冲式或移动式厕所,厕所地面应硬化,门窗应齐全;蹲位之间宜设置隔板,隔板高度不宜低于0.9 m	
		17. 厕所大小应根据作业人员的数量设置;厕所应设专人负责清扫、消毒、化粪池应及时清掏	
		18. 淋浴间内应设置满足需要的淋浴喷头,可设置储衣柜或挂衣架	
		19. 应设置满足作业人员使用的盥洗池,并宜使用节水龙头	
		20. 生活区应设置非承压式开水炉、电热水器或饮用水保温桶;施工区应配备流动保温水桶	
		21. 问题活动室应配备电视机、书报、杂志等文体活动设施、用品	
		22. 施工现场应设专职或建造保洁员、负责卫生清扫和保洁	
		23. 办公区和生活区应采取灭鼠、蚊、蝇、蟑螂等措施,并应定期投放和喷洒药物	
		24. 施工现场应配备常用药品及急救用具	

上海市水利工程安全防护、文明施工措施项目清单

序号	项目名称		具体要求	备注
2	现场临时用电	配电线路	1. 须按照 TN-S 系统要求配备电缆	
			2. 应按要求架设临时用电线路的电杆、横担、瓷夹、瓷瓶等,或电缆埋地地沟	
			3. 对靠近施工现场的外电线路,须设置木质、塑料绝缘体的防护设施	
		配电箱、开关箱	1. 按三级配电要求,配备总配电箱、分配电箱、开关箱三类标准电箱,开关箱应符合一机、一箱、一闸、一漏	
			2. 按二级保护要求,应选取符合容量要求和质量合格的漏电保护器	
		接地保护装置	施工现场保护零线的重复接地应不少于三处,并应按规范操作	
3	临时给排水	供水管线	供水材料应是合格产品,并应有避免二次污染的措施;居住点需设立积水塔或集水箱的,应由供水车定期供水	
		排水管、沟	1. 施工现场应设置排水沟及沉淀池	
			2. 施工污水应经二级沉淀后方可排入市政污水管网或河流	
4	其他		促淤圈围工程现场的进出入口,应设置岗亭、减速带(或阻车墩)等交通安全设施	
	四、安全施工			
1	水下作业防护		1. 水上施工作业区域内按规定设置安全警示标志(包括警示灯、警示牌等),同时应落实专人负责	
			2. 水上作业平台须设置防护栏杆、安全网等	
			3. 水上作业人员应配备救生衣或防护绳等	
			4. 作业平台和陆地连接须设置人行通道及防护栏杆	
			5. 船舶承载人员应遵守乘船规则,船舶应按规定配足救身、消防设施,严格遵守"八不动船规定"	
			6. 在施工作业船舶上动火作业必须办理"三级动火审批手续",同时落实消防措施	
			7. 作业船舶使用的起重设备、铺抛设备应标明起重吨位、铺抛能力	
			8. 作业船舶须悬挂该船舶"安全生产规定"的标志牌	
2.	保滩圈围作业防护		1. 项目部与海事部门、施工工区、运砂石料船舶联络须配备通讯工具	
			2. 施工作业区域内应设置安全警示标志(禁止捕鱼、钓鱼、游泳等)	
			3. 作业现场应搭建应急临时工棚,并做好防雷措施	
			4. 工人赶潮施工或夜间施工休息应设置工人休息棚	
			5. 施工作业人员应配备防护眼镜	
			6. 水上作业人员应配备救生衣、救生圈	

序号	项目名称		具体要求	备注
3	汛期作业防护		1. 施工现场须配备足够的防汛抢险物资(如:草袋、铁锹、泥土、挡水板、水泵、车辆等)	
			2. 危险物品须集中存放在牢固的房间内并加锁进行封存	
			3. 机械设备转移至安全地带并捆绑固定;临时设施应进行抗风加固	
			4. 作业船舶须落实避风港口;通讯设备须配置齐全并保持联系通畅	
4	临边洞口交叉高出作业防护	泵站平台板、水闸工作桥、房屋楼板、屋面、阳台等临边防护	须用密闭式安全立网封闭,作业层另加两边防护栏杆和0.18 m高的踢脚板;脚手架基础、架体、安全网等应符合规定	
		通道口防护	防护棚应为不小于0.05 m厚的木板或两道相距0.5 m的竹笆,两侧应沿栏杆假用安全网封闭;应当采用标准化、定型化防护设施,安全警示标志应当醒目	
		预留洞口防护	应用木板全封闭,短边超过1.5 m长的洞口,除封闭外四周还应设有防护栏杆;应当采用标准化、定型化防护设施,安全警示标志应当醒目	
		楼梯边防护	应设1.2 m高的定型化、标准化的防护栏杆,0.18 m高的踢脚板;安全警示标志应当醒目	
		垂直方向交叉作业防护	应设置防护隔离棚或其他设施	
		高空作业防护	须有悬挂安全带的悬索或其他设施、操作平台、上下的梯子或其他形式的通道	
		操作平台交叉作业防护	1. 操作平台面积不应超过10 m²,高度不应超过5 m	
			2. 操作平台面满铺竹笆并固定、设置防护栏应按国家标准执行,并应设置登高扶梯	
			3. 悬挂式钢平台两边各设前后两道斜拉杆或钢丝绳,应设置4个经过验算的吊环	
			4. 钢平台左右两侧必须装置固定的防护栏杆	
5	作业人员具备安全防护用品		作业人员须具备必要的安全帽、安全带等安全防护用品	

附件2:

上海市水利工程安全防护、文明施工措施费用范围清单

序号	项目名称	备注
1	文明施工	
1.1	安全警示标志牌	
1.2	现场围挡	
1.3	各类图版	
1.4	企业标志	
1.5	场容场貌	
1.6	材料堆放	
1.7	现场防火	
1.8	垃圾清运	
2	环境保护	
2.1	粉尘控制	
2.2	噪音控制	
2.3	有毒有害气味控制	
2.4	污染物控制	
3	临时设施	
3.1	现场办公生活设施	
3.2	临时用电	
3.2.1	配电线路	
3.2.2	配电箱、开关箱	
3.2.3	接地保护装置	

序号	项目名称	备注
3.3	临时给排水	
3.3.1	供水管线	
3.3.2	排水管、沟	
3.3.3	沉淀池	
3.4	交通安全设施	
4	安全设施	
4.1	水上作业防护	
4.2	保滩圈围作业防护	
4.3	汛期作业防护	
4.4	临边洞口交叉高出作业防护	
4.4.1	泵站平台板、水闸工作桥、房屋楼板、屋面、阳台等临边防护	
4.4.2	通道口防护	
4.4.3	预留洞口防护	
4.4.4	楼梯边防护	
4.4.5	垂直方向交叉作业防护	
4.4.6	高空作业防护	
4.4.7	操作平台交叉作业防护	
4.5	作业人员具备安全防护用品	

附件3:

上海市水利工程安全防护、文明施工措施费率表

序号	项目类别		费率	备注
1	泵、闸工程		2.2%～2.6%	
2		疏浚和开挖工程	1.5%～2.0%	
		桥梁和护岸工程	2.2%～3.0%	
3	塘堤围涂工程	吹填工程	1.1%～1.5%	
		围涂工程	1.5%～1.8%	
		塘堤工程	1.8%～2.3%	

说明:

1. 本费率适用于本市行政区域内的各类新建、扩建、改建的水利工程。

2. 安全防护、文明施工措施费,以本市《水利工程工程量清单计价规范》的分分部分项工程量清单价合计为基数乘以相应的费率计算费用,作为控制安全防护、文明施工措施的最低总费用。

3. 对未列入安全防护、文明施工措施费清单内容的夜间施工、二次搬运、大型机械设备进出场及安拆、脚手架、已完工程及设备保护、垂直运输机械、临时道路等措施费用,仍按本市《水利工程工程量清单计价规范》的有关规定报价。

4. 安装工程费率与主体工程一致。

第二部分　规范和标准(强制性条文)

水利水电工程施工通用安全技术规程(节选)

SL 398—2007

3.1.4 爆破、高边坡、隧洞、水上(下)、高处、多层交叉施工、大件运输、大型施工设备安装及拆除等危险作业应有专项安全技术措施,并设专人进行安全监护。

3.1.8 施工现场的井、洞、坑、沟、口等危险处应设置明显的警示标志,并应采取加盖板或设置围栏等防护措施。

3.1.11 交通频繁的施工道路、交叉路口应按规定设置警示标志或信号指示灯;开挖、弃渣场地应设专人指挥。

3.1.12 爆破作业应统一指挥,统一信号,专人警戒并划定安全警戒区。爆破后须经爆破人员检查,确认安全后,其他人员方能进入现场。洞挖、通风不良的狭窄场所,还应通风排烟、恢复照明及安全处理后,方可进行其他作业。

3.1.18 施工照明及线路,应遵守下列规定:

3 在存放易燃、易爆物品场所或有瓦斯的巷道内,照明设备应符合防爆要求。

3.4.2 生产作业场所常见生产性粉尘、有毒物质在空气中允许浓度及限值应符合表3.4.2的规定。

表3.4.2　　　　常见生产性粉尘、有毒物质在空气中允许浓度及限值

序号	有害物质名称			阈限值（mg/m³）		
				最高容许浓度 $Po—MAC$	时间加权平均容许浓度 $Po—TWA$	短时间接触容许浓度 $Po—STEL$
1	矽尘			—	—	—
	总尘	含10%~50%游离 SiO_2		—	1	2
		含50%~80%游离 SiO_2		—	0.7	1.5
		含80%以上游离 SiO_2		—	0.5	1.0
	呼吸尘	含10%~50%游离 SiO_2		—	0.7	1.0
		含50%~80%游离 SiO_2		—	0.3	0.5
		含80%以上游离 SiO_2		—	0.2	0.3
2	石灰石粉尘	总尘		—	8	10
		呼吸尘		—	4	8
3	硅酸盐水泥	总尘(游离 SiO_2<10%)		—	4	6
		呼吸尘(游离 SiO_2<10%)		—	1.5	2
4	电焊烟尘			—	4	6
5	其他粉尘			—	8	10
6	锰及无机化合物(按 Mn 计)			—	0.15	0.45
7	一氧化碳	非高原		—	20	30
		高原	海拔2 000~3 000 m	20	—	—
			海拔大于3 000 m	15	—	—
8	氨			—	20	30
9	溶剂汽油			—	300	450

203

续表

序号	有害物质名称		阈限值（mg/m³）		
			最高容许浓度 Po—MAC	时间加权平均容许浓度 Po—TWA	短时间接触容许浓度 Po—STEL
10	丙酮		—	300	450
11	三硝基甲苯（TNT）		—	0.2	0.5
12	铅及无机化合物（按 Fb 计）	铅尘	0.05	—	—
		铅烟	0.03	—	—
13	四乙基铅（皮、按 Fb 计）		—	0.02	0.06

3.4.4 生产车间和作业场所工作地点噪声声级卫生限值应符合表 3.4.4 规定。

表 3.4.4 生产性噪声声级卫生限值

日接触噪声时间（b）	卫生限值[dB(A)]
8	85
4	88
2	91
1	94

3.4.6 施工作业噪声传至有关区域的允许标准见表 3.4.6。

表 3.4.6 非施工区域的噪声允许标准

类 别	等效声级限值[dB(A)]	
	昼间	夜间
以居住、文教机关为主的区域	55	45
居住、商业、工业混杂区及商业中心区	60	50
工业区	65	55
交通干线道路两侧	70	55

3.4.11 工程建设各单位应建立职业卫生管理规章制度和施工人员职业健康档案，对从事尘、毒、噪声等职业危害的人员应每年进行一次职业体检，对确认职业病的职工应及时给予治疗，并调离原工作岗位。

3.5.5 宿舍、办公室、休息室内严禁存放易燃易爆物品，未经许可不得使用电炉。利用电热的车间、办公室及住室、电热设施应有专人负责管理。

3.5.9 油料、炸药、木材等常用的易燃易爆危险品存放使用场所、仓库，应有严格的防火措施和相应的消防设施，严禁使用明火和吸烟。

3.5.11 施工生产作业区与建筑物之间的防火安全距离 应遵守下列规定：

1 用火作业区距所建的建筑物和其他区域不应小于 25 m。

2 仓库区、易燃、可燃材料堆集场距所建的建筑物和其他区域不应小于 25 m。

3 易燃品集中站距所建的建筑物和其他区域不应小于 30 m。

3.9.4 施工现场作业人员，应遵守以下基本要求：

1 进入施工现场，应按规定穿戴安全帽、工作服、工作鞋等防护用品，正确使用安全绳、安全带等安全防护用具及工具，严禁穿拖鞋、高跟鞋或赤脚进入施工现场；

3 严禁酒后作业；

4 严禁在铁路、公路、洞口、陡坡、高处及水上边缘、滚石坍塌地段、设备运行通道等危险地带停留和休息；

6　起重、挖掘机等施工作业时,非作业人员严禁进入其工作范围内;

7　高处作业时,不得向外、下抛掷物件;

9　不得随意移动、拆除、损坏安全卫生及环境保护设施和警示标志。

4.1.5　在建工程(含脚手架)的外侧边缘与外电架空线路的边线之间应保持安全操作距离。最小安全操作距离应不小于表4.1.5的规定。

表 4.1.5　在建工程(含脚手架)的外侧边缘与外电架空线路边线之间的最小安全操作距离

外电线路电压(kV)	<1	1～10	35～110	154～220	330～500
最小安全操作距离(m)	4	6	8	10	15

注:上、下脚手架的斜道严禁搭设在有外电线路的一侧。

4.1.6　施工现场的机动车道与外电架空线路交叉时,架空线路的最低点与路面的垂直距离不应小于表4.1.6的规定。

表 4.1.8　施工现场的机动车道与外电架空线路交叉时的最小垂直距离

外电线路电压(kV)	<1	1～10	35
最小垂直距离(m)	6	7	7

4.7.1　生活供水水质应符合表4.7.1要求,并经当地卫生部门检验合格方可使用。生活饮用水源附近不得有污染源。

表 4.7.1　生活饮用水水质标准

编号		项目	标准
感官性状指标	1	色	色度不超过15度,并不应呈现其他异色
	2	浑浊度	不超过3度,特殊情况不超过5度
	3	臭和味	不应有异臭异味
	4	肉眼可见物	不应含有
化物指标	5	pH值	6.5～6.8
	6	总硬度(以CaO计)	不超过450 mg/L
	7	铁	不超过0.3 mg/L
	8	锰	不超过0.1 mg/L
	9	铜	不超过1.0 mg/L
	10	锌	不超过1.0 mg/L
	11	挥发酚类	不超过0.002 mg/L
	12	阴离子合成洗涤剂	不超过0.3 mg/L
毒理学指标	13	氟化物	不超过1.0 mg/L,适宜浓度0.5～1.0 mg/L
	14	氰化物	不超过0.05 mg/L
	15	砷	不超过0.04 mg/L
	16	硒	不超过0.01 mg/L
	17	汞	不超过0.01 mg/L
	18	镉	不超过0.01 mg/L
	19	铬(六价)	不超过0.05 mg/L
	20	铅	不超过0.05 mg/L

续表

编号		项 目	标 准
细菌学指标	21	细菌总数	不超过 100 个/mL 水
	22	大肠菌数	不超过 3 个/mL 水
	23	游离性余氯	在接触 30 min 后不应低于 0.3 mg/L, 管网末梢水不低于 0.05 mg/L

5.1.3　高处临边、临空作业应设置安全网,安全网距工作面的最大高度不应超过 3.0 m,水平投影宽度应不小于 2.0 m。安全网应挂设牢固,随工作面升高而升高。

5.1.12　危险作业场所、机动车道交叉路口、易燃易爆有毒危险物品存放场所、库房、变配电场所以及禁止烟火场所等应设置相应的禁止、指示、警示标志。

5.2.2　高处作业下方或附近有煤气、烟尘及其他有害气体,应采取排除或隔离等措施,否则不得施工。

5.2.3　高处作业前,应检查排架、脚手板、通道、马道、梯子和防护设施,符合安全要求方可作业。高处作业使用的脚手架平台,应铺设固定脚手板,临空边缘应设高度不低于 1.2 m 的防护栏杆。

5.2.6　在带电体附近进行高处作业时,距带电体的最小安全距离,应满足表 5.2.6 的规定,如遇特殊情况,应采取可靠的安全措施。

表 5.2.6　　　　　　　　　　　　　高处作业时与带电体的安全距离

电压等级(kV)	10 及以下	20~35	44	60~110	154	220	330
工器具、安装构件、接地线等与带电体的距离(m)	2.0	3.5	3.5	4.0	5.0	5.0	6.0
工作人员的活动范围与带电体的距离(m)	1.7	2.0	2.2	2.5	3.0	4.0	5.0
整体组立杆搭与带电体的距离	应大于倒杆距离(自杆塔边缘到带电体的最近侧为塔高)						

5.2.10　高处作业时,应对下方易燃、易爆物品进行清理和采取相应措施后,方可进行电焊、气焊等动火作业,并应配备消防器材和专人监护。

5.2.21　进行三级、特级、悬空高处作业时,应事先制定专项安全技术措施。施工前,应向所有施工人员进行技术交底。

6.1.4　设备转动、传动的裸露部分,应安设防护装置。

7.5.19　皮带机械运行中,遇到下列情况应紧急停机:

1　发生人员伤亡事故;

8.2.1　安全距离。

1　设置爆破器材库或露天堆放爆破材料时,仓库或药堆至外部各种保护对象的安全距离,应按下列条件确定:

1)外部距离的起算点是:库房的外墙墙根、药堆的边缘线、隧道式峒库的峒口地面中心;

2)爆破器材储存区内有一个以上仓库或药堆时,应按每个仓库或药堆分别核算外部安全距离并取最大值。

2　仓库或药堆与住宅区或村庄边缘的安全距离,应符合下列规定:

1)地面库房或药堆与住宅区或村庄边缘的最小外部距离按表 8.2.1-1 确定;

表 8.2.1-1　　　　　　　　地面库房或药堆与住宅区或村庄边缘的最小外部距离　　　　　　　单位:m

存药量(t)	150~200	100~150	50~100	30~50	20~30	10~20	5~10	≤5
最小外部距离	1 000	900	800	700	600	500	400	300

2)隧道式峒库至住宅区或村庄边缘的最小外部距离不得小于表 8.2.1-2 中的规定;

表8.2.1-2   **隧道式洞库至住宅区域村庄边缘的最小外部距离**   单位:m

与洞口轴线交角(α)	存 药 量(t)				
	50~100	30~50	20~30	10~20	≤10
0°至两侧70°	1 500	1 250	1 100	1 000	850
两侧70°~90°	600	500	450	400	350
两侧90°~180°	300	250	200	150	120

3) 由于保护对象不同,因此在使用当中对表8.2.1-1、表8.2.1-2的数值应加以修正,修正系数见表8.2.1-3;

表8.2.1-3   **对不同保护对象的最小外部距离修正系数**

序号	保护对象	修正系数
1	村庄边缘、住宅边缘、乡镇企业围墙、区域变电站围墙	1.0
2	地县级以下乡镇、通航汽轮的河流航道、铁路支线	0.7~0.8
3	总人数不超过50人的零散住房边缘	0.7~0.8
4	国家铁路线、省级及以上公路	0.9~1.0
5	高压送电线路 500 kV	2.5~3.0
	220 kV	1.5~2.0
	110 kV	0.9~1.0
	35 kV	0.8~0.9
6	人口不超过10万人的城镇规划边缘、工厂企业的围墙、有重要意义的建筑物、铁路车站	2.5~3.0
7	人口大于10万人的城镇规划边缘	5.0~6.0

注:上述各项外部距离,适用于平坦地形,依地形条件有利时可适当减少,反之应增加。

4) 炸药库房间(双方均有土堤)的最小允许距离见表8.2.1-4;

表8.2.1-4   **炸药库房间(双方均有土堤)的最小允许距离**   单位:m

存药量(t)	炸 药 品 种			
	硝铵类炸药	TNT	黑索金	胶质炸药
150~200	42	—	—	—
100~150	35	100	—	—
80~100	30	90	100	—
50~80	26	80	90	—
30~50	24	70	80	100
20~30	20	60	70	85
10~20	20	50	60	75
5~10	20	40	50	60
≤5	20	35	40	50

注1:相邻库房储存不同品种炸药时,应分别计算,取其最大值。
注2:在特殊条件下,库房不设土堤时,本表数字增大的比值为t,一方有土堤为2.0,双方均无土堤为3.3。
注3:暴爆索按每万米140 kg黑索金计算。

5) 雷管库与炸药库、雷管库与雷管库之间的允许距离见表8.2.1-5中的规定;

表 8.2.1-5　　　　　　　　雷管库与炸药库、雷管库与雷管库之间的最小允许距离　　　　　　单位:m

库房名称	雷管数量(万发)									
	200	100	80	60	50	40	30	20	10	5
雷管库与炸药库	42	30	27	23	21	19	17	14	10	8
雷管库与雷管库	71	50	45	39	35	32	27	22	16	11

注:当一方设土堤时表中数字应增大比值为2,双方均无土堤时增大比值为3.3。

6)无论查表或计算的结果如何,表8.2.1-4、表8.2.1-5所列库房间距均不得小于35m。

8.2.2　库区照明。

5　地下爆破器材库的照明,还应遵守下列规定:

1)应采用防爆型或矿用密闭型电气器材,电源线路应采用铠装电缆;

5)地下库区存在可燃性气体和粉尘爆炸危险时,应使用防爆型移动电灯和防爆手电筒;其他地下库区,应使用蓄电池灯、防爆手电筒或汽油安全灯作为移动式照明。

8.3.2　爆破器材装卸应遵守下列规定:

1　从事爆破器材装卸的人员,应经过有关爆破材料性能的基础教育和熟悉其安全技术知识。装卸爆破器材时,严禁吸烟和携带引火物;

2　搬运装卸作业宜在白天进行,炎热的季节宜在清晨或傍晚进行。如需在夜间装卸爆破器材时,装卸场所应有充足的照明,并只允许使用防爆安全灯照明,禁止使用油灯、电石灯、汽灯、火把等明火照明;

3　装卸爆破器材时,装卸现场应设置警戒岗哨,有专人在场监督;

4　搬运时应谨慎小心,轻搬轻放,不得冲击、撞碰、拉拖、翻滚和投掷。严禁在装有爆破材料的容器上踩踏;

5　人力装卸和搬运爆破器材,每人一次以25 kg～30 kg为限,搬运者相距不得少于3 m;

6　同一车上不得装运两类性质相抵触的爆破器材,且不得与其货物混装。雷管等起爆器材与炸药不允许同时在同一车箱或同一地点装卸;

7　装卸过程中司机不得离开驾驶室。遇雷电天气,禁止装卸和运输爆破器材;

8　装车后应加盖帆布,并用绳子绑牢,检查无误后方可开车。

8.3.3　爆破器材运输应符合下列规定:

1　运输爆破器材,应遵守下列基本规定:

7)禁止用翻斗车、自卸汽车、拖车、机动三轮车、人力三轮车、摩托车和自行车等运输爆破器材。

8)运输炸药、雷管时,装车高度要低于车箱10 cm。车箱、船底应加软垫。雷管箱不应倒放或立放,层间也应垫软垫。

2　水路运输爆破器材,还应遵守下列规定:

5)严禁使用筏类船只作运输工具。

6)用机动船运输时,应预先切断装爆破器材船仓的电源;地板和垫物应无缝隙,仓口应关闭;与机仓相邻的船仓应设有隔墙。

3　汽车运输爆破器材,还应遵守下列规定:

7)车箱底板、侧板和尾板均不应有空隙,所有空隙应予以严密堵塞。严防所运爆破器材的微粒落在摩擦面上。

8.3.4　爆破器材贮存3贮存爆破器材的仓库、储存室,应遵守下列规定:

3　贮存爆破器材的仓库、储存室,应遵守下列规定:

2)库房内贮存的爆破器材数量不应超过设计容量,爆破器材宜单一品种专库存放。库房内严禁存放其他物品。

8.4.3　爆破工作开始前,应明确规定安全警戒线,制定统一的爆破时间和信号,并在指定地点设安全哨,执勤人员应有红色袖章、红旗和口笛。

8.4.7　往井下吊运爆破材料时,应遵守下列规定:

2　在上下班或人员集中的时间内,不得运输爆破器材,严禁人员与爆破器材同罐吊运;

8.4.17 地下相向开挖的两端在相距 30 m 以内时,装炮前应通知另一端暂停工作,退到安全地点。当相向开挖的两端相距 15 m 时,一端应停止掘进,单头贯通。斜井相向开挖,除遵守上述规定外,并应对距贯通尚有 5 m 长地段自上端向下打通。

8.4.24 地下井挖,洞内空气含沼气或二氧化碳浓度超过 1‰时,禁止进行爆破作业。

8.5.4 电雷管网路爆破区边缘同高压线最近点之间的距离不得小于表 8.5.4 的规定(亦适用于地下电源)。

表 8.5.4　　　　　　　　　　　　爆破区边缘同高压线最近点之间的距离

高压电网(kV)	水平安全距离(m)
3~10	20
10~20	50
20~50	100

8.5.5 飞石

1 爆破时,个别飞石对被保护对象的安全距离,不得小于表 8.5.5-1 及表 8.5.5-2 规定的数值。

表 8.5.5-1　　　　　　　　　　　　爆破个别飞散物对人员的最小安全距离

爆破类型和方法			爆破飞散物的最小安全距离(m)
露天岩石爆破	破碎大块岩矿	裸露药包爆破法	400
		浅孔爆破法	300
	浅孔爆破		200(复杂地质条件下或未形成台阶工作面时不小于300)
	浅孔药壶爆破		300
	蛇穴爆破		300
	深孔爆破		按设计,但不小于200
	深孔药壶爆破		按设计,但不小于300
	浅孔孔底扩壶		50
	深孔孔底扩壶		50
	洞室爆破		按设计,但不小于300
爆破树墩			200
爆破拆除沼泽地的路堤			100
水下爆破	水面无冰时的裸露药包或浅孔、深孔爆破	水深小于 1.5 m	与地面爆破相同
		水深大于 6 m	不考虑飞石对地面或水面以上人员的影响
		水深 1.5~6 m	由设计确定
	水面覆冰时的裸露药包或浅孔、深孔爆破		200
	水底洞室爆破		由设计确定
拆除爆破、城镇浅孔爆破及复杂环境深孔爆破			由设计确定
地震勘探爆破	浅井或地表爆破		按设计,但不小于100
	在深孔中爆破		按设计,但不小于30

表 8.5.5-2   **爆破飞石对人员安全距离**

序号	爆破种类及爆破方法			危险区域的最小半径(m)
1	岩基开挖工程	一般钻孔法爆破		不小于 300
		药壶法	扩壶爆破	不小于 50
			药壶爆破	不小于 300
		深孔药壶法	扩壶爆破	不小于 100
			药壶爆破	根据设计定但不小于 300
		深孔法	松动爆破	根据设计定但不小于 300
			抛掷爆破	根据设计定
2	地下开挖工程	平洞开挖爆破	独头的洞内	不小于 200
			有折线的洞内	不小于 100
			相邻的上下洞间	不小于 100
			相邻的平行洞间	不小于 50
			相邻的横洞或横通道间	不小于 50
		井开挖爆破	井深小于 3 m	不小于 200
			井深为 3～7 m	不小于 100
			井深大于 7 m	不小于 50
3	裸露药包法爆破			不小于 400
4	用放在坑内的炸药击碎巨石			不小于 400
5	用炸药拔树根的爆破			不小于 200
6	泥沼地上塌落土堤的爆破			不小于 100
7	水下开挖工程	非硬质土壤上爆破		不小于 100
		岩石上爆破		不小于 300
		有冰层覆盖时土壤和岩石爆破		不小于 300

2 洞室爆破个别飞石的安全距离,不得小于表 8.5.5-3 的规定数值。

表 8.5.5-3   **洞室爆破个别飞石安全距离**   单位:m

最小抵抗线	对于人员					对于机械及建筑物				
	n 值					n 值				
	1.0	1.5	2.0	2.5	3.0	1.0	1.5	2.0	2.5	3.0
1.5	200	300	350	400	400	100	150	250	300	300
2.0	200	400	500	600	600	100	200	350	400	400
4.0	300	500	700	800	800	150	250	500	550	550
6.0	300	600	800	1 000	1 000	150	300	550	650	650
8.0	400	600	800	1 000	1 000	200	300	600	700	700
10.0	500	700	900	1 000	1 000	250	400	600	700	700
12.0	500	700	900	1 200	1 200	250	400	700	800	800
15.0	600	800	1 000	1 200	1 200	300	400	800	1 000	1 000
20.0	700	800	1 200	1 500	1 500	350	400	900	1 000	1 000
25.0	800	1000	1 500	1 800	1 800	400	500	900	1 000	1 000
30.0	800	100	1 700	2 000	2 000	400	500	1 000	1 200	1 200

注:当 n 值小于 1 时,可将抵抗线值修改为 $W_P = \dfrac{5W}{7}$,再按 $n=1$ 的条件查表。

9.1.6 对储存过易燃易爆及有毒容器、管道进行焊接与切割时,要将易燃物和有毒气体放尽,用水冲洗干净,打开全部管道窗、孔,保持良好通风,方可进行焊接和切割,容器外要有专人监护,定时轮换休息。密封的容器、管道不得焊割。

9.1.8 严禁在储存易燃易爆的液体、气体、车辆、容器等的库区内从事焊割作业。

9.3.7 在坑井或深沟内焊接时,应首先检查有无集聚的可燃气体或一氧化碳气体,如有应排除并保持通风良好。必要时应采取通风除尘措施。

11.4.8 放射性射源的贮藏库房,应遵守下列规定:

2 放射性同位素不应与易燃、易爆、腐蚀性物品放在一起,其贮存场所应采取有效的防火、防盗、防泄漏的安全防护措施,并指定专人负责保管。贮存、领取、使用、归还放射性同位素时应进行登记、检查,做到账物相符。

水利水电工程土建施工安全技术规程(节选)

SL 399—2007

1.0.9 作业人员上岗前,应按规定穿戴防护用品。施工负责人和安全检查员应随时检查劳动防护用品的穿戴情况,不按规定穿戴防护用品的人员不得上岗。

3.2.1 有边坡的挖土作业应遵守下列规定:

3 施工过程当中应密切关注作业部位和周边边坡、山体的稳定情况,一旦发现裂痕、滑动、流土等现象,应停止作业,撤出现场作业人员。

3.3.4 开挖过程中,如出现整体裂缝或滑动迹象时,应立即停止施工,将人员、设备尽快撤离工作面,视开裂或滑动程度采取不同的应急措施。

3.5.1 洞室开挖作业应遵守下列规定:

7 暗挖作业中,在遇到不良地质构造或易发生塌方地段、有害气体逸出及地下涌水等突发事件,应即令停工,作业人员撤至安全地点。

3.5.3 竖井提升作业应遵守下列规定:

2 施工期间采用吊桶升降人员与物料时应遵守下列规定:

8) 装有物料的吊桶不应乘人。

3.5.6 不良地质地段开挖作业应遵守下列规定:

3 当出现围岩不稳定、涌水及发生塌方情况时,所有作业人员应立即撤至安全地带。

3.5.12 施工安全监测应遵守下列规定:

10 当监测中发现测值总量或增长速率达到或超过设计警戒值时,则认为不安全,应报警。

3.6.1 现场运送运输爆破器材应遵守下列规定:

4 用人工搬运爆破器材时应遵守下列规定:

2)严禁一人同时携带雷管和炸药;雷管和炸药应分别放在专用背包(木箱)内,不应放在衣袋里。

3.6.3 洞室爆破应满足下列基本要求:

5 参加爆破工程施工的临时作业人员,应经过爆破安全教育培训,经口试或笔试合格后,方可参加装药填塞工作。但装起爆体及辐射爆破网络的作业,应有持证爆破员或爆破工程技术人员操作。

8 不应在洞室内和施工现场改装起爆体和起爆器材。

3.6.5 洞室爆破现场混制炸药应遵守下列规定:

13 混制场内严禁吸烟,严禁存在明火;同时,严禁将火柴、打火机等带入加工场。

4.2.7 制浆及输送应遵守下列规定:

2 当人进入搅拌槽内之前,应切断电源,开关箱应加锁,并挂上"有人操作,严禁合闸!"的警示标志。

5.1.4 当砂石料料堆起拱堵塞时,严禁人员直接站在料堆上进行处理。应根据料物粒径,堆料体积、堵塞原因采取相应措施进行处理。

5.4.7 设备检修时应切断电源,在电源启动柜或设备配电室悬挂"有人检修,不许台闸"的警示标志。

5.4.8 在破碎机腔内检查时,应有人在机外监护,并且保证设备的安全锁机构处于锁定位置。

6.2.1 木模板施工作业时应遵守下列规定:

10 高处拆模时,应有专人指挥,并标出危险区;应实行安全警戒,暂停交通。

11 拆除模板时,严禁操作人员站在正拆除的模板上。

6.3.1 钢筋加工应遵守下列规定:

8 冷拉时,沿线两侧各2 m范围为特别危险区,人员和车辆不应进入。

6.5.1 螺旋输送机应符合下列安全技术要求:

6 处理故障或维修之前,应切断电源,并悬挂警示标志。

6.5.4 片冰机的安全技术要求:

3 片冰机运转过程中,各孔盖、调刀门不应随意打开。因观察片冰机工作情况而应打开孔盖、调刀门时,严禁观察人员将手、头伸进孔及门内。

6 参加片冰机调整、检修工作的人员,不应少于3人,一人负责调整、检修。一人负责组织指挥(若调整、检修人员在片冰机内,指挥人员应在片冰机顶部),另一人负责控制片冰机电源开关,应做到指挥准确,操作无误。

7 工作人员从片冰机进入孔进、出之前和在调整、检修工作的过程中,应关闭片冰机的电源开关,悬挂"严禁合闸"的警示标志,这期间片冰机电源开关控制人员不应擅离工作岗位。

6.5.6 混凝土拌和楼(站)的技术安全要求:

9 检修时,应切断相应的电源、气路,并挂上"有人工作,不准合闸"的警示标志。

10 进入料仓(斗)、拌和筒内工作,外面应设专人监护。检修时应挂"正在修理,严禁开动"的警示标志。非检修人员不应乱动气、电控制元件。

6.7.5 采用核子水份/密度仪进行无损检测时,应遵守下列规定:

1 操作者在操作前应接受有关核子水分/密度仪安全知识的培训和训练,只有合格者方可进行操作。应给操作者配备防护铅衣、裤、鞋、帽、手套等防护用品。操作者应在胸前配戴胶片计量仪,每1~2月更换一次。胶片计量仪一旦显示操作者达到或超过了允许的辐射值,应即停止操作。

3 应派专人负责保管核子水分/密度仪,并应设立专台档案。每隔半年应把仪器送有关单位进行核泄露情况检测,仪器储存处应牢固张贴"放射性仪器"的警示标志。

4 核子水分/密度仪受到破坏,或者发生放射性泄露,应立即让周围的人离开,并远离出事场所,直到核专家将现场清除干净。

7.1.6 骨(填)料加热、筛分及储存,应遵守下列规定:

2 加热后的骨料温度高约200℃,进行二次筛分时,作业人员应采取防高温、防烫伤的安全措施;卸料口处应加装挡板,以免骨料溅出。

7.1.10 搅拌机运行中,不得使用工具伸入滚筒内掏挖或清理。需要清理时应停机。如需人员进入搅拌鼓内工作时,鼓外要有人监护。

7.2.6 沥青混凝土碾压作业应遵守下列规定:

6 机械由坝顶下放至斜坡时,应有安全措施,并建立安全制度。对牵引机械和钢丝绳刹车等,应经常检查、维修。

7.2.7 心墙钢模宜应采用机械拆模,采用人工拆除时,作业人员应有防高温、防烫伤、防毒气的安全防护装置。钢模拆除出后应将表面粘附物清除干净,用柴油清洗时,不得接近明火。

水利水电工程金属结构与机电设备安装安全技术规程(节选)

SL 400—2007

4.1.7　施工设施应符合下列规定:

1　机械设备、电气盘柜和其他危险部位应悬挂安全警示标志和安全操作规程。

5.6.6　底水封(或防撞装置)安装时,门体应处于全关(或全开)状态,启闭机应挂停机牌,并应派专人值守,严禁擅自启动。

11.3.5　喷砂枪喷嘴接头应牢固,严禁喷嘴对人,沿喷射方向30 m范围内不得有人停留和作业,喷嘴堵塞应停机消除压力后,进行修理或更换。

11.5.11　在容器内进行喷涂时,应保持通风,容器内应无易燃、易爆物及有毒气体。容器外专人监护。

12.3.9　导叶进行做实验时,应事先通告相关人员,应在水轮机室、蜗壳进入门处悬挂警示标志,严禁进入导叶附近,应有可靠的信号联系,并应有专人监护。

12.8.1　蝴蝶阀和球阀安装时,应符合下列规定:

5　蝴蝶阀和球阀动作实验室前应检查钢管内和活门附近有无障碍物,不应有人在内工作。试验时应在进入门外挂"禁止入内"警示标志,并应设专人监护。

6　进入蝴蝶阀和球阀动作试验前,应检查钢管内检查或工作时,应关闭油源,投入机械锁定,并应挂上"有人工作,禁止入内"警示标志。

13.2.3　定子下线时,应符合下列规定:

8　铁芯磁化实验时,现场应配备足够的消防器材;定子周围应设临时围栏,挂警示标志,并派专人警戒。定子机座、测温电阻接地应可靠,接地线截面积应符合规范要求。

11　耐电压试验时,应有专人指挥,升压操作应有监护人监护。操作人员应穿绝缘鞋。现场应设临时围栏,挂警示标志,并应派专人警戒。

13.4.2　转子支架组装和焊接时,应符合下列规定:

1　使用化学溶剂清洗转子中心体时,场地应通风良好,周围不应火种,并应有专人监护,现场配备灭火器材。

13.7.9　有绝缘要求的导轴瓦或上端轴,安装前后应对绝缘进行检查。试验时应对试验场地进行安全防护,应设置安全警戒线和警示标志。

15.1.3　变压器、电抗器器身检查时,应符合下列规定:

15　进行各项电气试验时,应设立警戒线,悬挂警示标语。

15.1.4　附件安装及电气试验时,须符合下列要求:

8　现场高压试验区应设围栏,并悬挂警示标志,设警戒线,派专人看护。

15.3.2　安装、调试时,须符合下列规定:

11　实验区域应设有安全警戒线和明显的安全警示标志。被试物的金属外壳可以接地。

12　试验接线应经过检查无误后,方可开始试验,未经监护人同意严禁任意拆线。雷雨时,应停止高压试验。

15.4.2　硬母线、封闭母线安装时,应符合下列规定:

8　在高空安装硬母线时,工作人员应系好安全带,并设置安全警戒线及警示标志。

15.7.3　电缆制作时,须符合下列规定:

6　现场高压试验区应设围栏,挂警示标志,并设专人监护。

15.8.1　试验区应设围栏、拉警戒线并悬挂警示标志,将有关路口和有可能进入试验区的通道临时封闭,并派专人看守。

15.8.6　在进行高压试验和试送电时,应有一人统一指挥,并派专人看护。高压试验装置的金属外壳应可靠接地。

15.9.1　试验区应设围栏或拉警戒线,悬挂警示标志,将有关路口和有可能进入试验区的通道临时封闭,并派专人看守。

16.1.1　检查机组内应3人以上,并配带手电筒,特别是进入钢管、蜗壳和发电机风洞内部时,应留一人在进入口处看守;守候人员与内部检察人员应保持通信联系畅通。

17.4.2 桥机试验区域应设警戒线,并布置明显的警示标志,非工作人员严禁上桥机。试验时桥机下面严禁有人逗留。

水利水电工程施工作业人员安全操作规程(节选)

SL 401—2007

2.0.9　严禁人员在吊物下通过和停留。

2.0.10　易燃、易爆等危险场所严禁吸烟和明火作业。不得在有毒、粉尘生产场所进食、饮水。

2.0.12　洞内作业前,应检查有害气体的浓度,当有害气体的浓度超过规定标准时,应及时排除。

2.0.16　检查、修理机械电气设备时,应停电并挂标志牌,标志牌应谁挂谁取。检查确认无人操作后方可合闸。严禁机械在运转时加油、擦拭或修理作业。

2.0.20　严禁非电气人员安装、检修电气设备。严禁在电线上挂晒衣服及其他物品。

2.0.26　非特种设备操作人员,严禁安装、维修和动用特种设备。

3.7.13　进行停电作业时,应首先拉开闸刀开关,取走熔断器(管)挂上"有人作业,严禁合闸"的警示标志,并留人监护。

4.2.1　塔式起重机司机应经过专业培训,并经考试合格后取得特别作业人员操作证书后,方可上岗操作。

建筑施工安全检查标准(节选)

JGJ 59—2011

4.0.1 建筑施工安全检查评定中,保证项目全数检查。

5.0.3 当建筑施工安全检查评定的等级为不合格时,必须限期整改达到合格。

建筑施工高处作业安全技术规范（节选）

JGJ 80—91

2.0.7 雨天和雪天进行高处作业时，必须采取可靠的防滑、防寒和防冻措施。凡水、冰、霜、雪均应及时清除。

对进行高处作业的高耸建筑物，应事先设置避雷设施。遇有六级以上强风、浓雾等恶劣气候，不得进行露天攀登与悬空高处作业。暴风雪及台风暴雨后，应对高处作业安全设施逐一加以检查，发现有松动、变形、损坏或脱落等现象，应立即修理完善。

2.0.9 防护棚搭设与拆除时，应设警戒区，并应派专人监护。严禁上下同时拆除。

3.1.1 对临边高处作业，必须设置防护措施，并符合下列规定：

一、基坑周边，尚未安装栏杆或栏板的阳台、料台与挑平台周边，雨篷与挑檐边，无外脚手架的屋面与楼层周边及水箱与水塔周边等处都必须设置防护栏杆。

三、分层施工的楼梯口和梯段边，必须安装临时护栏。顶层楼梯口应随工程结构进度安装正式防护栏杆。

四、井架与施工用电梯和脚手架等与建筑物通道的两侧边，必须设防护栏杆。地面通道上部应装设安全防护棚。双笼井架通道中间，应予分隔封闭。

五、各种垂直运输接料平台，除两侧设防护栏杆外，平台口还应设置安全门或活动防护栏杆。

3.1.3 搭设临边防护栏杆时，必须符合下列要求：

一、防护栏杆应有上、下两道横杆及栏杆柱组成，上杆离地高度为1.0～1.2 m，下杆离地高度为0.5～0.6 m，坡度大于1∶2.2的层面，防护栏杆应高1.5 m，并加挂安全立网。除经设计计算外，横杆长度大于2 m时，必须加设栏杆柱。

三、栏杆柱的固定及其与横杆的连接，其整体构造应防护栏杆在上杆任何处，能经受任何方向的1 000 N外力。当栏杆所处位置有发生人群拥挤、车辆冲击或物件碰撞等可能时，应加大横杆截面或加密柱距。

四、防护栏杆必须自上而下用安全立网封闭，或在栏杆下边设置严密固定的高度不低于180 mm的挡脚板或400 mm的挡脚笆。挡脚板与挡脚笆上如有孔眼，不应大于25 mm。板与笆下边距离底面的空隙不大于10 mm。

接料平台两侧的栏杆，必须自上而下加挂安全立网或满扎竹笆。

五、当临边的外侧面临街道时，除防护栏杆外，敞口立面必须采取满挂安全网或其他可靠措施作全封闭处理。

3.2.1 进行洞口作业以及在因工程和工序需要而产生的，使人与物有坠落危险或危及人身安全的其他洞口进行高处作业时，必须按下列规定设置防护设施：

一、板与墙的洞口，必须设置牢固的盖板、防护栏杆、安全网或其他防坠落的防护设施。

二、电梯井口必须设防护栏杆或固定栅门；电梯井内应每隔两层并最多隔10 m设一道安全网。

三、钢管桩、钻孔桩等桩孔上口，杯形、条形基础上口，未填土的坑槽，以及人孔、天窗、地板门等处，均应按洞口防护设置稳固的盖件。

四、施工现场通道附近的各类洞口与坑槽等处，除设置防护设施与安全标志外，夜间还应设红灯警示。

3.2.2 洞口根据具体情况采取设防栏杆、加盖件、张挂安全网与装栅门等措施时，必须符合下列要求：

四、边长在1 500 mm以上的洞口，四周设防护栏杆，洞口下张设安全平网。

六、位于车辆行驶道旁的洞口、深沟与管道坑、槽，所加盖能承受不大于当地额定卡车后轮有效承载力2倍的荷载。

八、下边沿至楼板或底面低于800 mm的窗台等竖向洞口，如侧边落差大于2 m时，应加设1.2 m高的临时的护栏。

九、对邻近的人与物有坠落危险性的其他竖向的孔、洞口，均应予以盖设或加以防护，并有固定其位置的措施。

4.1.5 梯脚底部应坚实，不得垫高使用。梯子的上端应由固定措施。立梯不得有缺档。

4.1.6 梯子如需接长使用，必须有可靠的连接措施，且接头不得超过1处。连接后梯梁的强度，不低于单梯梯梁的强度。

4.1.8　固定式直爬梯应用金属材料制成。梯宽不应大于 500 m,支撑应采用不小于∟70×6 的角钢,埋设于焊接均必须牢固。梯子顶端的踏棍应与攀登的顶面齐平,并加设 1～1.5 m 高的扶手。

使用直爬梯进行攀登作业时,攀登高度超过 8 m,必须设置梯间平台。

4.1.9　作业人员应从规定的通道上下,不得在阳台之间等非规定通道进行攀登,也不得任意利用吊车臂架等施工设备进行攀登。

上下梯子时,必须面向梯子,且不得手持器物。

4.2.1　悬空作业处应有牢靠的立足处,并必须视具体情况,配置防护栏网、栏杆或其他安全设施。

4.2.3　构件吊装和管道安装时的悬空作业,必须遵守下列规定:

二、悬空安装大模板、吊装第一块预制构件、吊装单独的大中型预制构件时,必须站在操作平台上操作。吊装中的大模板和预制构件以及石棉水泥板等屋面板上,严禁站人和行走。

三、安装管道时必须有已完结构或操作平台为立足点,严禁在安装中的管道上站立和行走。

4.2.4　模板支撑和拆卸时的悬空作业,必须遵守下列规定:

一、支撑应按规定的作业程序进行,模板为固定前不得进行下一道工序。严禁在连接件和支撑件上攀登上下,并严禁在上下同一垂直面上装、拆模板。结构复杂的模板,装、拆应严格按照施工组织设计的措施进行。

三、支设悬挑形式的模板时,应有稳固的立足点。支设临空构筑物模板时,应搭设支架或脚手架。模板上有预留洞时,应在安装后将洞盖没。混凝土板上拆模后形成的临边或洞口,应进行防护。

拆模高处作业,应配置登高用具或搭设支架。

4.2.5　钢筋绑扎时的悬空作业,必须遵守下列规定:

一、绑扎钢筋和安装钢筋骨架时,必须搭设脚手架和马道。

二、绑扎圈梁、挑梁、挑檐、外墙和边柱等钢筋时,应搭设操作台架和张挂安全网。

悬空大梁钢筋的绑扎,必须在满铺脚手板的支架或操作平台上操作。

4.2.6　混凝土浇筑时的悬空作业,必须遵守下列规定:

一、浇筑离地 2 m 以上框架、过梁、雨篷和小平台时,应设操作平台,不得直接站在模板或支撑件上操作。

二、浇筑拱形结构,应自两边拱脚对称地相向进行。浇筑储仓,下口应先行封闭,并搭设脚手架以防人员坠落。

三、特殊情况下如无可靠的安全设施,必须系好安全带并扣好保险钩,并架设安全网。

4.2.8　悬空进行门窗作业时,必须遵守下列规定:

一、安装门、窗,油漆及安装玻璃时,严禁操作人员站在樘子、阳台栏板上操作。门、窗临时固定,封填材料未达到强度,以及电焊时,严禁手拉门、窗进行攀登。

二、在高处外墙安装门、窗,无外脚手时,应张挂安全网。无安全网时,操作人员应系好安全带,其保险钩应挂在操作人员上方的可靠物件上。

三、进行各项窗口作业时,操作人员的重心应位于室内,不得在窗台上站立,必要时应系安全带进行操作。

5.1.1　移动式操作平台,必须符合下列规定:

三、装设轮子的移动式操作平台,轮子与平台的结合处应牢固可靠,立柱底端离地面不得超过 80 mm。

五、操作平台四周必须按临边作业要求设置防护栏杆,并应布置登高扶梯。

5.1.2　悬挑式钢平台,必须符合下列要求:

一、悬挑式钢平台应按现行的相应规范进行设计,其结构构造应能防止左右晃动,计算书及图纸应编入施工组织设计。

二、悬挑式钢平台的搁支点与上部拉结点,必须位于建筑物上,不得设置在脚手架等施工设备上。

四、应设置 4 个经过验算的吊环。调运平台时应使用卡环,不得使用吊钩直接钩挂吊环。吊环应用甲类 3 号沸腾钢制作。

五、钢平台安装时,钢丝绳应采用专用的挂钩挂牢,采取其他方式时卡头的卡自不得少于 3 个。建筑物锐角利口围系钢丝绳处应加衬软垫物,钢平台外口应略高于内口。

六、钢平台左右两侧必须装置固定的防护栏杆。

七、钢平台吊装,需待横梁支撑点电焊固定,接好钢丝绳,调整完毕,经过检验验收,方可松卸起重吊钩,上下操作。

八、刚平台使用时,应有专人进行检查,发现钢丝绳有锈蚀损坏应及时调换,焊缝脱焊应及时修复。

5.1.3 操作平台上应显著地标明容许荷载值。操作平台上人员和物料的总重量,严禁超过设计的容许荷载。应配备专人加以监督。

5.2.1 支模、粉刷、砌墙等各工种进行上下立体交叉作业时,不得在同一垂直方向上操作。下层作业的位置,必须处于依上层高度确定的可能坠落范围半径之外。不符合以上条件时,应设置安全防护层。

5.2.3 钢模板部件拆除后,临时堆放处离楼层边沿不应小于1 m,堆放高度不得超过1 m,楼层边口、通道口、脚手架边缘等处,严禁堆放任何拆下物件。

5.2.5 由于上方施工可能坠落物件或处于起重机把杆回转范围之内的通道,在其受影响范围内,必须搭设顶部能防止穿透的双层防护廊。

施工现场临时用电安全技术规范(节选)

JGJ 46—2005

1.0.3 建筑施工现场临时用电工程专用的电源中性点直接接地的 220/380 V 三相四线制低压电力系统,必须符合下列规定:

一、采用三级配电系统;

二、采用 TN-S 接零保护系统;

三、采用二级漏电保护系统。

3.1.4 临时用电组织设计及变更时,必须履行"编制、审核、批准"程序,由电气工程技术人员组织编制,经相关部门审核及具有法人资格的技术负责人批准后实施。变更用电组织设计时应补充有关图纸资料。

3.1.5 临时用电工程必须经编制、审核、批准部门和使用单位共同验收,合格后方可投入使用。

3.3.4 临时用电工程定期检查应按分部、分项工程进行,对安全隐患必须及时处理,并应履行复查验收手续。

5.1.1 在施工现场专用变压器的供电的 TN-S 接零保护系统中,电气设备的金属外壳必须与保护零线连接。保护零线应由工作接地线、配电室(总配电箱)电源侧零线或总漏电保护器电源侧零线处引出。

5.1.2 当施工现场与外电线共用同一供电系统时,电气设备的接地、接零保护应与原系统保持一致。不得一部分设备做保护接零,另一部分设备做保护接地。

采用 TN 系统做保护接零时,工作零线(N 线)必须通过总漏电保护器,保护零线(PE 线)必须由电源进线零线重复接地处或总漏电保护器电源侧零线处,引出形成局部 TN-S 接零保护系统

5.1.10 PE 线上严禁装设开关或熔断器,严禁通过工作电流,且严禁断线。

5.3.2 TN 系统中的保护零线除外必须在配电室或总配电箱处做重复接地外,还必须在配电系统的中间处和末端处重复接地。

在 TN 系统中,保护零线每一次重复接地装置的接地电阻值应不大于 10 Ω。在工组接地电阻值允许达到 10 Ω 的电力系统中,所有重复接地的等效电阻值不应大于 10 Ω。

5.4.7 做防雷接地机械上的电气设备,所连接的 PE 线必须同时做重复接地,同一台机械电气设备的重复接地和机械的防雷接地可用同一接地体,但接地电阻应更符合重复接地电阻值的要求。

6.1.6 配电柜应装设电源离开关及短路、过载、漏电保护器。电源隔离开关分断时应有明显断点。

6.1.8 配电柜或配电线路停车维修时,应挂接地线,并应悬挂"禁止合闸、有人工作"停车标志牌。停送电必须有专人负责。

6.2.3 发电机组电源必须与外电线路电源连锁,严禁并列运行。

6.2.7 发电机组并列运行时,必须装设同期装置,并在机组同步运行后再向负载供电。

7.2.1 电缆中必须包含全部工作芯线和用作保护零线或保护线的芯线。需要三相四线制配电的电缆线路必须采用五芯电缆。

五芯电缆必须包含淡蓝、绿/黄二种颜色绝缘芯线。淡蓝色芯线必须用作 N 线;绿/黄双色芯线必须用作 PE 线,严禁混用。

7.2.3 电缆线路应采用埋地或架空敷设,严禁沿地面明设,并应避免机械损伤和介质腐蚀。埋地电缆路径应设方位标志。

8.1.3 每台用电设备必须有各自专用的开关箱,严禁用同一个开关箱直接控制 2 台及 2 台以上用电设备(含插座)。

8.1.11 配电箱的电器安装板上必须分设 N 线端子板和 PE 线端子板。N 线端子板必须与金属电器安装板绝缘;PE 线端子板必须与金属电器安装板做电气连接。

进出线中的 N 线必须通过 N 线端子板连接;PE 线必须通过 PE 线端子板连接。

8.2.10 开关箱中漏电保护器的额定漏电动作电流不应大于 30 mA,额定漏电动作时间不应大于0.1 s。

使用于潮湿和有腐蚀介物质场所的漏电保护器应采用防溅型产品,其额定漏电动作电流不应大于15 mA,额

定漏电动作时间不大于 0.1 s。

8.2.11　总配电箱中漏电保护的额定漏电动作电流大于 30 mA,额定漏电动作时间应大于 0.1 s,但其额定漏电动作电流与额定漏电动作时间的乘积不应大于 30 mA·s。

8.2.15　配电箱、开关箱的电源进线端严禁采用插头和插座做活动连接。

8.3.4　对配电箱、开关箱进行定期维修、检查时,必须将其前一级相应的电源隔离开关分闸断电,并悬挂"禁止合闸、有人工作"停电标志牌,严禁带电作业。

9.7.3　对混凝土搅拌机、钢筋加工机械、木工机械、盾构机械等设备进行清理、检查、维修时,必须首先将其开关箱分闸断电,呈现可见电源断点,并关门上锁。

10.2.2　下列特殊场所应使用安全特低电压照明器:

1　隧道、人防工程、高温、有导电灰尘、比较潮湿或灯具离地面高度低于 2.5 m 等场所的照明,电源电压不应大于 36 V;

2　潮湿和易触及带电体场所的照明,电源电压不得大于 24 V。

3　特别潮湿场所、导电良好的地面、锅炉或金属容器内的照明,电源电压不得大于 12 V。

10.2.5　照明变压器必须使用双绕组型安全隔离变压器,严禁使用自耦变压器。

10.3.11　对夜间影响飞机或车辆通行的在建工程及机械设备,必须设置醒目的红色信号灯,其电源设在施工现场电源总开关的前侧,并应设置外电线路停止供电时的应急自备电源。

建筑机械使用安全技术规程(节选)

JGJ 33—2012

2.0.1 特种设备操作人员应经过专业培训、考核合格取得建设行政主管部门颁发的操作证,并应经过安全技术交底后持证上岗。

2.0.2 机械必须按出厂使用说明书规定的技术性能、承载能力和使用条件,正确操作,合理使用,严禁超载、超速作业或任意扩大使用范围。

2.0.3 机械上的各种安全防护和保险装置及各种安全信息装置必须齐全有效。

2.0.21 清洁、保养、维修机械或电气装置前,必须先切断电源,等机械停稳后再进行操作。严禁带电或采用或采用预约停电时间的方式进行检修。

4.1.11 建筑起重机械的变幅限位器、力矩限制器、起重量限制器、防坠安全器、钢丝绳防脱装置、防脱钩装置以及各种行程限位开关等安全保护装置,必须齐全有效,严禁随意调整或拆除。严禁利用限制器和限位装置代替操纵机构。

4.1.14 在风速达到9.0 m/s及以上或大雨、大雪、大雾等恶劣天气时,严禁进行建筑起重机械的安装拆卸作业。

4.5.2 桅杆式起重机专项方案必须按规定程序审批,并应经专家论证后实施。施工单位必须指定安全技术人员对桅杆式起重的安装、使用和拆卸进行现场监督和检测。

5.1.4 作业前,必须查明施工场地内明、暗铺设的各类管线等设施,并应采用明显记号标识。严禁在离地下管线、承压管道1m距离以内进行大型机械作业。

5.1.10 机械回转作业时,配合人员必须在机械回转半径以外工作。当需在回转半径以内工作时,必须将机械停止回转并制动。

5.5.6 作业中,严禁人员上下机械,传递物件,以及在铲斗内、拖把或机架上坐立。

5.10.20 装载机转向架未锁闭时,严禁站在前后车架之间进行检修保养。

5.13.7 夯锤下落后,在吊钩尚未降至夯锤吊环附近前,操作人员严禁提前下坑挂钩。从坑中提锤时,严禁挂钩人员站在锤上随锤提升。

7.1.23 桩孔成型后,当暂不浇注混凝土时,孔口必须及时封盖。

8.2.7 料斗提升时,人员严禁在料斗下停留或通过;当需在料斗下进行清理或检修时,应将料斗提升至上止点,并必须用保险销锁锁牢或用保险链挂牢。

10.3.1 木工圆锯机上的旋转锯片必须设置防护罩。

12.1.4 焊割现场及高空焊割作业下方,严禁堆放油类、木材、氧气瓶、乙炔瓶、保温材料等易燃、易爆物品。

12.1.9 对承压状态的压力容器和装有剧毒、易燃、易爆物品的容器,严禁进行焊接或切割作业。

建筑施工起重吊装安全技术规范(节选)

JGJ 276—2012

3.0.1　必须编制吊装作业施工组织设计,并应充分考虑施工现场的环境、道路、架空电线等情况。作业前应进行技术交底;作业中,未经技术负责人批准,不得随意更改。

3.0.19　起吊过程中,在起重机行走、回转、俯仰吊臂、起落吊钩等动作前,起重司机应鸣声示意。一次只宜进行一个动作,待前一个动作结束后,再进行下一个动作。

3.0.23　严禁在已吊起的构件下面或起重臂下旋转范围内作业或行走。

建筑施工模板安全技术规范(节选)

JGJ 162—2008

5.1.6 模板结构构件的长细比应符合下列规定:

一、受压构件长细比:支架立柱及桁架,不应大于150;拉条、缀条、斜撑等连系构件,不应大于200;

二、受拉构件长细比:钢杆件,不应大于350;木杆件,不应大于250。

6.1.9 支撑梁、板的支架立柱构造与安装应符合下列规定:

一、梁和板的立柱,其纵横向间距应相等或成倍数。

二、木立柱底部应设垫木,顶部应设支撑头。钢管立柱底部应设垫木和底座,顶部应设可调支托,U型支托与楞梁两侧间如有间隙,必须楔紧,其螺杆伸出钢管顶部不得大于200 mm,螺杆外径与立柱钢管内径的间隙不得大于3 mm,安装时应保证上下同心。

三、在立柱底距地面200 mm高处,沿纵横水平方向应按纵下横上的程序设扫地杆。可调支托底部的立柱顶端应沿纵横向设置一道水平拉杆。扫地杆与顶部水平拉杆之间的间距,在满足模板设计所确定的水平拉杆步距要求条件下,进行平均分配确定步距后,在每一步距处纵横向应各设一道水平拉杆。当层高在8～20 m时,在最顶步距两水平拉杆中间应加设一道水平拉杆;当层高大于20 m时,在最顶两步距两水平拉杆中间应分别增加一道水平拉杆。所有水平拉杆的端部均应与四周建筑物顶紧顶牢。无处可顶时,应于水平拉杆端部和中部沿竖向设置连续式剪刀撑。

四、木立柱的扫地杆、水平拉杆、剪刀撑应采用40 mm×50 mm木条或25 mm×80 mm的木板条与木立柱钉牢。钢管立柱的扫地杆、水平拉杆、剪刀撑应采用48 mm×3.5 mm钢管,用扣件与钢管立柱扣牢。木扫地杆、水平拉杆、剪刀撑应采用搭接,并应采用铁钉钉牢。钢管扫地杆、水平拉杆应采用对接,剪刀撑应采用搭接,搭接长度不得小于500 mm,并应采用2个旋转扣件分别在离杆端不小于100 mm处进行牢固。

6.2.4 当采用扣件式钢管作立柱支撑时,其构造与安装应符合下列规定:

一、钢管规格、间距、扣件应符合设计要求。每根立柱底部应设置底座及垫板,垫板厚度不得小于50 mm。

二、钢管支架立柱间距、扫地杆、水平拉杆、剪刀撑的设置应符合本规范的第6.1.9条的规定。当立柱底部不在同一高度时,高处的纵向扫地杆应向低处延长不小于2跨,高低差不得大于1 m,立柱距边坡上方边缘不得小于0.5 m。

三、立柱接长严禁搭接,必须采用对接扣件连接,相邻两立柱的对接接头不得在同步内,且对接接头沿竖向错开的距离不得小于500 mm,各接头中心距主节点不宜大于步距的1/3。

四、严禁将上段的钢管立柱与下段钢管立柱错开固定于水平拉杆上。

五、满堂模板和共享空间模板支架立柱,在外侧周圈应设由下至上的竖向连续式剪刀撑;中间在纵横向应每隔10 m左右设由下至上的竖向连续式剪刀撑,其宽度宜为4～6 m,并在剪刀撑部位的顶部、扫地杆处设置水平剪刀撑。剪刀撑杆件的底端应与地面顶紧,夹角宜为45°～60°。当建筑层高在8～20 m时,除应满足上述规定外,还应在纵横向相邻的两竖向连续式剪刀撑之间加之字斜撑,在有水平剪刀撑的部位,应在每个剪刀撑中间处增加一道水平剪刀撑。当建筑层高度超过20 m时,在满足以上规定的基础上,应将所有之字斜撑全部改为连续式剪刀撑。

六、当支架立柱高度超过5 m时,应在立柱周圈外侧和中间有结构柱的部位,按水平间距6～9 m,竖向间距2～3 m与建筑结构设置一个固结点。

钢管扣件式模板垂直支撑系统安全技术规程(节选)

DG/TJ 08—16—2011

4.1.1 立杆纵横向水平间距不大于 1 200 mm,底端应设有垫板或地支座。

5.2.1 模板支架搭设前,应进行技术交底。

5.3.6 在模板支架上进行电气焊作业时,必须有防火措施和专人监护。

5.4.1 模板支架拆除前应对拆除人员进行安全技术交底,并做好交底书面手续。

6.1.2 扣件应符合下列规定:不得有裂纹,变形、螺丝不得滑丝。

建筑施工扣件式钢管脚手架安全技术规范(节选)

JGJ 130—2011

3.4.3 可调托撑受压承载设计值不应小于 40 kN,支托板厚不应小于 5 mm。

6.2.3 主节点处必须设置一根横向水平杆,用直角扣件扣接且严禁拆除。

6.3.3 脚手架立杆基础不在同一高度上时,必须将高处的纵向扫地杆向低处延长两跨与立杆固定,高低差不应大于 1 m。靠边坡上方的立杆轴线到边坡的距离不应小于 500 mm。

6.3.5 单排、双排与满堂脚手架立杆接长除顶层顶步外,其余各层各步接头必须采用对接扣件连接。

6.4.4 开口型脚手架的两端必须设置连墙件,连墙件的垂直间距不应大于建筑物的层高,并且不应大于 4 m。

6.6.3 高度在 24 m 及以上的双排脚手架应在外侧全立面连续设置剪刀撑;高度在 24 m 以下的单、双排脚手架,均必须在外侧两端、转角及中间间隔不超过 15 m 的立面上,各设置一道剪刀撑,并应由底至顶连续设置。

6.6.5 开口型双排脚手架的两端均必须设置横向斜撑。

7.4.2 单、双排脚手架拆除作业必须由上而下逐层进行,严禁上下同时作业;连墙件必须随脚手架逐层拆除,严禁先将连墙件整层或数层拆除后再拆脚手架,分段拆除高差大于两步时,应增设连墙件加固。

7.4.5 卸料时各构配件严禁抛掷至地面。

8.1.4 扣件进入施工现场应检查产品合格证,并应进行抽样复试,技术性能应符合现行国家标准《刚管脚手架扣件》GB15831 的规定。扣件在使用前应逐个挑选,有裂缝、变形、螺栓出现滑丝的严禁使用。

9.0.1 扣件式钢管脚手架安装与拆除人员必须是经考核合格的专业架子工。架子工应持证上岗。

9.0.4 钢管上严禁打孔。

9.0.5 作业层上的施工荷载应符合设计要求、不得超载。不得将模板支架、缆风绳、泵送混凝土和砂浆的输送管等固定在架体上,严禁悬挂起重设备,严禁拆除或移动架体上安全防护设施。

9.0.7 满堂支撑架顶部的实际荷载不得超过设计规定。

9.0.13 在脚手架使用期间,严禁拆除下列杆件:

一、主节点处的纵、横向水平杆,纵、横向扫地杆;

二、连墙件。

9.0.14 当在脚手架使用过程中开挖脚手架基础下的设备基础或管沟时,必须对脚手架采取加固措施。

基坑工程技术规范(节选)

DG/TJ 08—61—2010

3.0.1　根据基坑的开挖深度等因素,基坑工程安全等级分为以下三级:

一、基坑开挖深度大于、等于 12 m 或基坑采用支护结构与主体结构相结合时,属于一级安全等级基坑工程;

二、基坑开挖深度小于 7 m 时,属三级安全等级基坑工程;

三、除一级和三级以外的基坑均属二级安全等级基坑工程。

4.1.1　当基坑开挖深度大于 3 m 时,应按基坑工程勘察要求进行勘察。

7.3.1　上层土钉完成注浆后,应至少间隔 48 小时方可允许开挖下一层土方。

7.3.3　应采用两次注浆工艺,第一次灌注水泥砂浆,灌浆量不应小于钻孔体积的 1.2 倍。

7.3.7　喷射混凝土面层验收时,其养护时间不宜少于 28 d。

9.2.1　现浇地下连续墙的常用墙厚为 600 mm、800 mm、1 000 mm、和 1 200 mm. 预制地下连续墙墙体厚度应略小于成槽宽度,墙厚不宜大于 800 mm。

9.2.33　墙身混凝土抗压强度试块每 100 m³ 混凝土不应少于 1 组,且每组幅槽段不应少于 1 组。

14.2.2　基坑安全等级为一级或环境保护等级为一级的基坑工程,宜进行现场试验确定加固工艺的适用性和水泥掺量等参数,并满足设计强度要求。

危险性较大的分部分项工程安全管理规范(节选)

DGJ 08—2077—2010

3.0.2 建设工程参建各方应根据各自的职责,制定危险性较大的分部分项工程及其重大危险源的安全管理制度,明确安全管理职责和权限,规定管理流程和要求。

3.0.5 应依据审批通过的专项施工方案,确定危险性较大的分部分项工程安全防护、文明施工措施费用并按规定支付、使用、监督、管理。

4.4.1 应提供符合危险性交大的分部分项工程施工现场实际情况及安全生产、环境保护要求的图纸、文件或报告,不得随意降低工程的安全等级和设计安全度。

6.1.1 专项施工方案及其重大危险源风险控制安全技术措施应符合下列规定:

1. 应明确工艺流程、施工方法、控制要点;

2. 应明确验收的组织、节点、部位及标准;

3. 应明确检查的组织、部位、内容、方法及频次要求。

7.0.4 施工单位应依据专项施工方案及安全技术措施组织验收。验收合格并经施工单位项目技术负责人及项目总监理工程师签字后,方可进入下一道施工工序或使用。

7.0.5 相关单位对危险性较大的分部分项工程施工过程中的资源配置、人员活动、实物状态、环境条件、设施设备、管理行为等与专项施工方案的相符性实施动态检查、检测及监测,方式应包括:

1. 施工单位应指定专人进行现场保护,应制止违反专项施工方案及其他的违规违章行为;方案编制人或施工单位技术负责人应当定期巡查;

2. 工程监理单位进行重点巡视检查,并督查施工单位的监控、巡查到位情况;

3. 工程监测单位重点对临时性工程实体的缺陷、变形情况以及对周边环境的影响情况等进行巡视检查;

4. 现场发现不符合设计文件或专项施工方案的意外情况、险情等,设计人员、专项施工方案编制人员、论证审查专家应到现场检查指导;

5. 施工单位应适时安排施工现场安全管理审核。

现场施工安全生产管理规范(节选)

DJG 08—903—2010

3.0.1 项目部应针对项目管理的组织结构,明确并落实现场施工各层次、各职能部门(或岗位)的安全职责、权限和相互关系。

5.1.1 项目部所有从业人员应按规定进行安全教育培训,项目部必须禁止未接受安全教育培训、未具备与其工作相适应的安全生产、文明施工的意识、知识和技能的从业人员上岗。

5.4.2 安全验收应分阶段按以下要求实施:

1. 施工作业前,对安全施工的作业条件进行验收;

2. 危险性较大的分部分项工程、其他重大危险源工程以及设施、设备施工过程中,对可能给下道工序造成影响的节点进行过程验收;

3. 物资、设施、设备、和检测器具在投入使用前进行使用验收;

4. 建立必要的安全验收标识。未经安全验收或安全验收不合格,不得进入后续工序或投入使用。

5.5.4 项目部对检查中发现的安全隐患,应责令相关单位整改,并分类记录,作为安全隐患排查治理的依据;对检查中发现的不合格情况,还应要求采取纠正措施。

5.6.1 项目部应依据风险控制要求,对易发生生产安全事故的部门、环节的作业活动实施动态监控

5.8.3 事故发生后,项目部应配合查清事故原因,处理责任人员、教育从业人员,吸取事故教训,落实整改和防范措施。

7.0.1 项目部应及时、真实的形成现场施工安全生产管理活动的资料和记录,并有效保存至工程竣工之日起以后1年。

文明施工规范(节选)

DJG 08—2102—2012

3.1.1 建设工程施工现场边界应以不妨碍交通和人、车通行为原则,必须设置连续封闭的围护设施,必须保持围护设施完好、整洁,必须保持施工现场与外界的有效隔离。严禁无围护施工,严禁使用污损围护。

4.0.4 脚手架施工通道底板必须实施三步(排)一隔离,隔离步(排)必须采用阻燃或金属材料制成的通道底板。

5.0.5 重点区域内搭设落地脚手架的,其离地高度不大于30 m的外围,必须使用开孔型绿色不透尘安全网布作封闭围护。

5.0.7 严禁使用彩条布以及其他不符合强度要求的塑制材料作为施工过程外立面围护或围挡。

9.0.4 在城市道路上开挖沟坑或管线沟槽,当日不能修复且需要保障道路安全通行的,施工单位必须实施钢板覆平路面措施,严禁沟坑槽裸露或钢板凸翘伤害车辆和行人。

11.1.4 办公(生活)区临时用房,禁止使用竹、油毡等易燃和对人体有害的材料搭建。屋顶材料禁止使用石棉瓦。

11.3.3 严禁在建筑物内地下室安排人员住宿,严禁非本工地工作人员在施工工地内的宿舍住宿,严禁在未竣工的建筑物内设置员工宿舍。住宿人员在宿舍内严禁私拉电线、私接插座,使用大功率取暖电器、电饭煲、电炒锅。严禁宿舍内设置通道。

17.2.6 重点区域实施工程桩施工时,严禁使用汽锤、油锤打入桩工艺,应采用压桩或钻孔灌注桩等低音性工艺施工。

17.2.8 重点区域内,应使用后方基地预制成型钢筋构件和预制成型模板实施现场直接装配。禁止在施工现场进行钢筋扳直、切割、成型钢筋构件加工作业和钢(木、竹)模板加工及整修作业。

17.3.7 工地实施建筑垃圾装运时,运输车辆装载高度严禁超过车辆箱体上沿口,装载后应闭平箱盖外运;严禁运输车辆未经冲洗或车辆带泥、挂泥驶出工地。

17.3.11 施工工程实施砖砼类建(构)筑物建造、粉刷作业、铺设混凝土、水泥道路等其他需用混凝土和砂浆作业的,必须使用商品混凝土和商品预拌砂浆。

17.3.14 重点区域内严禁对基坑混凝土支撑实施爆破拆除,严禁对高度低于10 m以下的建(构)筑物实施爆破拆除。

第三部分　水利建设工程安全生产技术

一、安全管理

1. 安全管理应符合国家现行有关安全生产的法律、法规、标准的规定。

2. 安全管理包括：安全生产责任制、施工组织设计及专项施工方案、安全技术交底、安全检查、安全教育、应急救援、分包单位安全管理、持证上岗、生产安全事故处理、安全标志。

3. 安全生产责任制

（1）工程项目部应建立以项目经理为第一责任人的各级管理人员安全生产责任制；

（2）安全生产责任制应经责任人签字确认；

（3）工程项目部应有各工种安全技术操作规程；

（4）工程项目部应按规定配备专职安全员；

（5）对实行经济承包的工程项目，承包合同中应有安全生产考核指标；

（6）工程项目部应制定安全生产资金保障制度；

（7）按安全生产资金保障制度，应编制安全资金使用计划，并应按计划实施；

（8）工程项目部应制定以伤亡事故控制、现场安全达标、文明施工为主要内容的安全生产管理目标；

（9）按安全生产管理目标和项目管理人员的安全生产责任制，应进行安全生产责任目标分解；

（10）应建立对安全生产责任制和责任目标的考核制度；

（11）按考核制度，应对项目管理人员定期进行考核。

4. 施工组织设计及专项施工方案

（1）工程项目部在施工前应编制施工组织设计，施工组织设计应针对工程特点、施工工艺制定安全技术措施；

（2）危险性较大的分部分项工程应按规定编制安全专项施工方案，专项施工方案应有针对性，并按有关规定进行设计计算；

（3）超过一定规模危险性较大的分部分项工程，施工单位应组织专家对专项施工方案进行论证；

（4）施工组织设计、安全专项施工方案，应由有关部门审核，施工单位技术负责人、监理单位项目总监批准；

（5）工程项目部应按施工组织设计、专项施工方案组织实施。

5. 安全技术交底

（1）施工负责人在分派生产任务时，应对相关管理人员、施工作业人员进行书面安全技术交底；

（2）安全技术交底应按施工工序、施工部位、施工栋号分部分项进行；

（3）安全技术交底应结合施工作业场所状况、特点、工序，对危险因素、施工方案、规范标准、操作规程和应急措施进行交底；

（4）安全技术交底应由交底人、被交底人、专职安全员进行签字确认。

6. 安全检查

（1）工程项目部应建立安全检查制度；

（2）安全检查应由项目负责人组织，专职安全员及相关专业人员参加，定期进行并填写检查记录；

（3）对检查中发现的事故隐患应下达隐患整改通知单，定人、定时间、定措施进行整改。重大事故隐患整改后，应由相关部门组织复查。

7. 安全教育

（1）工程项目部应建立安全教育培训制度；

（2）当施工人员入场时，工程项目部应组织进行以国家安全法律法规、企业安全制度、施工现场安全管理规定及各工种安全技术操作规程为主要内容的三级安全教育培训和考核；

（3）当施工人员变换工种或采用新技术、新工艺、新设备、新材料施工时，应进行安全教育培训；

（4）施工管理人员、专职安全员每年度应进行安全教育培训和考核。

8．应急救援

（1）工程项目部应针对工程特点，进行重大危险源的辨识。应制定防触电、防坍塌、防高处坠落、防起重及机械伤害、防火灾、防物体打击等主要内容的专项应急救援预案，并对施工现场易发生重大安全事故的部位、环节进行监控；

（2）施工现场应建立应急救援组织，培训、配备应急救援人员，定期组织员工进行应急救援演练；

（3）按应急救援预案要求，应配备应急救援器材和设备。

9．分包单位安全管理

（1）总包单位应对承揽分包工程的分包单位进行资质、安全生产许可证和相关人员安全生产资格的审查；

（2）当总包单位与分包单位签订分包合同时，应签订安全生产协议书，明确双方的安全责任；

（3）分包单位应按规定建立安全机构，配备专职安全员。

10．持证上岗

（1）从事建筑施工的项目经理、专职安全员和特种作业人员，必须经行业主管部门培训考核合格，取得相应资格证书，方可上岗作业；

（2）项目经理、专职安全员和特种作业人员应持证上岗。

11．生产安全事故处理

（1）当施工现场发生生产安全事故时，施工单位应按规定及时报告；

（2）施工单位应按规定对生产安全事故进行调查分析，制定防范措施；

（3）应依法为施工作业人员办理保险。

12．安全标志

（1）施工现场入口处及主要施工区域、危险部位应设置相应的安全警示标志牌；

（2）施工现场应绘制安全标志布置图；

（3）应根据工程部位和现场设施的变化，调整安全标志牌设置；

（4）施工现场应设置重大危险源公示牌。

二、土方工程

（一）基坑开挖的安全要求

1. 在基础施工及开挖槽、坑、沟土方前,建设单位必须以书面形式向施工企业提供详细的与施工现场相关的地下管线资料,施工企业应采取措施保护地下各类管线,并办理管线绿卡。

2. 对基础施工的现场,安全员应重点检查项目是否编制专项技术方案;方案必须由工程技术人员编制、技术负责人审核,经上级主管部门批准后实施。

3. 在施工生产中主要负责人必须严格执行方案;生产过程中存在隐患必须及时消除,确保施工人员的安全。

4. 槽、坑、沟边沿 1 m 以内不得堆土、堆料、严禁停放机具,堆土高度不得超过 1.5 m。槽、坑、沟与建筑物、构筑物的距离不得小于 1.5 m。

5. 人工开挖土方、两人横向间距不得小于 2 m,纵向间距不得小于 3 m。严禁采用掏洞方法。

6. 用挖土机施工时,挖土机的工作范围内,不得有人进行其他工作,多台机械开挖时,每台机械间距应大于 10 m,挖土要自上而下、分层进行,严禁先挖坡脚的危险作业。

7. 人工配合机械挖土机械挖土清理槽底时,严禁进入铲斗回转半径范围内.铲斗回转半径范围内的土方必须在机械停止作业后,方可进行清理工作。

8. 开挖过程中,应采取有效的截水、排水、降水措施,防止地表水和地下水影响开挖作业和施工安全。

9. 开挖程序应遵循自上而下的原则,并采取有效的安全措施。

10. 应合理确定开挖边坡坡比,及时制定边坡支护方案。

11. 高陡边坡,边坡开挖中如遇地下水涌出,应先排水,后开挖。

12. 已开挖的地段,不应顺土方坡面流水,必要时坡顶应设置截水沟,坡面采取硬化措施。

13. 基坑工程开工前,施工总包单位应编制基坑工程施工方案(包括围护墙施工、挖土、降水、支撑、基础底板浇筑和拆撑回筑等),并报监理单位审核,施工单位应严格按专项评审通过的方案施工。

14. 建设单位组织基坑工程开挖前条件验收时,应组织相关单位对已完成的分项工程的施工质量、现场施工设备、技术措施、施工方案、应急预案、应急物资和监测方案、评审意见等进行检测和检查,由总监理工程师签署基坑开挖令。

15. 开挖深度超过 3 m(含 3 m)或虽未超过 3 m 但地质条件和周边环境复杂的基坑(槽)支护。降水工程开挖深度超过 3 m(含 3 m)的基坑(槽)的土方开挖工程为危险性较大的分部分项工程。施工前应编制安全专项施工方案。基坑方案作重大调整时(包括围护结构的受力体系、支撑体系、防渗体系等),必须由原评审机构重新组织专项评审。建设工程实行施工总承包的,专项方案应当由施工总承包单位编制也可由专业承包单位组织编制。方案应当由施工单位技术部门组织本单位施工技术、安全、质量等部门的专业技术人员进行审核,经审核合格的由施工单位技术负责人签字,实行施工总承包的方案应当由总承包单位技术负责人及相关专业承包单位技术负责人签字,不需专家论证的专项方案,经施工单位审核合格后报监理单位,由项目总监理工程师审核签字。

16. 开挖深度超过 5 m(含 5 m)的基坑(槽)的土方开挖、支护、降水工程。开挖深度虽未超过 5 m,但地质条件、周围环境和地下管线复杂,或影响毗邻建筑(构筑)物安全的基坑(槽)的土方开挖、支护、降水工程,为超过一定规模的危险性较大的分部分项工程,应由施工单位组织召开专家论证会,实行施工总承包的,由施工总承包单位组织召开专家论证会。

17. 建设单位应当根据《危险性较大分部分项工程安全管理办法》、《上海市深基坑工程管理规定》和《危险性较大的分部分项工程安全管理规范》等文件中的具体规定,委托符合条件的评审机构组织对基坑设计方案和施工方案进行专项评审,未经评审或评审未通过的不得施工。

18. 基坑开挖深度超过 7 m(含 7 m)的基坑由上海市城乡建设委员会科学技术委员会(以下简称市建委科技

委)组织评审。

19. 基坑评审机构提供的评审报告结论应明确为"通过"、"基本通过"或"不通过"。评审结论为"基本通过"的,建设单位应组织有关单位按评审意见要求修改后回复评审机构;结论为"不通过"的,评审意见中应明确送审方案中存在的问题,建设单位应组织有关单位将方案调整完善后重新评审。评审通过的方案不得擅自更改。

20. 房屋建筑工程、轨道交通车站等工程基坑的支护结构采用多道支撑体系的,第一道支撑必须为混凝土支撑。

21. 环境保护等级为一、二级且开挖深度超过8米的深基坑不得采用一道支撑。

22. 超深基坑围护结构采用地下连续墙时,两个墙幅之间的连接不宜采用锁口管式柔性接头。

(二) 基坑支护的安全要求

1. 基坑支护结构,应根据土方开挖深度、土质条件、地下水位、临近建筑物、构筑物、施工环境和方法等情况进行选择和设计。

2. 大型深基坑可选用地下连续墙、排桩式挡土墙、旋喷墙等做结构支护,必要时应设置支撑和拉锚系统予以加强。在地下水丰富的场地,宜优先选用钢板桩堰、地下连续墙等防水较好的支护结构。

3. 坑壁支撑时,应随挖随撑,必须支撑牢固。随着土方压力的增加,支撑结构将发生变化,必须经常检查,发现有松动、变形现象时,应及时进行加固或更换。在雨季或化冻期土方变化大,应加强安全检查,并做好检查记录。

4. 拆除钢(木)支撑时,必须按回填秩序进行。多层支撑应自下而上逐层拆除,随拆随填。拆除支撑时,应防止附近建筑物、构筑物等产生下沉和破坏,必要时采用加固措施。

在基础施工阶段,土方坍塌造成的生产安全事故,主要是施工方案存在技术问题和主管负责人违章指挥造成的。为了避免这类事故发生,必须严格施工方案审批和执行这两道关键程序。

(三) 基坑临边围护及上下通道

1. 开挖深度超过2 m的基坑应进行基坑临边围护。

2. 基坑周边应设防护栏杆,用安全立网封闭,或在栏杆底部设置高度不低于180 mm的挡脚板。

3. 防护栏杆采用φ48×3.5的钢管,以扣件连接。

4. 防护栏杆应由上、下两道横杆及栏杆柱组成,上杆离地高度为1.0～1.2 m,下杆离地高度为0.5～0.6 m。横杆长度大于2 m时,必须加设栏杆柱。栏杆柱可采用钢管并打入地面50～70 cm深。钢管离边口的距离,不应小于50 cm。当基坑周边采用板桩时,钢管可打在板桩外侧。

5. 基坑临边围护推荐采用可拆卸工具式临边护栏。

6. 全部放坡开挖的基坑,机械设备上下基坑时应设置专用通道。通道的地基、宽度、坡度应满足施工和安全行车的要求。

7. 施工作业人员上下基坑时应设置专用通道。通道如用钢管搭设,应采取保证通道稳定,防止坍塌的措施。梯道踏步的高差应不大于30 cm,底部宜封闭。两侧应设防护栏杆,并用安全立网封闭。安全通道应避开危险作业区域。安全通道搭设后使用前,应组织相关人员验收,合格后才能使用。

8. 深基坑上、下通道推荐采用可重复利用装配式梯笼。

三、地基与基础工程

（一）灌注桩基施工

1. 吊装钻机应遵守下列规定：

(1) 吊装钻机的吊车，应选用大于钻机自重 1.5 倍以上的型号，严禁超负荷吊装。

(2) 起重用的钢丝绳应满足起重要求规定的直径。

(3) 吊装时先进行试吊，高度宜为 10～20 cm，检查确定牢固平稳后方可正式吊装。

(4) 钻机就位后，应用水平尺找平。

2. 开钻前的准备工作应遵守下列规定：

(1) 塔架式钻机，各部位的连接应牢固、可靠。

(2) 有液压支腿的钻机，其支腿应用方木垫平、垫稳。

(3) 钻机上应有安全防护装置，并应齐全、适用、可靠。

3. 供水、供浆管路安装时，接头应密封、牢固，各部分连接应符合压力和流量的要求。

4. 钻机操作时应遵守下列规定：

(1) 钻孔过程中，应严格按工艺要求进行操作。

(2) 对于有离合器的钻机，开机前拉开所有离合器，不应带负荷启动。

(3) 开始钻进时，钻进速度不宜过快。

(4) 在正常钻进过程中，应使钻机不产生跳动，振动过大时应控制钻进速度。

(5) 用人工起下钻杆的钻机，应先用吊环吊稳钻杆，垫好垫叉后，方可正常起下钻杆。

(6) 钻进过程中，若发现孔内异常，应停止钻进，分析原因，或起出钻具、处理后再行钻进。

(7) 孔内发生卡钻、掉钻、埋钻等事故，应分析原因，采取有效措施后，才可进行处理，不应随意行事。

(8) 突然停电或其他原因停机、且短时间内不能送电时，应采取措施将钻具提离孔底 5 m 以上。

(9) 遇到暴风、雷电时，应暂停施工。

5. 冲击钻机施工，应遵守有关规定。

6. 钢筋笼搬运和下设应遵守下列规定：

(1) 搬运和吊装钢筋笼应防止其发生变形。

(2) 吊装钢筋笼的机械应满足起吊的高度和重量要求。

(3) 下设钢筋笼时，应对准孔位，避免碰撞孔壁，就位后应立即固定。

(4) 钢筋笼安放就位后，应用钢筋固定在孔口的牢固处。

7. 混凝土浇注导管的安装和拆卸，应遵守有关规定。

8. 钢筋笼加工、焊接应遵守焊接中有关规定执行。钢筋笼首节的吊点强度应满足全部钢筋笼重量的吊装要求。

9. 下设钢筋笼时、浇注导管采用吊车时应遵守起重设备和机具有关规定执行。

（二）深层搅拌桩施工

1. 施工场地应平整。当场地表层较硬需注水预搅施工时，应在四周开挖排水沟，并设集水井，排水沟和集水井应经常清除沉淀杂物，保持水流畅通。

2. 当场地过软不利于深层搅拌桩机行走或移动时，应铺设粗砂碎石垫层或钢板铺道。灰浆制备工作棚位置宜使灰浆的水平输送距离在 50 m 以内。

3. 机械吊装搅拌机应遵守有关规定。

4. 搅拌桩机的桅杆升降安装应遵守有关规定。

5. 深层搅拌时搅拌机的入土切削和提升搅拌，负载太大及电机工作电流超过预定值时，应减慢升降速度或补给清水。

四、混凝土工程

（一）模板

1. 木模施工作业时应遵守下列规定

（1）支、拆模板时，不应在同一垂直面内立体作业。无法避免立体作业时，应设置专项安全防护设施。

（2）高处、复杂结构模板的安装与拆除，应按施工组织设计要求进行，应有安全措施。

（3）上下传送模板，应采用运输工具或用绳子系牢后升降，不应随意抛掷。

（4）模板的支撑，不应支撑在脚手架上。

（5）支模过程中，如需中途停歇，应将支撑、搭头、柱头板等连接牢固。拆模间歇时，应将已活动的模板、支撑等拆除运走并妥善放置，以防扶空、踏空导致事故。

（6）模板上如有预留孔（洞），安装完毕后应将孔（洞）口盖好。混凝土构筑物上的预留孔（洞），应在拆模后盖好孔（洞）口。

（7）模板拉条不应弯曲，拉条直径不应小于 14 mm，拉条与锚环应焊接牢固；割除外螺杆、钢筋头时，不应任其自由下落，应采取安全措施。

（8）混凝土浇注过程中，应设专人负责检查、维护模板，发现变形走样，应立即调整、加固。

（9）拆模时的混凝土强度，应达到 SDJ207 所规定的强度。

（10）高处拆模时，应有专人指挥，并标出危险区；应实行安全警戒，暂停交通。

2. 钢模板施工时应遵守下列规定

（1）安装和拆除钢模板，参照有关规定。

（2）对接螺栓拧入螺帽的丝扣应有足够长度，两侧墙面模板上的对接螺栓孔应平直相对，穿插螺栓时，不应作斜拉硬顶。

（3）钢模板应边安装边找正，找正时不应用铁锤猛敲或撬棍硬撬。

（4）高处作业时，连接件应放在箱盒或工具袋中，严禁散放；扳手等工具应用绳索系挂在身上，以免掉落伤人。

（5）组合钢模板装拆时，上下应有人接应，钢模板及配件应随装拆随转运，严禁从高处扔下。中途停歇时，应把活动件放置稳妥，防止坠落。

（6）散放的钢模板，应用箱架集装吊运，不应任意堆捆起吊。

（7）用铰链组装的定型钢模板，定位后应安装全部插销、顶撑等连接件。

（8）架设在钢模板、钢排架上的电线和使用的电动工具，应使用安全电压电源。

3. 模板拆除的安全要求

（1）拆除模板的顺序和方法，应按照"先支后拆、后支先拆"的顺序；先拆非承重模板，后拆承重的模板及支撑；在拆除采用小钢模板支撑的顶板模板时，严禁将支柱全部拆除后，一次性拉拽拆除。已经活动的模板，必须一次连续拆除完、方可停歇。

（2）拆模作业时，必须设置警戒区，严禁人员进入。拆模作业人员必须站在平稳牢固的地方操作，并保持自身平衡，不得猛撬，以防失稳坠落。

（3）拆除电梯井及大型孔洞模板时，下层必须支搭安全网等可靠防坠落措施。

（4）拆除的模板支撑等材料，必须边拆、边清、边运、边整理。楼层高处拆下的材料，严禁向下抛掷。

（二）钢筋

1. 钢筋加工应遵守下列规定：

（1）钢筋加工场地应平整，操作平台应稳固，照明灯具应加盖网罩。

（2）使用机械调直、切断、弯曲钢筋时,应遵守机械设备的安全技术操作规程。

（3）切断钢筋,不应超过机械的额定能力。切断低合金钢等特种钢筋,应用高硬度刀具。

（4）机械弯筋时,应根据钢筋规格选择合适的板柱和档板。

（5）调换刀具、扳柱、档板或检查机器时,应关闭电源。

（6）操作台上的铁屑应及时清除,应在停车后用专用刷子清除,不应用手抹或口吹。

（7）冷拉钢筋的卷扬机前,应设置防护挡板,没有挡板时,卷扬机与冷拉方向应布置成 90°,并采用封闭式导向滑轮。操作者应站在防护挡板后面。

（8）冷拉时,沿线两侧各 2 m 范围为特别危险区,人员和车辆不应进入。

（9）人工绞磨拉直,不应用胸部或腹部去推动绞架杆。

（10）冷拉钢筋前,应检查卷扬机的机械状况、电气绝缘情况、各固定部位的可靠性和夹钳及钢丝绳的磨损情况,如不符合要求,应及时处理或更换。

（11）冷拉钢筋时,夹具应夹牢,并露出足够长度,以防钢筋脱出或崩断伤人。冷拉直径 20 mm 以上的钢筋应在专设的地槽内进行,不应在地面进行。机械转动的部分应设防护罩。非作业人员不应进入工作场地。

（12）在冷拉过程中,如出现钢筋脱出夹钳、产生裂纹或发生断裂情况时,应立即停车。

（13）钢筋除锈时,应采取新工艺、新技术,并应采取防尘措施或配戴个人防护用品;防尘面具或口罩。

2. 钢筋连接应遵守下列规定:

（1）电焊焊接应遵守下列规定:

① 对焊机应指定专人负责,非操作人员严禁操作。

② 电焊焊接人员在操作时,应站在所焊接头的两侧,以防焊花伤人。

③ 电焊焊接现场应注意防火,并应配备足够的消防器材。特别是高仓位及栈桥上进行焊接或气割,应有防止火花下落的安全措施。

④ 配合电焊作业的人员应佩戴防护眼镜和防护手套。焊接时不应用手直接接触钢筋。

（2）气压焊焊接应遵守下列规定:

① 气压焊的火焰工具、设施,使用和操作应参照气焊的有关规定执行。

② 气压焊作业现场宜设置操作平台,脚手架应牢固,并设有防护栏杆,上下层交叉作业时,应有防护措施。

③ 气压焊油泵、油压表、油管和顶压油缸等整个液压系统各连接处不应漏油,应采取措施防止因油管爆裂而喷出油雾,引起燃烧或爆炸。

④ 气压焊操作人员应配带防护眼镜;高空作业时,应系安全带。

⑤ 工作完毕,应把全部气压焊设备、设施妥善处置,防止留下安全隐患。

（3）机械连接应遵守下列规定:

① 在操作镦头机时严禁戴长巾、留长发。

② 开机前应对滚压头的滑块、滚轮卡座、导轨、减速机构及滑动部位进行检查并加注润滑油。

③ 镦头机设备应接地,线路的绝缘应良好,且接地电阻不应大于 4 Ω。

④ 使用热镦头机应遵守以下规定:压头、压模不应松动,油池中的润滑油面应保持规定高度,确保凸轮充分润滑。压丝扣不应调解过量,调解后应用短钢筋头试镦。操作时,与压模之间应保持 10 cm 以上的安全距离。工作中螺栓松动需停机紧固。

⑤ 使用冷镦头机应遵守以下规定:工作中应保持冷水畅通,水温不应超过 40℃。发现电极不平,卡具不紧,应及时调整更换;搬运钢筋时应防止受伤;作业后应关闭水源阀门;冬季宜将冷却水放出,并且吹净冷却水以防止阀门冻裂。

3. 钢筋运输应遵守下列规定:

（1）搬运钢筋时,应注意周围环境,以免碰伤其他作业人员。多人抬运时,应用同一侧肩膀,步调一致,上、下肩应轻起轻放,不应投扔。

（2）由低处向高处（2 m 以上）人力传送钢筋时,宜每次传送 1 根。多根一起传送时,应捆扎结实,并用绳子扣牢提吊。传送人员不应站在所送钢筋的垂直下方。

（3）吊运钢筋应绑扎牢固,并设稳绳。钢筋不应与其他物件混吊。吊运中不应在施工人员上方回转和通过,应防止钢筋弯钩钩人,钩物或掉落。吊运钢筋网或钢筋构件前,应检查焊接或绑扎的各个节点,如有松动或漏焊,应经处理合格后方能吊运。起吊时,施工人员应与所吊钢筋保持足够的安全距离。

(4) 吊运钢筋,应防止碰撞电线,二者之间应有一定的安全距离。施工过程中,应避免钢筋与电线或焊线相碰。

(5) 用车辆运输钢筋时,钢筋应与车身绑扎牢固,防止运输时钢筋滑落。

(6) 施工现场的交通要道,不应堆放钢筋。需在脚手架或平台上存放钢筋时,不应超载。

4. 钢筋绑扎应遵守下列规定:

(1) 钢筋绑扎前,应检查附近是否有照明、动力线路和电气设备。如有带电物体触及钢筋,应通知电工拆迁或设法隔离;对变形较大的钢筋在调直时,高仓位、边缘处应系安全带。

(2) 在高处、深坑绑扎钢筋和安装骨架,应搭设脚手架和马道。

(3) 在陡坡及临空面绑扎钢筋,应待模板立好,并与埋筋拉牢后进行,且应设置牢固的支架。

(4) 绑扎钢筋和安装骨架,遇有模板支撑、拉杆及预埋件等障碍物时,不应擅自拆除、割断。应拆除时,应取得施工负责人的同意。

(5) 起吊钢筋骨架,下方严禁站人,应待骨架落到离就位点 1 m 以内,才可靠近。就位并加固后方可摘钩。

(6) 绑扎钢筋的铅丝头,应压向钢筋一侧,不得向外翘起。

(7) 严禁在未焊牢的钢筋上行走。在已绑好的钢筋架上行走时,宜铺设脚手板。

(三) 混凝土保护与养护

1. 表面保护应遵守下列规定:

(1) 混凝土立面保护材料应与混凝土表面贴紧,并用压条压接牢靠,以防风吹掉落伤人。采用脚手架安装、拆除时,应符合脚手架安全技术规程的规定。

(2) 混凝土水平面的保护材料应采用重物压牢,防止风吹散落。

(3) 竖向井(洞)孔口应先安装盖板,然后方可覆盖柔性保护材料,并应设置醒目的警示标志。

2. 养护应遵守下列规定:

(1) 养护用水不应喷射到电线和各种带电设备上。养护人员不应用湿手移动电线。养护水管应随用随关,不应使交通道转梯、仓面出入口、脚手架平台等处有长流水。

(2) 在养护仓面上遇有沟、坑、洞时,应设明显的安全标志,必要时铺设安全网或设置安全栏杆,严禁在施工作业人员不易站稳的位置进行洒水养护作业。

(3) 采用化学养护剂、塑料薄膜养护时,对易燃有毒材料,应佩戴相关防护用品并作好防护工作。

(四) 季节施工

1. 季节施工应遵守下列规定:

(1) 冬季施工应做好防冻、保暖和防火工作。

(2) 遇有冰、霜、雨、雪等天气时霜雪,施工现场的脚手板、斜坡道和交通要道应及时清扫,并应有防滑措施。

2. 夏季施工应遵守下列规定:

(1) 夏季作业可适当调整作息时间,不宜加班加点,防止职工疲劳过度和中暑。

(2) 在施工现场和露天作业场所,应搭设简易休息凉棚。生产车间应加强通风,并配备必要的降温设施。

五、砌石工程

1. 用铁锤整石料时,应先检查铁锤有无破裂,锤柄是否牢固。击锤时要按石纹走向落锤,锤口要平,落锤要准,同时要查看附近有无危及他人安全的隐患,然后落锤。

2. 不宜在干砌、浆砌石墙身顶面或脚手架上整修石材,应防止振动墙体而影响安全或石片掉下伤人。制作镶面石、规格料石和解小料石等石材应在宽敞的平地上进行。

3. 干砌石护坡工程应从坡脚自下而上施工,应采用竖砌法(石块的长边与水平面或斜面呈垂直方向)砌筑,缝口要砌紧使空隙达到最小。空隙应用小石填塞紧密,防止砌体受到水流冲刷或外力撞击时滑脱沉陷,以保持砌体的坚固性。

4. 干砌石墙体外露面应设丁石(拉结石),并均匀分布,以增强整体稳定性。

5. 砌筑基础时,应检查基坑的土质变化情况,查明有无崩裂、渗水现象。发现基坑土壁裂缝、化冻、水浸或变形并有坍塌危险时,应及时撤退;对基坑边可能坠落的危险物要进行清理,确认安全后方可继续作业。

6. 当沟、槽宽度小于 1 m 时,在砌筑站人的一侧,应预留不小于 40 cm 的操作宽度;施工人员进入深基础沟、槽施工时应从设置的阶梯或坡道上出入,不应从砌体或土壁支撑面上出入。

六、防汛抢险工程

1. 防汛抢险施工前,应对作业人员进行安全教育并按防汛预案进行施工,

2. 堤防防汛抢险施工的抢护原则为:前堵后导、强身固脚、减载平压、缓流消浪。施工中应遵守各项安全技术要求,不应违反程序作业。

3. 堤身漏洞险情的抢护应遵守下列规定:

(1)堤身漏洞险情的抢护以"前截后导,临重于背"为原则。在抢护时,应在临水侧截断漏水来源,在背水侧漏洞出水口处采用反滤围井的方法,防止险情扩大。

(2)堤身漏洞险情在临水侧抢护以人力施工为主时,应配备足够的安全设施,确认安全可靠,且有专人指挥和专人监护后,方可施工。

(3)堤身漏洞险情在临水侧抢护以机械设备为主时,机械设备应停放或行驶在安全或经加固可以确认较为安全的堤身上,防止因漏洞险情导致设备下陷、倾斜或失稳等其他安全事故。

4. 管涌险情的抢护宜在背水面,采取反滤导渗,控制涌水,留有渗水出路。以人力施工为主进行抢护时,应注意检查附近提段水浸后变形情况,如有坍塌危险应及时加固或采取其他安全有效的方法。

5. 当遭遇超标准洪水或有可能超过堤坝顶时,应迅速进行加高抢护,同时作好人员撤离安排,及时将人员、设备转移到安全地带。

6. 为削减波浪的冲击力,应在靠近堤坡的水面设置芦柴、柳枝、湖草和木料等材料的捆扎体,并设法锚定,防止被风浪水流冲击。

7. 当发生崩岸险情时,应抛投物料,如石块、石笼、混凝土多面体、土袋和柳石枕等,以稳定基础、防止崩岸进一步发展;应密切关注险情发展的动向,时刻检查附近堤身的变形情况,及时采取正确的处理措施,并向附近居民示警。

8. 堤防决口抢险应遵守下列规定:

(1)当堤防决口时,除有关部门快速通知附近居民安全转移外,抢险施工人员应配备足够的安全救生设备。

(2)堤防决口施工应在水面以上进行,并逐步创造静水闭气条件,确保人身安全。

(3)当在决口抢筑裹头时,应从水浅流缓、土质较好的地带采取打桩、抛填大体积物料等安全裹护措施,防止裹头处突然坍塌将人员与设备冲走。

(4)决口较大采用沉船截流时,应采取有效的安全防护措施,防止沉船底部不平整发生移动而给作业人员造成安全隐患。

七、水闸与泵站工程

（一）水闸工程

1. 建筑物的基坑土方开挖应本着先降水，后开挖的施工原则。并结合基坑的中部开挖明沟加以明排。

2. 降水措施应视工程地质条件而定，在条件许可时，先前进行降水试验，以验证降水方案的合理性。

3. 降水期间必须对基坑边坡及周围建筑物进行安全监测，发现异常情况及时研究处理措施，保证基坑边坡和周围建筑物的安全，做到信息化施工。

4. 若原有建筑物距基坑较近，视工程的重要性和影响程度，可以采用拆迁或适当的支护处理。基坑边坡视地质条件，可以采用适当的防护措施。

5. 在雨季，尤其是汛期必须做好基坑的排水工作，安装足够的排水设备。

6. 基坑土方开挖完成或基础处理完成，应及时组织基础隐蔽工程验收，及时浇筑垫层混凝土对基础进行封闭。

7. 基坑降水时应符合下列规定：

(1) 基坑底、排水沟底、集水坑底应保持一定深差。

(2) 集水坑和排水沟应设置在建筑物底部轮廓线以外一定距离。

(3) 基坑开挖深度较大时，应分级设置马道和排水设施。

(4) 流砂、管涌部位应采取反滤导渗措施。

8. 土方填筑应遵守下列规定

(1) 填筑前，必须排除基坑底部的积水、清除杂物等，宜采用降水措施将基底水位降至 0.5 m 以下。

(2) 填筑土料，应符合设计要求。

(3) 岸、翼墙后的填土应分层回填、均衡上升。靠近岸墙、翼墙、岸坡的回填土宜用人工或小型机具夯压密实，铺土厚度宜适当减薄。

(4) 高岸、翼墙后的回填土应按通水前后分期进行回填，以减小通水前墙体后的填土压力。

(5) 高岸、翼墙后设计应布置排水系统，以减少填土中的水压力。

9. 地基处理应遵守下列规定：

(1) 原状土地基开挖到基底前预留 30～50 cm 保护层，在建筑施工前，宜采用人工挖出，并使得基底平整，对局部超挖或低洼区域宜采用碎石回填。基底开挖之前宜做好降排水，保证开挖在干燥状态下施工。

(2) 对加固地基，基坑降水应降至基底面以下 50 cm，保证基底干燥平整，以利地基处理设备施工安全，施工作业和移机过程中，应将设备支架的倾斜度控制在其规定值之内，严禁设备倾覆事故的发生。

(3) 对桩基施工设备操作人员，应进行操作培训，取得合格证书后方可上岗。

10. 永久缝施工应遵守下列规定：

(1) 一切预埋件应安装牢固，严禁脱落伤人。

(2) 采用紫铜止水片时，接缝必须焊接牢固，焊接后应采用柴油渗透法检验是否渗漏，并须遵守焊接的有关安全技术操作规程。采用塑料和橡胶止水片时，应避免油污和长期曝晒并有保护措施。

(3) 结构缝使用柔性材料嵌缝处理时，应搭设稳定牢固的安全脚手架，系好安全带逐层作业。

（二）泵站工程

1. 基坑开挖前应布置好施工场地的排水设施，天然地表水不应流入基坑。

2. 基坑开挖至接近基底设计标高时，应留 0.3 m 左右的保护层，待下道工序开始前再挖除保护层。基坑挖至设计标高后，应及时浇筑素混凝土垫层保护地基，待混凝土达到 50％以上强度后，及时进行基础施工。

3. 泵站基坑开挖、降水及基础处理的施工应遵守水闸地基处理规定。

4. 泵房水下混凝土宜整体浇筑。对于安装大、中型立式机组或斜轴泵的泵房工程,可按泵房结构并兼顾进、出水流道的整体性设计分层,由下至上分层施工。

5. 泵房浇筑,在平面上一般不再分块。如泵房底板尺寸较大,可以采用分期分段浇筑。

八、金属结构与机电设备安装

（一）基本规定

1. 进入廊道及洞室内作业的人员，不应少于两人，并应配备便携式照明器具。

2. 凡有底层作业的井口、洞口或门槽口应设置防止坠物和防止雨水的围栏、盖板、安全网等防护设施，以及上、下作业的安全扶（爬）梯，扶梯应牢固可靠。

3. 底层施工交叉作业时，上、下层之间应设置安全防护平台或隔离棚。

4. 重大精密设备和有特殊运输要求的设备的运输、吊装以及重大件的土法运输、吊装作业，应按程序要求编制施工技术方案和安全作业指导书，经业主（监理）审批后实施。施工前，应成立专项安全协调监管机构，并应进行详细地分工和安全技术措施交底。

（二）金属结构制作

1. 钢闸门制造时，铆工、焊工、切割工在切割后使用扁铲、角向磨光机进行清理打磨时应佩戴防护眼镜，严禁使用受潮或有裂纹的砂轮片。进行等离子切割时操作人员还应佩戴防护面罩。

2. 组装焊接时工件就位临时固定应采用定位挡板、倒链等，找正后应及时进行加固点焊；需进行焊接预热的焊缝，点固焊时也应进行预热。

3. 箱梁及空间较小的构件内焊接时应采取通风措施，使用行灯照明，当构件内部温度超过40℃时，应进行轮换作业或采取其他保护措施，并应设专人监护。

4. 钢闸门总拼装应编制技术方案、安全技术措施，并应经有关部门审批后方可实施。

5. 参加无损探伤人员应进行身体检查，并应经主管部门培训考试合格后，持证上岗。

6. 超声波探伤仪接通电源后应检验外壳是否漏电。如有漏电，则应倒换电源线接线并将外壳接地，使用过程中严禁打开保护罩。

7. 超声波仪器在搬运过程中，应注意防震，使用场所应注意防磁。

（三）闸门安装

1. 闸门安装前，施工单位应编制详细的起重运输专项安全技术方案，经主管技术、安全部门审核，报业主和监理工程师审批后，方可予以实施。

2. 闸门吊装过程中，门叶上严禁站人。闸门入槽下落时，作业人员严禁站在门槽底槛范围内或在下面穿行。

3. 严禁在已吊起的构件设备上从事施工作业。未采取稳定措施前，严禁在已竖立的闸门上徒手攀登。

4. 埋件安装前，应对门槽内模板以及脚手架跳板上钢筋头、凿毛的水泥块等杂物进行彻底清理。

5. 下层埋件没加固好之前，不应将上层埋件摆放其上。

6. 平面闸门起吊前，应在确认起重机吊钩与闸门可靠连接并初步受力后，方可拆除临时支撑和缆风绳。

7. 水封现场粘接作业应按照说明书和作业指导书进行施工，使用模具对接头处固定和加热时，应采取防止烫伤和灼伤的保护措施。

8. 平面闸门现场安装除遵守闸门组装作业有关安全事项外，对闸门井的清理和门槽尺寸的复查是其重点。

9. 闸门试验与试运行时应与其他施工隔离，无关人员严禁入内。

10. 闸门启闭机应在其空载试运行符合设计要求后，方可连接闸门，进行闸门的启闭试验和负荷试验；空载调试时，应对启闭机的开度指示和安全防护装置进行初步调试，液压启闭机还应对缸体内的空气进行充分排除，以保证连门后的平稳运行。

11. 闸门试运行过程中，任何人严禁接触设备的机械运动部位，头和手严禁伸入机械行程范围内进行观测和探摸。当系统发生故障或事故时，应立即停机检查，严禁在设备运行情况下进行检查和调整。

12. 闸门无水试验应先对闸门水封进行冲水润滑。

(四) 启闭机安装

1. 启闭机转动部分的防护罩应牢固可靠。

2. 电气设备的金属非载流部分应有良好的保护接地,并应保证电气设备的绝缘良好。

3. 电气、液压设备上方需进行气割和焊接作业的,应先将设备电源切断并对设备使用阻燃物遮护。施工现场应配置消防器材。

4. 卷扬式启闭机在卷筒与滑轮组之间进行钢丝绳穿绕时应设专人指挥,信号清晰,指挥明确,参加施工人员应服从指挥,统一行动。钢丝绳穿绕中的临时拴挂、引绳与钢丝绳的连接应牢固可靠,钢丝绳尾端固结应符合设计要求。

5. 在启闭机调试和运行中,任何人严禁接触设备的机械运动部位,头部和手严禁伸入机械行程范围内进行观测和探摸。

6. 启闭机的空载试运行应在机、电、液压各单项调试及联机调试合格后进行。应在空载试运行符合设计要求后,方可进行负荷试验及连接闸门进行启闭试验。

九、施工机械

（一）施工机械的安全要求

1. 施工现场的机械设备（包括自有、租赁设备）必须实行安装、使用全过程管理。机械设备操作应保证专机专人，持证上岗，严格落实岗位责任制，严格执行清洁、润滑、紧固、调整、防腐"十字作业法"。

2. 施工现场的木工、钢筋、混凝土、卷扬机械、空气压缩机必须搭设防砸、防雨的操作棚。

3. 搅拌机使用前必须支撑牢固，不得用轮胎代替支撑。移动时，必须先切断电源。搅拌机停止使用，将料斗升起，必须挂好上料斗的保险链。

4. 施工现场的电焊机应有独立开关，装设防触电保护装置。电焊机一、二次侧应安装防护罩，电焊机外壳应做接零保护。一次线长度应小于 5 m，二次线长度应小于 30 m。电焊把线应双线到位，绝缘良好。不得借用金属管道、金属脚手架、轨道及结构钢筋作回路地线。

5. 塔式起重机路基和轨道的铺设及起重机的安装必须符合国家标准及原厂安全使用说明书规定，并办理验收手续。经检验合格后，方可使用。使用中应定期进行检查。塔式起重机的安全装置（四限位、两保险）必须齐全、灵敏、可靠。即：

（1）超负荷限制装置（包括起重量限制器和力矩限制器）是一种能使起重机不致超负荷运行的保险装置，当吊重超过额定起重量时，能自动的切断提升机构的电源停车或发出警报。起重量限制器有机械式和电子式两种。力矩限制器：对于变幅起重机，一定的幅度只允许起吊一定的吊重，如果超重，起重机就有倾翻的危险。

（2）高度限制器是防止吊钩超高与吊臂头部相碰而引起吊臂倒翻事故的吊钩高度限制器。

（3）行程限制器（也称行走限位）是防止起重机发生撞车或限制在一定范围内行驶的保险装置。

（4）幅度限制器是防止动臂变幅起重机大臂向后倾翻和水平小车冲出臂端的装置。

（5）吊钩保险装置是防止吊钩上的吊索，由吊钩上脱落的保险装置。

（6）卷筒保险装置是防止钢丝绳因缠绕不当越出卷筒之外造成事故的有效措施。

6. 外用电梯的基础做法、安装和使用必须符合规定。安装与拆除必须由具有相应资质的企业进行，认真执行安全技术交底及安装工艺要求。

7. 外用电梯的制动装置、上下极限限位、门联锁装置必须齐全、灵敏、有效，限速器应能符合规范要求，并在安装完成后进行吊笼的防坠落试验。

8. 外用电梯司机必须持证上岗，熟悉设备的结构、原理、操作规程等。班前必须坚持例行保养。设备接通电源后，司机不得离开操作岗位，监督运载物料时做到均衡分布，防止倾翻和外露坠落。

9. 施工现场塔式起重机、外用电梯、电动吊蓝等机械设备必须有建委颁发的统一编号；安装单位必须具备相应等级的资质，作业人员持有塔式起重机"建筑特种作业操作资格证"。

10. 同一台设备的安装和顶升、锚固必须由同一单位完成，安装完毕后填写验收表，其数据必须量化，验收合格后方可使用。

11. 吊锁具必须使用合格产品。钢丝绳应根据用途保证足够的安全系数。使用绳卡时，必须用 4 个，（其中 3 个起压紧作用，1 个起安全警示作用）马鞍应在主绳（受力绳）一侧。凡表面磨损、腐蚀、断丝超过标准的，或扭结、断股、油芯外露的不得使用。

12. 卡环在使用时，应保证销轴和环底受力。吊运大模板、大灰斗、混凝土斗和预制墙板等大件时，必须使用卡环。机械设备安全防护装置必须齐全有效。

13. 电锯分料器，木工电锯、电刨，无齿锯等不准使用倒顺开关控制。木工圆盘锯的锯盘及传动部位应安装防护罩，并设置保险挡、分料器。凡长度小于 50 cm，厚度大于锯盘半径的木料，严禁使用圆锯。平刨、电锯、电钻等多用联合机械在施工现场严禁使用。

14. 砂轮机应使用单独开关。砂轮必须装设不小于 180 度的防护罩和牢固的工作托架。严禁使用不圆、有裂纹和磨损剩余部分不足 25 mm 的砂轮。平面刨、手压刨安全防护装置必须齐全有效。

15. 物料提升机吊笼必须使用定型的停靠装置,设置超高限位装置,使吊笼动滑轮上升最高位置与天梁最低处的距离不小于 3 m。天梁应使用型钢,其截面高度应经计算确定,但不得小于 2 根 14 号槽钢。

16. 严禁人员攀登、穿越提升机架体和乘吊篮上下。吊篮架长度不得大于 6 m。吊篮升降时必须使用独立的保险绳,绳径不小于 12.5 mm,操作人员佩带好安全带。

17. 卷扬机必须安装在平整坚实,并有排水措施的地基上。应设置防雨、防砸操作棚,操作人员要有良好的操作视线和联系方法。因条件限制影响视线,必须设置专职的信号指挥人员或安装通讯装置。

18. 卷扬机安装必须牢固可靠,钢丝绳不得拖地使用,凡经通道处的钢丝绳应予以封闭。提升钢丝绳不得接长使用,端头与卷筒用压紧装置卡牢。钢丝绳固定绳卡与绳径匹配,其间距不小于绳径的 6 倍,绳卡滑鞍放在受力绳一侧。

(二) 施工现场机动车辆管理

1. 施工现场机动车辆管理

施工现场内的机动车辆,翻斗车,铲车,装载机等,驾驶人员应持证上岗,厂内行驶速度不得超过5 km/h。

2. 群塔作业管理

施工现场使用两台以上塔吊,应编制群塔作业方案,两塔之间应满足低塔臂端与高塔塔身有 2 m 以上的安全距离。

十、脚手架工程

（一）脚手架的搭设、使用

1. 钢管脚手架应选用无严重锈蚀、弯曲、压扁或裂纹的钢管。脚手杆件不得钢木或钢竹混搭。

2. 脚手架由立杆、纵向水平杆（大横杆）、横向水平杆（小横杆）、剪刀撑（十字盖）、抛撑（压栏子）、纵、横扫地杆和拉结点等组成。脚手架必须有足够的强度、刚度和稳定性，在允许施工荷载作用下，确保不变形、不倾斜、不摇晃。

3. 脚手架钢管应采用 ϕ48.3×3.6 mm 规格，单根钢管的最大质量不应大于 25.8 kg（沪建安质监）〔2011〕107号通知规定。无严重锈蚀、弯曲、压扁成裂纹的钢管。

4. 扣件必须符合国家规范

5. 结构脚手架纵向水平杆（大横杆）间距不得大于 1.8 mm，横向水平杆（小横杆）间距不得大于 1.2 m。

6. 脚手架基础必须平整坚实，有排水措施，满足架体支搭要求，确保不沉陷，不积水。其架体必须支搭在底座（托）或统长的脚手板上。

7. 护线架的支搭应采用非导电材质、整体护线架要有可靠支顶拉结措施，保证架体稳固。

8. 现场使用的安全网、密目式安全网必须符合国家标准。

9. 脚手架应从下到上设连续式的剪刀撑，剪刀撑扣件接长，应使用不少于 2 个旋转扣件搭接，搭接长度不小于 1 000 mm，剪刀撑与地面夹角为 45°～60°。剪刀撑应用旋转扣件与立杆或横向水平杆扣牢。

10. 在使用中，必须按照设计的荷载、防止超重，造成倾斜、倒塌。脚手架施工操作面必须满铺脚手板，离结构墙间距不得大于 20 cm，不得有空隙和探头板、飞跳板。操作面外侧应设二道护身栏和一道 18 cm 高的挡脚板。脚手架施工层操作面下方净空距离超过 3 m 时，必须设置一道水平安全网，双排架里侧与结构外墙间水平网无法防护时可铺设脚手板。架体必须用密目安全网沿外架内侧进行封闭，安全网之间必须连接牢固，封闭严密，并与架体固定。

11. 脚手架必须按楼层与结构拉结牢固，拉结点垂直距离不得超过 4 m，水平距离不得超过 3 跨。拉结必须使用刚性材料。20 m 以上的高大架子应有卸荷措施。特殊脚手架和高度在 20 m 以上的高大脚手架必须有设计方案，并履行验收手续。

12. 结构用的里、外承重脚手架，使用时荷载不得超过 270 kg/m²。装修用的里、外承重脚手架，使用时荷载不得超过 200 kg/m²。

（二）脚手架的拆除

1. 脚手架验收投入使用后，未经有关人员同意，不应任意改变脚手架的结构和拆除部分杆件及改变使用用途。

2. 拆除架子前，应将电气设备，其他管、线路，机械设备等拆除或加以保护。

3. 拆除架子时，应统一指挥，按顺序自上而下地进行，严禁上下层同时拆除或自下而上地进行。严禁用将整个脚手架推到的方法进行拆除。

4. 拆下的材料，严禁往下抛掷，应用绳索捆牢，用滑车卷扬等方法慢慢放下，集中堆放在指定地点。

5. 三级、特级及悬空高处作业使用的脚手架拆除时，应事先制定出安全可靠的措施才能进行拆除。

6. 拆除脚手架的区域内，无关人员严禁逗留和通过，在交通要道应设专人警戒。

7. 脚手架拆除时，在拆除物坠落范围的外侧必须设有安全围栏与醒目的安全警示标志。

（三）脚手架的安全管理

1. 人行斜道宽度不小于 1 m，斜道的坡度不大于 1∶3；运料斜道宽度不小于 1.5 m，斜道的坡度不大于 1∶6。拐弯处应设平台，按临边防护要求设置防护栏杆及挡脚板，防滑条间距不大于 30 cm。

2. 使用工具式脚手架必须经过设计和编制施工方案,经技术部门负责人审批。从事附着升降脚手架施工的企业必须取得附着升降脚手架专业承包资质。附着升降。脚手架必须符合《建筑施工附着升降脚手架管理暂行规定》(建建〔2000〕230 号)。

3. 外挂架悬挂点采用穿墙螺栓 ,穿墙螺栓必须有足够的强度满足施工需要,穿墙螺栓加垫板并用双螺母紧固。

4. 电梯井承重平台、物料周转平台必须制定专项方案,并履行验收手续。物料周转平台上的脚手板应铺严绑牢,平台周围必须设置不低于 1.2 m 高的防护栏,护栏上严禁搭设物品,应在平台明显处设置标志牌,规定使用要求和限定荷载。

十一、高处作业

（一）高处作业概述

1. 高处作业的概念

按照国家标准规定："凡在坠落高度基准面 2 m 以上（含 2 m）有可能坠落的高处进行的作业均称为高处作业。"其涵义有两个：一是相对概念，可能坠落的底面高度大于或等于 2 m；也就是说不论在单层、多层或高层建筑物作业，即使是平地，只要作业处的侧面有可能导致人员坠落的坑、井、洞或空间，其高度达到 2 m 及其以上，就属于高处作业。二是高低差距标准定为 2 m，因为一般情况下，当人在 2 m 以上的高度坠落时，就很可能会造成重伤、残废或死亡。因此，对高处作业的安全技术措施在开工以前就须特别留意以下有关事项：①技术措施及所需料具要完整地列入施工计列；②进行技术教育和现场技术交底；③所有安全标志、工具和设备等在施工前逐一检查；④做好对高处作业人员的培训考核和体检工作；⑤安全施工高处作业防护的措施。

2. 高处作业的级别

高处作业的级别可分为四级，即高处作业在 2～5 m 时，为一级高处作业；5～15 m 时，为二级高处作业；在 15～30 m 时，为三级高处作业；在大于 30 m 时，为特级高处作业。

以作业位置为圆心，可能坠落范围半径为半径划成的与水平面垂直的柱形空间，称为可能坠落范围。为确定可能坠落范围而规定的相对与作业位置的一段水平距离称为可能坠落范围半径。一级高处作业的坠落半径为 3 m；二级高处作业的坠落半径为 4 m；三级高处作业的坠落半径为 5 m；特级高处作业的坠落半径为大于、等于 6 m。

（二）安全帽、安全带、安全网

必须符合国家有关标准，按要求正确使用。企业安全部门对安全防护用品进行严格管理。

1. 安全帽：进入施工现场的人员，必须正确佩带安全帽。系紧、系好下颌带，避免操作人员失稳时头部受到伤害。安全帽必须符合 GB2811 标准。

2. 安全带：凡在坠落高度基准面 2 m 以上（含 2 m），无法采取可靠防护措施的高处作业人员必须正确使用安全带。安全带"高挂低用"。安全带必须符合 GB6095 标准。

3. 安全网：施工现场使用的安全网、密目式安全网必须符合 GB5725、GB16909 标准。

在使用中，水平安全网（大眼网）的支搭应"里口低、外口高"。坠物、坠人落在安全网内时，避免从外口滑落地面造成伤害。

高度在 4 m 以上的建筑物不使用落地式脚手架的，首层四周必须支搭固定 3 m 宽的水平安全网，网底距接触面（地面或雨罩）不得小于 3 m（高层不得小于 5 m）。

高层建筑每隔四层固定一道 3 m 宽的水平安全网，网的接口处必须连接严密。支搭的水平安全网直至无高处作业时方可拆除。

4. 救生衣：在临水区域的作业人员和其他相关人员都必须穿好救生衣，方可进入现场。救生衣必须符合质量和安全要求和相关规定。

（三）"四口"作业时的安全防护技术措施

"四口"是指电梯井口、楼梯口、预留洞口、通道口。

1. 无脚手架的电梯井内首层和首层以上每隔十米设一道水平安全网，安全网应封闭严密。电梯井口必须设高度不低于 1.8 m 的金属防护门。

2. 楼梯踏步及休息平台处，必须设两道牢固防护栏杆或立挂安全网。回转式楼梯支设首层水平安全网，每隔四层设一道水平安全网。

3. 预留洞口：1.5 m×1.5 m 以下的孔洞，用坚实盖板盖住，有防止挪动、位移的措施。1.5 m×1.5 m 以上的孔洞，四周设两道防护栏杆，中间支挂水平安全网。结构施工中伸缩缝和后浇带处加固定盖板防护。1.5 m×

1.5 m 以上的孔洞四周设不低于 1.2 m 高的防护栏,中间搭设水平安全网。

楼梯踏步及休息平台处,必须设两道牢固防护栏杆或立挂安全网。

4. 建筑物出入口必须搭设宽于出入通道两侧的防护棚,棚顶应满铺不小于 5 cm 厚的脚手板。通道两侧用密目安全网封闭。多层建筑物防护棚长度不小于 6 m,高层不小于 10 m,防护棚高度不低于 3 m。

5. 阳台栏板应随层安装,不能随层安装的,必须在阳台临边处设两道防护栏杆,用密目网封闭。因施工需要临时拆除洞口、临边防护的,必须设专人监护,监护人员撤离前必须将原防护设施复位。

十二、施工现场临时用电

（一）施工现场临时用电施工组织设计

1. 施工现场用电设备在 5 台及 5 台以上或设备总容量在 50 kW 及以上的应编制临时用电施工组织设计；小于上述设备或容量的应制定安全用电技术措施和电气防火措施。

2. 临时用电施工组织设计的内容

(1) 现场勘探；

(2) 确定电源进线、变电所、配电室、总配电箱、分配电箱的位置及线路走向；

(3) 进行负荷计算；

(4) 选择变压器容量、导线截面和电气的类型、规格；

(5) 绘制临时用电平面图、立面图和接线系统图；

(6) 制定安全用电技术措施和电气防火措施。

3. 临时用电施工组织设计必须由电气工程技术人员组织编制、经相关部门审核、及具有法人资格企业的技术负责人批准后实施。因施工需要变更时，必须单独绘制图纸，作为临时用电施工的依据，并补充有关图纸、资料存档备案。

4. 严格执行有关规程、规范、地方性法规和企业内部管理规定；兼顾经济、方便的同时，采用新工艺、新技术、新设备、新材料，提高功效，节约材料，重视环境保护。保证满足施工生产用电的需要。

（二）施工现场临时用电的原则

施工现场专用临时用电的三项基本原则是：其一，必须采用 TN-S 接零保护系统；其二，必须采用三级配电系统；其三，必须采用二级漏电保护系统。

1. 采用 TN-S 接零保护系统

所谓 TN-S 接零保护系统（简称 TN-S 系统）是指在施工现场临时用电工程的电源是中性点直接接地的、220 V/380 V、三相四线制的低压电力系统中增加一条专用保护零线（PE 线），称为 TN-S 接零保护系统或称三相五线系统，该系统主要技术特点是：

(1) 电力变压器低压侧或自备发电机组的中性点直接接地，接地电阻值不大于 4 Ω。

(2) 电力变压器低压侧或自备发电机组共引出 5 条线，其中除引出三条相线（火线）L1、L2、L3（A、B、C）外，尚须于变压器二次侧或自备发电机组的中性点（N）接地处同时引出二条零线，一条叫做工作零线（N 线），另一条叫做保护零线（PE 线）。其中工作零线（N 线）与相线（L1、L2、L3）一起作为三相四线制电源线路使用；保护零线（PE 线）只作电气设备接零保护使用，即只用于连接电气设备正常情况下不带电的外露可导电部分（金属外壳、基座等）。二种零线（N 和 PE）不得混用。同时，为保证接地、接零保护系统可靠，在整个施工现场的 PE 线上还应作不少于 3 处的重复接地，且每处接地电阻值不得大于 10 Ω。

2. 采用三级配电系统

所谓三级配电是指施工现场从电源进线开始至用电设备中间应经过三级配电装置配送电力，即由总配电箱（配电室内的配电柜）、分配电箱、开关箱到用电设备处分三个层次逐级配送电力。而开关箱作为末级配电装置，与用电设备之间必须实行"一机一闸制"，即每一台用电设备必须有专用的配电开关箱，而每一个开关箱只能用于给一台用电设备配电。总配电箱、分配电箱内可设若干分路，且动力与照明宜分路设置，但开关箱内只能设一路。

3. 采用二级漏电保护系统

所谓二级漏电保护是指在整个施工现场临时用电工程中，总配电箱中必须装设漏电保护器，开关箱中也必须装设漏电保护器。这种由总配电箱和所有开关箱中的漏电保护器所构成的漏电保护系统称为二级漏电保护系统。

在施工现场临时用电工程中,除应记住有三项基本原则以外,还应理解有两道防线。一道防线采用的 TN-S 接零保护系统;另一道防线设立了两处漏电保护系统。在施工现场用电工程中采用 TN-S 接零保护系统时,由于设置了一条专用保护零线(PE),所以在任何正常情况下,不论三相负荷是否平衡,PE 线上都不会有电流通过,不会变为带电体,因此与其相连接的电气设备外露可导电部分(金属外壳、基座等)始终与大地保持等电位,这是 TN-S 接零保护系统的一个突出优点。

但是,对于防止因电气设备非正常漏电而发生的间接接触触电来说,仅仅采用 TN-S 接零保护系统并不可靠,这是因为电气设备发生漏电时,PE 线上就会有电流通过,此时与其相连接的电气设备外露可导电部分(金属外壳、基座等)即变为带电部分。

如果同时采用二级漏电保护系统,则当任何电气设备发生非正常漏电时,PE 线上的漏电流即同时通过漏电保护器,当漏电流值达到漏电保护器额定漏电动作电流值时,漏电保护器就会在其额定漏电动作时间内分闸断电,使电气设备外露可导电部分(金属外壳、基座等)恢复不带电状态,从而防止可能发生的间接接触触电事故。上述分析表明,只有同时采用 TN-S 接零保护系统和二级漏电保护系统,才能有效地形成完备、可靠的防间接接触触电保护系统,所以 TN-S 接零保护系统和二级漏电保护系统是施工现场防间接接触触电不可或缺其一的二道防线。

(三) 配电线路

1. 输电线路敷设(架空)

(1) 架空铜导线截面积不小于 10 mm;在跨越铁路、管道的挡距内架空铜导线截面积不小于 16 mm;并保证导线不得有接头。

(2) 架空线距地面一般不低于 4 m;过路架空线最下一层不低于 6 m。

(3) 干线的零线应不小于相线截面的 1/2。导线截面在 10 mm 以下时,零线和相线的截面积相同。支线的零线是指干线到配电箱的零线,应采用与相线相同的截面。

(4) 电缆线路一般用于高层建筑、小区群体建筑。

2. 电缆线路发生触电事故的主要原因有三种:

(1) 电缆绝缘受损或受外力击穿。

(2) 在不停电的情况下,带电拆除、迁移电缆。

(3) 电缆头发生击穿绝缘损坏。

3. 为防止发生电缆触电事故,应采取以下措施:

(1) 埋设电缆必须有电缆埋设图;电缆沟应砌砖槽防护;地面有电缆埋设标志;现场有专人负责管理电缆;不得将物料堆放在电缆埋设的上方。

(2) 有接头的电缆不准埋在地下,接头处应露出地面并有电缆接线盒(箱)且防雨、防尘、防机械损伤,同时应远离易燃、易爆、易腐蚀场所。电缆埋设深度不小于 0.7 m(水标为 0.6 m),在电缆的上下各均匀敷设不小于 5 cm 厚的细砂,上铺电缆盖板。

(3) 在建高层建筑的临时电缆配电,必须采用电缆埋地引入,垂直敷设时,其位置应充分利用竖井、垂直孔洞,固定点每层不得少于一处。水平敷设应沿墙或门口固定,最大弧垂距地面不得小于 1.8 m。沿地面敷设应有防护措施。

(四) 照明器安全使用

1. 室内照明支线上灯具和插座数不宜超过 25 个;额定电流不得大于 15 A,并用熔断器或自动开关保护。

2. 室外照明支线每一支线上连接灯数一般不得超过 10 个。超过 10 个时,每个灯具上应装设熔断器。

3. 室内灯具距地面不得低于 2.5 m;室外灯具距离地面不得低于 3 m。照明灯具的金属外壳必须做 PE 接零保护。单相回路的照明开关箱内必须装设漏电保护器。

4. 一般场所宜选用额定电压 220 V 的照明灯具。不能使用手动开关和带开关的灯头,应选用螺纹口灯头。相线接在与中心触头相连的一端,零线接在与螺纹口相连的一端。灯头的绝缘外壳不得有损伤,防止漏电伤人事故。

5. 现场局部照明用的工作灯,室内抹灰、水磨石地面等潮湿的作业环境。照明电源电压应不大于24 V,在特别潮湿的场所、导电良好的地面、锅炉或金属容器内工作的照明电源电压不得大于 12 V,工作手灯应有绝缘胶把和网罩保护。

(五) 配电装置、防雷

1. 开关箱(流动式配电箱)是控制固定式用电设备的设施。开关箱与其控制的固定式用电设备的水平距离不宜超过 3 m;与分配电箱距离不得超过 30 m。用符号"C"表示。

2. 配电箱、开关箱应装设端正牢固,分配电箱(移动式配电箱)应装设在坚固的支架上。配电箱的围栏应有足够二人同时操作的空间和通道,2 m 内不得堆放任何防碍操作维修的物品。

3. 开关箱与用电设备水平距离不宜超过 3 m。

4. 防止雷击的避雷装置有:避雷针、避雷带、避雷网、避雷线四种。

(1) 避雷针是装设在建筑物凸出部位或独立装设的针型导体。保护半径 R 为 1.5H(高度),空间为 45 度角。

(2) 避雷带是沿建筑物易受雷击部位装设的带形导体。

(3) 避雷网相当于将屋面上纵横敷设的避雷带组成网格。网格的大小由有关规定规范确定(在规范中对于不同防雷等级的建筑物,其要求也不同)。

(4) 避雷线是装设在架空输电线路上方的导线,一般采用截面积不小于 35 mm 的镀锌钢绞线。

安全用电、电气防火措施

1. 电气火灾产生的原因有三个方面:

(1) 过载:线路设计或架设不合理,超过了导线允许的安全载流量,引起导线过热,使绝缘损坏、燃烧,造成火灾。

(2) 短路:因导线敷设不符合安全距离要求,设备绝缘老化、破损或操作失误、不慎等原因,造成线路短路,使导线严重发热,温度急剧升高,绝缘损坏、燃烧,造成火灾。

(3) 导线接头连接不牢、松动、接线柱压接不实、开关触头接触不实等原因,造成接触电阻增大、局部氧化,电流通过时,将电能转换成热能,当散热条件不利时,温度升高,导线过热引起火灾。

2. 预防措施:

(1) 根据工作环境,设计和选择导线截面,严禁线路长期超负荷条件下工作。

(2) 用熔断器或自动开关保护某段线路时,最小短路电流应不小于熔体额定电流的 4 倍或自动开关瞬时脱扣电流的 1.5 倍。

(3) 加强对电气设备和线路的巡视、检查,发现接头松动或过热应及时处理。开关触头等应经常检查发现氧化、烧蚀应及时修理或更换。

3. 电气火灾的扑灭:

发生电气火灾时,应首先切断电源。带电灭火时,人体各部位与带电设备应保持安全距离,应戴绝缘手套、穿绝缘鞋,使用干粉灭火器、二氧化碳灭火器、1211 灭火器等绝缘性能好的灭火剂。严禁使用喷射水流和泡沫灭火器等扑灭电气火灾。

充油的电气设备灭火时,应采用干燥的黄砂覆盖火焰,使火熄灭。

十三、临水作业

（一）水上作业一般规定

1. 遵照交通部《水上水下施工作业通航安全管理规定》，在国内沿海和内河水域水上施工作业前，必须按规定申报办理有关许可证书，并办理航行通告等有关手续。

2. 参与施工的船舶必须具有海事、船检部门核发的各类有效证书，船舶操作人员应具有与岗位相适应的适任证书，并接受当地执法部门的监督和检查。

3. 施工船舶在施工中要严格遵守《国际海上避碰规则》等有关规定及要求。

4. 在编制水上工程施工组织设计的同时，必须制定工程船舶施工安全技术措施。

5. 工程开工前，应由项目经理部组织安全监督部门、船机部门等有关人员，对水上施工区域及船舶作业、航行的水上、水下、空中及岸边障碍物等进行实地勘察，制定防护性安全技术措施。

6. 施工现场技术负责人，应向参与施工的工程船舶、水上水下作业人员进行施工安全技术措施交底，所有参加人员必须签到，并应做好记录。

7. 水上施工作业人员，严禁酒后上岗作业，严禁船员在船期间饮酒。

8. 水上施工作业船舶，必须按有关规定在明显处设置昼夜显示信号及醒目标志。

9. 施工船舶应按海事部门确定的安全要求，设置必要的安全作业区域或警戒区，并设置符合有关规定的标志。

10. 施工船舶应配备有效的通信设备并在指定的频道上守听，主动与过往船舶联系沟通，将本船的施工、航行动向告知他船，确保航行和施工安全。

11. 施工船舶作业人员，必须严格执行安全操作技术规程，杜绝违章指挥、违章作业。

12. 水上作业船舶如遇有大风、雾天，超过船舶抗风等级或能见度不良时，应停止作业。

13. 在水上搭设的作业平台，必须牢固可靠，悬挂的避碰标志和灯标应符合有关安全技术规定。水上作业平台应配备必要的救生设施和消防器材。

14. 内河船舶不能涉海作业。

15. 施工船舶或大型机械设备应满足最低安全配员和定人、定机的要求。

16. 施工船舶、机械设备的技术状态应良好。安全保护装置及监测仪表、报警装置等应齐全、有效。

17. 进入下列水上场所，必须正确穿戴救生衣：

(1) 在无护栏或 1.0 m 以下低舷墙的船甲板上；

(2) 在工作船、舢板、木筏、浮筒、排泥管等上；

(3) 在各类施工船舶的舷外或临水高架上；

(4) 乘坐交通工作船和上下施工船舶时；

(5) 在未成型的码头、栈桥、墩台、平台或构筑物上；

(6) 在已成型的码头、栈桥、墩台、平台或构筑物边缘 2.0 m 范围内；

(7) 在其他水上构筑物或临水作业的危险区域。

18. 涉海作业，冬季水上作业，远离陆地的水上作业，宜配备连体保温救生衣。

（二）水上临时设施

1. 临时码头宜选择在水域开阔、岸坡稳定、波浪和流速较小、水深适宜、地质条件较好、陆路交通便利的岸段。

2. 临时码头应按照使用要求和相应技术规范进行设计和施工，并设置安全警示标志。

3. 设计水上工作平台应考虑自重荷载、施工荷载、水流力、波浪力、风力和施工船舶系靠力等。借用工程结

构作临时工作平台时,应按施工期间可能出现的最不利荷载组合进行核算。工作平台搭设时应按设计图进行施工,并应符合下列规定:

(1)水上工作平台应稳固。顶部应满铺面板,面板与下部结构连接应牢固,悬臂板应采取有效的加固措施。

(2)水上工作平台顶面的四周,应设置高度不低于1.2 m的安全护栏。上下人员的爬梯应牢固,梯阶间距宜为30 cm。平台上作业场地的大小,应充分考虑施工人员的作业安全。

(3)水上工作平台应设置安全警示标志和必要的救生器材。

(4)在水上工作平台上作业的人员应配备必要的通信工具。

4.水上搭设的临时栈桥,应按照使用要求和相应技术规范进行设计和施工。

5.水上临时人行跳板,宽度不宜小于60 cm,跳板的强度和刚度应满足使用要求。跳板应设置安全护栏或张挂安全网,跳板端部应固定或系挂,板面应设置防滑设施。

6.舢板、木筏、浮筒等水上临时工作设施,使用前,应经过24 h重载漂浮试验。使用时,应限定作业人数,配齐救生设备。

7.水上拖带舢板、木筏、浮筒等,其上不得载人。

8.在波高大于等于0.8 m或流速大于等于1.0 m/s时,不宜使用舢板、木筏或浮筒等进行水上作业。

9.施工船舶临时锚泊地应进行水深测量;浅滩、水下暗礁和障碍物等应设置明显的安全警示标志。临时锚泊地应选择工况条件和水底土质适宜的水域,并具有足够船舶回转水域和富余水深。

(三)水上沉桩施工安全生产的要求

1.桩基施工前应对施工现场进行踏勘,并制定对临近建筑物、架空线路、管线、岸坡、围堰等的监测方案。

2.沉桩作业区应设置明显的安全警示标志,非作业人员和非作业船舶不得进入沉桩作业区。

3.吊桩入抱桩器或套戴替打时,操作人员必须使用工具,严禁身体任何部位进入替打下方或置于桩与滑道之间。

4.作业人员必须沿爬梯或乘坐电梯笼上下桩架。

5.沉桩过程中,桩架的电梯上不得有人。作业人员应撤至安全区域,并监视沉桩情况。

6.水上锤击、振动、水冲沉桩应符合陆上锤击、振动、水冲沉桩的有关规定。

7.水上打桩船和运桩船驻位应按船舶驻位图抛设锚缆,并应设置浮鼓,锚缆不得互绞。

8.船舶在陆域设置的地锚的抗拉力应满足使用要求。地锚和缆绳通过的区域应设立明显的安全警示标志,必要时应有专人看守。

9.打桩架上的作业人员应在电梯笼内或作业平台上操作。电梯笼升降应在回至水平原位并插牢固定销后进行。

10.立桩时,打桩船应离开运桩驳船一定距离,并应缓慢、均匀地升降吊钩。

11.在可能溜桩的地质条件下打桩作业应认真分析地质资料,并采取预防溜桩的措施。

12.封闭式桩尖的钢管桩沉桩应采取防止钢管桩上浮措施。在砂性土中施打开口或半封闭桩尖的钢管桩应采取防止管涌措施。

13.水上悬吊桩锤沉桩应设置固定桩位的导桩架和工作平台。导桩架和工作平台应牢固可靠,并在工作平台的外侧设置安全护栏。

14.沉桩后应及时进行夹桩。

15.工程船舶起重打桩作业安全事故的防范:

(1)吊车操作人员必须集中思想,听从指挥,严格遵守起重安装作业安全操作规程。

(2)进行起重作业时,严格遵守"六不吊"即:钩不垂直不吊;超负载不吊;吃水不够不吊;有大风影响安全不吊;视线不清不吊;物件下面有人不吊。

(3)吊装前应检查各种机械、索具、夹具、吊环等是否符合安全要求,并进行试吊。

(4)对安装后不易稳定以及可能遭受风浪、水流、船舶等外界影响的构件,应在安装后采取夹固措施,防止构件倾倒或坠落事故发生。

(5)等待或休息时间过长,不得将重物吊在空中。

(6)吊车作业旋转范围内严禁堆物,起吊时,应缓慢垂直起升,不准拖拽吊离。承载面离地0.5 m内应稍作停顿,确认无误后,再次缓速起吊,谨防卡槽。

(7) 起重指挥要严格按安全操作规程进行操作,做到手势规范,哨声响亮,要喊钩先喊人,防止高空坠落伤人。

(8) 夜间起重,必须要有足够的照明设备以及必要的安全措施,方可施工。

(9) 工作时必须穿好救生衣,戴好安全帽。

(10) 桩架工作平台、梯要根据季节变化,采取防滑措施,桩架上使用的工具要用绳子拴住,防止移动伤人,严禁向下抛物。

(11) 作业人员不准乘锤、桩帽上下,不准将头、手、脚靠近拢口,不准手拉、脚蹬运行中的滑轮、钢丝绳等活动物体。

(12) 打桩船在移位和进退时应注意锚缆位置,防止缆索绊桩或伤人,如桩顶被水淹没时应设置标志,在已沉完的桩基两端设置标志,夜间设置红灯,悬挂警示标牌。

(13) 打桩船吊桩时,其吊点位置应按设计规定吊桩,桩定位时,控制桩浸入水中的深度,防止桩尖触及泥面而造成移船断桩事故。

(14) 打桩时,应密切注意桩锤、替打和桩上下运行的情况,发现有异常,应立即停车。

(15) 沉桩作业过程中,要加强作业现场和航道的有效瞭望,确保施工水域的航道安全。

(16) 工作结束后,对船舶停泊位置、锚缆系统作妥善安排,并按航行通告要求停泊,显示规定信号。

(四) 水上构件安装

1. 预制构件的起吊、出运和安装应符合起重吊装的有关规定。

2. 起吊混凝土预制构件时,混凝土强度应满足设计要求,设计无要求时应符合相关规范的规定。

3. 被吊构件需空中翻转时,构件应保持平稳,吊高不宜过大,不得快速翻转。

4. 构件装驳前应制定装驳方案。

5. 构件装车、装驳应按布置图将构件装放在指定位置,并应根据构件种类、工况条件等对构件进行封固。驳船甲板上应留有通道和必要的船员工作场地。

6. 起重船在吊重状态下移船时,各绞缆机应协调配合,缆绳收放速度应均匀。发现异常,应立即停车。

7. 大型或复杂的构件安装应编制专项施工方案,并进行典型施工。

8. 安装前应根据构件的种类、形状和重量,选配适宜的起重船机设备、绳扣及吊装索具。构件上的杂物应清理干净。

9. 构件起吊后,起重设备在旋转、变幅、移船和升降钩时应缓慢、平稳,吊安的构件或起重船的锚缆不得随意碰撞或兜曳其他构件、设施等。

10. 构件安装应使用控制绳控制构件的摇摆,待构件稳定且基本就位后,安装人员方可靠近。

11. 受风浪影响的梁、板、靠船构件等安装后,应立即采取加固措施,避免坠落。

12. 吊安消浪块体的自动脱钩应安全、可靠。起吊时应待钩绳受力、块体尚未离地、挂钩人员退至安全位置后方可起升。

13. 用自动脱钩起吊的块体在吊安过程中严禁碰撞任何物体。

14. 刚安装的扭王字块、扭工字块、四角锥等异型块体上不得站人。需调整块体位置应采用可靠的安全防护措施。

15. 吊安大型构件时,吊索受力应均匀,吊架、卡钩不得偏斜。

16. 大型构件安装宜使用起重船上的绞缆机钢丝绳控制其摆动。

17. 吊安大型水下混凝土构件时的吊具宜采用锻造件。采用焊接件应对焊口进行探伤和材质检验。

18. 大型构件装驳应根据驳船的稳性和构件安装时的起吊顺序绘制构件装驳布置图,并按构件装驳布置图装船。构件装船后应根据工况条件进行封固。

19. 水下吊装构件应符合下列规定:

(1) 构件入水后,应服从潜水人员的指挥。指挥信号不明,不得移船或动钩。

(2) 构件的升降、回转速度应缓慢,不得砸、碰水下构件或船舶锚缆。

(3) 水下构件吊装完毕,应待潜水员解开吊具、避至安全水域、发出指令后方可起升吊钩或移船。

20. 套箱或箱梁的临时支撑点应进行受力计算,支撑点的布置应合理、稳定、牢固;套箱或箱梁安装后临时封固未完成前不得降钩或移船。

21. 在大圆筒上部系挂吊装索具应在其内外设置操作平台和上下人员的爬梯。

22. 吊装扶壁的绳扣应根据扶壁的外形尺寸和重心位置合理配置,扶壁起吊后,不得发生偏斜。

23. 扶壁安装后应及时采取回填等防止扶壁倾覆的措施。

24. 用起重船助浮安装沉箱应待吊装绳扣受力后,方可向舱格内灌水。起重船吊重不得超过额定负荷的80%。

25. 沉箱安装后,顶部应设置高潮位时不被水淹没的安全警示标志。

26. 沉箱安装宜在风力不大于6级,波高不大于0.8 m,流速不大于1.0 m/s的工况条件下作业。

（五）潜水作业安全生产的要求

1. 潜水作业必须遵守《中华人民共和国潜水员管理办法》和《中华人民共和国潜水员管理办法实施细则》的有关规定,从事施工潜水作业,必须遵守《中华人民共和国潜水条例》。

2. 潜水及潜水作业应遵循安全第一、预防为主、组织严谨、依法管理的原则,保障潜水人员的健康和安全。

3. 潜水作业应接受国家海事管理机构的安全监督和管理,包括对潜水作业及船舶、设备进行检查和事故调查处理。

4. 潜水作业组必须制定安全管理制度和各岗位人员职责,每班准确填写潜水日志。

5. 潜水设备和装置必须通过有关法定部门定期检验,使用前应做例行检查。

6. 多组潜水作业人员在同一个工作面工作时,要随时注意检查信号绳和供气管,防止相互绞缠。

7. 从事潜水作业的人员必须持有有效潜水员资格证书。

8. 潜水最大安全深度和减压方案应符合现行国家标准《产业潜水最大安全深度》(GB 12552)、《空气潜水减压技术要求》(GB 12521)和《甲板减压舱》(GB/T 16560)的有关规定。

9. 潜水员使用水下电气设备、装备、装具和水下设施时,应符合现行国家标准《潜水员水下用电安全技术规范》(GB 16636)和《潜水员水下用电安全操作规程》(GB 17869)的有关规定。

10. 潜水作业现场应备有急救箱及相应的急救器具。水深超过30 m应备有减压舱等设备。

11. 当施工水域的水温在5℃以下,流速大于1.0 m/s或具有噬人海生物、障碍物或污染物等时,在无安全防御措施情况下潜水员不得进行潜水作业。

12. 通风式重装潜水作业组应由指挥员、潜水员、电话员、收放供气管线人员和空压机操作人员组成。远离基地外出作业应具备两组潜水同时作业的能力。

13. 潜水员下水作业前,应熟悉现场的水文、气象、水质和地质等情况,掌握作业方法和技术要求,了解施工船舶的锚缆布设及移动范围等情况,并制定安全处置方案。

14. 潜水作业时,潜水作业船应按规定显示号灯、号型。

15. 通风式重装潜水作业应设专人控制信号绳潜水电话和供气管线。

16. 潜水作业应执行潜水员作业时间和替换周期的规定。

17. 通风式重装潜水员下水应使用专用潜水爬梯。挂设爬梯的悬臂杠应满足强度和刚度要求,并与潜水船、爬梯连接牢固。

18. 水下整平作业需补抛块石时,应待潜水员离开抛石区后方可发出抛石指令。

19. 为潜水员递送工具、材料和物品应使用绳索进行递送,不得直接向水下抛掷。

20. 潜水员水下安装构件应符合下列规定:

(1) 构件基本就位和稳定后,潜水员方可靠近待安装构件。

(2) 潜水员不得站在两构件间操作,供气管亦不得置于构件缝中。流速较大时,潜水员应在逆水流方向操作。

(3) 构件安装应使用专用工具调整构件的安装位置。潜水员不得将身体的任何部位置于两构件之间。

21. 当有潜水员在潜水作业时,水面上应配有预备潜水员,以备水下潜水员发生紧急情况时进行救助。

22. 潜水员在沉井或大直径护筒内作业应符合下列规定:

(1) 作业前应清除沉井或护筒内障碍物和内壁外露的钢筋、扒钉和铁丝等尖锐物。

(2) 沉井和大直径护筒内侧防水位应高于外侧水位。

(3) 潜水员不得在沉井刃脚下或护筒底口以下作业。

（六）大型施工船舶拖航和调遣

1. 概述

（1）大型施工船舶是指起重船、打桩船、挖泥船、炸礁船等。

（2）大型施工船舶拖航、调遣是指船舶经水路从一地航行到另一地的过程。

（3）工程船舶水上调遣拖航是水上交通运输安全生产管理的一项重要内容，为保障船舶航行、停泊和作业安全，必须坚持"安全第一、预防为主"的方针，认真落实交通部、海事局和船检局关于工程船舶安全调遣拖航的法令法规和规章制度，严格执行企业安全调遣拖航实施细则和有关安全技术操作规程。

2. 大型船舶拖航、调遣的一般规定

（1）根据生产调度安排，由企业负责人签发工程船舶调遣令，并制定专人负责，组织有关部门人员和船长制定调遣计划和实施方案。拖航、调遣工作由公司调度部门负责组织。

（2）对单船或两艘拖轮及其两艘以上执行同一任务，均应指定主拖船长担任总指挥，负责拖航全程的管理指挥。总指挥对全程拖航安全负责，包括被拖航船的拖航安全，对整个船队的航行有绝对指挥权。

（3）由总指挥负责主持制定拖航计划和安全实施方案。拖航计划和实施方案应包括任务、区域、日期、气象、方法、通信联络方式、应急安全措施等。拖航计划和安全实施方案制定后须经企业负责人签认，报请海事主管部门检验审核批准，并办理拖航许可证书。

（4）出海拖航被拖船在限定航区内为短途拖航，超越限制航区或在限制航区超过200海里时为长途拖航。长途拖航应向验船部门申请拖航检验，并取得验船师签发的拖航检验报告或适航批准书。

（5）调遣拖航主拖轮、被拖船的技术性能均应符合国家海事、船检主管部门的有关规定，不具备拖航安全技术规定的船舶不得拖航调遣。出海拖航的拖轮（包括使用外单位的）应为专供拖带用的出海拖轮，不得使用其他轮船拖带。

（6）承揽本企业以外的拖航任务或租用外单位拖轮执行拖航任务，双方应签订拖航合同，明确拖航安全责任。

（7）拖航全过程中，应严格遵守《国际海上避碰规则》及国家海事主管部门颁发的水上运输安全航行的有关规定。

（8）拖航任务完成后，总指挥应及时组织工作总结，并向有关部门汇报，有关资料归档保管。

（9）执行拖航任务时，任何船只严禁搭乘无关人员随航。

3. 安全备航

（1）拖航前应组织全体船员进行安全教育，组织安全拖航技术交底，明确实施方案的任务细节，并认真组织讨论，做好记录。被拖船长、船员也应参加航次会。

（2）按照有关安全技术操作规程和实施细则，由总指挥负责组织对所有拖航船舶的安全技术状态进行全面检查和封舱加固。检查落实后，报企业安全、船机主管部门审核检查验收签认。

（3）封舱加固主要项目如下：

① 主甲板上的舱口、人孔、门、窗（包括天窗、舷窗）、通风筒、空气管等必须全部水密封闭或准备能随时水密封闭；对各种水密门、窗、舱口、人孔等必要时应进行水压试验，确保水密性良好。

② 甲板上所有排水孔应保持畅通，所有机械操纵装置用帆布罩好扎严，舱内及甲板面上移动物品应加固定。

③ 锚具在驶离港区后应收妥固定，锚链孔用防水压板和帆布盖好绑牢，以防海水进锚链舱。

④ 起重、打桩、挖泥等设备的吊杆铁架等，符合船舶稳性和设备安全原则的可原位紧固，否则应放落或拆下，妥善放置并系牢或焊固。如工程船有调遣出海拖带封舱加固图纸时，应按照图纸设计要求进行封舱加固。

⑤ 被拖船如有推进器，应将尾轴与主轴脱开或将其固定，使之不能转动。

（4）航前安全检查项目主要有：船舶消防、救生、水密、通信、信号设备及机电设备、航行设备、电航仪器等。

（5）租用外单位拖轮执行拖航任务前，被拖船主管部门应及时联系承担拖航任务的主管部门，获取其批准的拖航计划抄件，以便掌握拖航动态。

（6）执行拖航任务前，所有船舶均应按国家海事主管部门的规定，配备救生、消防、通信、信号、锚系、防渗、堵漏等设施设备以及各种应急救护器材。

（7）根据拖航周期和船员人数，应配有足够的淡水、燃油、食品、急救用药品等有关生活保障用品，并按有关规定配足储量。

（8）拖航前必须对船舶的稳性进行校核，符合国家海事和船检主管部门颁布的规范、技术规定的要求，对老旧船舶应进行必要的稳性复查和船体钢板测厚检验。

（9）若拖航全部航线为冰区或部分航线经过冰区，应具备海事主管部门检验批准的冰区航行证件或经验船师签发的批准文件。不适合冰冻区航行的船舶严禁在冰冻期间拖航。

（10）拖航起航前，应进行一次消费、救生演习，明确每个船员在应变部署中的岗位职责和安全操作要领。

（11）拖航起航前，应按照企业调遣拖航实施细则备齐所需的全部文件、证书，包括调遣令、封舱加固检查核实记录、经批准的拖航计划、船员适任证书、出港签证、船检签证，以及航线海图、潮汐等有关资料。

4. 起航与拖航

（1）起航前，调度部门和总指挥均应及时掌握拖航航区的气象情况，如遇有超过船队抗风等级的大风或大雾以及能见度不良的天气时，当气象预报有热带气旋在预定航区经过时，均不得强行启航。

（2）船队起航后两小时内应向出发港和目的港的主管单位调度中心等有关方面报告启航情况、启航时间、预计到达目的港的时间，并认真执行常规的航行报告制度，按时报告船舶动态。每天08:00、12:00、16:00、20:00、24:00时应向出发港和目的港主管单位调度中心等方面报告航行情况，包括船位、航向、航速、风况、海况等情况。中途锚泊时应将锚泊原因及计划续航时间报主管单位调度部门。

（3）主管单位调度部门应记录调遣船舶动态，对船舶调遣航行过程进行安全监控。拖轮船长应对被拖船在拖航中的安全负责。编队（组）航行时，总指挥对整个船队（组）的航行有绝对指挥权。

（4）拖航、调遣途中应严格执行海上避碰规则和有关港章港规。全体人员（包括被拖船）应严格遵守岗位职责，切实做好航行和停泊值班，认真执行各种规章制度和相关设备操作规程，谨慎操作，确保安全。

（5）拖航期间，拖轮作业人员必须随时守望被拖船及拖缆情况。当被拖航船有留守船员时，双方值班船员应随时守望，随时注意相互间发出的信号。

（6）拖带无人留守船舶时，应根据气象水文情况，选择安排安全适航航段，并随时注意查看检查拖缆摩擦情况及时调整摩擦受力点。当发现被拖船有异常情况时，应选派船员和被拖船在拖轮上的留值船员一起安全登上被拖船进行检查，及时解决发现的问题，确保续航安全。

（7）被拖船上的留值船员在拖航途中应对被拖船全船的水密设备、拖曳设备和活动部件的固定情况及船舶周围海况必须定时检查，并按时报告拖轮及被拖船的值班驾驶员，同时填写记录在拖轮和被拖船上的"航海日志"或"拖航日志"上。

（8）被拖船上的留值船员必须每日定时对船上所有的液体舱、空舱测量两次，并做好记录。

（9）拖带打桩船等结构物较高或船体较宽的船舶时，对通过水域上空的障碍物或限制船体宽度的水域时，应事先根据有关部门提供的正式资料或实测，准确掌握船舶的高度、宽度，根据潮汐情况，确认不超限时方可通过。在通过上述水域时必须由船长亲自操作，并派专人瞭望。

（10）拖航期间，应按时收听天气气象预报，及时做好防风与避风的准备。避风期间必须随时注意观察天气变化情况，按照有关规定布设足够重量和长度的锚系和防风缆，确保避风期的安全，严防避风期间发生人员和船舶损伤事故。

（11）通信手段。可通过高频（VHF）电话、单边带（SSB）电话、手提电话及窄带印字报（NBDP）、卫星通信（INMARSAT-C）等手段进行通信。

5. 遇险遇难安全救助

（1）拖航期间，出发港、目的港的拖航主管部门、调度部门等有关方面均应安排业务人员昼夜值班，保持与拖航船队的联系，当接到拖航船队遇有遇险遇难等特殊情况的报告，值班人员应立即向有关部门和主管领导报告，并尽快布置和采取应急措施。

（2）当拖航途中发生意外时，总指挥应根据现场具体情况，指挥布置采取应急措施，如情况严重或无力解决时，应立即将失常情况向主管部门、海事部门和搜救中心报告，寻求必要的技术支持和救援。

（3）当拖航途中发生遇险遇难紧急情况时，应及时向海上搜救中心发出求救求助信号，准确报告船位、险情，并同时向主管部门、调度部门、海事部门报告，积极组织自救。在排除自身危险后，拖轮应尽一切努力救助被拖船上的留值船员和被拖船，不得擅自离去。

6. 航区划分

（1）海船的航区划分为以下四类：

① 无限航区;

② 近海航区,系指中国渤海、黄海及东海距岸不超过 200 海里的海域;台湾海峡、南海距海岸不超过 120 海里(台湾岛东海岸、海南岛东海岸及南海海岸距岸不超过 50 海里)的海域;

③ 沿海航区,系指台湾岛东海岸、台湾海峡东西海岸、海南岛东海岸及南海岸距岸不超过 10 海里的海域或除上述海域外距岸不超过 20 海里的海域;距沿海有避风条件且有拖救能力的岛屿海岸不超过 20 海里的海域,但对距海岸超过 20 海里的上述岛屿,船检局将按实际情况适当缩小该岛屿周围海域的距岸范围;

④ 遮蔽航区,系指在沿海航区内,由海岸与岛屿、岛屿与岛屿之间,岛屿与海岸之间的横跨距离不应超过 10 海里。

(七) 水上水下活动通航安全管理

1. 制定《水上水下活动通航安全管理规定》的目的是为了维护水上交通秩序,保证船舶航行、停泊和作业安全,保护水域环境。

2. 水上水下活动通航安全管理的原则是安全第一、预防为主、方便群众、依法管理。

3. 水上水下活动通航安全管理的范围

(1) 水上水下活动通航安全管理的主管机关

① 国务院交通运输主管部门主管全国水上水下活动通航安全管理工作。

② 国家海事管理机构在国务院交通运输主管部门的领导下,负责全国水上水下活动通航安全监督管理工作。

③ 各级海事管理机构依照各自的职责权限,负责本辖区水上水下活动通航安全监督管理工作。

4. 水上水下活动通航安全管理规定的适用范围

(1) 水上水下活动通航安全管理规定的适用范围包括公民、法人或者其他组织在中华人民共和国内河通航水域或者岸线上和国家管辖海域从事下列可能影响通航安全的水上水下活动:

① 勘探、采掘、爆破;

② 构筑、设置、维修、拆除水上水下构筑物或者设施;

③ 架设桥梁、索道;

④ 铺设、检修、拆除水上水下电缆或者管道;

⑤ 设置系船浮筒、浮趸、缆桩等设施;

⑥ 航道建设,航道、码头前沿水域疏浚;

⑦ 举行大型群众活动、体育比赛;

⑧ 打捞沉船、沉物;

⑨ 在国家管辖海域内进行调查、测量、过驳、大型设施和移动式平台拖带、捕捞、养殖、科学实验等水上水下施工活动以及在港区、锚地、航道、通航密集区进行的其他有碍航行安全的活动;

⑩ 在内河通航水域进行的气象观测、测量、地质调查,航道日常养护、大面积清除水面垃圾和可能影响内河通航水域交通安全的其他行为。

5. 从事水上水下通航安全活动的申请

(2) 从事《水上水下活动通航安全管理规定》适用范围 1~9 项的水上水下活动的建设单位、主办单位或者对工程总负责的施工作业者,应当按照《中华人民共和国海事行政许可条件规定》明确的相应条件向活动地的海事管理机构提出申请并报送相应的材料。在取得海事管理机构颁发的《中华人民共和国水上水下活动许可证》(以下简称"许可证")后,方可进行相应的水上水下活动。

6. 通航水域水上水下施工作业许可条件是:

(1) 施工作业已依法办理了其他相关手续;

(2) 施工作业的单位、人员、船舶、设施符合安全航行、停泊和作业的要求;

(3) 已制定施工作业或者活动的方案,包括起止时间、地点和范围、进度安排等;

(4) 对安全和防护污染有重大影响的,已通过通航安全和环境影响技术评估;

(5) 已建立安全、防污染的责任制,并已制定符合水上交通安全和防污染要求的保障措施和相应的应急预案。

7. 通航水域岸线安全使用许可的条件是:

（1）涉及使用岸线的工程、作业、活动已完成可行性研究；

（2）已经过岸线安全使用的技术评估。符合水上交通安全的技术规范和要求；

（3）对影响水上交通安全的因素，已制定足以消除影响的措施。

8. 在港口水域内进行采掘、爆破等活动的许可条件

（1）已取得港口主管部门同意；

（2）已按照国家规定取得爆破作业许可证；

（3）作业单位、人员、设施符合安全作业要求；

（4）已制订采掘、爆破作业方案，包括起止时间、地点和范围、进度安排等；

（5）已建立安全、防污染的责任制，并已制定符合水上交通安全和防污染要求的保障措施和相应的应急预案。

9. 通航水域内沉船沉物打捞作业审批的条件

（1）参与打捞的单位、人员具备相应的能力；

（2）已依法签订沉船沉物打捞协议；

（3）从事打捞作业的船舶、设施符合安全航行、停泊和作业的要求；

（4）已制订打捞作业计划和方案，包括打捞的起止时间、地点和范围、进度安排等；

（5）对安全和防污染有重大影响的，已通过通航安全和环境影响技术评估；

（6）已建立相应的安全和防污染责任制，并已制订符合水上交通安全和防污染要求的措施和应急预案。

10. 水上拖带大型设施和移动式平台许可的条件：

（1）确有拖带的需求和必要的理由；

（2）拖轮适航、适拖，船员适任；

（3）海上拖带已经过拖航检验，在内河拖带超重、超长、超宽、半潜物体的，已通过相应的安全技术评估；

（4）已制订拖带计划和方案，有明确的拖带预计起止时间和地点以及航经的水域；

（5）满足水上交通安全和防污染要求，并已制订相应的保障措施和应急预案。

11. 水上水下活动水域涉及两个及两个以上海事管理机构的，许可证的申请应当向其共同的上一级海事管理机构或者共同的上一级海事管理机构指定的海事管理机构提出。

12. 从事水上水下活动需要设置安全作业区的，应当经海事管理机构核准公告。

13. 建设单位或者主办单位申请设置安全作业区，可以在向海事管理机构申请许可证时一并提出。

14. 遇有紧急情况，需要对航道进行修复或者对航道、码头前沿水域进行疏浚的，作业单位可以边申请边施工。

15. 从事《水上水下活动通航安全管理规定》适用范围第10项活动的，应当在活动前将作业或者活动方案报海事管理机构备案。

16. 水上水下通航安全活动许可证的管理

（1）许可证应当注明允许从事水上水下活动的单位名称、船名、时间、水域、活动内容、有效期等事项。

（2）许可证的有效期由海事管理机构根据活动的期限及水域环境的特点确定，最长不得超过三年。许可证有效期届满不能结束施工作业的，申请人应当与许可证有效期届满20日前到海事管理机构办理延期手续，由海事管理机构在原证上签注延期期限后方才能继续从事相应活动。

（3）许可证上注明的船舶在水上水下活动期间发生变更的，建设单位或者主办单位应当及时到作出许可决定的海事管理机构办理变更手续。在变更手续未办妥前，变更的船舶不得从事相应的水上水下活动。

（4）许可证上注明的实施施工作业的单位、活动内容、水域发生变更的，建设单位或者主办单位应当重新申请许可证。

（5）有下列情形之一的，许可证的申请者应当及时向原发证的海事管理机构报告，并办理许可证注销手续：

① 涉水工程及其设施中止的；

② 三个月以上不开工的；

③ 提前完工的；

④ 因许可事项变更而重新办理了新的许可证的；

⑤ 因不可抗力导致批准的水上水下活动无法实施的；

⑥ 法律、行政法规规定的应当注销行政许可的其他情形。

(6) 从事按规定需要发布航行警告、航行通告的水上水下活动,应当在活动开始前办妥相关手续。

17. 对从事水上水下施工生产活动主体的规定

(1) 按照国家规定需要立项的对通航安全可能产生影响的涉水工程,在工程立项前交通运输主管部门应当按照职责组织通航安全影响论证审查,论证审查意见作为工程立项审批的条件。

(2) 水上水下活动在建设期间或者活动期间对通航安全、防治船舶污染可能构成重大影响的,建设单位或者主办单位应当在申请海事管理机构水上水下活动许可之前进行通航安全评估。

(3) 涉水工程建设单位、施工单位、业主单位和经营管理单位应当按照《中华人民共和国安全生产法》的要求,建立健全涉水工程水上交通安全制度和管理体系,严格履行涉水工程建设期和使用期水上交通安全有关职责。

(4) 涉水工程建设单位应当在工程招投标前对参与施工作业的船舶、浮动设施明确应具备的安全标准和条件,在工程招投标后督促施工单位落实施工过程中各项安全保障措施,将施工作业船舶、浮动设施及人员和为施工作业或者活动服务的所有船舶纳入水上交通安全管理体系,并与其签订安全协议。

(5) 涉水工程建设单位、业主单位应当加强安全生产管理,落实安全生产主体责任。根据国家有关法律、法规及规章要求,明确本单位和施工单位、经营管理单位安全责任人。督促施工单位落实水上交通安全和防治船舶污染的各项要求,并落实通航安全评估以及活动方案中提出的各项安全和防污染的措施。

(6) 涉水工程建设单位、施工单位应当确保水上交通安全设施与主体工程同时设计、同时施工、同时投入生产和使用。

(7) 涉水工程勘察设计单位、施工单位应当具备法律、法规规定的资质。

(8) 涉水工程施工单位应当落实国家安全作业和防火、防爆、防污染等有关法律法规,制订施工安全保障方案,完善安全生产条件,采取有效安全防范措施,制订水上应急预案,保障涉水工程的水域通航安全。

(9) 涉水工程业主单位、经营管理单位,应当采取有效安全措施,保证涉水工程试运行期、竣工后的水上交通安全。

(10) 在水上水下活动进行过程中,施工单位和作业人员应当遵守以下规定:

① 按照海事管理机构批准的作业内容、核定的水域范围和使用核准的船舶进行作业,不得妨碍其他船舶的正常航行;

② 及时向海事管理机构通报施工进度及计划,并保持工程水域良好的通航环境;

③ 使船舶、浮动设施保持在适于安全航行、停泊或者从事有关活动的状态;

④ 实施施工作业或者活动的船舶、设施应当按照有关规定在明显处昼夜显示规定的号灯号型;在现场作业船舶或者警戒船上配备有效的通信设备,施工作业或者活动期间指派专人警戒,并在指定的频道上守听;

⑤ 制定、落实有效的防范措施,禁止随意倾倒废弃物,禁止违章向水体投弃施工建筑垃圾、船舶垃圾、排放船舶污染物、生活污水和其他有害物质;

⑥ 遵守有关水上交通安全和防止污染的相关规定,不得有超载等违法行为。

(11) 水上水下活动经海事管理机构核准公告设置安全作业区的,建设单位或者主办单位应当设置相关的安全警示标志和配备必要的安全设施或者警戒船,切实落实通航安全评估中提出的各项安全防范措施和对策,并做好施工与通航及其他有关水上交通安全的协调工作。

(12) 与批准的水上水下活动无关的船舶、设施不得进入安全作业区。建设单位、主办单位或者施工单位不得擅自改变施工作业安全作业区的范围。需要改变的,应当报经海事管理机构重新核准公告。

(13) 对水上水下活动产生的可能影响航行安全的障碍物,建设单位或者主办单位应当将形状、尺寸、位置和深度准确地报告海事管理机构,按照海事管理机构的要求设置标志,并按照通航要求及有关规定的要求及时清除遗留物。

(14) 水上水下活动完成后,建设单位或者主办单位不得遗留任何妨碍航行的物体,并应当向海事管理机构提交通航安全报告。海事管理机构收到通航安全报告后,应当及时予以核查。核查中发现存在有碍航行和作业的安全隐患的,海事管理机构有权暂停或者限制涉水工程投入使用。

18. 对水上水下活动通航安全的监督

(1) 海事管理机构应当建立涉水工程施工作业或者活动现场监督检查制度,依法检查有关建设单位和施工作业单位所属船舶、设施、人员水上通航安全作业条件和采取的通航保障措施落实情况。有关单位和人员应当予以配合。

（2）有下列情形之一的，海事管理机构应当责令建设单位、施工单位立即停止施工作业，并采取安全防范措施：

① 因恶劣自然条件严重影响安全的；

② 施工作业水域内发生水上交通事故，危及周围人身、财产安全的；

③ 其他严重影响施工作业安全或通航安全的情形。

（3）有下列情形之一的，海事管理机构应当责令改正，拒不改正的，海事管理机构应当责令其停止作业：

① 建设单位或者业主单位未履行安全管理主体责任的；

② 未落实通航安全评估提出的安全防范措施的；

③ 未经批准擅自更换或者增加施工作业船舶的；

④ 未按规定采取安全和防污染措施进行水上水下活动的；

⑤ 雇佣不符合安全标准的船舶和设施进行水上水下活动的；

⑥ 其他不满足安全生产的情形。

（4）海事管理机构应当建立涉水工程施工单位水上交通安全诚信制度和奖惩机制。在监督检查过程中对发生的下列情形予以通告：

① 施工过程中发生水上交通事故和船舶污染事故，造成人员伤亡和重大水域污染的；

② 以不正当手段取得许可证并违法施工的；

③ 不服从管理、未按规定落实水上交通安全保障措施或者存在重大通航安全隐患，拒不改正而强行施工的。

19. 对违反水上水下活动通航安全管理规定的处罚

（1）违反本规定，隐瞒有关情况或者提供虚假材料，以欺骗或其他不正当手段取得许可证的，由海事管理机构撤销其水上水下施工作业许可，注销其许可证，并处 5 000 元以上 3 万元以下的罚款。

（2）有下列行为或者情形之一的，海事管理机构应当责令施工作业单位、施工作业的船舶和设施立即停止作业，责令限期改正，并处 5 000 元以上 3 万元以下的罚款。属于内河通航水域水上水下活动的，处 5 000 元以上 5 万元以下的罚款。

① 应申请许可证而未取得，擅自进行水上水下活动的；

② 许可证失效后仍进行水上水下活动的；

③ 使用涂改或者非法受让的许可证进行水上水下活动的；

④ 未按本规定报备水上水下活动的。

（3）有下列行为或者情形之一的，海事管理机构应当责令改正，并可处以 2 000 元以下的罚款；拒不改正的，海事管理机构应当责令施工作业单位、施工作业的船舶和设施停止作业。

① 未按有关规定申请发布航行警告、航行通告即行实施水上水下活动的；

② 水上水下活动与航行警告、航行通告中公告的内容不符的。

（4）未按本规定取得许可证，擅自构筑、设置水上水下建筑物或设施的，禁止任何船舶进行靠泊作业。影响通航环境的，应当责令构筑、设置者限期搬迁或拆除，搬迁或拆除的有关费用由构筑、设置者自行承担。

（5）违反本规定，未妥善处理有碍航行和作业安全隐患并按照海事管理机构的要求采取清除、设置标志、显示信号等措施的，由海事管理机构责令改正，并处以 5 000 元以上 3 万元以下的罚款。

（6）海事管理机构工作人员不按法定的条件进行海事行政许可或者不依法履行职责进行监督检查，有滥用职权、徇私舞弊、玩忽职守等行为的，由其所在机构或上级机构依法给予行政处分；构成犯罪的，由司法机关依法追究刑事责任。

（八）海上航行警告和航行通告管理

1. 海上航行警告和航行通告的管理

（1）海上航行警告和航行通告管理范围

在中华人民共和国沿海水域从事下列活动，必须事先向所涉及的海区的区域主管机关申请发布海上航行警告、航行通告：

① 改变航道、航槽。

② 划定、改动或者撤销禁航区、抛泥区、水产养殖区、测速区、水上娱乐区。

③ 设置或者撤除公用罗经标、消磁场。

④ 打捞沉船、沉物。

⑤ 铺设、撤除、检修电缆和管道。

⑥ 设置、撤除系船浮筒及其他建筑物。

⑦ 设置、撤除用于海上勘探开发的设施和其安全区。

⑧ 从事扫海、疏浚、爆破、打桩、拔桩、起重、钻探等作业。

⑨ 进行使船舶航行能力受到限制的超长、超高、笨重拖带作业。

⑩ 进行有碍海上航行安全的海洋地质调查、勘探和水文测量。

⑪ 进行其他影响海上航行和作业安全的活动。

军事单位划定、改动或者撤销军事禁航区、军事训练区,由国家主管机关或者区域主管机关发布海上航行警告、航行通告。

(2) 海上航行警告和航行通告管理机构

① 中华人民共和国海事局(以下简称国家主管机关)主管全国海上航行警告和航行通告的统一发布工作。

② 沿海水域海事局(以下简称区域主管机关)主管本管辖区域内海上航行警告和航行通告的统一发布工作。

③ 区域主管机关的管辖区域由国家主管机关确定。

④ 在渔港水域内新建、改建、扩建各种设施或者进行其他施工作业,由渔政渔港监督管理机关根据本规定和国家其他有关规定发布海上航行通告。

⑤ 军事单位涉及海上航行警告、航行通告事宜的管理办法,根据《中华人民共和国海上交通安全法》有关规定,另行制定。

(3) 海上航行警告和航行通告发布方式

① 海上航行警告由国家主管机关或者其授权的机关以无线电报或者无线电话的形式发布。

② 海上航行通告由国家主管机关或者区域主管机关以书面形式或者通过报纸、广播、电视等新闻媒介发布。

2. 海上航行警告和航行通告申请的程序

(1) 海上航行警告和航行通告申请的时间

应当在活动开始之日的 7 d 前向该项活动所涉及的海区的区域主管机关递交发布海上航行警告、航行通告的书面申请。但是,有特殊情况,经区域主管机关认定,需要立即发布海上航行警告、航行通告的除外。

(2) 海上航行警告和航行通告书面申请应当包括下列内容:

① 活动起止日期和每日活动时间。

② 活动内容和活动方式。

③ 参加活动的船舶、设施和单位的名称。

④ 活动区域。

⑤ 安全措施。

(3) 进行使船舶航行能力受到限制的超长、超高、笨重拖带作业活动的,应当在启拖开始之日的 3 d 前向起拖地所在海区的区域主管机关递交发布海上航行警告、航行通告的书面申请。

书面申请应当包括下列内容:

① 拖船、被拖船或者被拖物的名称。

② 起拖时间。

③ 起始位置、终到位置及主要转向点位置。

④ 拖带总长度。

⑤ 航速。

(4) 海上航行警告、航行通告发布后,申请人必须在国家主管机关或者区域主管机关核准的时间和区域内进行活动;需要变更活动时间或者改换活动区域的,应当依照本规定,重新申请发布海上航行警告、航行通告。

3. 对违反海上航行警告和航行通告管理规定的处罚

(1) 违反海上航行警告和航行通告管理规定的,由国家主管机关或者区域主管机关责令其停止活动,并可以处 2 000 元以下罚款。

（2）未依照本规定时间申请发布海上航行警告、航行通告的，国家主管机关或者区域主管机关可以给予警告，可以并处 800 元以下罚款。

（3）对违反本规定的责任人员，根据情节，国家主管机关或者区域主管机关可以给予警告、扣留职务证书或者吊销职务证书。

（4）违反本规定，造成海上交通事故的，除依法承担民事赔偿责任外，国家主管机关或者区域主管机关可以根据情节给予罚款、扣留职务证书或者吊销职务证书；构成犯罪的，依法追究刑事责任。

（5）当事人对罚款、扣留职务证书或者吊销职务证书的处罚决定不服的，可以自接到处罚决定通知之日起 15 d 内向中华人民共和国海事部门申请复议，也可以直接向人民法院提起诉讼；期满不申请复议也不提起诉讼又不履行的，作出处罚决定的主管机关可以申请人民法院强制执行。

十四、圈围工程

(一) 水上抛石施工

1. 挖掘机、装卸机等陆域施工机械临时安放在驳船上进行抛石作业必须制定专项施工方案,并附具船舶稳性和结构强度验算结果。

2. 挖掘机、装卸机等在驳船上作业时,驳船的纵横倾角应控制在允许范围内,且不得超载。

3. 作业完毕或船舶在拖航过程中,应对挖掘机、装卸机等进行封固,并将铲斗收回、平放、封固于甲板上。

4. 挖掘机、装卸机等在驳船上抛石应控制其旋转方向,不得将装载块石的铲斗跨越船员室或人员。

5. 人工抛石作业时,抛石人员应保持适当的距离,并应先取石堆顶部块石,石堆陡坡下不得站人。

6. 夜间抛石应设置足够的照明灯具,及时清理甲板上的散石,并指定专人进行安全巡视。

7. 进入潜水作业区前,抛石船应与潜水负责人取得联系。配合潜水员抛石时,应服从潜水负责人的指挥。

8. 开体或开底驳装载块石不得偏载或超载。

9. 开体或开底驳抛石应控制船位和抛石速度。

10. 在软土地基上抛石时,施工顺序、抛填速率和间隔时间应符合设计规定。

(二) 沉排、铺排及充砂袋施工

1. 运输船舶靠泊铺排船应事先与铺排船取得联系,待铺排船放松靠泊侧锚缆后方可靠泊。

2. 铺排船上的起重设备吊装及展开排布应有专人指挥。卷排时,排布上、滚筒和制动器周围不得站人。

3. 吊运混凝土联锁块排体应使用专用吊架,排体与吊架连接应牢固。吊放排体过程中应使用控制绳等措施控制其摆动,吊起的排体降至距甲板1m左右时,施工人员方可对排体进行定位。

4. 升降铺排船滑板或溜放排体时,滑板和排体上不得站人。

5. 充砂袋冲灌前,灌砂口、输砂管接头及高压水管接头应连接牢固。冲灌时,高压水枪不得射向人员或电气设备。

6. 充砂袋或砂枕沉放前,应检查沉放架的制动装置。电器设备应设专人操控。

7. 水上抛放充砂袋或砂枕时,船上的活动物件应固定,作业人员不得站在船舶舷边.

8. 充砂泵或高压水泵的吸头应采用支架、滑车和绳索吊设。升降吸头不得直接提拽体电缆。

9. 铺排船作业应符合下列规定。

(1) 锚泊时,铺排的滑板应根据水文气象条件放至适宜的位置。

(2) 设有滑板的侧舷严禁靠泊船舶。

(3) 拖航时,滑板应拉起并与船体锁定。

(三) 疏浚和吹填施工一般规定

1. 工程开工之前,应对施工水域的现场进行踏勘,了解施工现场的通航密度、水文、气象、土质、障碍物等情况并详细记录。

2. 施工单位应在开工前及时办理航行警告、航行通告等有关手续。

3. 参与施工船舶必须具有海事、船检部门核发的各类有效证书,船舶操作人员应具有与岗位相适应的适任证书,并接受当地执法部门的监督与检查。

4. 施工船舶在施工中要严格遵守《国际海上避碰规则》《海上交通安全法》等有关法规及要求,按规定在明显处昼夜显示号灯、号型,同时设置必要的安全作业区或警戒区并设置符合有关规定的标志。

5. 施工船舶应配备有效的通信和救生设备,并保持设备技术状态良好。

6. 水上施工作业人员必须严格执行安全操作技术规程,杜绝违章指挥、违章作业、违反劳动纪律的"三违"现象,保障船舶航行、停泊和作业的安全。

7. 项目经理部、施工船舶应根据施工作业区域的实际情况和季节变化,制定防台、防汛、防火、防暑、防寒、防冻预案,制定雾天施工安全技术措施。

8. 工程开工前,陆地吹填区域应设置安全警示标志。

9. 疏浚施工中挖到危险或不明物应及时报告有关部门,不得随意处置。

10. 疏浚船舶在库区、坝区下游或回水变动区施工应预先了解水库调度运行方式。

11. 水上建筑物附近疏浚作业应根据设计要求制定专项施工方案。

(四)绞吸挖泥船作业安全要求

1. 绞吸挖泥船进入施工区要有专人指挥,待船停稳,开始放钢桩;如有水流,可先放桥架,船舶停稳后再下钢桩。

2. 作业前,当班人员应对主机、泥泵及离合器、排泥管、闸阀等设备及仪表控制系统进行全面检查,认真做好交接班。

3. 开工作业前,要观察浮管两侧是否有有碍安全的行人和船舶,并在浮管侧及排泥管口设立"停留危险"等警示标牌。

4. 作业过程中,根据泥质确定换桩角度,防止船舶前移量过大或过小产生漏挖、搁桥或横移困难等隐患产生。

5. 浅水或深水作业应分析土质、潮差变化和钢桩的关系,适当起放钢桩以防倾倒或失落;横移和停吹时,严禁将副钢桩插入河底。

6. 遇硬质泥层时要控制绞刀旋转速度,注意调节控制横移锚机缆绳,防止绞刀滚刀或绞断锚缆。如发生滚刀现象,应停止绞刀转动和横移,提起桥架检查;如锚缆被绞,应停机处理。

7. 抛移锚时,登艇人员必须穿救生衣,操作时站在适当位置,防止锚缆抽伤;随时与挖泥船保持联系,及时执行操作指令。

8. 水上管线作业

(1)水上管线作业时必须身穿救生衣,同时应对来往船舶加强瞭望,夜间施工要有足够的照明,风浪大、管线摇晃严重时应停止作业。

(2)水上管线作业所用的葫芦、索具等工具要用绳索系牢,工具传递不得扔掷,以防失落或伤人。

(3)施工区域的水上管线,应在管头、管尾及每间隔一定距离,设置白光灯警示。

9. 在施工作业中发现意外情况,应立即向船长报告,紧急情况下可先停机后报告,处理故障必须采取可靠的安全措施,包括悬挂"禁止启动"等警示性标志牌,并设专人监护。

10. 当班人员应认真做好施工记录和航海日志。

11. 定位钢桩应在船舶抛锚定位后沉放。双钢桩沉放状态下,船舶不得横向移动。

12. 沉放或起升定位钢桩时,人员不得在液压顶升装置和定位钢桩附近通过或停留。

13. 疏浚作业前,排泥管线的出泥管口应经检查确认稳固、正常,并应设置安全警示标志。必要时应设置围挡。

14. 启动泥泵前,排泥管线附近的所有船舶和人员应撤离。

15. 检查排泥管线应携带通信工具并设专人监护。主机应预先减速或停车。

16. 清理绞刀或吸泥口障碍物应关闭绞刀动力源开关,锁定桥架保险销,排净回路水。作业人员应携带通信工具,并设专人监护。

17. 短距离移泊时不得调整定位钢桩。长距离移泊或调遣应按船舶技术说明书对定位桩进行处置或将定位桩放倒封固。

18. 水上排泥管线每间隔50 m应设置一个昼夜显示的警示标志。固定浮管的锚应设置锚标。

19. 泥浆浓度伽玛检测仪必须由专人负责使用管理。检查或修理必须由具有相应资质的厂家和专业人员进行。

20. 受风、浪影响停工时,船舶必须下锚停泊,严禁沉放定位钢桩。

(五)抓斗式吸泥船作业安全要求

1. 抓泥作业前,抓斗机操纵人员应预先发出警示信号,人员不得进入其作业半径范围内。

2. 移动抓斗时,抓斗不得碰撞泥驳或缆绳。装驳时,泥驳应根据干舷高度的变化及时调整系缆。

3. 抓斗下落时不得突然刹车。开挖强风化岩时,应控制抓斗下放速度,不得强行合斗。

4. 抓斗机应在允许负荷量的范围内进行操作,不得超载。抓到不明物体应立即停止作业并探明情况。

5. 抓斗的索链缠绕抓斗时应立即停止作业,排除故障。作业人员不得攀爬或站在处于悬吊状态的抓斗上作业。

6. 检修吊臂或其他属具应将吊臂放于固定支架上,并停车、断电、悬挂"禁止启动"安全警示标志。

7. 检修、调换抓斗应将抓斗放于专用斗架上或将抓斗支撑牢固。

8. 拆装挖斗时,较重斗件应使用吊机或滑车组。

(六) 吹泥船作业安全要求

1. 吹泥前,排泥管线附近的人员和船舶应撤离,并应与排泥区作业人员取得联系。

2. 清理沉石箱应在关闭泵机并在操纵台上悬挂"禁止启动"安全警示标志后进行。

3. 吸泥管堵塞后应关闭泵机并在操纵台上悬挂"禁止启动"安全警示标志。清除堵塞物应设专人监护。

(七) 船舶运输安全要求

1. 本标准适用于水利水电工程的采砂船、机驳、砂驳、拖轮趸船、轮渡、客轮、橡皮艇、救生艇等船舶。

2. 航行船舶应保持适航状态,并配备取得合格证件的驾驶人员、轮机人员;船员人数应符合安全定额;配备消防、救生设备;执行有关客货装载和拖带的规定。

3. 船舶应按规定悬挂灯号、信号,认真瞭望,注意避让;严禁违章行驶。

4. 船舶应在规定地点停泊。严禁在航道中、轮渡线上、桥下以及水上架空设施的水域内抛锚、装卸货物和过驳;严禁船舶在航道中设置渔具。

5. 船舶在航道相遇,应安全礼让。各种船舶都要让交通指挥船,木帆船让机动船,上水船让下水船,小船让大船,空船让重船,非张帆船让张帆船,渡船、渔船让航行船。在狭窄航道上各种船舶均不应抢越。

6. 船舶过浅滩时,应严格执行"当看必看"、"当转必转"、"当吊必吊"、"当跑必跑"的规定,不应冒险航行。

7. 船舶航行中遇狂风暴雨、浓雾及洪水等恶劣气象,应立即选择安全地点停泊,不应冒险航行。

8. 除航道部门设立的航标外,水利水电施工部门应根据施工水域内的实际情况设置简易航标,保障船舶安全航行,但在设置简易航标前,应书面告知航道管理部门。

9. 施工单位应加强与水情、气象部门的联系,及时预报并通知在航、在港船舶,各机动船舶应及时收听、公布风雨、洪汛情况的预报,并根据需要,建立救护组织,配齐救生艇船,加强水上救护工作。

10. 船员应经过专业培训,取得合格证书,方可上岗操作。船员还应熟悉水性,掌握基本的水上自救技能。

11. 客船与轮渡严禁携带雷管、火药、汽油、香蕉水、油漆等易燃易爆危险品;装运易燃易爆危险品的专用船上,禁止吸烟和使用明火。

12. 严禁船舶载重超过吃水线航行。

13. 航行船舶应按规定配备堵漏用具和器材。船舶由于碰撞、触礁、搁浅等原因造成水线以下船体破损进水时,应及时采取堵塞漏洞等应急措施。

14. 船舶应建立严密的消防安全制度,配备足够、有效的消防器材。发生火警、火灾时应及时组织施救,并按章悬示火警信号和利用通信设备求救。

(八) 排泥管线拖运架设安全技术

1. 排泥管线对接时,操作人员应站在固定管线的一侧。

2. 调整管线对接螺栓孔的位置时,作业人员不得将手指伸入法兰孔内;紧固管线对接螺栓时,作业人员身体的各部位不得进入排泥管下部。

3. 受潮水影响、斜坡段或坝顶上的管线应进行固定。

4. 排泥口的管线架应稳定牢固。斜撑与水平杆应相互牵拉形成整体。

5. 水上拼接管线应设专人指挥,并应由起锚艇配合,作业人员应 2 人以上。

6. 风浪、流速较大的水域接拆排泥管时,作业人员应系牢保险绳。工作船上应配备带保险绳的救生圈,并设监护人员。管线晃动严重时,应停止接拆作业。

7. 在通航水域沉放水下排泥管线必须申请发布航行通告,并设置警戒船只。

8. 挖泥船自吹注水沉管时,管线的注水端应采用管线锚予以固定,且注水速度不得过快。

9. 空压机充气起浮水下管线时,充气管的耐压强度应满足要求,接口应绑扎连接牢固。

10. 锚艇起吊水下管线时,吊力及起吊索具应计算确定,起吊应缓慢施力。

11. 管线拖航前,浮筒应经漂浮试验。浮筒两侧链条及卡带应完好,卡带螺栓应拧紧,首尾管口应用堵板予以密封。

12. 拖航时管线两侧宜各系一根钢丝缆,连接各节浮筒,并应收紧、受力一致。

13. 被拖管线上应设置号灯、号型,其高度应高出管线 1.5 m 以上。

14. 拖轮拖带浮筒、管线时,拖带的管线长度应根据拖轮的拖力、水文气象、航道条件等因素确定。拖轮的拖带能力应满足在静水中的拖航速度不小于 5 kn 的要求。拖带航行时,风力宜小于 6 级。

15. 排泥管线需通过桥孔、桩群时,排泥管应采取固定措施。

(九) 施工船舶防风

1. 施工单位应根据船舶的抗风能力和施工水域的掩护条件、水深、风浪、水流及其变化,制定相应的防风应急预案。

2. 季风季节施工应符合下列规定。

(1) 施工船舶的抗风能力应满足施工水域工况条件。

(2) 施工单位应每天按时收听气象和海浪预报,加强对水文气象的分析。

(3) 施工船舶应储备充足的燃油、淡水、缆绳、索具、备件和生活物资、医药用品等。

3. 季风期间,施工船舶应适度加长锚缆。风浪、流压较大时应及时调整船位。

4. 施工船舶的门窗、舱口、孔洞的水密设施应完好,排水系统应通畅,管系阀门等应灵活有效。必要时应配备移动式抽水机。

5. 施工船舶上的桩架、起重臂、桥架、钩头、桩锤、抓斗和挖掘机、起重机等主要活动设备均应备有封固装置。

6. 施工船舶应加强起重臂、打桩架、定位钢桩、臂架和锚缆等设施的观察,风浪可能对船舶或设备造成威胁时,应停止作业。

7. 施工船舶防台应符合下列规定。

(1) 施工单位应制定防台措施计划和应急预案,并服从有关部门的指挥。

(2) 避风锚地应选择在具有天然或人工屏障,且水文条件、水域面积适宜的水域。

(3) 台风来临前,装有物资的船舶应尽快卸载,来不及全部卸载时,应调整平衡后进行封固,并提前进入避风地点。

(4) 甲板、两舷及人行通道应设置临时护绳或护栏。

(5) 主机、副机、舵机、锚机等航行或锚泊重要设施严禁随意拆检。

(6) 在台风期间,施工单位及施工船舶必须严格执行甚高频(VHF)听守制度,及时收听、记录气象预报及台风警报,并在"台风位置标示图"上跟踪、标绘台风路径及未来走向。

(7) 在 7 级风圈半径到达前,非自航船舶和水上辅助设施应调遣至避风锚地。自航施工船舶应根据预案和自身抗风浪能力,适时抵达避风锚地。

(8) 在台风威胁中,施工单位应掌握施工船舶进入避风锚地的位置和锚泊情况,并与施工船舶保持密切联系。

(9) 在台风袭击中,施工单位在施工现场和避风锚地必须设有抗台风指挥人员。指挥人员应掌握台风动向,及时向施工现场、各施工船舶发布台风最新消息和指令。

(10) 采用锚泊方式抗台时,施工船舶应与其他船舶或障碍物保持足够的距离,并应加强值班、勤测锚位、备妥主机。

(11) 抗台风时的锚泊方式,应根据地形、气象、水文、水底土质等自然条件确定。非自航船舶宜采用单点锚泊。

8. 水利工程的大型施工船舶

(1) 大型施工船舶是指起重船、打桩船、挖泥船、炸礁船等。

(2) 大型施工船舶防风、防台是指船舶防御风力在 6 级以上的季风和热带气旋。

(3) 在北半球,热带气旋是发生在热带海洋面上急速反时针旋转、暖中心结构的气旋性漩涡,中心气压低,风力大,按其风力大小可分为:

1) 热带低压:中心风力 6～7 级(风速 10.8～17.1 m/s);

2）热带风暴：中心风力 8～9 级（风速 17.2～24.41 m/s）；

3）强热带风暴：中心风力 10～11 级（风速 24.5～32.61 m/s）；

4）台风：中心风力 12 级以上（风速 32.71 m/s 及以上）。

（4）"台风威胁中"，系指船舶于未来 48 h 以内，遭遇风力可能达到 6 级以上。

（5）"在台风严重威胁中"，系指船舶于未来 12 h 以内，遭遇风力可能达到 6 级以上。

（6）"在台风袭击中"，系指台风中心接近，风力转剧达 8 级以上的时候。

9. 大型施工船舶防季风安全措施

（1）每年进入强风季节前，施工船舶全面检查本船的车、舵、锚、通信、水密、堵漏、排水、救生等设备，对查出的隐患应立即整改，本船无法解决的应及时报公司有关主管部门协助解决。

（2）针对季候风突发性和持续性长等特点，施工船舶应每天按时收听天气预报，以及时获取强风信息；加强气象海况瞭望，以及早作好停工防御准备。

（3）在季候风吹袭期间，航行施工的船舶要注意风流压的影响，以防碰撞或搁浅事故；碇泊施工的船舶要防止边锚断钢丝伤人、钢桩断裂、泥斗出轨等事故，风浪过大时视各自抗风浪能力，要求停工避风。

10. 大型施工船舶防台准备

（1）每年台风季节到来前，有船单位和项目经理部要编制防台预案。工程船舶要落实项目部制定的各项安全技术措施，并根据现场情况选择安排可靠的船舶避风锚地和停靠地点，制定船舶防台安全技术措施，绘制工程船舶锚泊图。施工船舶船长/驾长应组织一次系统的安全自查，重点检查本船的车、舵、锚、通信、水密、堵漏、排水、救生等设备，对查出的隐患应立即整改，本船无法解决的应及时报公司有关主管部门协助解决。

（2）船舶防台锚地的选择应考虑下列因素：

① 满足施工现场船舶、设施的水深要求。

② 在施工作业区或靠近施工作业区的水域。

③ 周围无障碍物的环抱式港湾、水道。

④ 有消除或减弱浪涌的天然屏障或人工屏障的水域。

⑤ 有足够回旋距离的水域。

⑥ 泥或泥沙混合的底质。

⑦ 流速平缓。

⑧ 便于通信联系和应急抢险救助。

（3）船舶撤离时机应根据以下原则进行计算：

① 确保碇泊施工的船舶及其辅助船舶、设备（包括水上管线和甲板驳等）在 6 级大风范围半径到达工地 5h 前抵达防台锚地。

② 确保自航施工船舶在 8 级大风范围半径到达工地 5 h 前抵达防台锚地。

11. 大型施工船舶防风、防台实施

（1）热带低压生成后

① 项目经理部应跟踪、记录、分析热带低压动向；向所辖船舶通报热带低压动向。

② 施工船舶应跟踪、记录热带低压动向；合理安排近期工作，做好防台准备。

（2）在台风威胁中

① 项目经理部跟踪记录、标绘、分析台风动向；召开防台会议，部署防台工作；指定防台值班拖轮；向所辖船舶通报台风最新信息。

② 施工船舶跟踪记录、标绘、分析台风动向；备足防台期间的粮食、肉菜以及足够的淡水、燃油。

③ 施工船舶不得拆卸主机、锚机、舵机、锚链等重要机械属具进行修理；已拆卸的尽快回复，来不及回复的报项目经理部。

（3）在台风严重威胁中

① 项目经理部安排防台值班；继续跟踪记录、标绘、分析台风动向，向所辖船舶通报台风最新信息；掌握施工船舶进入防台锚地时间、位置及船舶防台准备情况等。

② 施工船舶进入防台锚地；继续跟踪记录、标绘、分析台风动向。

③ 锚泊时要确保船与船之间，船与浅滩、危险物之间有足够的安全距离。

④ 加强值班,确保 24 h 昼夜有人值班,保持联络畅通。

(4)在台风袭击中

① 项目经理部继续跟踪记录、标绘、分析台风动向,及时向辖下船舶通报台风最新信息;通知值班拖轮、交通车、救护队做好应急准备。

② 项目经理部与船舶保持联系,做好防台情况记录。

③ 施工船舶继续跟踪记录、标绘、分析台风动向。

④ 当 8 级大风到来 2 h 前,下锚船舶应改抛双锚(一点锚)。

⑤ 在甲板上工作的人员应穿救生衣,系带救生绳。

⑥ 当风力达到 9 级时,机动船应备机抗台,船长应在驾驶台指挥,轮机长应下机舱指挥。

(5)台风警报解除后

① 项目经理部向辖下船舶发布台风警报解除信息。

② 船舶做好施工准备,尽快投入生产。

第四部分　事故案例

案例一

某工程基坑内砖胎模坍塌死亡事故

2005 年 11 月某日上午 7 时左右,由某公司总承包、某公司分包施工的基坑工程已进入结构施工阶段,分包单位现场项目部为加快施工进度、减少混凝土水平施工缝,自行改变基坑内结构约 2.0 m 高差的基础及地梁施工方案。在基坑内绑扎钢筋前,作业人员周某(新务工人员,进入施工现场仅两天)沿 2# 轴线钢筋混凝土地梁的砖胎模(砖砌体做地梁侧模)边进行场地清理作业时,砖胎模砌体倒塌,导致周某被倒塌的墙体击中并埋在土体中,经抢救无效死亡。

事故原因

(一)直接原因

施工作业人员周某为方便清理,擅自拆除本已薄弱的砖胎模支撑体系的主要构件——简易木制斜抛撑,在拆除过程中砖胎模砌体倒塌,导致周某被倒塌的墙体击中并埋在土体中,经抢救无效死亡。

(二)间接原因

1. 分包单位现场项目技术管理混乱,擅自变更施工方案:未经计算和设计,将约 28.0 m 长、0.8 m 高的 2# 轴线钢筋混凝土地梁的砖胎模砌体直接升高至约 1.9 m 高(砌体仅为单砖砌筑,既无结构构造也无加强配筋),并在砌体外侧与土墙之间回填黄砂至顶部、砌体内侧仅设简易木制斜抛撑,且未执行变更施工方案报批程序。致使变更后的钢筋混凝土基础及底梁施工存在重大安全隐患。

2. 分包单位对工地现场施工作业管理不到位,安全责任意识不强,大型基坑工程施工作业现场无施工、安全等管理人员,导致无法发现和制止施工作业人员的违规违章作业行为。

3. 分包单位未落实针对现场作业人员的岗前安全教育培训、施工技术交底、班前安全技术交底等安全管理制度,导致一线作业人员安全意识淡薄,新务工人员安全自我防范意识差,为便于清理施工而大范围盲目地拆除砖胎模砌体斜抛撑,导致砖胎模砌体失稳坍塌。

4. 总包单位现场项目部未能履行总包管理职责,对工地现场存在的重大安全隐患检查不到位,施工现场项目管理失控,致使对于分包单位自行改变施工方案进行施工的行为未能及时发现和制止,也未能及时督促分包单位采取相应的安全技术和管理措施。

事故性质

一般安全生产责任事故。

事故责任的认定及对事故责任者的处理建议

(一)对事故责任单位的责任认定和处理建议

1. 分包单位现场项目技术管理混乱,擅自变更施工方案;对工地现场施工作业安全管理不到位,导致施工现场存在重大安全隐患,无法发现和制止施工作业人员的违规违章作业行为;未落实针对现场作业人员的岗前安全教育培训、施工技术交底、班前安全技术交底等安全管理制度,一线作业人员安全和防范意识淡薄。对于本起事故的发生负有主要责任,建议按照有关的法律法规规定进行行政处罚。

2. 总包单位现场项目部未能履行总包管理职责,对工地现场存在的重大安全隐患检查不到位,对于分包单位自行改变施工方案进行施工的行为未能及时发现和制止,也未能及时督促分包单位采取相应的安全技术和管理措施。对于本起事故的发生负有总包管理责任,建议按照有关的法律法规规定进行行政处罚。

（二）对事故责任人的责任认定和处理建议

1. 分包单位的项目经理、技术负责人、施工员、安全员以及总包单位的项目经理、安全员等对于本起事故的发生负有相应的岗位履职不到位的责任，建议按照各自单位的规定进行处理。

2. 周某安全意识淡薄、自我防范意识差，擅自拆除砖胎模砌体斜撑，对本起事故发生负有直接责任，鉴于其在事故中已死亡，故不再追究其责任。

事故的防范和整改措施

总包、分包单位以及相关管理人员应切实履行各自职责，严格执行施工方案，加强施工现场作业期间的安全管理、安全检查工作，认真落实安全教育培训、技术交底、安全交底等各项安全生产管理制度，提高施工作业人员（尤其是新进务工人员）的安全意识和自我防范能力。

事故启示

工程建设各参建单位必须加强危险性较大的分部、分项工程的全过程安全生产管理。

案例二

某排管工程沟槽坍塌死亡事故

2012年2月某日,某公司承担直径为600 mm的HDPE双壁缠绕管开槽埋管施工,管道埋深为4.9 m,总长度为60 m。14时40分许,作业人员姚某和马某两人在沟槽内进行管道安装时,沟槽两侧土体突然坍塌,马某及时逃离未受伤,姚某自颈部以下被土方掩埋。现场人员立即组织开展救援并撤出无关人员,同时拨打120,后姚某经抢救无效死亡。

事故原因

（一）直接原因

沟槽槽壁土方受雨水侵蚀影响发生坍塌,施工作业人员姚某躲闪不及,身体自颈部以下被掩埋无法动弹,经抢救无效窒息死亡。

（二）间接原因

1. 某公司安全管理不到位,对施工现场的安全监管不到位,未能根据工程实际采用安全的沟槽支护方案并实施,未能及时发现和消除排管施工中存在的安全隐患。

2. 某公司对施工作业人员缺少有效的安全培训教育,未能真正提高每一名作业人员的安全常识、自我保护意识和突发事件应急处置能力。

事故性质

事故调查组认定,该起事故是由于公司安全管理不到位,对生产现场安全监管不力,操作人员安全培训教育不到位而引发的一般生产安全责任事故。

事故责任的认定及对事故责任者的处理建议

（一）对事故责任单位的责任认定和处理建议

某公司作为安全生产的责任主体未认真履行相关法律法规的规定,未完善各类安全管理制度和岗位操作规程,对施工作业人员安全培训教育不力、生产现场安全监管不到位,导致事故发生,对事故负有责任。建议区安全生产监督管理部门对其予以经济处罚。

（二）对事故责任人的责任认定和处理建议

1. 施工人员姚某缺乏安全知识和自我保护意识,未能及时发现施工现场的危险有害因素和事故隐患,无法做出有效的回避,导致事故发生,对事故负有直接责任,鉴于本人在事故中死亡,不再予以追究。

2. 施工人员马某缺乏安全知识和自我保护意识,未能及时发现施工现场的危险有害因素和事故隐患,导致事故发生,对事故负有责任,责成施工单位对其加强安全教育工作。

3. 某公司的该工程项目负责人,未认真履行《安全生产法》的职责和规定,对生产现场缺少必要的安全检查,未能及时发现事故隐患,导致事故发生,对事故负有直接领导责任。建议区安全生产监督管理部门对其予以经济处罚。

事故防范和整改措施

1. 建立并完善各类安全生产管理制度、责任制度,进一步贯彻落实企业内各项安全管理制度,加强安全检查和巡视;尤其要加强对现场的预检和监管人员配备。

2. 建立、健全雨天、潮湿等恶劣环境下的现场施工评估管理制度和现场施工规范,排除因客观环境因素带来的风险、隐患。

3. 进行全公司施工管理人员、施工作业人员安全教育,认真吸取事故教训,举一反三,加强对从业人员的安全教育和培训,增强员工自我保护意识。

事故启示

工程建设各参建单位必须结合工程特点、施工环境、天气状况等,加强安全生产管理。

案例三

某工程起重伤害死亡事故

某专业分包单位施工的某工程已经基本完成,处于清理施工现场阶段。2013 年 11 月某日上午,一台汽车起重机负责吊运施工现场的多余钢筋,一名普工在现场辅助配合起重作业。上午 10:00 左右,该名普工将吊带套在两捆钢筋的一端,起重机操作人员就进行起吊,在移动钢筋的过程中,两捆钢筋突然滑落,砸中钢筋下面的该名普工。现场人员见状立即拨打了 120,该名普工经送医院抢救无效死亡。

事故原因

(一)直接原因

起重机操作人员在起重臂旋转工作范围内有人的情况下,采用单点斜吊钢筋,钢筋在被吊装移动时滑落,砸中未正确使用安全帽的普工头部,经抢救无效死亡。

(二)间接原因

1. 总承包单位将该工程违法转包。

2. 总承包单位及实际承担总包责任单位统一协调管理不力,对分包单位的安全生产检查不到位,未督促分包单位对施工人员进行安全生产教育培训考核。

3. 分包单位对施工现场安全生产管理不力,未执行起重吊装安全生产作业规程,未对施工作业人员进行安全生产教育培训考核,未及时消除单点斜吊运钢筋等安全生产事故隐患。

4. 监理单位未配齐项目监理人员,对施工现场安全监督检查不力,对施工单位违反起重吊装安全生产作业规程的行为未及时制止,未有效督促消除单点斜吊运钢筋等安全生产事故隐患。

事故性质

一般安全生产责任事故。

事故责任的认定及对事故责任者的处理建议

(一)对事故责任单位的责任认定和处理建议

1. 总承包单位,将该工程违法转包,对这起事故的发生负有责任,建议由建设行政主管部门对其作出相应的行政处罚。

2. 实际承担总包责任单位,对分包单位统一协调管理不力,未督促分包单位执行起重吊装安全生产作业规程,未督促分包单位对施工人员进行安全生产教育培训考核,对这起事故的发生负有责任,建议由安全生产监管部门对其作出相应的行政处罚。

3. 分包单位,对施工现场管理不力,未执行起重吊装安全生产作业规程,未对施工人员进行安全生产教育培训考核,未及时消除单点斜吊运钢筋等安全生产事故隐患,对这起事故的发生负有责任,建议由安全生产监管部门对其作出相应的行政处罚。

4. 监理单位,未配齐项目监理人员,对施工现场安全监督检查不力,对施工单位违反起重吊装安全生产作业规程的行为未及时制止,未有效督促消除单点斜吊运钢筋等安全生产事故隐患,对这起事故的发生负有责任,建议由建设行政主管部门对其作出相应的行政处罚。

(二)对事故责任人的责任认定和处理建议

1. 总承包单位总经理,同意将该工程违法转包,对这起事故的发生负有责任,建议由建设行政主管部门对其作出相应的行政处罚。

2. 实际承担总包责任单位的总经理、该工程实际项目负责人,未有效督促、检查该工程安全生产工作,未督促分包单位执行起重吊装安全生产作业规程,对这起事故的发生负有责任,建议由安全生产监管部门对其作出相应的行政处罚。

3. 实际承担总包责任单位的该工程现场负责人,对分包单位统一协调管理不力,未督促分包单位对施工人员进行安全生产教育培训考核,对这起事故的发生负有责任,建议由公司对其作出相应的处理。

4. 分包单位副总经理(主持工作),未有效督促、检查该工程安全生产工作,未落实起重作业人员安全生产培训考核制度,对这起事故的发生负有责任,建议由安全生产监管部门对其作出相应的行政处罚。

5. 分包单位该工程现场负责人,对施工现场安全管理不力,未落实起重吊装安全生产作业规程等制度,未对施工人员进行安全生产教育培训考核,未督促施工人员正确使用安全帽等劳动防护用品,未及时消除单点斜吊运钢筋等安全生产事故隐患,对这起事故的发生负有责任,建议由公司对其作出相应的处理。

6. 分包单位起重操作工,违反起重吊装安全生产作业规程,在起重臂旋转工作范围内有人的情况下,单点斜吊并移动钢筋,对这起事故的发生负有责任,建议由公司对其作出相应的处理。

7. 监理单位总经理,未配齐项目监理人员,在总监离职的情况下未办理总监变更手续,对这起事故的发生负有责任,建议由建设行政主管部门对其作出相应的行政处罚。

8. 监理单位总监代表,未督促施工单位执行起重吊装安全生产作业规程,对施工现场安全监督检查不力,未有效督促消除单点斜吊运钢筋等安全生产事故隐患,对这起事故的发生负有责任,建议由公司对其作出相应的处理。

事故的防范和整改措施

1. 总承包单位应加强项目管理,严格执行承发包程序,不得将承包的工程违法转包。

2. 总承包单位应加强对分包单位的施工现场安全管理,确保各项安全措施落实到位。

3. 分包单位应加强施工现场管理,严格执行起重吊装安全生产作业规程,对特种作业人员、施工作业人员开展有效的安全生产教育培训和安全技术交底,督促施工人员正确使用安全帽等劳动防护用品,及时消除各类事故隐患,确保施工安全。

4. 监理单位应配齐项目监理人员,加大对施工现场安全监理力度,督促施工单位执行起重吊装安全生产作业规程,督促施工单位落实各项安全防护措施。

事故启示

工程建设各参建单位必须牢固树立正确的市场经营行为,并加强工程收尾阶段的各类安全生产管理。

案例四

某泵站工程高处坠落死亡事故

2013年8月某日某泵站工程进行拦污栅安装,当日上午8时许,施工负责人带电焊工、辅工两人在抽干水的拦污栅钢筋混凝土底板上进行安装作业,另一辅工张某在河岸上配合递送安装材料。至上午9时许,辅工张某从河岸防汛墙顶部坠落至拦污栅钢筋混凝土底板(坠落高度约3m)。现场施工人员将其送往医院,经医院抢救无效死亡。

事故原因

(一)直接原因

辅工张某在某泵站工程搬运建筑材料时,从河岸(防汛墙顶部)坠落至抽干水的河道底部(拦污栅钢筋混凝土底板),坠落高度约3m,造成颅脑损伤,经抢救无效死亡。

(二)间接原因

1. 施工单位未落实本单位制定的安全规定,未在有临边施工的场所安装护栏或安全网等防护设施。

2. 施工单位未对施工作业人员进行有效的安全教育和必要的技术交底,导致施工作业人员安全意识淡薄,没有发现作业现场存在的危险因素。

事故性质

一般安全生产责任事故。

事故责任的认定及对事故责任者的处理建议

(一)对事故责任单位的责任认定和处理建议

施工单位未教育施工作业人员严格执行本单位的安全生产规章制度和安全操作规程,未向施工作业人员如实告知作业场所和工作岗位存在的危险因素、防范措施,其安全生产管理人员未根据本单位特点对工地现场安全生产状况进行经常性检查。以上行为违反了《中华人民共和国安全生产法》第三十六条、第三十八条的规定,依据《生产安全事故报告和调查处理条例》第三十七条第(一)项的规定,建议安监部门依法给予施工单位行政处罚。

(二)对事故责任人的责任认定和处理建议

施工单位法定代表人,未督促、检查本单位安全生产工作,未及时消除生产安全事故隐患。以上行为违反了《中华人民共和国安全生产法》第十七条的规定,依据《中华人民共和国安全生产法》第八十一条第二款的规定,建议安监部门依法给予施工单位法定代表人个人经济处罚。

事故的防范和整改措施

1. 施工单位应认真履行施工现场安全生产管理职责,完善安全生产各项管理制度,重点加强安全生产投入、安全生产条件检查、安全生产教育培训。

2. 施工单位应针对本次事故教训,开展安全生产大检查,及时发现并消除各类安全生产事故隐患,确保各类工程施工现场的安全管理措施到位、有效。

3. 施工单位应对全体施工管理人员和施工作业人员开展安全生产教育和培训,确保全员熟悉并掌握本单位、本岗位的规章制度和操作规程。

事故启示

工程建设各参建单位必须不论工程规模、作业量大小,均应加强工地现场安全生产投入和日常安全生产管理。

案例五

某工作井高处坠落死亡事故

某施工总承包单位将某工程的工作井分部工程的施工劳务作业发包给某劳务分包单位。2014年1月某日该工作井工程以及土体加固工程等均已结束,工地现场无施工作业内容,当日14时20分工地现场仅留有门卫等2人。14时25分,某劳务分包单位的1名班组长房某与工地门卫打完招呼后即进入场地。过了5分钟,门卫听到工作井处有响声,随即过去查看,发现房某已在井下,判断为坠落(井深为15.77 m)。因伤势严重,经医院抢救无效死亡。

事故原因

(一)直接原因

某劳务分包单位的班组长房某安全意识差,擅自进入工作井临边警戒区域,不慎坠落在工作井内。

(二)间接原因

1. 某劳务分包单位对员工的安全教育不到位,员工安全意识差。

2. 非施工作业期间的工地现场安全管理不到位。

事故性质

非施工过程中的一般安全生产责任事故。

事故责任的认定及对事故责任者的处理建议

(一)对事故责任单位的责任认定和处理建议

某劳务分包单位对员工的安全教育不到位,员工安全意识差,对本起事故负有管理责任,建议当地安全监管部门依法给予行政处罚。

(二)对事故责任人的责任认定和处理建议

某劳务分包单位的班组长房某安全防护意识不强,擅自进入工作井临边警戒区域坠落井底,对本起事故负有直接主要责任,鉴于其已死亡,不对其进行处理。

事故的防范和整改措施

1. 施工总承包单位、各有关分包单位以及建设、监理单位要针对该起事故召开专题的安全工作会议,通报事故情况,深入分析事故原因,认真吸取事故教训,仔细查找安全工作中存在的薄弱环节,举一反三。

2. 某劳务分包单位要进一步加强对施工管理人员和施工作业人员的安全教育培训工作,增强和提高包括施工管理人员在内的全体人员安全生产意识和自我安全保护意识。

事故启示

安全生产是全员、全过程、全方位的管理,不应存在"盲区"、"间隙"。工程建设参建各方除了做好施工期间的安全生产管理外,在非施工作业期间也应加强包括对劳务分包单位人员在内的安全生产管理。

案例六

某泵闸泵站工程物体打击死亡事故

　　某施工总承包单位负责的某泵闸工程,其基坑围护工程由某分包单位施工。2013年5月某日,基坑围护桩施工已经完工,导杆式柴油打桩机也处于卧放状态,部分构件已紧固拆松、拆卸。当日上午7时25分左右,普工杨某独自一人至现场进行拆卸作业,导致搁置在桩机机身架上的斜杆(钢制拉杆构件)滑动,击中头部,在送医院途中死亡。

事故原因

　　(一)直接原因

　　普工杨某安全意识淡薄,擅自进入拆卸现场进行拆卸作业,导致斜杆滑动并击中头部,导致事故的发生。

　　(二)间接原因

　　1.某分包单位安全管理不严,施工作业人员进入工地无人监管,对作业现场缺乏有效的安全监护,导致施工人员不安全行为得不到有效发现和纠正。

　　2.某分包单位对职工的三级教育和安全交底不够,职工缺乏相应的安全知识和自我保护意识。

事故性质

　　一般安全生产责任事故。

事故责任的认定及对事故责任者的处理建议

　　(一)对事故责任单位的责任认定和处理建议

　　某分包单位缺乏对作业人员安全教育培训,对施工现场缺乏有效的安全监管,对事故发生负有管理责任。违反了《中华人民共和国安全生产法》有关规定,建议当地安全监管部门依法给予行政处罚。

　　(二)对事故责任人的责任认定和处理建议

　　1.普工杨某独自进入施工现场进行作业,安全意识不强,自我保护意识差,对事故发生负有主要责任。鉴于其在事故中死亡,故不再追究其责任。

　　2.某分包单位现场负责人未落实对工地现场施工作业人员的日常管理制度,对施工作业现场缺乏有效监管,对事故发生负有一定责任。建议公司对其作出处理。

事故的防范和整改措施

　　1.加强施工现场安全生产管理,落实工地现场人员进出管理、作业人员班前教育、施工期间安全监护等安全管理制度。

　　2.施工总承包单位应召集所有分包单位召开一次事故分析会,分析事故的原因、教训,举一反三,制定有效的安全防范措施,切实消除安全隐患,确保作业人员的人身安全。

　　3.分包单位应进一步完善三级安全教育制度,加强对职工的安全教育,以此次事故为教训,教育职工严格遵守各项安全生产规章制度和操作规程,提高职工的安全意识,增强自我保护的能力。

　　4.分包单位应完善工地现场安全生产管理制度,加强日常性的安全生产检查,及时发现和消除各类事故隐患,杜绝各类事故的发生。

事故启示

　　只要有施工、有作业、有工地存在,安全生产管理必须到位。工程建设各参建方必须加强对进入工地现场施工人员登记、安全教育、安全交底等管理,在作业期间必须有人协护,不得一人独自作业。

案例七

某桩基础工程物体打击死亡事故

某总承包单位承建某扩建二期工程,其桩基工程由某专业分包单位施工。2010年4月某日下午18时05分许,在打桩施工作业中,14#打桩机操作人员在送桩杆未放直、桩帽未就位的情况下,开始打桩操作,导致送桩杆被击倾倒并击中辅工张某头部,经抢救无效死亡。

事故原因

（一）直接原因

14#打桩机的操作人员在送桩杆未放直、桩帽未就位的情况下开始打桩操作,致使送桩桩帽脱落、桩锤打偏,导致送桩杆倾倒并击中旁边的施工作业人员头部,经抢救无效死亡。

（二）间接原因

1. 分包单位安全管理不严,对作业现场缺乏有效的监管（施工作业时正处于晚饭时间,打桩作业无人指挥）,导致打桩机械存在不安全状态和施工作业人员不安全行为等得不到有效发现和纠正。

2. 打桩操作人员违反操作规程,操作过程中思想麻痹、急于下班,在未进行桩机定位测量和安全检查、且无人指挥的情况下,自行进行打桩施打作业。

3. 分包单位对职工的三级教育和安全交底不到位,职工缺乏相应的安全知识和自我保护意识,辅工张某在打桩作业影响范围内盲目作业。

4. 总承包单位现场项目部未能履行总包管理职责,未督促分包单位对施工人员进行安全生产教育培训考核,专职安全管理人员未对作业现场进行有效监管（工地现场进行危险性作业时无人巡查）。

5. 监理单位对施工现场安全监督检查不力,未有效督促消除打桩设备存在的不安全状态和施工作业人员的不安全行为等安全生产事故隐患。

事故性质

一般安全生产责任事故。

事故责任的认定及对事故责任者的处理建议

（一）对事故责任单位的责任认定和处理建议

1. 分包单位安全管理不严,对作业现场缺乏有效的监管,对职工的三级教育和安全交底不够,对事故发生负有主要管理责任。违反了《中华人民共和国安全生产法》的有关规定,建议当地安全监管部门依法给予行政处罚。

2. 总承包单位现场项目部未能履行总包管理职责,未督促分包单位对施工人员进行安全生产教育培训考核,对事故发生负有管理责任。建议由建设行政主管部门对其作出相应的处理。

3. 监理单位对施工现场安全监督检查不力,未有效督促消除施工现场安全生产事故隐患,对事故发生负有管理责任。建议由建设行政主管部门对其作出相应的处理。

（二）对事故责任人的责任认定和处理建议

1. 某分包单位现场负责人缺乏对施工作业现场有效监管,未落实对职工的三级教育和安全交底,对事故的发生负有责任。建议公司对其作出处理。

2. 打桩操作人员违反操作规程,在未进行桩机定位测量和安全检查、且无指挥的情况下,自行进行打桩施打作业,对事故发生负有责任。建议公司对其作出处理。

事故的防范和整改措施

1. 总承包单位要召集所有现场项目部召开事故分析会,举一反三,加强履行总包管理职责,督促分包单位对施工人员进行安全生产教育培训考核。

2. 分包单位要加强对特种作业人员的管理,完善三级安全教育制度。教育职工严格遵守各项安全生产规章制度和操作规程,提高职工的安全意识,增强自我保护的能力。

3. 总承包单位、分包单位、监理单位要加强日常的安全生产巡查和危险性作业期间的监控,及时发现和消除各类事故隐患,杜绝各类事故的发生。

事故启示

工程建设各参建方在施工机械作业等较大危险性作业期间,必须加强整个施工过程的安全生产管理。

案例八

某施工临时接电作业触电死亡事故

2011年8月某日,某施工单位在承建某工程的施工过程中,因现场原有施工临时用电外线架设到工作点后,电压始终不稳定(需380 V,实测330 V),现场旋喷桩施工机械设备无法正常工作。上午项目施工负责人同紧邻工地围墙外的乡村仓库配电房借用电源。经同意后于下午16时左右受施工现场作业组长指派,两位电工带领普工刘某共三人前往仓库配电房进行接电作业,此时配电箱中的空气开关处于断开状态。两位电工负责接线(从配电箱空气开关下部的出线端子接线),普工刘某协助电工搬运、递送材料及工具。作业至16时50分左右,基本完成准备收工时,刘某突然身体重心失稳,手臂不慎碰到配电箱空气开关上部裸露的进线端上导致触电,经现场人工急救、120急救中心现场紧急抢救无效死亡。

事故原因

(一)直接原因

普工刘某在协助电工作业时操作不慎,其右手碰触在配电箱内空气开关上部裸露的带电进线上,导致事故发生。

(二)间接原因

1. 施工单位施工现场作业组长,在安排接电作业时未对施工作业人员进行针对性的安全技术交底,作业人员未对作业现场进行有效的危险源辨识。由于连日暴雨造成配电房内地坪比较湿滑,表面附着青苔,作业环境存在安全隐患;配电房内的电气设备陈旧,配电箱上部进线部位缺少防护装置,致使进线端子带电裸露,电气设备存在安全隐患;作业人员对作业环境和设备状态存在的危险源缺少进一步有效的辨别,在进入配电房内进行作业前没能及时观察到地面潮湿和附着青苔带来的安全隐患,未采取有针对性的、有效的安全防护措施。

2. 现场施工作业人员安全和自我保护意识淡薄,在电工作业时未采取有效防护措施。作业过程中,现场虽有两名专业电工,但对普工刘某的作业范围、作业行为疏于提醒;普工刘某靠近配电箱进行辅助作业,安全作业意识不强。

3. 施工单位施工项目部,对安全生产不重视,安全生产责任不落实,安全生产规章制度和操作规程不健全,未给电工作业人员配发相关劳防用品。施工项目负责人对项目管理人员、作业人员的安全教育、安全技术交底不够深入、全面,安全责任未落实到人,旁站监护上存在缺位,对临时、零星作业尤其是工地以外场所作业的安全管理措施和过程监控力度不够,且未提供危险作业场所的绝缘手套、绝缘鞋等劳防用品。

事故性质

一般安全生产责任事故。

事故责任的认定及对事故责任者的处理建议

(一)对事故责任单位的责任认定和处理建议

施工单位安全管理不到位、安全教育不到位、安全技术交底缺乏,个人防护用品缺失,对事故发生负有管理责任。建议当地安全监管部门依据《生产安全事故报告和调查处理条例》第三十七条第一款第(一)项之规定,对施工单位实施行政处罚。

(二)对事故责任人的责任认定和处理建议

1. 施工单位施工现场作业组长,在安排接电作业时未对作业人员进行针对性的安全技术交底,对事故发生负有管理责任。建议施工单位给予行政处分和经济处罚。

2. 普工刘某安全和自我保护意识淡薄,在协助电工作业时未采取有效防护措施,对事故发生负有直接责任。因已死亡,不再追究。

3. 施工单位施工项目经理,对安全生产不重视,安全生产责任不落实,安全生产规章制度和操作规程不健全,未给电工作业人员配发相关劳防用品,对事故发生负有领导责任。责成其作出深刻的书面检查并建议施工单位给予行政处分。

事故的防范和整改措施

1. 施工单位必须对该施工项目进行停工整顿,对所有施工作业区域进行全面的安全检查,同时检查企业安全生产责任制落实情况,对发现的问题和隐患落实责任人进行全面的整改。

2. 施工单位必须组织召开现场安全专题会议,通报事故情况,进一步分析事故原因,对全体员工进行全方位的安全意识和自我保护意识的教育,吸取血的教训,避免类似事故的重复发生。

3. 施工单位必须修订和完善企业劳防用品的管理制度,必须向电工发放相关的防护用品。

4. 施工单位必须加强对安全管理人员的监管,严格履行安全管理职责,加强对生产作业现场的安全检查,确保作业安全。

5. 施工单位的现场项目部须认真学习和严格执行国家《安全生产法》和《上海市安全生产条例》等相关法律法规,增强全体员工的法制意识。

事故启示

工程建设各参建方必须加强临时工程、临时作业等的安全生产管理。

案例九

某工程施工人员坠江溺水窒息死亡事故

某总承包单位承建某大型工程,其涉及的江边老码头驳岸的木桩拔除工程由某专业分包单位负责实施。2008年6月某日大风暴雨,15时20分该专业分包单位的一名辅助工王某攀爬全回转套管机九档钢直梯去查看作业情况,当攀爬至第四档时脚下踩滑,身体后仰倒翻出防护栏杆,落到栏杆外支撑全回转套管机的钢梁上,再从2 m高钢梁南侧滚入江中。直至15时35分王某被捞起,经现场急救并送医院抢救无效死亡。

事故原因

(一)直接原因

辅助工王某在攀爬全回转套管机的钢直梯时,脚下踩滑,身体失稳后仰翻坠落并滚落入江中,溺水窒息死亡。

(二)间接原因

1. 专业分包单位安全管理不严,对作业现场缺乏有效的监管,未及时发现和消除作业现场的施工设施存在的安全隐患(全回转套管机的底平台到顶平台的九档钢直梯未加装护圈笼,底平台周边江面上未架设防坠网,底平台周边防护栏杆高度未达到1.2 m高度且未张挂防护网),也未及时发现施工作业人员的不安全行为(单独一人登高作业缺少协护施工措施,缺少对临水临边危险区域作业的监控)。

2. 专业分包单位施工项目部安全意识淡薄,为赶工期,在大风暴雨的恶劣天气条件下继续露天施工作业。

3. 总承包单位和监理单位未能履行相应的安全管理职责,未督促专业分包单位对施工人员进行安全生产教育培训考核,在危险性较大的施工作业期间未能及时发现和消除施工设施的不安全隐患和作业人员的不安全作业行为。

事故性质

一般安全生产责任事故。

事故责任的认定及对事故责任者的处理建议

(一)对事故责任单位的责任认定和处理建议

1. 专业分包单位安全管理不严、安全意识淡薄。对作业现场缺乏有效的监管,未及时发现和消除作业现场的施工设施存在的安全隐患、施工作业人员的不安全行为;为赶工期,在大风暴雨的恶劣天气条件下继续露天施工作业,对事故的发生负有直接责任。建议当地安全监管部门依据《生产安全事故报告和调查处理条例》第三十七条第一款第(一)项之规定,对施工单位实施行政处罚。

2. 总承包单位未能履行相应的安全管理职责,未督促专业分包单位对施工人员进行安全生产教育培训考核,在危险性较大的施工作业期间未能及时发现和消除施工设施的不安全隐患和作业人员的不安全作业行为,对事故的发生负有管理责任。建议由建设行政主管部门对其作出相应的处理。

3. 监理单位未能履行监理的安全管理职责,在危险性较大的施工作业期间未能及时发现和消除施工设施的不安全隐患和作业人员的不安全作业行为,对事故的发生负有管理责任。建议由建设行政主管部门对其作出相应的处理。

(二)对事故责任人的责任认定和处理建议

1. 专业分包单位施工现场专职安全员,安全管理不严,对作业现场缺乏有效的监管,未及时发现作业现场的施工设施存在的安全隐患、施工作业人员的不安全行为,对事故的发生负有主要责任。建议施工单位给予行政处分和经济处罚。

2. 专业分包单位项目经理,安全意识淡薄,为赶工期,在大风暴雨的恶劣天气条件下继续露天施工作业,对事故的发生负有主要责任。建议施工单位给予行政处分和经济处罚。

3. 辅助工王某,安全意识不强,自我保护意识差,对事故发生负有一定责任。鉴于其在事故中死亡,故不再追究其责任。

4. 总承包单位施工项目经理,未能履行施工现场安全管理职责,未督促专业分包单位对施工人员进行安全生产教育培训考核,在危险性较大的施工作业期间未能及时发现和消除施工设施的不安全隐患和作业人员的不安全作业行为,对事故的发生负有领导责任。建议施工单位给予经济处罚。

5. 监理单位总监理工程师,未能履行施工现场总监理工程师管理职责,在危险性较大的施工作业期间未能及时发现和消除施工设施的不安全隐患和作业人员的不安全作业行为,对事故的发生负有管理责任。建议监理单位给予经济处罚。

事故的防范和整改措施

1. 施工总承包单位必须对该施工项目进行停工整顿,对所有施工作业区域进行全面的安全检查,同时检查本单位安全生产责任制落实情况,对发现的问题和隐患落实责任人进行全面的整改。

2. 施工总承包单位必须组织召开现场安全专题会议,通报事故情况,进一步分析事故原因,对全体员工进行全方位的安全意识和自我保护意识的教育,吸取血的教训,避免类似事故的重复发生。

3. 专业分包单位必须加强对安全管理人员和员工的安全管理,严格履行安全管理职责,加强对生产作业现场的设施、人员、环境的安全检查,确保作业安全。

4. 监理单位要加强日常的安全生产巡查和危险性作业期间的安全监管,及时发现和消除各类事故隐患,杜绝各类事故的发生。

事故启示

工程建设各参建单位必须加强特殊作业环境条件下(大风、暴雨等恶劣天气和临水、水上等作业环境)的安全生产管理。

案例十

某绞吸船副桩断裂和船舱进水事故

某绞吸挖泥船备有一只1t重的防风锚,但船上未配备防风锚的绞缆设备。某年某月某日根据当日气象记录,某港当地气象台20时天气预报为:南风4～5级,次日转北风4～5级;某施工单位项目部正在现场正常施工作业的绞吸船17时30分实测气象为:南风2～3级,海况良好。

次日凌晨1时45分起,涌浪增大,该船在请示项目部后停止作业并在原地采用钢桩抗风浪。之后涌浪越来越大,至4时40分该船定位副桩断裂,工作锚由于受吊缆杆长度的限制影响了锚的抓力,左右吊杆锚发生走锚,船位偏移。船长立即向项目部报告要求将该船拖离现场,同时命令电焊工割除浮管和船体连接处的螺丝。但由于现场涌浪很大,而派来的锚艇功率较小,在抢救的过程中螺旋桨又绕上了尼龙绳,虽经努力仍无法将船拖离现场。大约5时40分,该船船员听到船体有异常声响,经值班人员检查,发现主发电机舱、物料舱及相邻的空气舱相继被断桩戳破而进水。船长立即用高频向项目部报告,并指挥船员对主甲板的其他舱室进行封舱。5时50分,船体左舷主甲板前部下沉。

6时35分,经项目部联系,当地港务局派出一艘大功率拖轮到现场抢救,船长要求将船拖至小港池。船到达小港池后,项目部联系了两只方驳分别绑靠在绞吸船左右舷,潜水员潜入水下堵漏,船长指挥船员用潜水泵抽水。主发动机舱、物料舱的水相继在18时基本抽空,船体才逐渐上浮脱险。

事故原因

（一）直接原因

绞吸挖泥船违反安全操作规程,在风浪较大的区域用钢桩抗风浪,致使定位副桩断裂,随后发生走锚,断桩相继戳破主发动机舱、物料舱及相邻的空气舱使其进水。经多次抢险施救后船只脱险。

（二）间接原因

1. 该船设备上存在一定的缺陷。该船仅备有一只1t重的防风锚,而没有防风锚的绞缆设备;该船在施工所使用的工作锚,由于受吊缆锚杆长度的限制,其所抛的锚缆亦受到相应的限制,锚缆短影响了锚的抓力,所以在风浪大时走锚,起不到防风锚的作用。

2. 客观上是由于气象预报与实际情况有较大差异,船舶施工时完全依赖当地气象台的预报,致使船舶未能及早撤离施工现场。

3. 在涌浪增大后,由于现场无拖轮,项目部又未及早联系其他单位派遣拖轮,仅靠自有的小功率锚艇无法将该船拖离现场,拖延了抢救时间。

事故责任的认定

按照《疏浚工程技术规范》和《船舶安全生产规章制度》的有关规定,要求船舶在风浪较大的区域施工时严禁用钢桩抗风浪,要求施工单位收集所需的气象资料,包括向当地的有关部门进行收集。

1. 船长在这起事故中负有一定的责任,他违反了绞吸挖泥船禁止用钢桩抗风浪的规定,也未向项目部汇报本船无防风锚绞缆设备的客观情况和进一步落实防风浪的措施,抱有侥幸心理。

2. 项目部没有根据现场的实际情况而及早联系大功率拖轮,仅派遣小功率锚艇前往拖带,延误了救援的时间,扩大了经济损失,对事故也负有一定的管理责任。

3. 虽然客观上由于气象预报与实际天气情况有较大差异,致使船舶未能及时采取防风措施,但项目部的领导应了解施工现场的灾害性气候特点(比如施工现场经常发生突风),并制定相应的防范措施。

事故的防范和整改措施

1. 加强挖泥船安全管理。在风浪较大区域施工前，必须有针对性的防风措施。

2. 完善船舶技术管理。安排船舶进行施工作业前，应对不适合的船舶安全设备进行必要的修复或改装。

3. 施工单位要重视安全生产管理，提高全员的安全意识，把安全措施落实到每一个环节。尤其是现场的指挥人员应了解施工现场的水文、气象、船舶状况、防风方法、防风锚地等涉及船舶安全的事项，并制订应急预案。

事故启示

工程建设备参建单位必须加强气象、水文条件复杂环境下（大江大河、海上施工）的安全生产管理。

第五部分　标准、规范和规程索引

一、国家及行业标准、规范和规程索引

序号	标准号	标准名
1	**有关标准**	
1.1	JGJ/T 77—2010	施工企业安全生产评价标准
1.2	JGJ 59—2011	建筑施工安全检查标准
1.3	JGJ 146—2013	建筑施工现场环境与卫生标准
1.4	GB 6441—86	企业职工伤亡事故分类标准
1.5	AQT 9006—2010	企业安全生产标准化基本规范
2	**土石方及基坑支护**	
2.1	JGJ 180—2009	建筑施工土石方工程安全技术规范
2.2	GB/T 50330—2013	建筑边坡工程技术规范
2.3	GB 50497—2009	建筑基坑工程监测技术规范
2.4	JGJ 120—2012	建筑基坑支护技术规程
2.5	JGJ 167—2009	湿陷性黄土地区建筑基坑工程安全技术规程
3	**施工用电**	
3.1	GB/T 13869—2008	用电安全导则
3.2	GB 50194—2014	建设工程施工现场供用电安全规范
3.3	JGJ 46—2005	施工现场临时用电安全技术规范
3.4	GBT 3787—2006	手持电动工具的管理使用检查和维修安全技术规程
3.5	GB 13955—2005	剩余电流动作保护装置安装和运行
4	**高处作业**	
4.1	JGJ 80—91	建筑施工高处作业安全技术规范
4.2	JGJ 168—2009	建筑外墙清洗维护技术规程
4.3	AQ 5205—2008	油漆与粉刷作业安全规范
4.4	GB 23525—2009	座板式单人吊具悬吊作业安全技术规范
4.5	GB/T 3608—2008	高处作业分级
5	**脚手架**	
5.1	JGJ 128—2010	建筑施工门式钢管脚手架安全技术规范
5.2	JGJ 130—2011	建筑施工扣件式钢管脚手架安全技术规范
5.3	JGJ 166—2010	建筑施工碗扣式脚手架安全技术规范
5.4	JGJ 202—2010	建筑施工工具式脚手架安全技术规范
5.5	JGJ 164—2008	建筑施工木脚手架安全技术规范

序号	标准号	标准名
5.6	JGJ 183—2009	液压升降整体脚手架安全技术规程
5.7	GB 15831—2006	钢管脚手架扣件
5.8	JGJ 231—2010	建筑施工承插型盘扣式钢管支架安全技术规程
6	**模板**	
6.1	JGJ 162—2008	建筑施工模板安全技术规范
6.2	中华人民共和国住房和城乡建设部建质〔2009〕254	号建设工程高大模板支撑系统施工安全监督管理导则
6.3	JGJ 65—2013	液压滑动模板施工安全技术规程
6.4	JGJ/T 194—2009	钢管满堂支架预压技术规程
7	**建筑机械**	
7.1	国质检锅〔2002〕296	起重机械监督检验规程
7.2	GB 5144—2006	塔式起重机安全规程
7.3	GB/T 5031—2008	塔式起重机
7.4	JGJ/T187—2009	塔式起重机混凝土基础工程技术规程
7.5	JGJ 196—2010	建筑施工塔式起重机安装、使用、拆卸安全技术规程
7.6	GB 10054—2014	货用施工升降机
7.7	JGJ 88—2010	龙门架及井架物料提升机安全技术规范
7.8	JGJ/T 189—2009	建筑起重机械安全评估技术规程
7.9	GB/T 5972—2009	起重机 钢丝绳 保养、维护、安装、检验和报废
7.10	GB/T 1955—2008	建筑卷扬机
7.11	GB 5082—85	起重吊运指挥信号
7.12	GB/T 23721—2009	起重机 吊装工和指挥人员的培训
7.13	GB/T 23722—2009	起重机 司机(操作员)、吊装工、指挥人员和评审员的资格要求
7.14	GB 19155—2003	高处作业吊篮
7.15	JGJ 33—2012	建筑机械使用安全技术规程
7.16	JGJ 160—2008	施工现场机械设备检查技术规程
7.17	GB 12602—2009	起重机械超载保护装置
7.18	JG 276—2012	建筑施工起重吊装工程安全技术规范
8	**危险作业**	
8.1	JGJ 147—2004	建筑拆除工程安全技术规范
8.2	GB 8958—2006	缺氧危险作业安全规程
8.3	GB 9448—1999	焊接与切割安全
8.4	GB 6722—2003	爆破安全规程
8.5	GBT 4200—2008	高温作业分级
8.6	GB 15603—1995	常用危险化学品贮存通则

续表

序号	标准号	标准名
9	**安全防护**	
9.1	GB 5725—2009	安全网
9.2	GB 6095—2009	安全带
9.3	GB/T 6096—2009	安全带测试方法
9.4	GB 2811—2007	安全帽
9.5	GB/T 2812—2006	安全帽测试方法
9.6	JGJ 184—2009	建筑施工作业劳动防护用品配备及使用标准
9.7	GB 24543—2009	坠落防护安全绳
9.8	GB/T 23468—2009	坠落防护装备安全使用规范
9.9	GB/T 11651—2008	个体防护装备选用规范
9.10	GB 12523—2011	建筑施工场界环境噪声排放标准
9.11	GB 2894—2008	安全标志及其使用导则
9.12	GB 2893—2008	安全色
9.13	GBZ 158—2003	工作场所职业病危害警示标识
10	**应急**	
10.1	AQ/T 9002—2006	生产经营单位安全生产事故应急预案编制导则
11	**安全技术资料**	
11.1	GB/T 50502—2009	建筑施工组织设计规范
11.2	CECS 266—2009	建设工程施工现场安全资料管理规程
12	**临时建筑物及垃圾处理**	
12.1	DGJ 08—114—2005	临时性建(构)物应用技术规程
12.2	JGJ/T 188—2009	施工现场临时建筑物技术规范
12.3	CJJ 134—2009	建筑垃圾处理技术规范
13	**建筑消防**	
13.1	GB 50720—2011	建筑工程施工现场消防安全技术规范

二、上海市地方标准、规范和规程索引

序号	标准号	标准名
1	**安全生产管理**	
1.1	DGJ 08—903—2010	现场施工安全生产管理规范
1.2	DG/TJ 08—2035—2008	上海市建设工程施工安全监理规程
1.3	DGJ 08—909—2010 J11761—2010	现场施工安全生产管理规范
1.4	DGJ 08—2077—2010 J11755—2010	危险性较大的分部分项工程安全管理规范
2	**文明施工**	
2.1	DGJ 08—2102—2012 J12069—2012	上海市文明施工规范
3	**绿色环保**	
3.1	DGJ 08—121—2006 J10767—2006	建设工程扬尘污染防治规范
3.2	DGJ 08—205—2011	居住建筑节能设计标准
3.3	DG/TJ 08—2090—2012	绿色建筑评价标准
4	**安全技术**	
4.1	DG/TJ 08—803—2005 J10599—2005	玻璃幕墙安全性能检测评估技术规程(试行)
4.2	DGJ 08—56—2012	建筑幕墙工程技术规范
4.3	DB 31/95—2008	高处悬挂作业安全规程
4.4	DGJ 08—905—99	建筑施工附着升降脚手架安全技术规程
4.5	DG/TJ 08—2002—2006 J10085—2006	悬挑式脚手架安全技术规程
4.6	DG/TJ 08—2003—2006 J10894—2006	建筑外立面附加设施安全技术规程
4.7	DG/TJ 08—16—2011	钢管扣件式模板垂直支撑系统安全技术规程
4.8	DG/TJ 08—202—2007	钻孔灌注桩施工规程
4.9	DG/TJ 08—2001—2006	基坑工程施工监测规程
4.10	DG/TJ 08—2080—2010	建筑起重机械安全检验与评估规程